TURING 图灵新知

基础数学讲义

走向真正的数学

义

[英] 伊恩·斯图尔特（Ian Stewart） [英] 戴维·托尔（David Tall）—— 著

姜喆 —— 译

人民邮电出版社

北京

图书在版编目（CIP）数据

基础数学讲义：走向真正的数学 /（英）伊恩·斯
图尔特（Ian Stewart）著；（英）戴维·托尔
（David Tall）著；姜喆译. -- 北京：人民邮电出版社，
2024. --（图灵新知）. -- ISBN 978-7-115-65147-1

Ⅰ. O1-49

中国国家版本馆CIP数据核字第2024FE8263号

内 容 提 要

　　从中学课堂上所学的数学走向真正意义上的数学，是一个重要且不乏困难的过程，需要学生完成思维和心理上的转变。本书就是为想在数学学习上走向"成熟"的读者准备的。作者基于在大学本科及以上阶段的丰富教学经验，针对高中生和大学本科生在数学思维和心理上的潜在困难，通过讲解标准化的数学基础内容、形式数学的特点和相关思想方法，让读者体会数学家是如何处理问题的。本书旨在将正规化的数学学习和研究方法变为读者的潜在思维模式，将数学直觉磨成锋利的工具，从而切入问题的核心。读者在了解更广阔的数学世界后，将看到定义和证明如何带来令人惊叹的新方法，学会如何让数学思维可视化、象征化。本书适合希望进一步学习数学的高中生和大学本科生，即便是只有初等数学水平的大众也可以从中理解数学的基本思想和思维过程。

　◆ 著　　　[英] 伊恩·斯图尔特（Ian Stewart）
　　　　　　 [英] 戴维·托尔（David Tall）

　　译　　　姜　喆
　　责任编辑　戴　童
　　责任印制　胡　南

　◆ 人民邮电出版社出版发行　　北京市丰台区成寿寺路11号
　　邮编　100164　电子邮件　315@ptpress.com.cn
　　网址　https://www.ptpress.com.cn
　　三河市君旺印务有限公司印刷

　◆ 开本：720×960　1/16
　　印张：24　　　　　　　　2024 年 11 月第 1 版
　　字数：390 千字　　　　　2025 年 4 月河北第 4 次印刷
　　著作权合同登记号　图字：01-2023-4777 号

定价：99.80 元
读者服务热线：(010)84084456-6009　印装质量热线：(010)81055316
反盗版热线：(010)81055315

版 权 声 明

献给

理查德·斯肯普教授

他的数学理论给我带来了无穷无尽的灵感

第 2 版序

1976 年，我们还在用打字机撰写本书第 1 版，而如今我们生活的世界已经有了很大的变化。教育领域的研究为人们如何基于既有经验来学习数学提供了新结论 [3]①。因此我们加入了一些鼓励读者反思自己的数学理解的内容，让读者更好地理解形式化定义的精妙之处。我们还新增了一篇关于**自我解释**的附录（作者是拉夫伯勒大学数学教育中心的拉腊·阿尔科克、马克·霍兹和马修·英格利斯）。这种方法可以加深对于数学证明的理解，长远来看可以提高学生的数学水平。我们在这里要感谢他们的授权。

第 2 版和第 1 版有很多共同之处，因此熟读第 1 版的教师会发现大部分内容和习题是一致的。但是我们在新版中迈出了重要的一步。原版介绍了集合论、逻辑和证明的概念，并基于它们从三个简单的自然数公理开始，构造了实数这一完备有序域。我们把计数推广到了无限集，并引入了无限基数。但是我们没有推广计量的概念——单位还可以进一步细分，来得到有序域。

我们在第 2 版中进行了纠偏，引入了一个全新的部分，在原有的无限基数的基础上又新增了一章，介绍如何把实数这一完备有序域扩张到更大的有序域上。

这也属于形式数学更广阔的构想。有一些被称为**结构定理**的定理表明，形式化的结构也可以用图像和符号的方式来自然地解释。例如，完备有序域的形式化概念可以通过将其表示为数轴上的点或者无限小数来完成计算。

结构定理为形式数学提供了新的视野——我们可以用图像或符号的方法来想象形式化定义的概念。这样就可以描绘出新概念，并且用符号化的方式进行运算，从而构想新的可能性。接下来我们就可以寻找这些可能性的形式化证明，从而让我们的理论更加完整。

在第四部分中，第 12 章概括论述了这一新的视野。第 13 章介绍了群论。群具有一种运算，满足一组特定的公理。我们在这里展示了群的形式化概念，证明

---

① 中括号中的数字指的是书末参考文献。

了一个结构定理。这一结构定理表明，群的元素是通过排列其集合的元素来进行运算的。这样，我们就可以通过代数符号和几何图像来自然地理解群的形式化定义了。

第 14 章和第 1 版一样，介绍了无限基数。随后的第 15 章用实数的完备性公理证明了实数的任意有序域扩张 K 的一个简单的结构定理。K 必须包含对于所有实数 r 都有 $k > r$ 的元素 k，我们将其称为"无穷元素"。而它的倒数 $h = \dfrac{1}{k}$ 对于所有正实数 r 都满足 $0 < h < r$，我们将其称为"无穷小量"。（同理，负无穷元素 k 对于所有负实数 r 都有 $k < r$。）这一结构定理也说明 K 中的任意有穷元素 k（也就是说存在实数 a,b 满足 $a < k < b$）都具有 $a + h$ 的形式，其中 a 是实数，而 h 要么是 0，要么是无穷小量。这样我们就可以利用放大函数 $m : K \to K$, $m(x) = \dfrac{x - a}{h}$ 来把 a 映射到 0，把 $a + h$ 映射到 1，把 a 附近无穷小的细节放大，以便在正常尺度下观察，从而把 K 这一更大的域的元素表示为数轴上的点。

对于那些只研究不含无穷小量的实数的数学家来说，这一新的可能性或许会令他们惊讶。但是现在我们就可以通过放大，来把无穷小量表示为扩张数轴上的点，直观地**观察**它们。

这为我们带来了两种推广数的概念的方法——一种是推广计数过程，一种是推广实数的算术。在这一新构想下，公理化系统可以在自己的框架中具有自洽的结构，而不同的系统可以扩张到具有不同性质的更大的系统。我们为什么感到惊讶呢？整数域没有倒数，但是实数域的所有非零元素都有倒数。每个扩张后的系统都有着各自的性质。这样我们就不用受经验束缚，可以利用想象来开发强有力的新理论。

本书的第 1 版让学生们从中学数学中熟悉的经验过渡到大学阶段纯数学领域中更加精确的思维。第 2 版则可以让他们进入更宽广的数学世界，见证基于形式化定义和证明，超越我们既有预期的定义、证明、表示数学的全新方法。

伊恩·斯图尔特和戴维·托尔

2015 年于英国考文垂市

第 1 版序

本书旨在让读者从中学数学的思维方式过渡到数学家具有的成熟思维方式，适用于大一新生和有志从事纯数学研究的中学生。本书也面向有着初等数学基础，想了解数学的基本概念和思维过程的读者。

本书中"基础"一词的含义要比建筑领域的"基础"（地基）更加丰富。它们无处不在：不仅被用来构造数学，还把构造出来的结构紧密地连接在一起。数学基础往往以数学形式主义的方式呈现给学生：形式化的数理逻辑、形式化的集合论、数系的公理化描述以及构造，而呈现的过程中往往用到了各种陌生而复杂的符号。对于思维不成熟的学生来说过于艰深的完全形式化的概念往往通过一种"非形式化"的方法来介绍，但是这种做法出于完全不同的原因。

即便是用非形式化的方法呈现，纯粹的形式化方法对于初学者来说也是不合适的，原因在于它没有考虑到学习过程的实际情况。这种教学方法聚焦数学的技术性，忽略了概念的表达方式。数学家并不仅仅思考枯燥的符号，相反，他们往往是基于经验找到问题的困难之处，并着重分析。而在解决问题的过程中，逻辑的缜密性也往往不是最重要的——只有找到了思路之后，我们才去填充形式化证明的细节。当然也存在例外：有时候可能在直观理解问题的一部分之前，我们就已经完成了另一部分的形式化；而且也存在通过符号来**思考**的数学家。无论如何，上面的论述基本还是正确的。

本书的目标在于让学生熟悉数学家解决问题的方式。我们会介绍标准的"数学基础"，但是我们希望能通过自然拓展思维模式来建立形式化方法。一名高三学生已经掌握了大量的数学知识，我们希望能基于这些知识，打磨他的数学直觉，从而直击数学问题的要害。我们的方法不同于那些告诉学生"忘掉你至今为止所学的错误知识，从头开始学习正确知识"的陈词滥调。这种说法不仅打击学生的信心，也是错误的。要是一个学生真忘记了至今积累的知识，那就会落入一个悲惨的处境。

心理因素限制了学习数学概念的方法。从定义**出发**往往是不合适的，因为要是没有进一步的解释并提供合适的例子，定义的内容往往是难以理解的。

为了明确各个学习阶段应有的思维态度，本书第 1 版分为四个部分。第一部分从非形式化的层面为后续内容做好铺垫。第 1 章审视了学习过程本身，建立了本书的哲学思想。学习过程并非一帆风顺，而是蜿蜒曲折的，难免歧路亡羊。只有意识到这一点才能更好地面对困难。第 2 章分析了实数作为数轴上的点这一直观概念，把实数和无限小数联系起来，解释了实数完备性的重要性。

第二部分介绍了一些集合论和逻辑知识，特别是关系（特别是等价关系和顺序关系）和函数。在介绍了基本的符号逻辑之后，我们讨论了"证明"的概念并给出了形式化定义。之后，我们分析了一个证明，来说明我们熟悉的数学证明风格其实把一些公式化的步骤省略在了背景知识中。这样做也让证明更加清晰。我们介绍了这种做法的优点和风险。

第三部分介绍了熟悉的形式化结构和相关概念。我们从归纳法开始引入了自然数的佩亚诺公理，然后展示了如何利用集合论方法从自然数构造整数、有理数和实数。随后的章节把实数公理化为完备有序域，并完成了反向构造。我们证明了这样构造的结构的唯一性，并把它们和第一部分中的直观概念联系起来。然后我们考察了复数、四元数以及一般的代数和数学结构。至此，我们已经可以一览整个数学世界。之后我们从计数这一概念推广出了无限基数，后者又引出了更高深的数学知识。无限基数也表明我们还没有完成形式化的工作。

第四部分简单地讨论了数学形式化的最后一步：集合论的形式化。我们将给出一组可能的公理，并讨论选择公理、连续统假设和哥德尔定理。

在论述过程中，我们更关注形式化背后的概念，而非使用的形式化语言的细节。适合数学家的论述往往不适合学生。（我们曾对大一新生做过一系列测试，并证明了这一点。）因此我们并非基于数理逻辑和集合论进行逻辑推导，建立严密的数学基础（尽管在阅读本书之后，学生将意识到如何这样做）。数学家的思维方式并非像课本那样教条。数学思维是创造性的，是难以理解的，它有时候会很跳跃，而非按部就班地进行下去。只有在理解了这一切之后，才能想出全新的逻辑结构。如果不提供构造数学体系时使用的工具，那学生们就无从发展自己的数学思维了。

伊恩·斯图尔特和戴维·托尔

1976 年 10 月于英国沃里克郡

目录

第一部分　数学直觉的背景知识

第二部分 形式化的开端

第三部分　公理化系统的发展

第五部分　强化基础

第一部分
数学直觉的背景知识

本书的第一部分将基于读者在中小学数学中学到的经验发展更复杂的逻辑方法，来准确地把握数学系统的结构。

第 1 章关注了学习过程本身，鼓励读者做好从新的角度思考形式化方法的准备。熟悉的方法可能不适用于新概念，以至于让我们在学习过程中四处碰壁。读者需要思考这些新情境，准备好一种新的方法。

我们把数学比作"建筑"，学习使用既有经验构造坚实的新结构，让它们能支撑在数学中的后续发展。如果把数学比作"植物"，我们就像是园丁一样考察花园的景观、土壤质量和气候，从而确保植物有着强壮的根基，并且符合预期地生长。

第 2 章关注的是把实数表示为数轴上的点这一直观的图像表述，以及表示为无限小数的符号表述，从而引出了实数的完备性的定义。长远来看，我们会在后续学习形式化结构的图像和符号表示时，见到由此带来的理解数轴的全新方法。这样我们就把形式数学、图形数学和符号数学有机地结合了起来。

第 1 章
数学思维

数学并非由计算机凭空计算而来，而是一项人类活动，需要人脑基于千百年来的经验，自然也就伴随着人脑的一切优势和不足。你可以说这种思维过程是灵感和奇迹的源泉，也可以把它当作一种亟待纠正的错误，但我们别无选择。

人类当然可以进行逻辑思考，但这取决于如何理解问题。一种是理解形式数学证明每一步背后的逻辑。即便我们可以检查每一步的正确性，却可能还是无法明白各步如何联系到一起，看不懂证明的思路，想不通别人如何得出了这个证明。

而另一种理解是从全局角度而言的——只消一眼便能理解整个论证过程。这就需要我们把想法融入数学的整体规律，再把它们和其他领域的类似想法联系起来。这种全面的掌握可以让我们更好地理解数学这一整体，并不断进步——我们在当前阶段的正确理解很可能会为未来的学习打下良好基础。反之，如果我们只知道"解"数学题，而不了解数学知识之间的关系，便无法灵活运用它们。

这种全局思维并非只是为了理解数学之美或者启发学生。人类经常会犯错：我们可能会搞错事实，可能做错判断，也可能出现理解偏差。在分步证明中，我们可能无法发现上一步推不出下一步。但从全局来看，如果一个错误推出了和大方向相悖的结论，这一悖论就能提醒我们存在错误。

比如，假设 100 个十位数的和是 137 568 304 452。我们有可能犯计算错误，得到 137 568 804 452 这个结果，也可能在写下结果时错抄成 1 337 568 804 452。这两个错误可能都不会被发现。要想发现第一个错误，很可能需要一步步地重新计算，而第二个错误却能通过算术的规律轻松地找到。因为 9 999 999 999×100＝999 999 999 900，所以 100 个十位数的和最多也只能有 12 位，而我们写下的却是个十三位数。

无论是计算还是其他的人类思维过程，把全局理解和分步理解结合起来是最可能帮助我们发现错误的。学生需要同时掌握这两种思维方式，才能完全理解一门学科并有效地实践所学的知识。要分步理解非常简单，我们只需要把每一步单独拿出来，多做练习，直到充分理解。全局理解就难得多，它需要我们从大量独立信息中找到逻辑规律。即便你找到了一个适合当前情境的规律，也可能出现和它相悖的新信息。有些时候新信息会出错，但过去的经验也经常不再适用于新的情境。越是前所未有的新信息，就越可能超脱于既存的全面理解之外，导致我们需要更新旧的理解，而这也正是第 1 章要讲的内容。

1.1　概念的形成

在思考具体领域的数学之前，可以先了解一下人类如何学习新的思想。因为基础性问题需要我们重新思考自认为了解的思想，所以明白这个学习过程就尤为重要。每当我们发现自己并没有完全了解这些思想，或者找到尚未探明的基本问题时，我们就会感到不安。不过大可不必惊慌，绝大部分人都有过相同的经历。

所有数学家在刚出生时都很稚嫩。这虽然听起来是句空话，却暗示了很重要的一点——即便是最老练的数学家也曾一步步地学习数学概念。遇到问题或者新概念时，数学家需要在脑海中仔细思考，回忆过去是否碰到过类似的问题。这种数学探索、创造的过程可没有一点逻辑。只有当思绪的齿轮彼此啮合之后，数学家才能"感觉"到问题或者概念的条理。随后便可以形成定义，进行推导，最终把必要的论据打磨成一个简洁精妙的证明。

我们以"颜色"的概念为例，做一个科学类比。颜色的科学定义大概是"单色光线照射眼睛时产生的感觉"。我们可不能这样去教孩子。（"安杰拉，告诉我你的眼睛在接收到这个棒棒糖发出的单色光后产生了什么感觉……"）首先，你可以先教他们"蓝色"的概念。你可以一边给他们展示蓝色的球、门、椅子等物体，一边告诉他们"蓝色"这个词。然后你再用相同的方法教他们"红色""黄色"和其他颜色。一段时间之后，孩子们就会慢慢理解颜色的意义。这时如果你给他们一个没见过的物品，他们可能就会告诉你它是"蓝色"的。接着再教授"深蓝"和"浅蓝"的概念就简单多了。重复这种过程许多次后，为了建立不同颜色的概念，你还需要再重新来一遍。"那扇门是蓝色的，这个盒子是红色的，那朵毛茛是什么颜色的呢？"如果孩子们能回答"黄色"，那就说明他们的脑海中已经形成了"颜色"这一概念。

孩子们不断成长，不断学习新的科学知识，可能有一天他们就会见到光线透过棱镜形成的光谱，然后学习光线的波长。在经过足够的训练，成为成熟的科学家之后，他们就能够精准地说出波长对应的颜色。但对"颜色"概念的精确理解并不能帮助他们向孩子解释"蓝色"是什么。在概念形成的阶段，用波长去清楚明白地定义"蓝色"是无用的。

数学概念也是如此。读者的头脑中已经建立了大量的数学概念：解二次方程、画图像、等比数列求和等。他们也能熟练地进行算术运算。我们的目标就是以这些数学理解为基础，把这些概念完善到更复杂的层面。我们会用读者生活中的例子来介绍新概念。随着这些概念不断建立，读者的经验也就不断丰富，我们就能以此为基础更进一步。

虽然我们完全可以不借助任何外部信息，用公理化的方法从空集开始构建整个数学体系，但这对于尚未理解这一体系的人来说简直就是无字天书。专业人士看到书里的一个逻辑构造之后，可能会说："我猜这是'0'，那么这就是'1'，然后是'2'……这一堆肯定是'整数'……这是什么？哦，我明白了，这肯定是'加法'。"但对于外行来说，这完全就是鬼画符。要想定义新概念，就要用足够的例子来解释它是什么，能用来做什么。当然，专业人士通常都是给出例子的那一方，可能不需要什么理解上的帮助。

1.2 基模

数学概念就是一组系统的认知——它们源于已经建立的概念的经验，以某种方式互相关联。心理学家把这种系统的认知称作"基模"。例如，孩子可以先学习数数（"一二三四五，上山打老虎"），然后过渡到理解"两块糖""三条狗"的意思，最后意识到两块糖、两只羊、两头牛这些事物存在一个共通点——也就是"2"。那么在他的脑海中，就建立起了"2"这一概念的基模。这一基模来源于孩子自身的经验：他的两只手、两只脚，上周在田地里看到的两只羊，学过的顺口溜……你会惊讶地发现，大脑需要把许多信息归并到一起才能形成概念或者基模。

孩子们接着就会学习简单的算术（"假设你有五个苹果，给了别人两个，现在还剩几个"），最终建立起基模，来回答"5 减 2 是多少"这种问题。算术有着非常精确的性质。如果 3 加 2 等于 5，那么 5 减 2 也就等于 3。孩子们在理解算术的过程中就会发现这些性质，之后他们就可以用已知的事实去推导新的事实。假设他们知道 8 加 2 等于 10，那么 8 加 5 就可以理解为 8 加 2 加 3，那么这个和就是 10 加 3，结果是 13。孩子们就这样慢慢地建立了整数算术这一内容丰富的基模。

如果你这时问他们"5 减 6 得多少"，他们可能会说"不能这么减"，或者心想成年人怎么会问这种傻问题，尴尬地咯咯笑。这是因为这个问题不符合孩子们脑海中减法的基模——如果我只有 5 个苹果，那不可能给别人 6 个。而在学习过负数之后，他们就会回答"–1"。为什么会有这种变化呢？这是因为孩子们原有的"减法"基模为了处理新的概念产生了变化。在看到了温度计刻度或是了解了银行业务之后，对于"减法"概念的理解就需要改变。在这个过程中，可能仍会心存困惑（–1 个苹果是什么样的？），但这些困惑最终都会得到令人满意的解释（苹果数量和温度计读数存在本质区别）。

学习过程有很大一部分时间就是让现有的基模变得更复杂，从而能够应对新概念。就像我们刚刚说的，这个过程确实会伴随着疑惑。要是能毫无困惑地学习数学该有多好。

可是很不幸，人不可能这样学习。据说 2000 多年前，欧几里得对托勒密一世说："几何学习没有捷径。"除了意识到自己的困惑，了解困惑的成因也很重要。在阅读本书的过程中，读者将会多次感到困惑。这种困惑有时源于作者的疏忽，但一般可能是因为读者需要修正个人的认知才能理解更一般的情形。这是一种建设性的困惑，它标志着读者取得了进步，读者也应当欣然接受——要是困扰太久那就另当别论了。同样，在困惑得到解决后，一种理解透彻的感觉就会伴随着莫大的喜悦油然而生，就好像完成了一幅拼图。数学确实是一种挑战，但这种达成绝对和谐的感觉让挑战成为了满足我们审美需求的途径。

1.3　一个例子

发展新观念的过程可以用数学概念的发展史来说明。这段历史本身也是一种学习过程，只不过它牵扯了很多人。负数的引入招致了大量反对声音："你不可能比一无所有更穷了。"但在如今的金融世界，借记和信贷的概念早就让负数融入了日常生活。

另一个例子是复数的发展。所有数学家都知道，无论是正数还是负数，其平方都一定是正数。戈特弗里德·莱布尼茨当然也不例外。如果 i 是 −1 的平方根，那么 $i^2 = -1$，因此 i 既不是正数，也不是负数。莱布尼茨认为它具有一种非常神秘的性质：它是一个非零数，不大于零，也不小于零。人们因此对于复数产生了巨大的困惑和不信任感。这种感觉至今仍然存在于部分人心中。

复数无法轻易地融入大多数人关于"数"的基模，学生们第一次见到它往往也会感到抗拒。现代数学家需要借助一个扩展的基模来让复数的存在变得合理。

假设我们用平常的方式把实数标在一根轴上：

图 1-1　实数

在图 1-1 中，负数位于 0 的左边，正数位于 0 的右边。那 i 在哪？它不能去左边，也不能去右边。那些不接受复数的人就会说："这就说明它哪也不能去。因为数轴上没有任何地方可以标记 i，所以它不是数。"

然而我们并非毫无办法。我们可以用平面上的点来表示复数。（1758 年，弗朗索瓦·戴维认为把虚数画在和实轴垂直的方向上是毫无意义的。幸好其他数学家和他意见相左。）实数位于实轴上，i 位于原点上方一个单位长度的地方。而从原点出发，沿实轴前进 x 个单位，再向上移动 y 个单位（如果 x 和 y 为负数，就朝相反方向移动），就得到了 $x+iy$ 这个数。因为 i 在实轴上方一个单位的地方，而不在实轴上，所以就不能用"i 不存在于实轴上的任何位置"来反对 i 的存在了

（见图 1-2）。这样扩展后的基模就能毫无困难地接纳令人不安的复数。

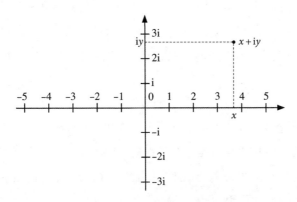

图 1-2　把 i "物归原处"

这种做法在数学中相当常见。当特殊情形被推广为一般情形之后，有些性质依然存在。例如，复数的加法和乘法依然满足交换律。但原基模的某些性质（比如有关实数的顺序的性质）在推广后的基模（这里指复数的基模）中就不存在了。

这种现象非常普遍，并不限于学生身上，古往今来的数学家都曾有所体验。如果你研究的领域业已成熟，概念都得到了解释，并且开发出的方法也足以解决常见问题，那么教学工作就不会很困难。学生只需要理解原理，提高熟练度即可。但如果像是把负数引入用自然数来计数的世界，或是在解方程时遇到复数那样，需要让数学系统发生根本性的变化时，大家都会感到困惑："这些新玩意儿是怎么回事？和我想的根本不一样啊！"

这种情况会带来巨大的迷茫。有些人能坚定地、带着创新思维接纳并掌握新知识；有些人就只能深陷焦虑，甚至对新知识产生反感、抗拒的情绪。

一个最著名的例子就发生在 19 世纪末期，而它最终也改变了 20 世纪和 21 世纪的数学。

1.4　自然数学与形式数学

数学起源于计数和测量等活动，用于解决现实世界的问题。古希腊人意识到绘图和计数有着更为深奥的性质，于是他们建立了欧氏几何和质数理论。即便这种柏拉图式的数学追求完美的图形和数，这些概念仍然是和现实相关联的。这种状态延续了千年。艾萨克·牛顿在研究重力和天体运动时，人们把科学称为"自然哲学"。牛顿的微积分建立在古希腊几何和代数之上，而后者正是现实中算术运算的推广。

这种基于"现实中发生的事件"的数学持续到了 19 世纪末。当时数学研究的焦点从对象和运算的性质变成了基于集合论和逻辑证明的形式数学。这种从自然数学到形式数学的历史性过渡包含了视角的彻底改变，也带来了对于数学思维的深刻洞见。它对于从中小学的几何和代数学习向高等教育阶段的形式数学学习的转变有着至关重要的作用。

1.5 基于人类经验建立形式化概念

随着数学变得越来越复杂，新概念中有一些是旧知识的推广，有一些则是全新的思想。在从中学数学过渡到形式数学的过程中，你可能会觉得从零开始学习形式化的定义以及如何从基本原理进行形式化的推导才符合逻辑。但是过去 50 年的经验告诉我们，这种做法并不明智。20 世纪 60 年代曾经有人尝试在中小学用全新的方法讲解数学，也就是基于集合论和抽象定义来教授。这种"新式数学"以失败告终。这是因为，虽然专家们能理解抽象的奥妙，但是学生们需要一个连贯的知识基模才能理解定义和证明。现如今我们对于人类发展数学思维的过程有了更深刻的认识，因此得以从实际研究中汲取教训，来理解为什么学生们对于概念的理解和课本想阐明的意思有细微偏差。我们提到这一点，也是为了鼓励读者仔细思考文字的准确含义，在概念之间建立紧密的数学关联。

你可以仔细阅读证明，养成**给自己解释**的习惯。你要向自己解释清楚为什么某个概念如此定义，为什么证明中的前一行可以推出下一行。（参见附录中关于自我解释的部分。）最近的研究 [3] 显示，尝试思考、解释定理的学生从长远来看会有所收获。曾经有人使用眼部追踪设备来研究学生阅读本书第 1 版的方式。研究发现花更多时间思考证明的关键步骤和在后续考试中取得更高分数是强相关的。我们强烈推荐读者也这样做，努力把知识联系起来能让你建立更连贯的知识基模，让自己长期受益。

要明智地对待学习过程。在实践中，我们不总是能够为遇到的每个概念给出精确的定义。比如，我们可能会说集合是"明确定义的一组事物"，但这其实是在回避问题，因为"组"和"集合"在此处有相同的意思。

在学习数学基础时，我们要准备好一步一步地学习新概念，而不是一上来就去消化一个严密的定义。在学习过程中，我们对于概念的理解将愈发复杂。有时，我们会用严谨的语言重新阐述之前不明确的定义（比如"黄色是波长为 5500Å 的光的颜色"）。新定义看起来会比作为基础的旧定义好得多，也更具吸引力。

那一开始就学习这个更好、更有逻辑的定义不就好了吗？

其实未必如此。

本书的第一部分将从中小学学习过的概念开始。我们会思考如何通过标出不同的数一步步建立数轴。这一过程从自然数 [①]（1、2、3……）开始，然后是自然数之间的分数，接着我们延伸到原点两侧的正负自然数（整数）和正负分数（有理数），最后扩展到包含有理数和无理数的全体实数。我们还会关注如何自然地进行整数、分数、小数的加减乘除运算，特别是那些将成为不同数系的形式化公理基础的性质。

第二部分将介绍适合数学家所使用的证明概念的集合论和逻辑。我们的讲解将兼顾逻辑的精确性和数学上的洞见。我们要提醒读者，不仅要关注定义的内容，还要小心不要因为过去的经验，就臆断某些性质的存在。比如，学生可能学习过 $y = x^2$ 或者 $f(x) = \sin 3x$ 这样能用公式表达的函数。然而函数的一般定义并不需要公式，只要对于（特定集合内的）每一个 x 值，都存在唯一对应的 y 值即可。这个更一般的定义不仅适用于数，还适用于集合。一个被定义的概念所具有的性质必须基于它的定义，用数学证明的方式推导出来。

第三部分将从自然数的公理和数学归纳法开始，逐步探讨一系列数系的公理化结构。接着，我们将展示如何用集合论的方法，从基本原理构建出整数、有理数和实数等数系。最终，我们将得到一系列公理，它们定义了实数系统，包括两种满足特定算术和顺序性质的运算（加法和乘法），以及"完备性公理"。该公

---

① 本书中的自然数不包含 0，但我国习惯中自然数包含 0 和正整数，请读者注意。——编者注

理规定了任何有上界的递增序列都将趋近于一个极限。这些公理一同定义了一个"完备有序域"，我们将证明实数可以由上述公理**唯一**确定。实数可以通过已被定义的加法、乘法运算以及顺序来表示为数轴上的点。数轴上也包括 $\sqrt{2}$ 和 π 这样的无理数。它们是无限小数，可以被计为任意精度的有限小数。比如，$\sqrt{2}$ 保留小数点后 3 位就是 1.414，而 π 约等于分数 $\frac{22}{7}$，或者也可以被计为任意精度的小数（例如，保留小数点后 2 位就是 3.14，保留小数点后 10 位就是 3.141 592 653 6）。

1.6　形式化系统和结构定理

这种从精心挑选的公理构建形式化系统的方法可以进一步推广，从而覆盖更多新的情况。和从日常生活中衍生出的系统相比，这种系统有着巨大优势。只要一个定理可以通过形式化证明从给定的公理推导出来，它在**任何满足这些公理的系统**中就都成立。无论系统新旧都是如此。形式化的定理是**不会过时**的。这些定理不仅适用于我们熟知的系统，还适用于满足给定公理的任何新系统。这样就没必要一遇到新系统就重新验证自己的观念了。这是数学思维的一个重要进步。

另一个不那么明显的进步在于，形式化系统推导出的某些定理可以证明，该系统的一些性质使它可以用某种方法图形化，而该系统的另一些性质让它的一些运算可以用符号化方法完成。这样的定理被称为**结构定理**。比如，任何完备有序域都拥有唯一的可以用数轴上的点或者小数来表示的结构。

这就为形式化证明带来了全新的功能。我们不仅仅是花大量的篇幅来发展一套自洽的形式化证明方法，我们其实发展出了一套融合形式化、图形化和符号化运算的思维方式，把人类的创造力和形式化方法的精确性结合了起来。

1.7　更灵活地使用形式数学

在第四部分，我们将介绍如何在不同情境下应用这些更灵活的方法。首先我们会讨论群论，然后会讨论从有限到无限的两种扩张。一种是把元素个数的概念从有限集推广到无限集：如果两个集合的元素一一对应，就称它们具有相同的**基数**。基数和常规的元素个数有很多共通的性质，但它也有一些陌生的性质。例如，我们可以从一个无限集（比如说自然数集）中拿走一个无限子集（比如说偶数集），剩下的无限子集（奇数集）和原集合有着相同的基数。因此，无限基数的减法和除法无法唯一定义。一个无限基数的倒数并不是基数。

另一种扩张把构成完备有序域的实数扩张到了一个更大、但是不完备的有序域。在这个域中，存在元素 k 满足"对于每个实数 r，都有 $k > r$"的性质。这样 k 就是无穷的——根据形式化定义的顺序，它大于**所有**实数。但是 k 和无限基数有很大的区别，比如它存在倒数 $\frac{1}{k}$，而 $\frac{1}{k}$ 小于任何正实数。

那么一个无穷的数在一个系统内有倒数，在另一个系统内却没有。但仔细思考之后，我们就不应该惊讶于这些明显矛盾的事实。我们用来计数的自然数系统本来没有倒数，有理数和实数系统却有倒数。如果我们选择一些性质，推广不同的系统，那么得到不同的推广也不足为奇。

这就得到了一个重要的结论：数学是不断发展的，看起来不可能的概念可能在一个全新的形式框架下，在合适的公理下就能够成立了。

一百多年前，这种形式化的数学方法慢慢地流行了起来。而菲利克斯·克莱因 [4] 写下了这样一段话：

> "我们今天对于数学基础的立场，不同于几十年以前；我们今天可能当作最终原则来叙述的东西，过了一段时间也必然会被超越。"①

而在同一页上他还提到：

> "许多人认为教一切数学内容都可以或必须从头到尾采用推导方法，从有限的公理出发，借助逻辑推导一切。某些人想依靠欧几里得的权威来竭力维护这个方法，但它当然不符合数学的历史发展情况。实际上，数学的发展是像树一样的，它并不是有了细细的小根就一直往上长，倒是一方面根越扎越深，同时以相同的速度使枝叶向上生发。撇开比喻不说，数学也正是这样，它从对应于人类正常思维水平的某一点开始发展，根据科学本

---

① 译文出处：《高观点下的初等数学》，菲利克斯·克莱因著，舒湘芹、陈义章、杨钦樑译，复旦大学出版社，2008 年。下同。——译者注

身的要求及当时普遍的兴趣的要求，有时朝着新知识方向发展，有时又通过对基本原则的研究朝着另一方向进展。"

本书也将像这样，从学生在中小学所学知识开始，在第二部分深入挖掘基本思想，在第三部分中用这些思想构建数系的形式结构，在第四部分把这些方法应用到更多形式结构上。而在第五部分，我们对于数学基础的介绍将告一段落，转而深入讨论基本逻辑原理的发展，从而支撑读者未来在数学方面的成长。

1.8 习题

下列习题旨在激发你关注自己的思维过程，以及你当前的数学观点。许多习题没有"正确"答案，但是你最好能把答案写下来保存好，并在阅读本书的过程中注意自己的观点是否有所改变。在第 6 章和第 12 章的结尾，我们会请你重新回答这些问题，看看你的思维是否发生了变化。如果你觉得现在还无法理解某些概念，那也不要紧。能认识到自己遇到了困难反而是一个优势。本书的目标就是让你随着知识的丰富越来越理解这些概念。

1. 思考一下你对数学的看法。如果你遇到了一个熟悉的问题，那么你的解法可能会遵循一种传统的逻辑过程。但如果你不熟悉这个问题，你一开始的尝试就可能毫无逻辑。试回答以下三个问题，尽量记下你求解过程中的步骤。

   (a) 约翰父亲的年龄是约翰年龄的 3 倍，十年后就会变成约翰年龄的 2 倍。约翰今年多大？

   (b) 有一个圆盘和一个球，它们直径相同，到观察者的距离也相同。圆盘平面垂直于观察者视线。哪个物体看起来更大？

   (c) 200 名士兵排成了 10 行 20 列的矩形方阵。从每行中挑出最高的一个人，这 10 个人中最矮的记作 S。再从每列中挑出最矮的一个人，这 20 个人中最高的记作 T。S 和 T 是同一个人吗？如果不是，关于 S 和 T 的大小关系能得出什么结论？

   记下你的解题方法，以及你的最终答案。

2. 思考下面两个问题。

(a) 5 名裁缝平分 9 平方米的布料，每位裁缝将得到多少布料？

(b) 9 位孤儿平均分给 5 对夫妇收养，每对夫妇将收养几位孤儿？

这两个问题都可以被翻译成数学语言：

"求满足 $5x = 9$ 的 x 值。"

这两个问题的解一样吗？怎样修改上面的数学表述，来区分两种情形？

3. 假设你要给一个没接触过负数的人解释这个概念，然后这个人和你说：

"因为你不可能比一无所有更穷，所以负数不存在。"

你会怎么回答？

4. "循环"小数意味着什么？ $0.333\cdots$ 表示哪个分数？ $0.999\cdots$ 呢？

5. 数学语言和口语有时存在区别。你认为下列说法是否正确？请记下你的判断，在阅读第 6 章之后，再来回顾你的答案。

(a) 2、5、17、53 和 97 都是质数。

(b) 2、5、17、53 和 97 中的每一个数都是质数。

(c) 2、5、17、53 和 97 中有一些数是质数。

(d) 2、5、17、53 和 97 中有一些数是偶数。

(e) 2、5、17、53 和 97 都是偶数。

(f) 2、5、17、53 和 97 中有一些数是奇数。

6. "如果猪有翅膀，那么它们就能飞了。"

这个推论符合逻辑吗？

7. "自然数集 1, 2, 3, 4, 5, … 是无限的。"试解释该语境下"无限"一词的含义。

8. 数 4 的形式化定义如下。

我们可以在大括号中写出集合元素来表示集合。没有任何元素的集合记作 $\varnothing$。那么我们可以定义

$$4 = \big\{\varnothing,\ \{\varnothing\},\ \{\varnothing,\ \{\varnothing\}\},\ \{\varnothing,\ \{\varnothing\},\ \{\varnothing,\ \{\varnothing\}\}\}\big\}。$$

你能理解这个定义吗？你觉得这个定义适合初学者吗？

9. 你认为下面哪个选项最有可能用来描述等式 $(-1)\times(-1)=+1$ ？

   (a) 一个由经验发现的科学真理。

   (b) 让算术得以运转的唯一合理的数学定义。

   (c) 从合适的公理得出的符合逻辑的推论。

   (d) 其他解释。

   给出你的理由，记下来以便后续重新思考。

10. 两个数相乘时，计算顺序不改变结果，即 $xy = yx$。证明这一结果对于以下情况是否成立。

   (a) x 和 y 都是自然数。

   (b) x 和 y 为任意实数。

   (c) x 和 y 为任意数。

第 2 章

数系

读者可能对于自然数、负数等不同数系的算术都有着清晰的理解，但可能未曾用严密的逻辑审视这个计算过程。我们会在之后的讨论中用公理化的方式构造它们。本章将回顾读者学习这些数系的过程。尽管频繁地使用这些数系能让形成概念时遇到的困难有所减少，这些困难在形式化的过程中往往会再次出现，并且需要重新解决。因此在开始形式化的学习前，我们要花一点时间回顾这个过程。

因为本章的讨论十分简单，所以经验丰富的读者可能想跳过本章。还请这部分读者耐心阅读。成年人的想法都是从孩童时期的简单思绪构建起来的，在试图理解数学基础的过程中，认识到自己的数学思维过程的起源是很重要的。

2.1 自然数

自然数就是我们计数时使用的 1、2、3、4、5……。孩子们通过死记硬背来学习这些数的名字和顺序。通过和成年人接触，孩子们意识到成年人所说的"两块糖""四颗弹珠"等词语的含义。之后他们才会明白"零"和"没有糖了"这两个更难理解的概念。

数物品的个数时，我们用手指指向每个物品，口中念道"一、二、三……"，直到每件物品都被指过一遍。

接下来我们从加法开始学习自然数的运算。在这个阶段，加法的基本"规则"（可以用代数方式表示为交换律 $a+b=b+a$ 和结合律 $a+(b+c)=(a+b)+c$）是否足够"明显"要取决于教学的方法。如果是通过把现实世界的两堆物品合到一起再数总数的方式来介绍加法，那么这两个性质只取决于一个不言自明的假设：打乱物品的顺序不影响物品的数量。一种现代的教学方法是使用有颜色的小棒，每根小棒的长度表示一个数（加法就是把它们首尾相连）。如果这样教学，交换律和结合律的存在就非常明显。要是你特意指出这两条规则，反而令人困惑。但假如一个孩子学习加法的方式是"数数法"，情况就不同了。为了计算 3+4，这个孩子需要从 3 开始再数 4 个数：4、5、6、7。4+3 就需要从 4 开始再数 3 个数：5、6、7。两个过程能得到同样的结果——这太神秘了。这样学习加法的孩子会觉得 1+17 很难计算，而 17+1 则非常简单。

接着我们就会接触数位的概念。33 这个数中有两个 3，但它们含义不同。我们必须要强调：这种不同只是因为记法，而不是因为这两个数本身存在不同。这种记法非常有用，也非常重要。理论上，它可以表示任意大的数，而且非常适合计算。但是印度 - 阿拉伯数位记法的算术过程的精确数学描述非常复杂（因此孩子们需要花很长时间学习），并且不适合用于证明交换律这种事。（当然还是可以证明的，只不过比我们想象的要难。）有时，更原始的系统反而有一些优势。比如说，古埃及人用符号 | 表示 1，用 ∩ 表示 10，用 ◎ 表示 100，1000 和后续的数也有自己的符号。一个数就可以通过重复使用这些符号来表示，比如 247 就会被写作

$$◎◎∩∩∩∩|||||||$$

那么古埃及人的加法就很简单了：只需要把符号放到一起就行。交换律和结合律也非常明显。但是这种记法就不适合计算。要用古埃及的记法来再现数位制，我们必须加入一些进位规则，比如 |||||||||| = ∩。我们还需要规定一个符号不能使用超过 9 次。

在继续学习之前，我们要引入一些符号。我们将用 **N** 来表示所有自然数的集合。∈ 表示"属于"或"是……的元素"。因此下面的符号

$$2 \in \mathbf{N}$$

就读作"2 属于自然数集"。用日常语言来说就是"2 是一个自然数"。

2.2 分数

为了进行除法运算，算术中引入了分数。把 12 等分成三部分非常简单：

$12 = 4 + 4 + 4$。但是把 11 等分成三个自然数就不可能了。因此我们需要定义分数 $\frac{m}{n}$，其中 $m, n \in \mathbf{N}$ 且 $n \neq 0$，这样就引入了一个新概念。按照这个概念，$\frac{2}{4}$ 和 $\frac{3}{6}$ 这两个分数表示了两个不同的过程，前者把一个物品四等分，然后取其中的两份。后者把一个物品六等分，取其中的三份。这两个过程不同，但得到的数量相同（一半）。我们就说这两个分数**等价**。等价的分数在数轴上由同一个点表示。

这一发现在本书中有着重大意义：一个学习阶段中等价的事物，往往会在后续阶段被当作同一对象。上面的例子中，等价的分数就会被当作同一个有理数。

分数集 **F** 上的加法和乘法运算可以通过代数方式用如下规则定义：

$$\frac{m}{n} + \frac{p}{q} = \frac{mq + np}{nq},$$

$$\frac{m}{n} \times \frac{p}{q} = \frac{mp}{nq}。$$

如果把分数替换为与之等价的分数，上述计算公式就会得到等价的结果。这一点不难证明（但有点儿烦琐）。

2.3　整数

我们为了除法引入了分数。为了减法，我们还需要引入整数。自然数集 **N** 不能回答"2–7 是什么"这一问题，所以引入负数。孩子们通常通过一条标有等距的点的"数轴"来学习负数的概念，其中一个点被叫作 0，自然数 1, 2, 3, … 被依次标在 0 的右边，而负数 –1, –2, –3, … 被依次标在 0 的左边（见图 2-1）。

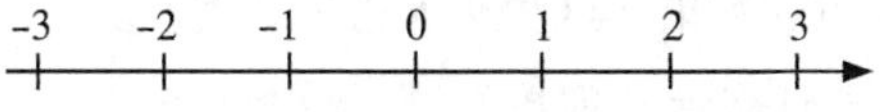

图 2-1　整数

这样就得到了一个扩充数系，它被称作"整数"。整数要么是自然数 n，要么是 $-n$（其中 n 是自然数），要么是 0。我们用 **Z**（德语中"整数"一词"Zahlen"的首字母）来表示整数集。

在你的学习过程中，你可能会先学习自然数集 **N**，然后学习整数集 **Z**。后者通常是通过把负数想象成"欠债"来进行的。这样就能理解为什么"负负得正"

了——清除在别人那里的债和给别人钱是一样的。

在中小学的数学教学中，有时会区分自然数 1, 2, 3, … 和正整数 +1, +2, +3, … 以及它们对应的负整数 −1, −2, −3, … 。这种区分有时候是有用或者必要的。我们后面会从自然数开始形式化地构造整数，在这个过程中，两者**确实**存在区别。但如果我们一直将它们严格区分开，只会带来不必要的负担。比如，4−(+2)（从 4 中拿走 +2）和 4+(−2)（给 4 加上 −2）表示了两个不同的过程，但也完全可以合理地认为它们都等于 4−2。

我们会使用集合论来从自然数构建整数，这个过程会用不同的符号表示自然数和正整数，但它们的性质显然相同，所以把它们当作相同的对象也是合理的。

在集合论中，符号 ⊆ 表示"是……的子集"。因此我们有

$$\mathbf{N} \subseteq \mathbf{Z},$$

也就是说，每个自然数都是（正）整数。同样，

$$\mathbf{N} \subseteq \mathbf{F}。$$

2.4 有理数

Z 的引入让任意自然数的减法成为了可能，**F** 的引入让除法（0 做除数除外）成为了可能，但是减法和除法没法在这两个系统中同时成立。为此，我们需要引入有理数集 **Q**（英语中"商"一词"quotient"的首字母）。通过向 **F** 中引入"负分数"，我们就得到了有理数集，这和从 **N** 得到 **Z** 类似。

我们依然可以用数轴表示有理数集 **Q**。分数按照合适的间隔放在整数中间，负分数放在 0 的左边，正分数在 0 的右边。比如，$\frac{4}{3}$ 就位于 1 和 2 之间三分之一处，如图 2-2 所示。

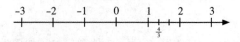

图 2-2　在数轴上标记有理数

有理数加减的法则和分数相同，只不过 m, n, p, q 不限于自然数，而可以是整数。

Z 和 **F** 都是 **Q** 的子集。这四个数系的关系可以用图 2-3 表示。

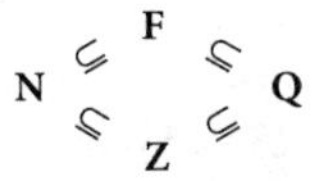

$$N \subsetneqq \begin{matrix} F \\ \subsetneqq \quad \subsetneqq \\ Z \end{matrix} \subsetneqq Q$$

图 2-3 四个数系

2.5 实数

数可以用来测量长度或者其他实际的量，但是古希腊人发现有一些线的长度没法用**有理数**精确测量。古希腊有一些非常厉害的几何学家，他们得出了一些既简单又深刻的结果，其中之一就是勾股定理。如果一个直角三角形的两条直角边长度都是 1，那么斜边长 x 就满足 $x^2 = 1^2 + 1^2 = 2$（见图 2-4）。

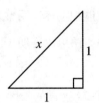

图 2-4 勾股定理和 $\sqrt{2}$

但是，因为不存在有理数 $\dfrac{m}{n}$ 满足 $\left(\dfrac{m}{n}\right)^2 = 2$，所以 x 不可能是有理数。要证明这一点，需要用到自然数可以被唯一分解为质数之积的结论。比如说，我们有

$$360 = 2 \times 2 \times 2 \times 3 \times 3 \times 5$$

或者

$$360 = 5 \times 2 \times 3 \times 2 \times 3 \times 2,$$

但无论怎么写，都是一个 5，两个 3 和三个 2。如果用指数形式来表示，就是

$$360 = 2^3 \times 3^2 \times 5。$$

我们会在第 8 章形式化证明唯一分解定理，现在先假定它成立。

如果我们把任意自然数分解为质数之积，再平方，那么每个质因数都会出现偶数次。例如，

$$360^2 = \left(2^3 \times 3^2 \times 5\right)^2 = 2^6 \times 3^4 \times 5^2，$$

指数 6、4 和 2 都是偶数。这一点不难证明。

取任意有理数 $\dfrac{m}{n}$，将其平方。（因为 $\dfrac{m}{n}$ 和 $-\dfrac{m}{n}$ 的平方相同，所以我们可以假设 m 和 n 都是正数。）然后对 m^2 和 n^2 做质因数分解，并约去分子和分母的公因数。如果约去了公因数 p，那么因为所有质因数都会出现偶数次，所以可以约去公因数 p^2。因此在约分之后，所有质因数的指数依然是偶数。但 $\left(\dfrac{m}{n}\right)^2$ 等于 2，而 2 只有一个质因数（也就是 2 本身），出现了 1 次（1 是奇数）。

因此平方等于 2 的有理数并不存在，上述的直角三角形的斜边长不可能是有理数。

如果使用一些代数符号，就能把上述证明整理成形式化论证。但上面的证明已经包含了必要的信息。同样的方法可以证明 3、$\dfrac{3}{4}$ 或者 $\dfrac{5}{7}$ 这些数也不存在有理平方根。

这明显暗示了一点：要描述 $\sqrt{2}$ 这样的长度，就必须进一步扩充数系。我们不仅需要有理数，还需要一些"无理"的数。

基于印度 – 阿拉伯记法，我们可以通过引入小数展开来完成这一构造。先画一个两条直角边为单位长度的直角三角形，然后用绘图工具把斜边长表示在数轴上。这样就在数轴上得到了表示 $\sqrt{2}$ 的点，它位于 1 和 2 之间（见图 2-5）。我们继续把 1 和 2 之间的单位长度等分为十份，就会发现 $\sqrt{2}$ 位于 1.4 和 1.5 之间。

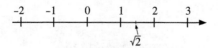

图 2-5 在数轴上标记 $\sqrt{2}$

如果我们继续把 1.4 和 1.5 之间的距离十等分，就能得到 $\sqrt{2}$ 更加精确的近似值（见图 2-6）。

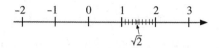

图 2-6　更加精确地标记 $\sqrt{2}$

这已经是在实际操作中绘图精确度的极限了。我们可能会想象一张绝对精确的图，可以让我们凑到足够近或者让图片放大到足够清楚，来找到小数的下一位。假设我们用放大镜来观察实际图片，不仅长度会被放大，线条也会变得更粗，这样就不太方便得到 $\sqrt{2}$ 更精确的近似值了（见图 2-7）。

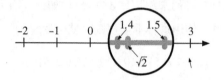

图 2-7　使用放大镜

实际绘图的精确度相当有限。哪怕是一支不错的绘图笔，画出的线条也有 0.1 毫米粗。即便单位长度是 1 米，因为 0.1 毫米 = 0.0001 米，所以近似的精确度也无法超过小数点后 4 位。哪怕继续增加纸的大小或者用更好的绘图工具，也没法极大地提高精确度。1 光年大约是 9.5×10^{15} 米。假设我们考虑一个极端情况，其单位长度是 10^{18} 米。假设光线从这段距离的一端射出，与此同时另一端有一名婴儿出生，那这名婴儿要活 100 多年才能看到这道光线。而在微观层面上，红光的波长大约是 7×10^{-7} 米，那么 10^{-7} 米长的线段就会比可见光的波长还要短，因此普通的光学显微镜无法分辨相距不到 10^{-7} 米的两个点。在单位长度为 10^{18} 米长的数轴上，我们无法分辨相差不到 $\dfrac{10^{-7}}{10^{18}} = 10^{-25}$ 的两个数。这就意味着，靠画图是不可能超过小数点后 25 位的精确度的，而这已经比实际情况夸张了很多。实际上我们最多也就能得到 3 或 4 位小数。

2.6 绘图的不精确性

实际生活中天然存在的不精确性会带来计算上的误差。如果我们把两个不精确的数加起来，误差也会累积。如果我们不能实际分辨出小于 e 的误差，那么我们就无法分辨 a 和 $a + \frac{3}{4}e$，还有 b 和 $b + \frac{3}{4}e$。但是把它们加到一起，我们就能分辨出 $a+b$ 和 $a+b+\frac{3}{2}e$。误差在乘法运算下就会增加得更快。运算结果和运算涉及的数未必有着相同的精确度。

如果我们计算的结果都只保留到固定数位，那么累计的误差可能会让人很烦恼。假设我们保留小数点后 2 位（第 3 位四舍五入）。假设有两个实数 a 和 b，并保留小数点后 2 位，此时二者的乘积记作 $a \otimes b$。比如说，因为 $3.05 \times 4.26 = 12.993$，所以 $3.05 \otimes 4.26 = 12.99$。使用这种乘法规则，就会发现

$$(1.01 \otimes 0.5) \otimes 10 \neq 1.01 \otimes (0.5 \otimes 10),$$

不等号的左边可以化简为 $0.51 \otimes 10 = 5.1$，而不等号的右边则是 $1.01 \otimes 5 = 5.05$。这并非特例，也说明了 $\otimes$ 不满足交换律。

如果我们把 $a \oplus b$ 定义为保留小数点后 2 位的二者之和，就会发现这些运算还有其他无法满足的性质，比如说分配律

$$a \otimes (b \oplus c) \overset{?}{=\!=} (a \otimes b) \oplus (a \otimes c) 。$$

2.7 实轴的理论模型

我们已经看到，如果数的测量不准确，那么算术的一些性质就无法成立。因此，实数的表示必须精确。

假设在实轴上有一个实数 x，而我们想把它表示为小数。首先我们会发现 x 位于两个整数之间（见图 2-8）。

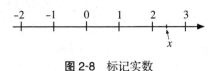

图 2-8　标记实数

在这个例子中，因为 x 位于 2 和 3 之间，所以 x 一定是"二点几"。接下来我们把 2 和 3 之间的数轴十等分。

　　x 位于十等分的某一段中。因为 x 位于 2.4 和 2.5 之间（见图 2-9），所以 x 是 "二点四几"。为了得到更准确的值，我们把 2.4 和 2.5 之间的数轴十等分，重复上述过程，得到小数的下一位。在实际情况下，这就已经是绘图精确度的极限了。

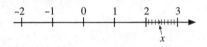

图 2-9　更精确地标记实数

　　理论上，我们可以假设能够凑到足够近或者放大图片到足够清晰，从而读出小数的下一位。而如果用放大镜观察实际图片，线的长度和粗细都会被放大（见图 2-10）。

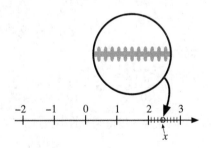

图 2-10　放大观察图片

　　这样就难以得到更精确的近似。理论上，我们必须假设线不存在粗细，无论怎样放大也不会变粗。为了表示这种理想情况，我们可以像前面那样画出放大后的线段，但是让线尽可能细。这时我们发现 x 位于 2.43 和 2.44 之间，所以它应该是"二点四三几"（见图 2-11）。

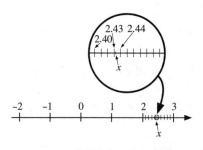

图 2-11　更精确地放大图片

理论上，我们可以用这种方法尽可能精确地表示任意实数。如果我们的小数定义足够谨慎，没有歧义，那么如果两个数在计算足够多位之后，有一位数不同，这两个数就不相等。

我们可以用数学语言表示这个理论方法。

(i) 已知一个实数 x，寻找一个整数 a_0，使得

$$a_0 \leqslant x < a_0 + 1。$$

(ii) 寻找一个 0 和 9（含）之间的整数 a_1，使得

$$a_0 + \frac{a_1}{10} \leqslant x < a_0 + \frac{a_1 + 1}{10}。$$

(iii) 在找到 $a_0, a_1, \cdots, a_{n-1}$（其中 $a_1, \cdots, a_{n-1}$ 都是 0 和 9 之间的整数）之后，寻找一个 0 和 9（含）之间的整数 a_n，使得

$$a_0 + \frac{a_1}{10} + \cdots + \frac{a_n}{10^n} \leqslant x < a_0 + \frac{a_1}{10} + \cdots + \frac{a_n + 1}{10^n}。$$

按照这个归纳过程，我们可以在第 n 步得到 x 的小数点后第 n 位，即

$$a_0 . a_1 a_2 \cdots a_n \leqslant x < a_0 . a_1 a_2 \cdots a_n + \frac{1}{10^n}。$$

理论上，x 的精确值可以表示为无限小数

$$a_0 . a_1 a_2 a_3 a_4 a_5 a_6 \cdots。$$

（当然，如果 a_n 从某一位开始都是 0，就可以把它们省略。比如说我们会写 1066.317，而不是 1066.317 000 000 00$\cdots$。）无限小数就被称作**实数**。所有实数的集合记为 **R**。

在大多数实际情况中，我们只需要得到几位小数。我们之前提到过，只要 25 位小数就足够表示人类可视范围内的所有长度比。通常两三位小数就足够实际使用了。

2.8　不同数的不同小数表示

如果 x 可以表示为无限小数，我们就会说 $a_0.a_1a_2\cdots a_n$ 是 x 的前 n 位小数表示（没有四舍五入）。如果实数 x 和 y 的前 n 位小数相同，就有

$$a_0.a_1\cdots a_n \leqslant x < a_0.a_1\cdots a_n + \frac{1}{10^n},$$

$$a_0.a_1\cdots a_n \leqslant y < a_0.a_1\cdots a_n + \frac{1}{10^n}。$$

第二个不等式可以变形为

$$-a_0.a_1\cdots a_n - \frac{1}{10^n} < -y \leqslant -a_0.a_1\cdots a_n。$$

把两个不等式相加，就得到了

$$-\frac{1}{10^n} < x - y < \frac{1}{10^n}。$$

换言之，如果两个实数的前 n 位小数表示相同，那么它们的差不会超过 $\frac{1}{10^n}$。

如果 x 和 y 是实轴上两个不同的数，并且我们想区分它们，我们只需要找到一个 n，满足它们的差大于 $\frac{1}{10^n}$，那么它们的小数表示的第 n 位就会不同。这也再一次暴露了绘图的缺点，也就是 x 和 y 可能近得根本无法区分。在实轴的理论模型中，这种非常小的区别是一定存在的。这一事实非常重要，值得我们赋予它一个专门的名字。因为伟大的古希腊数学家阿基米德给出过一个等价的性质，所以我们也用他的名字来命名这个性质。

阿基米德性：对于任意正实数 ε，都存在正整数 n，使得 $\frac{1}{10^n} < \varepsilon$。

2.9　有理数和无理数

我们已经学到了实数 $\sqrt{2}$ 是一个无理数，其实无理数还有很多。要证明一个

数是无理数有时会很难。（ e 相对来说还算简单，π 则不然。此外还有更多有趣的数——数学家长年以来相信它们是无理数，但是无法证明。）而 $\sqrt{2}$ 是无理数表明，任意两个有理数之间都存在无理数。为了证明这一点，我们需要一个引理。

引理 2.1[①]：如果 $\dfrac{m}{n}$ 和 $\dfrac{r}{s}$ 是有理数，并且 $\dfrac{r}{s} \neq 0$，那么 $\dfrac{m}{n} + \dfrac{r}{s}\sqrt{2}$ 是无理数。

证明：假设 $\dfrac{m}{n} + \dfrac{r}{s}\sqrt{2}$ 是有理数，并且等于 $\dfrac{p}{q}$，其中 p 和 q 为整数。那么可以得到

$$\sqrt{2} = \frac{(pn - mq)s}{qnr},$$

等号的右边是有理数，与 $\sqrt{2}$ 是无理数矛盾。 □

命题 2.2：任意两个不同的有理数之间都存在一个无理数。

证明：令这两个有理数为 $\dfrac{m}{n}$ 和 $\dfrac{r}{s}$，并且 $\dfrac{m}{n} < \dfrac{r}{s}$。那么

$$\frac{m}{n} < \frac{m}{n} + \frac{\sqrt{2}}{2}\left(\frac{r}{s} - \frac{m}{n}\right) < \frac{r}{s}$$

（因为 $\dfrac{\sqrt{2}}{2} < 1$ ）。根据引理，不等式中间的数是一个无理数。 □

把命题中的"有理数"和"无理数"交换，就能得到下面的命题。

命题 2.3：任意两个不同的无理数之间都存在一个有理数。

证明：令这两个无理数为 a 和 b，并且 $a < b$。将两个数表示为小数，并且假设它们的第 n 位为第一个不相等的数位。那么我们有

$$a = a_0.a_1 \cdots a_{n-1}a_n \cdots,$$
$$b = a_0.a_1 \cdots a_{n-1}b_n \cdots,$$

其中 $a_n \neq b_n$。令 $x = a_0.a_1 \cdots a_{n-1}b_n$。那么 x 是一个有理数，并且 $a < x \leqslant b$。因为 b 是无理数，所以 $x \neq b$，因此 $a < x < b$。 □

事实上，本章末尾的习题会证明有理数和无理数以一种复杂的方式混合在一起。读者不应该误认为它们"交替"出现在实轴上。

有理数可以被认为是按固定间隔循环的小数（证明从略）。严格来说，如果小数从某位开始出现一个固定的数字序列无限重复，我们就说这个数是一个循环小数。比如说，1.543 217 417 417 417 4…就是一个循环小数。我们可以在重复部

分的首尾两位上加点，把它记作 $1.543\,2\dot{1}7\,\dot{4}$。

2.10 实数的必要性

古希腊人认为所有数都是有理数（这被毕达哥拉斯教派当作教义来信奉），这却让他们陷入了逻辑的死胡同。把实数看作无限小数可以解决这一思想困境，它证明了有理数这样的循环小数并没有穷尽所有可能性。

但是我们也看到，即便是很长的有限小数都没有什么实际用途，更别说无限小数了。为什么还要给自己找麻烦呢？我们已经提过一个原因：有限小数的算术并不满足我们熟知的整数和有理数算术具有的性质。更重要的原因则来自于数学分析。

假设函数 f 被定义为

$$f(x) = x^2 - 2\,(x \in \mathbf{R}),$$

它在 $x=1$ 时为负，在 $x=2$ 时为正，在 1 和 2 之间的 $x=\sqrt{2}$ 时为 0。但如果我们把 x 限定为有理数，那么函数

$$f(x) = x^2 - 2\,(x \in \mathbf{Q})$$

在 $x=1$ 时仍然为负，在 $x=2$ 时为正。但在 1 和 2 之间，不存在任何有理数 x 使得函数值为 0。这是因为 $x^2 = 2$ 不存在有理根（见图 2-12）。

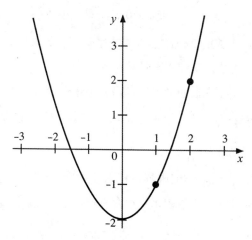

图 2-12　不存在有理根

这就有些麻烦了。数学分析中的一个基本定理表明，如果一个连续函数在一点为负，另一点为正，那么两点间必然存在一个点，使函数值为 0。这个定理适用于定义在实数上的函数，却不适用于定义在有理数上的函数。那么像是古希腊这样没有处理无理数的合理手段的文明，自然不能发展出极限理论，或者发明微积分。

2.11 小数算术

用无限小数表示实数的确有用，但是它不太适合数值运算，或者进行更高级的理论研究。要把两个有限小数加起来，我们可以从右侧开始计算。但无限小数因为不存在右侧，所以从右侧开始的加法就无从谈起。

我们可以从左侧开始，把第 1 位小数相加，然后前 2 位、前 3 位……我们以 $\frac{2}{3} = 0.\dot{6}$ 和 $\frac{2}{7} = 0.\dot{2}85\,71\dot{4}$ 为例观察这个过程。

.6	+.2	=.8
.66	+.28	=.94
.666	+.285	=.951
.666 6	+.285 7	=.952 3
.666 66	+.285 71	=.952 37
.666 666	+.285 714	=.952 380

实际的结果是 $\frac{2}{3} + \frac{2}{7} = \frac{20}{21} = 0.\dot{9}5238\dot{0}$。注意，小数第 1 位的和并不是精确到小数点后 1 位的和，小数前 2 位的和也并非精确到小数点后 2 位的和。这是因为后面位数的"进位"可能影响前面的计算结果。

不过在本例中，随着数位增多，这些和越来越大，不断靠近实际结果。0.8, 0.94, 0.951, 0.9523, … 是一个递增的实数序列。因为它和 $\frac{20}{21}$ 的差会不断变小，所以它在不断"逼近" $\frac{20}{21}$。

在下面几节中，我们会详细讲解更精确定义这一概念所需的知识。（实数近似值的）递增序列往往比小数表示更适合进行理论研究。

2.12 序列

一个实数**序列**可以被定义为一个无穷无尽的数串

$$a_1, a_2, a_3, a_4, \cdots, a_n, \cdots,$$

其中每一项都是实数。（我们将在第 5 章用集合论进行更形式化的定义。）

例 2.4

(1) 平方数序列：1, 4, 9, 16, $\cdots$ ，其中 $a_n = n^2$。

(2) $\sqrt{2}$ 的小数近似序列：1.4, 1.41, 1.414, $\cdots$ ，其中 a_n 是 $\sqrt{2}$ 精确到小数点后 n 位的值。

(3) 序列 1, $1\frac{1}{2}$, $1\frac{5}{6}$, $\cdots$ ，其中 $a_n = 1 + \frac{1}{2} + \frac{1}{3} + \cdots + \frac{1}{n}$。

(4) 序列 1, 4, 1, 5, 9, $\cdots$ ，其中 a_n 是 π 的小数点后第 n 位。

我们会把第 n 项用括号括起来，以表示序列 $a_1, a_2, \cdots$：

$$(a_n)。$$

因此上面的第一个例子可以写成 (n^2)。

注意，序列的概念非常宽泛。它可以是**任何**一个无限长的数列，它的第 n 项不需要有一个漂亮的公式来定义，只要我们知道每一项应该是什么就可以了。

序列可以进行加法、减法和乘法运算。这里有必要定义一下：最简单的办法就是对两个序列对应位置的数进行上述运算。换言之，把序列

$$a_1, a_2, \cdots$$

和序列

$$b_1, b_2, \cdots$$

相加，就得到了序列

$$a_1 + b_1, a_2 + b_2, \cdots。$$

如果 $a_n = n^2$，$b_n = 1 + \frac{1}{2} + \cdots + \frac{1}{n}$，那么 $(a_n) + (b_n)$ 的第 n 项就是

$$n^2 + 1 + \frac{1}{2} + \cdots + \frac{1}{n}。$$

因为 $(a_n) + (b_n)$ 的第 n 项是 $a_n + b_n$，所以我们可以把加法的规则记为

$$(a_n) + (b_n) = (a_n + b_n)。$$

同样，减法和乘法可以定义为

$$(a_n) - (b_n) = (a_n - b_n),$$
$$(a_n)(b_n) = (a_n b_n),$$

除法可以定义为

$$\frac{(a_n)}{(b_n)} = \left(\frac{a_n}{b_n}\right)。$$

但是需要注意，只有 b_n 的所有项均不为 0 时，除法才能成立。

例 2.5：如果 a_n 是 $\sqrt{2}$ 精确到小数点后 n 位的值，而 b_n 是 π 的小数第 n 位，那么 $(a_n)(b_n)$ 的前几项是

$$1.4 \times 3 = 4.2,$$
$$1.41 \times 1 = 1.41,$$
$$1.414 \times 4 = 5.656,$$
$$1.4142 \times 1 = 1.4142。$$

如果你看到序列 4.2, 1.41, 5.656, 1.4142, $\cdots$，你就能猜到第 n 项的规律吗？这就充分证明，要表示一个数列，我们必须知道如何计算它的**所有**项。一般来说，只是写下前几项和省略号是不够的。3, 1, 4, 1, 5, 9, $\cdots$ 这个序列确实像是 π 的数字，但它也可能是 $\frac{355}{113}$ 的小数数字——它的前几位和 π 一模一样。这也正是我们在例 2.4 中给出了求第 n 项的规则的原因。

不过，数学家也常常会写 2, 4, 8, 16, 32, $\cdots$ 这种序列，然后觉得大家都能明白第 n 项应该是 2^n。学习数学的一个方面就是学习数学家的做法和风格：只要从上下文能明显判断出来，那么记法有些许不同也是正常的。

2.13　顺序性质和模

接下来我们要稍稍偏题，介绍一个重要概念。如果 x 是实数，我们把 x 的模

或者绝对值定义为

$$|x| = \begin{cases} x, & x \geqslant 0; \\ -x, & x < 0。 \end{cases}$$

$|x|$ 的图像如图 2-13 所示。

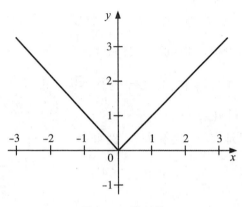

图 2-13　模函数

$|x|$ 的值表示的是 x 在去掉符号之后的大小。模最有用的一个应用就是三角不等式。它之所以得名为三角不等式，是因为将数推广到复数之后，它其实说明了三角形任意两边之和大于第三边。

命题 2.6（三角不等式）：如果 x 和 y 为实数，那么

$$|x+y| \leqslant |x| + |y|。$$

证明：从图像上来看，$|x+y|$ 表示的是 $x+y$ 到原点的距离，这个距离最多是 x 和 y 分别到原点的距离之和，即 $|x|$ 与 $|y|$ 之和。如果 x 和 y 符号相反，和到原点的距离就会小于到原点距离之和。（可以画图来检验。）要通过逻辑来证明三角不等式，最简单的方式就是根据 x 和 y 的符号和相对大小来分情况讨论。

(i) $x \geqslant 0, y \geqslant 0$。那么 $x+y \geqslant 0$，所以

$$|x+y| = x+y = |x| + |y|。$$

(ii) $x \geqslant 0, y < 0$。如果 $x+y \geqslant 0$，那么

$$|x+y| = x+y < x-y = |x| + |y|;$$

如果 $x+y<0$，那么

$$|x+y|=-(x+y)=-x-y<|x|+|y|。$$

(iii) $x<0, y\geq 0$。和上一种情况相同，只要将 x 和 y 交换。

(iv) $x<0, y<0$。那么 $x+y<0$，所以

$$|x+y|=-x-y=|x|+|y|。$$　　　　□

三角不等式还有变种，比如说

$$|x-y|+|y-z|\geq|x-z|。$$

这是因为 $x-z=(x-y)+(y-z)$。

模可以非常简洁地表示一些不等式。例如

$$a-\varepsilon<x<a+\varepsilon$$

可以被写成

$$-\varepsilon<x-a<\varepsilon,$$

也就是

$$|x-a|<\varepsilon。$$

2.14 收敛

现在我们就可以考虑把实数表示为序列的"极限"这样一个一般的概念，而不仅仅是特定的小数。读者可以练习在一个尽可能大的数轴上，尽可能精确地在 1 和 2 之间标出 1.4、1.41、1.414、1.4142 和 $\sqrt{2}$。

1.4、1.41、1.414、1.4142 这几个数会变得越来越接近。受限于绘图精确度，我们会无法区分这几个数，也看不出它们和 $\sqrt{2}$ 的区别。随着绘图精确度的提升，我们可以画出 $\sqrt{2}$ 的近似值序列中更多的数。如果绘图达到了 10^{-8} 的精确度，那么从序列的第 8 项开始，就无法辨别近似值和 $\sqrt{2}$ 了。

这一现象启发了收敛的理论概念。令 ε 为任意正实数（ε 是希腊字母中的

epsilon，相当于英文字母 e。而 e 也是英语中"误差"一词"error"的首字母）。
要让一个序列 (a_n) 实际收敛到极限 l，收敛精度为 ε，就需要找到一个自然数 N，
使得对于所有 $n > N$，a_n 和 l 的差都小于 ε。换言之，$|a_n - l| < \varepsilon$。在图 2-14 中，
我们没法区分间距小于 $\varepsilon = 10^{-8}$ 的点，因此这里 $N = 7$，当 $n > 7$ 时就无法区分 a_n
和 l。

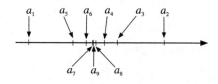

图 2-14　实际收敛

理论收敛要求上述性质对于**所有**正 ε 均成立。我们也要清楚地认识到，ε 越
小，N 的值就可能越大。这样来看，N 可以依赖于 ε。我们给出定义如下。

定义 2.7：已知实数序列 (a_n)，如果对于任意 $\varepsilon > 0$，都存在自然数 N，使得

$$|a_n - l| < \varepsilon$$

对于所有 $n > N$ 成立，那么 (a_n) **趋近于极限** l。

数学家使用不同的记法来表示这个概念。"序列 (a_n) 趋近于极限 l"可以
记作

$$\lim_{n \to \infty} a_n = l$$

或

$$n \to \infty \text{ 时，} a_n \to l。$$

"$n \to \infty$"读作"n 趋近于无穷"。它提醒我们，需要关注的是 a_n 在 n 很大（也就
是 $n > N$，其中 N 为一个足够大的数）时的性质。

∞ 这个符号在历史上有过很多不同的含义。我们会在第 14 章和第 15 章回顾
它们。这些历史上的，还有学生心中的理解都有着非常有趣的形式化解释。在此
之前，我们尽量回避这个符号，仅把极限记作

$$\lim a_n = l。$$

例 2.8：序列 1.1, 1.01, 1.001, 1.0001, $\cdots$（其中 $a_n = 1 + 10^{-n}$）趋近于极限 1。因此，对于 $\varepsilon > 0$，我们需要找到合适的 N，使得在 $n > N$ 时

$$|1 + 10^{-n} - 1| < \varepsilon。$$

这一点可以由阿基米德性推出：如果我们找到了 N 使得 $10^{-N} < \varepsilon$，那么对于所有 $n > N$ 都有 $10^{-n} < 10^{-N} < \varepsilon$。（如果可以使用对数理论，那么 N 只要满足 $N > \log_{10}\left(\dfrac{l}{\varepsilon}\right)$ 即可。）

定义 2.9：如果一个序列 (a_n) 趋近于极限 l，那么它就是**收敛**的。如果不存在极限，那么它就是**发散**的。

收敛序列只能趋近于一个极限。假设 $a_n \to l$ 且 $a_n \to m$，其中 $l \neq m$。令 $\varepsilon = \dfrac{1}{2}|l - m|$。对于一个足够大的 n，我们有

$$|a_n - l| < \varepsilon,\ |a_n - m| < \varepsilon。$$

根据三角不等式，$|l - m| < 2\varepsilon = |l - m|$，存在矛盾。

换言之，如果所有 a_n 最终会非常接近 l，它们就不能同时非常接近 m，不然它们就要同时存在于两个不同的地方。

2.15 完备性

定义 2.10：如果一个序列 (a_n) 中的每一个 a_n 都满足 $a_n \leqslant a_{n+1}$，使得

$$a_1 \leqslant a_2 \leqslant a_3 \leqslant \cdots,$$

那么它是一个**递增**序列。

假设 (a_n) 是一个递增序列。要么 a_n 毫无限制地增长，要多大就有多大；要么存在一个实数 k，使得 $a_n \leqslant k$ 对于所有 n 都成立。1, 4, 9, 16, 25, $\cdots$ 就属于第一种序列；而 e 的小数近似序列 2.7, 2.71, 2.718, 2.7182, $\cdots$ 的每一项都小于 3，属于第二种序列。

定义 2.11：如果存在实数 k，使得 $a_n \leqslant k$ 对于所有 n 都成立，我们就说序列 (a_n) 是**有界**的。

如果我们把一个有界递增序列画在实轴上，那么因为所有点都在 a_1 和 k 之间，所以只需画出这一段实轴即可，如图 2-15 所示。

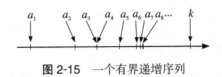

图 2-15 一个有界递增序列

从图上可以明显看出，序列的项变得越来越紧凑，最终趋近于极限 $l \leqslant k$。如果我们考虑的是实数序列和实数极限，那么这个想法是正确的。但如果是有理数序列和**有理数**极限则不然。比如说 $\sqrt{2}$ 的小数近似序列就是一个递增的有理数序列，但它不存在有理数极限。

每个有界递增实数序列都趋近于一个实数极限，这个性质被称作实数的**完备性**。这个性质的名字源于有理数的"不完备性"——比如 $\sqrt{2}$ 这样的数就没有被涵盖在内。等我们用形式化的方法学习实数时，将从全新的角度理解这一点。

我们可以用小数的知识来说服自己实数是完备的。假设 (a_n) 是一个递增实数序列，$a_n \leqslant k$ 对于所有 n 都成立。

因为 $a_1 - 1$ 和 k 之间的整数数量是有限的，所以存在整数 b_0，它是满足序列中存在一项 a_{n_0} 使得 $a_{n_0} \geqslant b_0$ 这一条件的所有整数中最大的一个。于是所有的 a_n 都小于 $b_0 + 1$（见图 2-16）。

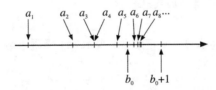

图 2-16 序列中靠后的一些项位于两个连续整数之间

我们把 b_0 和 $b_0 + 1$ 之间的区域十等分，并寻找 b_1，它是满足存在一项 a_{n_1} 使得 $a_{n_1} \geqslant b_0 + \dfrac{b_1}{10}$，但是没有任何一项 a_n 使得 $a_n \geqslant b_0 + \dfrac{b_1 + 1}{10}$。继续这个过程，我们将得到一个小数序列

$$b_0, \ b_0.b_1, \ b_0.b_1b_2, \ \cdots。$$

对于所有 $n > n_r$，a_n 都位于 $b_0.b_1b_2\cdots b_r$ 和 $b_0.b_1b_2\cdots b_r + \dfrac{1}{10^r}$ 之间。那么对于所有的 $n > n_r$，实数

$$l = b_0.b_1b_2\cdots$$

都满足 $|a_n - l| < \dfrac{1}{10^r}$。因此 $n \to \infty$ 时，$a_n \to l$。

很容易证明 $l \leqslant k$。

2.16　递减序列

我们的学习不能只限于递增序列。

定义 2.12：如果对于所有 n，都有 $a_n \geqslant a_{n+1}$，那么序列 (a_n) 是一个**递减**序列。如果对于所有 n，都有 $a_n \geqslant k$，那么 k 是一个**下界**，序列 (a_n) **存在下界**。（为了避免混乱，我们现在会说递增序列**存在上界**。）递减序列也有类似的定理，但这里我们要用一个技巧，来避免照抄证明、改变不等式符号等。假设 (a_n) 是递减的，那么 $(-a_n)$ 就是递增的。如果对于所有 n 都有 $a_n \geqslant k$，那么对于所有 n 都有 $-a_n \leqslant -k$，所以 $(-a_n)$ 存在上界，趋近于极限 l。很容易推出 $a_n \to -l$。因此，任何有界（下界为 k）递减实数序列都存在极限 $-l$，且 $-l \geqslant k$。

2.17　同一实数的不同小数表示

我们先前通过下述不等式来把实数 x 表示为了无限小数 $x = a_0.a_1a_2\cdots$：

$$a_0 + \frac{a_1}{10} + \cdots + \frac{a_n}{10^n} \leqslant x < a_0 + \frac{a_1}{10} + \cdots + \frac{a_n+1}{10^n},$$

其中 a_0 为整数，而对于 $n \geqslant 1$，a_n 是 0 和 9（含）之间的整数。

这个条件也可以写作

$$a_0.a_1a_2\cdots a_n \leqslant x < a_0.a_1a_2\cdots a_n + \frac{1}{10^n}。 \tag{2.1}$$

随着 $n = 1,\ 2,\ 3,\ \cdots$ 不断增大，我们得到了任意实数的小数表示，并且不同实数的小数表示也不一样。但是这还没完：在使用条件 (2.1) 时，有些小数并不会出

现——比如说 $0.999\,999\cdots$（其中 $a_0=0$，对于所有 $n\geqslant 1$，都有 $a_n=9$）。

这是怎么回事？假设（根据条件 (2.1)）有一个实数 x 的小数表示是 $0.999\,999\cdots$，那么我们有

$$0.999\cdots 9 \leqslant x < 0.999\cdots 9 + \frac{1}{10^n},$$

其中不等式两边的小数都有 n 个 9。因此对于所有 $n \in \mathbf{N}$，都有

$$1 - \frac{1}{10^n} \leqslant x < 1,$$

或者说

$$0 < 1 - x \leqslant \frac{1}{10^n}。$$

但这有悖于阿基米德性：因为 $1-x>0$，所以必然存在一个 n 使得 $\frac{1}{10^n} < 1-x$。

这一串 9 不会出现的原因就在于 (2.1) 中不等式的选择。假如我们使用了

$$a_0.a_1 a_2 \cdots a_n < x \leqslant a_0.a_1 a_2 \cdots a_n + \frac{1}{10^n}, \tag{2.2}$$

那么就得到了一个同等效力的小数定义。很容易看出，使用这个定义，$x=1$ 的小数表示就变成了 $0.999\,999\cdots$。

但是第二条规则 (2.2) 就得不到小数 $1.000\,000\cdots$ 了。

能选择的不等式就只有这些。假设有一个数 x 有两种小数表示，那么不妨假设

$$x = a_0.a_1 \cdots a_{n-1} a_n \cdots = a_0.a_1 \cdots a_{n-1} b_n \cdots，\ \text{其中}\ a_n < b_n。$$

等式两边同时乘以 10^n，得到

$$a_0 a_1 \cdots a_{n-1} a_n.a_{n+1} \cdots = a_0 a_1 \cdots a_{n-1} b_n.b_{n+1} \cdots，\ \text{其中}\ a_n < b_n。$$

等式两边同时减去整数 $a_0 a_1 \cdots a_{n-1} a_n$，得到

$$0.a_{n+1} \cdots = k.b_{n+1} \cdots，\ \text{其中}\ k = b_n - a_n > 0\ \text{是一个正整数}。$$

但是第一个小数 $0.a_{n+1}\cdots \leqslant 0.999\cdots = 1$，而第二个小数大于等于正整数 k。仅当 $k=1$ 时它们才相等，并且都表示同一个极限值 1。因此，$a_{n+1} = a_{n+2} = \cdots = 9$，

$b_{n+1} = b_{n+2} = \cdots = 0$ 且 $b_n = a_n + 1$。

比如，$3.149\,99\cdots$ 就等于 $3.15\,000\cdots$。

这就证明了无限小数是唯一的，**除非** (2.1) 给出了一种有限小数的表示，而 (2.2) 给出了有无限多个 9 的另一种小数表示。

注意，千万不能把 $0.999\cdots$ 当成一个小于 1 但是"无限接近于"1 的数。它们只是同一个实数的两种不同写法。

允许这两种记法是很方便的，这是因为有些计算可能会得出无限多个 9。用我们先前学习的寻找有界递增序列的极限的小数表示的方法就会遇到这种情况。

例 2.13：假设 $a_1 = 1$，并且 $a_{n+1} = a_n + \left(\dfrac{1}{2}\right)^{n-1}$，那么 (a_n) 显然是递增的。通过计算可以得到 $a_n = 2 - \left(\dfrac{1}{2}\right)^{n-1}$，因此序列存在上界 2。如果我们不用 (2.1)，而是用 (2.2) 来计算序列 (a_n) 的极限的小数表示，就会得到

$$b_0.b_1 b_2 \cdots b_n \cdots = 1.99 \cdots 9 \cdots。$$

为了解释所有情况，我们引入下述定义。

定义 2.14：无限小数 $a_0.a_1 a_2 \cdots a_n \cdots$ 的值就是由它的前 n 位小数 $d_n = a_0.a_1 a_2 \cdots a_n$ 组成的序列 (d_n) 的极限。

根据这个定义，$0.333\cdots$ 等于 $\dfrac{1}{3}$，而 $0.999\cdots$ 等于 1。

注：研究表明，大多数人一开始相信 $0.999\cdots$ "仅仅比 1 小一点"。这其中的心理原因在于，我们没有把序列 (a_n) 当作一组数，而是当作一个随着 n 改变的"变量"。比如说，如果 $a_n = \dfrac{1}{n}$，那么我们就会认为第 n 项随着 n 的改变而改变，并且会动态地越变越小。这个变量越来越接近 0，但是永远不会等于 0。这种动态直觉使我们相信 $0.999\cdots$ "仅仅比 1 小一点"，但并不等于 1。这也会导致我们拒绝接受无限小数被**定义**为一个极限值。

作者曾在一门入门课程中教授收敛的概念。学生们使用计算机来观察序列数值的收敛，从而理解假如一个序列收敛，那么序列将会以某个精度稳定在一个固定值上。他们接着学到了序列所稳定于的**准确**值就是极限，这一概念引出了序列 (a_n) 的极限 l 的形式化定义以及一些例子（如果 $a_n = 1 - \dfrac{1}{10^n}$，那么其极限 l 就是

1)。在上课之前，23 名学生中有 21 人声称 $0.\dot{9}$ 比 1 小一点，另外两人则认为它们相等。这和我们的预期完全一致。这些学生在课后也没有改变自己的想法。在课堂讨论中，他们普遍认为自己**知道**这个无限小数永远无法等于 1，所以试图把它**定义**为 1 是不可能的。

为了理解形式数学，就有必要了解定义，弄清楚它们究竟说了什么。只有这样才能建立一个自洽的形式化理论。序列 (a_n) 的极限就像定义中所描述的，被定义为它所趋近的**固定值** l。

2.18 有界集

如果把一个有界递增序列画出来，就能清楚地看到它趋近于极限的过程。这是因为序列后面的项会挤在一个越来越小的区间里。现在我们跳出序列的限制，来考察实数的任意一个存在上界 k 的子集 $S \subseteq \mathbf{R}$。换言之，对于所有 $s \in S$，都有 $s \le k$（见图 2-17）。你能否想到一个和极限相似的概念？

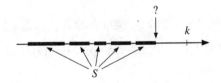

图 2-17　集合 S 存在上界

最简单的答案就是 S 存在一个最大元素 $s_0 \in S$，使得 $s_0 \ge s$ 对于所有 $s \in S$ 均成立。很遗憾，这个答案并不正确。假如 S 是 $\mathbf{R}$ 中所有严格小于 1 的元素的集合，那么 S 就存在上界（比如说 $k = 1$），但是 S 中并不存在一个大于其他所有元素的元素。假设 y 是 S 的最大元素。因为 $y \in S$，所以 $y < 1$，于是有

$$y < \frac{1}{2}(y+1) < 1 \text{。}$$

所以 $\frac{1}{2}(y+1) \in S$，但它比我们假设的最大元素 y 还大。

不过只要我们更周密一点，这个答案还有转圜的余地。

为此需要引入一些术语。

定义 2.15：假设 $S \subseteq \mathbf{R}$ 是实数的一个非空子集，若存在 $k \in \mathbf{R}$，使得 $s \leq k$ 对于所有 $s \in S$ 均成立，我们就说 S **存在上界** k。k 被称作 S 的一个**上界**。

在前面的例子中，集合 S 存在很多上界：任何 $k \geq 1$ 都是 S 的上界。所有上界的集合存在一个最小元素。这个例子中，上界集的最小元素是 1。换言之，所有其他的上界均大于 1。

定义 2.16：给定子集 $S \subseteq \mathbf{R}$，它的**上确界** $\lambda \in \mathbf{R}$ 满足以下条件：

(i) λ 是 S 的上界；

(ii) 如果 $k \in \mathbf{R}$ 是 S 的另一个上界，则 $\lambda \leq k$。

虽然上界不止一个，但上确界必须是唯一的。假设 λ 和 μ 都是 S 的上确界，那么根据 (ii)，就有 $\lambda \leq \mu$ 和 $\mu \leq \lambda$，因此 $\lambda = \mu$。

例 2.17：

(1) 如果 S 是所有整数的集合，那么 S 不存在上界，也就肯定不存在上确界。

(2) 如果 S 是所有不大于 49 的实数的集合，那么 49 就是 S 的上确界。

(3) 如果 S 是 $\sqrt{2}$ 的所有小数近似 1.4, 1.41, 1.414, … 的集合，那么 S 的上确界就是 $\sqrt{2}$。

(4) 如果 S 是所有满足 $r^2 < 2$ 的有理数 r 的集合，那么 $\sqrt{2}$ 就是 S 的上确界。

在 (2) 中，上确界是 S 的一个元素，但在 (3) 和 (4) 中则不然。即便上确界存在，它们也未必是集合的元素。

同样还有一组相似的概念。

定义 2.18：对于（实数的）非空子集 S，若存在 $k \in \mathbf{R}$，使得 $k \leq s$ 对于所有 $s \in S$ 均成立，我们就说 S **存在下界** k。k 被称作 S 的一个**下界**。S 的**下确界** $\mu \in \mathbf{R}$ 满足以下条件：

(i) μ 是 S 的下界；

(ii) 如果 k 是 S 的另一个下界，则 $\mu \geq k$。

使用我们在研究递减序列时使用的技巧，就可以把所有下确界问题转化成上确界问题。我们只要把所有上确界性质中的 $\leq$ 换成 $\geq$，就得到了下确界的性质。

注：曾经有一位无论如何都坚信"0.99… 比 1 小一点"的学生，他也坚信集合的上确界一定是集合的元素。我让他思考所有不大于 1 的实数的集合 S，他觉得这反而证明了他的观点，因为在他看来 S 的上确界等于 0.99…，而这个数比 1

小一点 [1]。这种观念可能很难改正。正如另一名学生在第一堂课后所说的："我明白它应该是 1，我也明白序列的极限确实是 1。这只是记法的区别，但我还是很难不把它当作 0.9999… 。"[6]

基于直觉的强烈信念可能会阻碍我们学习基于定义的更形式化的知识，但形式数学必须基于给出的定义小心构建。极限就是序列的各项不断逼近的一个**固定值**。比如说，在讨论 $\sqrt{2}$ 的 n 位小数近似序列时，1.414… 这个数就表示了序列的极限，**也就是实数** $\sqrt{2}$ **这一固定值**。

要从定义和证明构建数学，就要**了解**定义以及如何从定义开始推导。只有这样才能把形式数学构造成一个自洽的结构。比如说，我们可以通过形式化的定义和推导，来用实数的完备性证明实数更一般的性质，例如：

命题 2.19：$\mathbf{R}$ 的每个存在上界的非空子集都存在上确界。

注意这里的形容词"非空"。因为对于一个空集来说，任何数都是它的上界，所以这个词是必需的。我们可以用学习递增序列时用到的小数方法，先处理下界再转化为上界来证明上述命题会更加简单。因此，我们需要考察如下命题。

命题 2.20：$\mathbf{R}$ 的每个存在下界的非空子集都存在下确界。

证明：令 $S \subseteq \mathbf{R}$，且 a_0 是 S 的下界中的最大整数。令 a_1 为满足 $a_0.a_1$ 为 S 的下界这一条件的 0 到 9 之间的最大整数。令 a_n 为满足 $a_0.a_1a_2 \cdots a_n$ 为 S 的下界这一条件的 0 到 9 之间的最大整数。我们断言

$$\lambda = a_0.a_1a_2 \cdots$$

就是集合的下确界。要证明这一点，我们需要做一些小数计算。证明的难点在于"进位"。

首先，我们来证明 λ 是集合的下界。假如它并非下界，那么存在 $s \in S$ 使得 $s < \lambda$。根据阿基米德性，存在 $n \in \mathbf{N}$ 使得 $10^{-n} < \lambda - s$。因此，λ 定义中的 a_n 可以再减去 1；如果 $a_n = 0$，那么前面的某一位 a_m（$a_m > 0$）可以再减去 1。这与 λ 的定义矛盾。

接下来，我们证明每个下界 μ 都不大于 λ。假如 $\mu > \lambda$，那么根据阿基米德性，存在 $n \in \mathbf{N}$ 使得 $10^{-n} < \mu - \lambda$。因此，λ 定义中的 a_n 可以再加上 1；如果 $a_n = 9$，那么前面的某一位 a_m（$a_m < 9$）可以再加上 1。这与 λ 的定义矛盾。 □

我们知道不可能通过绘图准确地区分有理数和无理数，但是上下界问题展示了有理数和实数间的重要区别。上面的 (3) 和 (4) 都是有界有理数集，但它们没有有理数上确界。这样看来，**R** 是完备的，而 **Q** 则不然。这一性质对于本书后面实数的形式化定义来说至关重要。

2.19 习题

1. 假设已知自然数质因数分解相关的所有性质，证明每个正有理数都能被唯一地表示为

   $$r = p_1^{\alpha_1} p_2^{\alpha_2} \cdots p_s^{\alpha_s},$$

   其中 $p_1 = 2$, $p_2 = 3$, $\cdots$ 为递增的质数，每个 α_k 都是整数（正整数、负整数或 0）。

   把下列有理数按上述方式表示出来：$\dfrac{14}{45}$, $\dfrac{3}{8}$, 2, $\dfrac{20}{45}$。

   证明只有当所有的指数 α_1, α_2, $\cdots$ 都是偶数时，$\sqrt{r}$ 才是有理数。证明以下事实：对于正整数 n，当且仅当 n 不是整数的平方时，$\sqrt{n}$ 才是无理数。

2. 在习题 1 的基础上，找出所有满足 $\sqrt[3]{r}$（r 的立方根）为无理数的有理数 r。证明对于所有满足 $n \geqslant 2$ 的自然数 n，$\sqrt[n]{\dfrac{3}{8}}$ 都是无理数。

3. 下列哪些陈述是正确的？

   (a) 如果 x 是有理数，y 是无理数，那么 $x+y$ 是无理数。

   (b) 如果 x 是有理数，y 是有理数，那么 $x+y$ 是有理数。

   (c) 如果 x 是无理数，y 是有理数，那么 $x+y$ 是有理数。

   (d) 如果 x 是无理数，y 是无理数，那么 $x+y$ 是无理数。

   证明其中的正确陈述，并给出错误陈述的反例。

4. 证明任意两个不同实数间都存在无限多个有理数，和无限多个不同的无理数。（这里"无限多"的意思是，对于任意自然数 n，存在至少 n 个满足所需性质的数。）

5. 已知实数 a, r 和自然数 n，令 $s_n = a + ar + \cdots + ar^n$。证明 $rs_n - s_n = a\left(r^{n+1} - 1\right)$,

以及对于 $r \neq 1$，有

$$\left| s_n - \frac{a}{1-r} \right| = \left| \frac{r^{n+1}}{1-r} \right| 。$$

对于 $|r| < 1$，证明 $n \to \infty$ 时，$s_n \to \dfrac{a}{1-r}$。

6. 证明无限小数 $x = a_0.a_1a_2a_3\cdots$ 是一个有理数，当且仅当它"存在循环"。换言之，存在 n 使得该无限小数在 n 位之后，会有一段数字重复出现无数次。

$$x = a_0.a_1a_2a_3\cdots a_n \underbrace{a_{n+1}\cdots a_{n+k}}\ \underbrace{a_{n+1}\cdots a_{n+k}}\ \underbrace{a_{n+1}\cdots a_{n+k}}\cdots 。$$

（提示：一种思路是用习题 5 的结果，令 $a = \dfrac{a_{n+1}\cdots a_{n+k}}{10^{n+k}}$，$r = \dfrac{1}{10^k}$。）

7. 令

$$y = 0.123\ 456\ 789\ 101\ 112\ 131\ 415\ 161\ 718\ 192\ 0\cdots,$$

它的小数部分就是把所有自然数按顺序写出来。证明 y 是无理数。

考察小数

$$0.101\ 001\ 000\ 100\ 001\cdots,$$

小数部分的每一串 0 都比前一串多 1 位。这个数是有理数还是无理数？

8. 指出下面每个序列 (a_n) 是否趋近于一个极限。如果是，则给出这个极限，并用 ε-N 语言证明其正确性。

(a) $a_n = n^2$。

(b) $a_n = \dfrac{1}{n^2+1}$。

(c) $a_n = 1 + \dfrac{1}{3} + \dfrac{1}{9} + \cdots + \left(\dfrac{1}{3}\right)^n$。

(d) $a_n = (-1)^n$。

(e) $a_n = \left(-\dfrac{1}{2}\right)^n$。

第二部分
形式化的开端

接下来五章所学习的技巧将为数学推理打下更坚实的逻辑基础。我们仍然可以依靠直觉,但它只能作为学习概念的一种**动机**,而不能作为推理的一部分。

用"建筑"来比喻,我们就是在收集砖块、水泥、木材、瓷砖、水管还有其他材料,然后雇用瓦工、粉刷工、木工和水管工来把这些材料正确地组合起来。用"植物"来比喻,这些知识就是花盆、树桩、叉架、铲子还有足够的驱虫剂。

我们将关注两个概念:作为一切基础的集合论,以及确保定理证明缜密、合理的数理逻辑。我们将用三章介绍集合的相关知识,再用两章介绍逻辑。我们将从一个更加实用的角度进行学习——把重心放在如何用它们来研究数学,而不是它们自身的原理上。

第 3 章
集合

　　根据第 1 章中的观点，我们没有给出"集合"这一概念的准确**定义**，但我们还是可以解释集合是什么。一个集合就是任意一组对象。"组"这个词不能说明集合中对象的数量——这个数量可能是有限的，也可能是无限的；集合中可能只有一个对象，也可能一无所有。集合中的对象也未必属于同一类——三个数、两个三角形再加一个函数也能构成一个集合。这样一个宽泛的概念显然带来了大量奇怪的例子。但数学中研究的集合只能包含数学对象。在初等数学中，我们遇到过数的集合、平面上点的集合、几何曲线的集合还有方程的集合。我们在高等数学中又会遇到无数种集合。其实几乎所有我们感兴趣的概念都是从集合的理论建立起来的。

　　如今，"集合"这一概念被认为是整个数学的基础——甚至比"数"这一古人用来建立整个数学的概念更加基础。这背后有很多原因，其中之一就是解方程通常会得到一组解，而不是一个解。比如说二次方程一般就有两个解。而且现代数学强调一般性，有趣的定理通常适用于多种情况。勾股定理之所以重要，就是因为它适用于**所有**直角三角形，而不只是某个特例，因此它表述了所有直角三角形的集合的性质。而"群"的概念（我们将在后文，特别是第 13 章中讨论）在整个数学中更是有着多种形态。集合的语言可以帮助我们形式化表述群的一般性质，这样它们就能应用于群的**所有**实例。基于集合论的定义的一般概念有着强大的表述能力，赋予了现代数学独特的风味。

　　要处理数学中的所有集合，最简单的办法就是先构建适用于所有集合的一般性质，然后把它们应用到更特殊的情况。本章将关注把集合组合成新集合或者修改为新集合的不同方法，对这些方法进行系统性研究可以得到一种集合的"代数"，就好像系统性研究数和加减乘除运算的一般性质催生了数的代数一样。

3.1 成员

组成一个集合的对象被称为该集合的**成员**或者**元素**。我们称成员**属于**集合，可以用下面的符号来表示元素 x 属于集合 S：

$$x \in S。$$

x 不属于 S 可以写成

$$x \notin S。$$

要想了解所考察的集合，就必须知道集合有哪些成员。反过来，如果我们知道集合有哪些成员，也就知道了这是一个什么集合。这些话听起来有点儿傻，但实则不然。这是因为我们常常会用不同的方式描述同一个集合。如果能知道它们的成员，那么我们就能发现它们其实是同一个集合。比如，如果 A 是下述方程的解的集合：

$$x^2 - 6x + 8 = 0,$$

而 B 是 1 和 5 之间的偶数的集合，那么 A 和 B 都只有两个成员 2 和 4。这就意味着 A 和 B 是同一个集合。因此，如果两个集合有相同的成员，我们就可以合理地说它们**相等**。两个集合 S 和 T 相等可以表示为

$$S = T,$$

而 S 和 T 不相等就可以写成

$$S \neq T。$$

这种相等的定义并不新颖，却有一些有趣的结果，我们等下就能看到。

最简单的描述集合的方法就是列出它的成员（如果可能的话）。标准的记法是把成员列在花括号内。因此，

$$S = \{1, 2, 3, 4, 5, 6\}$$

就表示集合 S 的成员**有且仅有** 1, 2, 3, 4, 5, 6 这几个数。再比如，

$$T = \left\{79,\ \pi^2,\ \sqrt{5+\sqrt{7}},\ \frac{4}{5}\right\}$$

的成员就是 $79,\ \pi^2,\ \sqrt{5+\sqrt{7}},\ \frac{4}{5}$。

这种记法有两个特点，都和集合相等的定义有关。首先，我们写下成员时的顺序并不重要。集合 $\{5,\ 4,\ 3,\ 2,\ 6,\ 1\}$ 还有集合 $\{3,\ 5,\ 2,\ 1,\ 6,\ 4\}$ 都和上面的集合 S 相同。为什么？因为三个集合都有相同的成员，也就是 1, 2, 3, 4, 5, 6 这几个数。花括号内数的顺序和数学意义无关，而是源自我们从左到右书写的习惯。其次，即便写出的元素出现重复，也并不会改变集合。比如，集合 $\{1,\ 2,\ 3,\ 4,\ 6,\ 1,\ 3,\ 5\}$ 还是原来的 S。这一看似古怪的规则也有其原因所在。这个集合可能包含两种元素：12 的因数 1, 2, 3, 4, 6 和小于 6 的奇数 1, 3, 5。我们按这个顺序把所有元素写出来，就得到了上面的集合。当然我们可以逐一检查并删掉重复元素，不过一般来说，最好保证记法的灵活性，允许出现重复。用成员来表示集合，就意味着不同的表示 S 的方法都只包含 1, 2, 3, 4, 5, 6 这几个成员。

这些独特的记法也不是什么特殊概念。在书写分数时，我们已经习惯了同一个数的不同表示：$\frac{1}{2} = \frac{2}{4} = \frac{3}{6}$。其实这也是等号最常见的应用：表示等号的左右两边是同一个对象的不同名字。比如说，$2+2 = 12 \div 3 = 5-1 = \sqrt{16} = 4$。用 $S = T$ 表示集合相等也是一样的道理。懂了这些，就会明白这些记法并不复杂，只是为了解决我们的问题而已。

表示集合的时候，要把所有成员都列出来可能不太方便，或者根本不可能。质数的集合就最好用文字表示，而不是写成

$$\{2,\ 3,\ 5,\ 7,\ 11,\ 13,\ 17,\ 19,\ \cdots\}。$$

像这样只写出无限集的几个成员，比只写出序列的前几项更容易造成误解。序列是有**顺序**的，而根据我们的表示方法，花括号内的元素并**没有**顺序。因此上面的集合也可以写成

$$\{7,\ 17,\ 37,\ 47,\ 2,\ 11,\ 3,\ 5,\ \cdots\}。$$

请扪心自问：谁能通过观察这一堆数，说出这个集合是所有质数的集合？我们也承认，有时候数学家会用花括号记法来表示无限集，我们自己也会这么做。但这

种情况下，要表示什么集合总是很清楚的。

上面的例子可以写成

$$P = \{所有质数\},$$

这样更加精确，也很明白。还有一种类似的写法也很有用：

$$P = \{p \mid p是质数\}。$$

这里花括号可以读作"所有……的集合"，竖线读作"满足"，加在一起就是"所有满足 p 是质数的 p 的集合"。一般来说，

$$Q = \{x \mid 和x有关的陈述\}$$

就表示 Q 是所有满足和 x 有关的陈述的 x 的集合。

我们来看一个这种记法的实例，就能知道它为什么有用了。假设我们把 S 定义为二次方程

$$x^2 - 5x + 6 = 0$$

的解的集合。我们当然可以先解方程，然后定义 $S = \{2, 3\}$。但还有一种不用解方程的更简单的方法，那就是把它写成

$$S = \{x \mid x^2 - 5x + 6 = 0\}。$$

这个定义清楚、准确。当然，它没法帮我们解方程，不过这正是我们的目的：不需要计算就能表述集合 S。

当然，这种记法仍然存在歧义。假设我们只考虑整数，那么集合

$$\{x \mid 1 \leqslant x \leqslant 5\}$$

就只包含 1, 2, 3, 4, 5。但如果 x 是实数，那么 1 和 5 之间的其他实数也应该是这个集合的元素。最好的解决办法就是再指定一个集合 Y，我们从 Y 中选取所定义的集合的元素。那么

$$X = \{x \in Y \mid 和x有关的陈述\}$$

就表示 X 是集合 Y 中满足和 x 有关的陈述的所有 x 的集合。我们也可以把它写成

$$X = \{x \mid x \in Y \text{ 且和} x \text{有关的陈述}\}。$$

但因为第一种写法强调了 Y 的作用，所以我们常用第一种写法。

如果 **Z** 表示整数集，而 **R** 表示实数集，那么

$$\{x \in \mathbf{Z} \mid 1 \leqslant x \leqslant 5\}$$

就包含 1, 2, 3, 4, 5 。而满足 $1 \leqslant a \leqslant 5$ 的每个 $a \in \mathbf{R}$ 都是集合

$$\{x \in \mathbf{R} \mid 1 \leqslant x \leqslant 5\}$$

的成员。

写出集合 X 的元素来自集合 Y 还有一个更严肃的原因：我们要确保"有关 x 的陈述"适用于所有 $x \in Y$——对于所有 $x \in Y$，这个"有关 x 的陈述"非真即假。这样，根据这一陈述构建的集合 X 就包含了 Y 中所有满足这一陈述的成员。

在语法上，句子被分为两部分：句子的**主语**，以及剩下的**谓语**。谓语告诉了我们主语的一些信息（见图 3-1）。

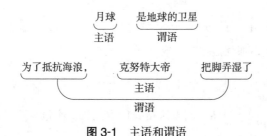

图 3-1 主语和谓语

习惯了用 x 这样的符号来表示未知量的数学家可能会说图 3-1 中第一句话的谓语是

$$x \text{ 是地球的卫星，}$$

而第二句话的谓语是

$$\text{为了抵抗海浪，} x \text{ 把脚弄湿了。}$$

这种描述方法的好处在于，它写出了主语在句子中的位置。我们只需要把 x 替换为合适的主语，就能得到原话。

由此产生了如下数学定义。

定义 3.1：一个**谓词**是一句有关符号 x 的话。当我们把 x 替换为元素 $a \in Y$ 时，如果得到的陈述非真即假，我们就说该谓词 "对于集合 Y 是有效的"。

比如说，句子

$$1 \leqslant x \leqslant 5$$

就是一个对于集合 $\mathbf{Z}$ 有效的谓词，它对于集合 $\mathbf{R}$ 也是有效的。把 x 替换为任意整数或者实数，都能得到一个非真即假的陈述，例如：

$$1 \leqslant 3 \leqslant 5 \text{ 为真,}$$
$$1 \leqslant 57 \leqslant 5 \text{ 为假。}$$

集合 $\{x \in \mathbf{Z} \mid 1 \leqslant x \leqslant 5\}$ 就是令谓词 $1 \leqslant x \leqslant 5$ 为真的所有 $x \in \mathbf{Z}$ 的集合。

谓词的应用不限于数的集合。比如，如果 T 是平面上所有三角形的集合，那么句子

$$x \text{ 是直角三角形}$$

就是一个对于集合 T 有效的谓词，并且

$$\{x \in T \mid x \text{ 是直角三角形}\}$$

就是平面上所有直角三角形的集合。

我们还能给出大量谓词的例子，在后文中能见到很多。读者应该清楚地认识到，每次见到

$$\{x \in Y \mid P(x)\}$$

这种符号，$P(x)$ 都表示了一个 x 的谓词，它对于所有 $x \in Y$ 都有效。

3.2　子集

对于任意集合 A，都可以通过去掉其中的一些元素，得到另一个集合。这样的集合被称为 A 的子集，其形式定义如下。

定义 3.2：如果 B 的每个元素都是 A 的元素，那么 B 就是 A 的**子集**，可以

写作

$$B \subseteq A$$

或者

$$A \supseteq B。$$

我们可以说 B **包含于** A，或者 A **包含** B。根据这个定义，显然有 $A \subseteq A$。如果 $B \subseteq A$ 且 $B \neq A$，我们就说 B 是 A 的真子集，记作

$$B \subsetneq A。$$

很多数学家使用 $\subset$ 来代替我们使用的 $\subseteq$，还有人用 $\subset$ 来代替我们使用的 $\subsetneq$。我们使用 $\subseteq$ 的原因是它没有歧义。

集合相等的定义可以引出一个简单但是有用的结论。

命题 3.3：令 A 和 B 为集合，那么 $A = B$，当且仅当 $A \subseteq B$ 且 $B \subseteq A$。

证明：如果 $A = B$，那么因为 $A \subseteq A$，所以 $A \subseteq B$ 且 $B \subseteq A$。反过来，假设 $A \subseteq B$ 且 $B \subseteq A$，那么 A 中的每个元素都是 B 的元素，B 中的每个元素也是 A 的元素。因此 A 和 B 有相同的元素，所以 $A = B$。 □

实践中，这一命题可以用于证明两个由谓词定义的集合相等。我们从 A（由合适的谓词定义）中的元素开始，证明这一元素也是 B 的成员，这就说明了 $A \subseteq B$。然后我们用相似的论证来证明 $B \subseteq A$。我们等下就会看到很多这种证明（比如说命题 3.8、命题 3.9 和命题 3.10。）

子集的一个基本性质就是子集的子集也是子集。

命题 3.4：如果 A, B, C 是集合，并且有 $A \subseteq B$ 和 $B \subseteq C$，那么 $A \subseteq C$。

证明：A 的每个元素都是 B 的元素，而 B 的每个元素又是 C 的元素。因此，A 的每个元素都是 C 的元素，即 $A \subseteq C$。 □

警告：不要混淆子集和成员，这是两个截然不同的概念。$\{1, 2\}$ 的**成员**是 1 和 2。而 $\{1, 2\}$ 的子集是 $\{1, 2\}$、$\{1\}$、$\{2\}$，还有另一个暂时写作 $\{\}$ 的集合。

此外，如果我们把 "$\subseteq$" 换成 "$\in$"，命题 3.4 就不成立了。成员的成员不一定是成员。比如说，令 $A = 1$，$B = \{1, 2\}$，$C = \{\{1, 2\}, \{3, 4\}\}$，那么我们有 $A \in B$ 和 $B \in C$。但是 C 的成员是 $\{1, 2\}$ 和 $\{3, 4\}$，所以 $A = 1$ 不是它的成员。

现在我们来看看集合 {}。

定义 3.5：如果一个集合没有任何成员，那么它是一个**空集**。

比如，集合

$$\{x \in \mathbf{Z} \mid x = x + 1\}$$

就是空集，这是因为方程 $x = x + 1$ 在 $\mathbf{Z}$ 上没有解。

空集有一些（乍一看）引人注目的性质。比如，如果 E 是空集，X 是任意集合，那么 $E \subseteq \mathrm{X}$。为什么呢？我们必须证明 E 的每个元素都是 X 的元素。这句话只有 E 存在某个不属于 X 的元素 e 时才不成立。但是空集 E 不含任何元素，所以不可能存在这样的元素。

这一（奇特而又符合逻辑）的论述是一种"虚真推理"，这是因为它讨论了不存在的东西的性质。日常生活中很少见到虚真推理，但是它赋予了数学家一种一致性，让逻辑论述可以应用于日常直觉不适用的情况。我们实际讨论的是如果一个东西存在就**会有**的性质，从而导出矛盾，结论是它并不存在。因此有关不存在的对象的陈述是很有用的。

比如说，假设有两个空集 E 和 E'。根据以上论述，我们有 $E \subseteq E'$ 和 $E' \subseteq E$，那么根据命题 3.3 就能得出 $E = E'$。**所有空集都是相等的**，因此只有一个**唯一**的空集。我们会用一个特殊的符号

$$\varnothing$$

来表示这个**唯一**的空集。

这其实并不奇怪。要是没有任何元素，我们就根本无法区分两个空集。用斯皮瓦克 [31] 的话来说："两个空袋子里的东西是一样的。"

3.3 是否存在宇集

既然存在不包含任何元素的空集 $\varnothing$，那么是否存在一个无所不包的巨大集合 Ω？这实在是有些天方夜谭了。这样的一个集合必须包罗万象：所有的数、每个集合的所有元素、所有集合、宇宙中的所有星球、《独立宣言》、温斯顿·丘吉尔、1066 年、奥斯卡·王尔德的幽默笑话……要是我们敢说有这样一个 Ω，那么

Ω自己也一定是一个可以被包括的概念，我们应该把它放进这个包罗万象的集合中。因此，$\Omega \in \Omega$。大多数合理的集合都不属于它自己——你大可花些时间，看看有没有这样的集合。

但是现在有一个更棘手的问题。如果我们从假定存在的包罗万象的集合Ω中选择一个子集，它包含所有是集合但是不属于自己的集合，那么我们就有

$$S = \{A \in \Omega \mid A \notin A\}。$$

关键的问题来了：$S \in S$是否成立？

假如$S \in S$，那么根据其谓词定义，$S \notin S$。

假如$S \notin S$，那么S就满足上述谓词定义，因此$S \in S$。

存在宇集Ω的假设导致了悖论，因此不存在宇集。

那要是我们把那些无关因素排除，只关注数学领域的宇集，事情是否就能有转机？答案是否定的。它存在同样的问题：如果我们假定存在一个集合Ω_M，它包含所有数学对象（先不管这意味着什么），那么由所有不包含自身的数学对象构成的Ω_M的子集，会得出和上面相同的矛盾。

为了避免悖论，有必要清楚地定义我们所考察的集合，明确哪些对象是集合的成员，哪些不是。

假设Y是一个集合，$P(x)$是一个谓词。因为宇集不存在，所以比起

$$\{x \mid P(x)\}，$$

我们更倾向于使用

$$\{x \in Y \mid P(x)\}。$$

在明确了集合Y之后，我们就可以考察谓词$P(x)$，确定它对于Y的所有元素均有效，然后才能从Y中选出令谓词为真的元素。如果对选取范围不加以区别，$\{x \mid P(x)\}$就允许我们检查**任意**对象x是否为集合成员，也就相当于$\{x \in \Omega \mid P(x)\}$，但是宇集Ω并不存在。如果我们不明确集合$Y$，就需要为$P(x)$尝试无数种对象$x$。我们有可能会选到一个原本不用考虑的元素，因而遇到麻烦。

我们来看一个例子。如果$\mathbf{Z}$表示整数集，$\mathbf{R}$表示实数集，而T表示平面内所有三角形的集合，那么$\mathbf{Z} \notin \mathbf{Z}$，$\mathbf{R} \notin \mathbf{R}$，$T \notin T$。如果集合$Y$的成员为$\mathbf{Z}, \mathbf{R}, T$，

那么

$$\{x \in Y \mid x \notin x\} = \mathbf{Z}, \ \mathbf{R}, \ T。$$

在集合 Y 上，$x \notin x$ 这个性质是一个完全可以接受的谓词。如果是对 x 不加限制的

$$\{x \mid x \notin x\}，$$

无所不包的想象力就可能会带来严重的后果。只要考察 $S = \{x \mid x \notin x\}$，我们就会得到同样的矛盾：$S \in S$，当且仅当 $S \notin S$。

我们应当意识到，集合论是一种符号系统，而非包治百病的灵药。因此它的效果全看用法——使用得当，就能药到病除；使用不当，就会带来副作用。

3.4 并集和交集

并集和交集是两种重要的结合集合的方法。

定义 3.6：集合 A 和 B 的**并集**是包括所有 A 的元素和所有 B 的元素的集合。我们用 $A \cup B$ 来表示 A 和 B 的并集。因此

$$A \cup B = \{x \mid x \in A \text{或} x \in B\}。$$

例如，如果

$$A = \{1, \ 2, \ 3\}，$$
$$B = \{3, \ 4, \ 5\}，$$

那么它们的并集是 $\{1, \ 2, \ 3, \ 4, \ 5\}$。

定义 3.7：集合 A 和 B 的**交集**是有所有既属于 A 又属于 B 的元素的集合。交集记作 $A \cap B$。因此

$$A \cap B = \{x \mid x \in A \text{且} x \in B\}。$$

还是以上面的 A 和 B 为例，因为只有 3 同时属于两个集合，所以它们的交集是 $\{3\}$。

交集还可以写作

$$A \cap B = \{x \in A \mid x \in B\}，$$

也就是使用谓词 $x \in B$ 选出的 A 的子集。（同样，我们也可以把它理解为使用谓词 $x \in A$ 选出的 B 的子集。）而并集则是构造一个（一般来说）比 A 和 B 都大的集合，因此这不是一个从预先指定的集合 Y 选择元素的集合构造。

并集和交集的运算遵循一些标准定律，它们中的大多数都不言自明。为了读者方便，我们在下面三个命题中把它们都列了出来。

命题 3.8：令 A, B, C 为集合。我们有

(a) $A \cup \varnothing = A$。

(b) $A \cup A = A$。

(c) $A \cup B = B \cup A$。

(d) $(A \cup B) \cup C = A \cup (B \cup C)$。

证明：因为只有 (d) 稍微困难一些，所以我们把前三个命题的证明留给读者练习。不过在尝试证明之前，请先阅读 (d) 的证明。

假设 $x \in (A \cup B) \cup C$。因此，要么 $x \in A \cup B$，要么 $x \in C$。如果 $x \in C$，那么 $x \in B \cup C$，所以 $x \in A \cup (B \cup C)$；不然就有 $x \in (A \cup B)$，那么要么 $x \in A$，要么 $x \in B$，无论何种情况，都有 $x \in A \cup (B \cup C)$。因此我们证明了，如果 $x \in (A \cup B) \cup C$，那么 $x \in A \cup (B \cup C)$。换言之，

$$(A \cup B) \cup C \subseteq A \cup (B \cup C)。$$

同样，我们可以证明

$$A \cup (B \cup C) \subseteq (A \cup B) \cup C。$$

根据命题 3.3，这两个集合相等。　　　　　　　　　　　　　　　　□

实际情况其实没有这个证明复杂。很显然，$(A \cup B) \cup C$ 就是所有 A 的元素、所有 B 的元素和所有 C 的元素构成的集合，它显然和 $A \cup (B \cup C)$ 是相同的集合。清楚了这一点，我们就可以省略括号，把它写成

$$A \cup B \cup C。$$

交集也有类似的结果。

命题 3.9：

(a) $A \cap \varnothing = \varnothing$。

(b) $A \cap A = A$ 。

(c) $A \cap B = B \cap A$ 。

(d) $(A \cap B) \cap C = A \cap (B \cap C)$ 。

证明方法参见命题 3.3。　　　　　　　　　　　　　　　　　　　　　□

最后，还有两个把并集和交集结合到一起的等式。

命题 3.10：

(a) $A \cup (B \cap C) = (A \cup B) \cap (A \cup C)$ 。

(b) $A \cap (B \cup C) = (A \cap B) \cup (A \cap C)$ 。

证明： 令 $x \in A \cup (B \cap C)$ 。那么要么 $x \in A$ ，要么 $x \in B \cap C$ 。如果 $x \in A$ ，那么必定有 $x \in A \cup B$ 和 $x \in A \cup C$ ，因此 $x \in (A \cup B) \cap (A \cup C)$ ；如果 $x \in B \cap C$ ，就说明 $x \in B$ 且 $x \in C$ ，因此 $x \in A \cup B$ 且 $x \in A \cup C$ 。所以 $x \in (A \cup B) \cap (A \cup C)$ 。这就证明了

$$A \cup (B \cap C) \subseteq (A \cup B) \cap (A \cup C)。 \tag{3.1}$$

相对地，假设 $y \in (A \cup B) \cap (A \cup C)$ ，那么 $y \in A \cup B$ 且 $y \in A \cup C$ 。我们需要考虑两种情况：$y \in A$ 和 $y \notin A$ 。如果 $y \in A$ ，那么必定有 $y \in A \cup (B \cup C)$ ；如果 $y \notin A$ ，那么因为 $y \in A \cup B$ ，所以一定有 $y \in B$ ，同样可以得到 $y \in C$ ，因此 $y \in B \cap C$ ，所以又有 $y \in A \cup (B \cap C)$ 。因此

$$(A \cup B) \cap (A \cup C) \subseteq A \cup (B \cap C)。$$

又因为 (3.1)，所以命题 (a) 得证。

(b) 的证明类似，在此从略。　　　　　　　　　　　　　　　　　　□

命题 3.10 是一组 "分配律"，和乘法对于加法满足分配律类似：

$$a \times (b + c) = (a \times b) + (a \times c),$$

但是对于数来说，把两种运算交换得到的新 "等式"

$$a + (b \times c) = (a + b) \times (a + c)$$

一般来说并**不**成立。

集合的 ∪ 和 ∩ 运算存在一种对称关系：它们对彼此都满足分配律。

　　我们可以用**维恩图**来直观地表示这些集合恒等式。要表示

$$A \cup (B \cap C) = (A \cup B) \cap (A \cup C),$$

我们可以用三个互相重叠的圆圈来表示集合 A, B, C，如图 3-2 所示。

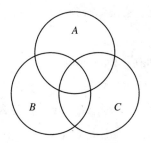

图 3-2　三个互相重叠的集合

$B \cap C$ 就是图 3-3 中用阴影表示的 B 和 C 的公共区域。

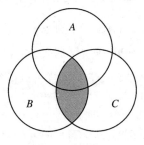

图 3-3　$B \cap C$

$B \cap C$ 和 A 的并集如图 3-4 所示。

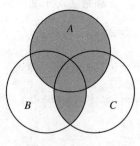

图 3-4　$A \cup (B \cap C)$

等式右边的 $A \cup B$ 可以表示为图 3-5。

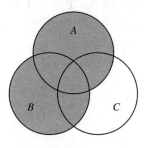

图 3-5 $A \cup B$

而 $A \cup C$ 则如图 3-6 所示。

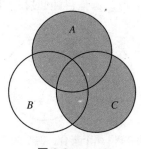

图 3-6 $A \cup C$

因此 $(A \cup B) \cap (A \cup C)$ 就是两者的公共区域，如图 3-7 所示。

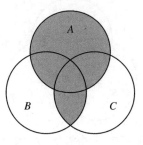

图 3-7 $(A \cup B) \cap (A \cup C)$

这和图 3-4 完全一致。

你可能也想画出命题 3.8、命题 3.9 和命题 3.10 中其他恒等式的维恩图。这种图示方法如果用得好，就可以帮助大部分人清楚地理解集合的状况。要描绘最一般的情况，就必须小心绘图。对于一个集合 A 来说，就存在两个不同的区域，A 的内侧和 A 的外侧（见图 3-8）。

图 3-8　集合内和集合外

如果有两个集合，就存在四个区域：(1) 不在任何一个集合内，(2) 在 A 内但不在 B 内，(3) 在 B 内但不在 A 内，还有 (4) 同时在 A 和 B 内（见图 3-9）。

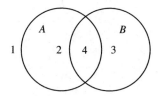

图 3-9　两个集合，四个区域

如果有三个集合 A, B, C，就有八个区域（见图 3-10）。

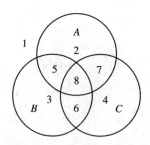

图 3-10　三个集合，八个区域

如果我们再加入第四个集合 D，让 D 和这八个区域都相交，并且 D 的外侧也和这八个区域都相交，那么就能得到十六个区域。

但如果把四个集合都画成圆圈，这样的图是画不出来的。你用上图尝试画出第四个集合就明白了，这样的图只有不用圆圈才能画（见图 3-11）。

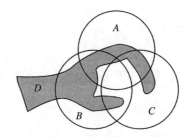

图 3-11　四个集合……

人们也发明了更优雅的表示法，理论上可以画出任意有限多个集合[2]。维恩一开始也意识到了维恩图的局限性。我们可以用更复杂的图形表示集合，来突破这一限制。这就说明，有必要从辅助理解的图示，过渡到像是命题 3.8、命题 3.9和命题 3.10 中看到的那种通用的证明。这也是本书学习过程中的重要一环：从图片这种直观的理解，转为适用于一般情况的形式化定义和证明。一开始，证明应该通过定义来表达，从而建立数学量的关系，供我们在新的框架下合理地使用。

并集、交集和子集之间存在一般性的联系。

命题 3.11：如果 A 和 B 是集合，那么下面的表述是等价的：

(a) $A \subseteq B$ ；

(b) $A \cap B = A$ ；

(c) $A \cup B = B$ 。

证明：等式 (b) 说明 A 和 B 共有的元素就是 A 的全部元素，因此 A 的所有元素都属于 B ，也就是说 $A \subseteq B$ 。反过来也很明显，因此 (a) 和 (b) 是等价的。

等式 (c) 说明，如果我们把 A 的元素加入 B 中，那么得到的还是 B 。因此 A 中不存在不属于 B 的元素，也就是说 $A \subseteq B$ 。反过来同样很明显，因此 (a) 和 (c) 是等价的。　□

3.5 补集

令 A 和 B 为集合。

定义 3.12：差集 $A \setminus B$ 定义为 A 中不属于 B 的元素的集合，可以表示为

$$A \setminus B = \{x \in A \mid x \notin B\}。$$

$A \setminus B$ 可以表示为下面的维恩图（见图 3-12）中的阴影部分。

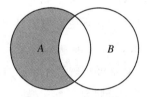

图 3-12 差集

如果 B 是 A 的子集，我们就称 $A \setminus B$ 为 **B 在 A 中的补集**（见图 3-13）。

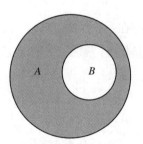

图 3-13 B 在 A 中的补集

你可能会想："要是能撇开 A，把 B 的补集定义为所有不属于 B 的元素就好了。"但这是个奢求，因为这就意味着 B 和它的补集会构成一个包含一切元素的集合 Ω，而我们已经证明了宇集不可能存在。

但是在某些数学文献中，可能存在一个集合 U，它包含了我们想考察的所有元素。我们把这个集合称为**论域**或者**全集**（这里的"全"是相对于当前的目的而言的）。比如在讨论整数集时，我们就可以取全集 $U = \mathbf{Z}$。当然 $U = \mathbf{R}$ 也可以。重

点是全集应该足够大，能包括要讨论的所有元素。就像有一位数学家说过的："在关于狗的讨论中，如果在考察所有不是牧羊犬的对象时还要考虑骆驼，那就太荒谬了。"

定义 3.13：在确定全集 U 之后，我们把 U 的每一个子集 B 的**补集** B^c 定义为

$$B^c = U \setminus B,$$

因此 B^c 就是 B 在 U 中的补集。但因为 U 已经确定，所以我们可以省略它，达到我们的目的。

当然，^{c} 这个运算也遵循一些简单定律。

命题 3.14：如果 A 和 B 是全集 U 的子集，那么

(a) $\varnothing^c = U$;

(b) $U^c = \varnothing$;

(c) $\left(A^c\right)^c = A$;

(d) 如果 $A \subseteq B$ ，那么 $A^c \supseteq B^c$ 。 □

命题 3.14 中的 (c) 可以写成 $A^{cc} = \left(A^c\right)^c = A$ 。还有两个稍微复杂一点，但是很有趣的定律。

命题 3.15（德摩根律）：如果 A 和 B 是全集 U 的子集，那么

(a) $\left(A \cup B\right)^c = A^c \cap B^c$;

(b) $\left(A \cap B\right)^c = A^c \cup B^c$ 。

证明：令 $x \in \left(A \cup B\right)^c$ ，那么 $x \notin A \cup B$ 。这就意味着 $x \notin A$ 且 $x \notin B$ ，因此 $x \in A^c$ 且 $x \in B^c$ ，所以 $x \in A^c \cap B^c$ 。因此 $\left(A \cup B\right)^c \subseteq A^c \cap B^c$ 。把上述步骤反过来就能证明后者是前者的子集。这样就证明了 (a)。

(b) 也可以用类似的方式证明。或者我们也可以把 (a) 中的 A 和 B 换成 A^c 和 B^c ：

$$\left(A^c \cup B^c\right)^c = A^{cc} \cap B^{cc} = A \cap B \text{。}$$

为上式取补集，就可以得到

$$A^c \cup B^c = (A^c \cup B^c)^{cc} = \left(A \cap B\right)^c \text{,}$$

也就是 (b)。 □

这些定律解释了细心的读者可能已经发现了的一个现象：集合论的定律都是成对出现的。如果我们把一条定律中的所有并集换成交集，所有交集换成并集，就会得到另一条。我们可以把这句话归纳成下面的定理。

定理 3.16（德摩根对偶律）：如果我们把任意一个只涉及 $\cup$ 和 $\cap$ 运算的集合论恒等式中的所有 $\cup$ 和 $\cap$ 对换，得到的新恒等式依然成立。

证明：要在一般情况下证明这个定理并不难，我们需要利用归纳法。下面的例子就是一个典型情况。我们从下面的恒等式开始：

$$A\cup(B\cap C)=(A\cup B)\cap(A\cup C)。$$

对等式两边取补集，使用德摩根律得到

$$A^c\cap(B\cap C)^c=(A\cup B)^c\cup(A\cup C)^c,$$

再使用德摩根律得到

$$A^c\cap(B^c\cup C^c)=(A^c\cap B^c)\cup(A^c\cap C^c)。$$

现在我们已经交换了 $\cup$ 和 $\cap$。接下来我们系统性地把 A 换成 A^c、B 换成 B^c、C 换成 C^c。因为等式对于**任意**集合 A, B, C 均成立，所以这样做也是合理的。因此我们得到了

$$A\cap(B\cup C)=(A\cap B)\cup(A\cap C),$$

它就是原定律交换 $\cup$ 和 $\cap$ 后的结果。　　　　　　　　　　□

问题：^{c} 这个运算的出现会对以上论述产生什么样的影响？（以恒等式

$$B\cup(A\cap A^c)=B$$

为例，使用同样的方法会发生什么？）

3.6 集合的集合

一个集合 S 的所有元素也可能都是集合。集合的集合往往也是一个有用的工具。比如说 $S=\{A, B\}$，其中 $A=\{1, 2\}$，$B=\{2, 3, 4\}$。一个更复杂的例子就是取任意集合 X，然后令 $\mathbb{P}(X)$ 是 X 的所有子集的集合。这个集合被称作 X 的**幂集**，

它满足以下性质：

$$Y \in \mathbb{P}(X) \text{当且仅当} Y \subseteq X。$$

比如说，如果 $X = \{0,1\}$ ，那么 $\mathbb{P}(X) = \{\varnothing, \{0\}, \{1\}, \{0, 1\}\}$ 。像这种集合 S 的成员也是集合的情况，我们就可以更进一步，考虑这些成员的元素。我们可以把并集和交集推广为

$$\bigcup S = \{x | \text{存在} A \in S \text{使得} x \in A\},$$
$$\bigcap S = \{x | \text{对于每个} A \in S \text{都有} x \in A\}。$$

这些更大的符号提醒我们，它们仍然是 ∪ 和 ∩ 运算，只不过用在了集合的集合上。我们把 $\bigcup S$ 称为"S 的并集"，$\bigcap S$ 称为"S 的交集"。用文字来描述的话，S 的并集包含 S 的所有成员的所有元素，而 S 的交集包含 S 的所有成员的共有元素。比如：

$$\bigcup \{\{1, 2\}, \{2, 3, 4\}\} = \{1, 2, 3, 4\},$$
$$\bigcap \{\{1, 2\}, \{2, 3, 4\}\} = \{2\}。$$

一般来说，对于任意集合 X，我们有

$$\bigcup \mathbb{P}(X) = X,$$
$$\bigcap \mathbb{P}(X) = \varnothing。$$

尽管这些符号乍一看有些奇怪，但是它们的确扩展了原有的概念，用起来非常方便。比如已知两个集合 A_1 和 A_2，令 $S = \{A_1, A_2\}$，那么

$$\bigcup S = A_1 \cup A_2,$$
$$\bigcap S = A_1 \cap A_2。$$

更一般地，我们有

$$\bigcup \{A_1, A_2, \cdots, A_n\} = A_1 \cup A_2 \cup \cdots \cup A_n,$$
$$\bigcap \{A_1, A_2, \cdots, A_n\} = A_1 \cap A_2 \cap \cdots \cap A_n。$$

上面两个概念还有另一种（也是更常用的）写法：

$$A_1 \cup A_2 \cup \cdots \cup A_n = \bigcup_{r=1}^{n} A_r,$$
$$A_1 \cap A_2 \cap \cdots \cap A_n = \bigcap_{r=1}^{n} A_r。$$

我们会在第 5 章的最后重新学习并集和交集的推广。

3.7 习题

1. 下面哪些集合是相等的？

    (a) $\{-1,\ 1,\ 2\}$。

    (b) $\{-1,\ 2,\ 1,\ 2\}$。

    (c) $\{n \in \mathbf{Z} \,\|\, |n| \leqslant 2 \text{且} n \neq 0\}$。

    (d) $\{2,\ 1,\ 2,\ -2,\ -1,\ 2\}$。

    (e) $\{2,\ -2\} \cup \{1,\ -1\}$。

    (f) $\{-2,\ -1,\ 1,\ 2\} \cap \{-1,\ 0,\ 1,\ 2,\ 3\}$。

2. 证明对于所有集合 A，B，都有

$$(A \setminus B) \cup (B \setminus A) = (A \cup B) \setminus (A \cap B)。$$

    令 A 是偶数的集合，B 是 3 的整数倍的集合，请用文字描述 $(A \setminus B) \cup (B \setminus A)$。

3. 给出命题 3.8(a)、3.8(b)、3.8(c) 还有命题 3.9 的证明。画出表示这些结论的维恩图。

4. 画出可以表示五个不同集合的所有公式的维恩图。

5. 如果 $S = \{\text{所有满足} 0 \in X \text{的子集} X \subseteq \mathbf{Z}\}$，求 $\bigcap S$ 和 $\bigcup S$。

6. 如果 $S = S_1 \cup S_2$，证明 $\bigcup S = (\bigcup S_1) \cup (\bigcup S_2)$。

7. 如果 A 有 n 个元素（$n \in \mathbf{N}$），求 A 的子集的数量。如果你已经学习了数学归纳法，请用归纳法证明这一结果。

8. 如果 A，B，C 是有限集，$|A|$ 表示 A 中元素的数量，证明

$$|A \cup B \cup C| = |A| + |B| + |C| - |A \cap B| - |B \cap C| - |C \cap A| + |A \cap B \cap C|。$$

    用维恩图表示这一结果。

9. 下面的这些论述中，如果我们把 S 换成为 $\mathbf{N}$、$\mathbf{Z}$、$\mathbf{Q}$、$\mathbf{R}$ 中的一个，就能使它们为真。请给出每个论述中 S 应该替换成的集合。

    (a) $\{x \in S \mid x^3 = 5\} \neq \varnothing$。

(b) $\{x \in S | -1 \leqslant x \leqslant 1\} = \{1\}$。

(c) $\{x \in S | 2 < x^2 < 5\} \setminus \{x \in S | x > 0\} = \{-2\}$。

(d) $\{x \in S | 1 < x \leqslant 4\} = \{x \in S | x^2 = 4\} \cup \{3,4\}$。

(e) $\{x \in S | 4x^2 = 1\} \setminus \{x \in S | x < 0\} = \{x \in S | 5x^2 = 3\} \cup \{x \in S | 2x = 1\} \neq \varnothing$。

10. 方程 $x + y = z$ 有很多满足 $x, y, z \in \mathbf{N}$ 的解。方程 $x^2 + y^2 = z^2$ 也有很多解，$x = 3, y = 4, z = 5$ 就是其中之一。

令 $F = \{n \in \mathbf{N} | x^n + y^n = z^n$ 存在满足 $x, y, z \in \mathbf{N}$ 的解$\}$。

要证明 $F = \{1, 2\}$，必须要有哪些步骤？这对于一般情况下验证集合相等有什么启示？

第 4 章
关系

本章的目标在于介绍集合论中一个非常重要的概念。关系这个概念贯穿数学始终，在数学之外也有很多应用。数的关系包括"大于""小于""整除""不等于"等；集合论中的关系包括"是……的子集""属于"等；其他领域的关系包括"是……的兄弟""是……的儿子"等。这些关系的共性在于，它们都涉及两样事物。这两样事物之间要么存在所述的关系，要么不存在。因此"$a > b$，其中 a 和 b 都是整数"这一陈述要么为真，要么为假（$2 > 1$ 为真，$1 > 2$ 为假）。

存在关系的两件事物必须有一个明确的顺序。比如说 $a > b$ 和 $b > a$ 就截然不同。本章要做的第一件事就是建立有序对的一些机制。

关系可以产生于不同集合中的元素。换句话说，集合 A 中的元素和集合 B 中的元素也可以存在关系。我们提到的大多数例子都是关于同一个集合中的那些对象，除了混进去的一个"属于"。如果 A 是一个元素的集合，而 B 是一个集合的集合，那么我们就可以判断 $x \in Y$ 是否对于每个 $x \in A$ 和每个 $Y \in B$ 均成立。因为 $x \in Y$ 对于每个 $x \in A$ 和每个 $Y \in B$ 非真即假，所以它就定义了一个集合 A 和 B 之间的关系，这一关系将在本章中描述。这一描述的美妙在于，它可以完全用集合论术语来形式化。

在本章的后半部分，我们将会发展出一套详细的理论，来描述两类格外重要的关系：等价关系和顺序关系。

4.1 有序对

我们之前讲过，书写集合元素的顺序对集合没有影响，因此 $\{a, b\} = \{b, a\}$。对于集合来说这没有问题，但是有些场合下区分顺序就很重要了。比如说在解析几何中，我们用实数对 (x, y) 来表示平面上的所有点。这时顺序就非常重要，比

如说 $(1, 2)$ 和 $(2, 1)$ 就是不同的点（见图 4-1）。

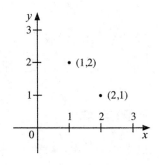

图 4-1　顺序有所影响

因此我们就得到了**有序对** (x, y) 的概念。这里用圆括号是为了和 $\{x, y\}$ 有所区分。这一新概念带来了一个重要的性质。

有序对性质：

$$(x, y) = (u, v) \text{ 当且仅当} x = u \text{ 且} y = v。 \qquad \text{（OPP）}$$

这一性质将贯穿集合论始终。

这并没有什么问题。不过我们还没有准确地定义有序对。(x, y) 究竟是什么？如果 $A = B = \mathbf{R}$，那么我们可以使用笛卡儿坐标系，把有序对 (x, y) 想象为坐标平面上的点。这也确实是有序对这一概念的起源。这样我们就可以把平面称为 $\mathbf{R} \times \mathbf{R}$（或者用更常用的缩写 $\mathbf{R}^2$）。但是如果 A 表示集合 $\{$苹果, 橘子, 柚子$\}$，而 B 表示集合 $\{$刀, 叉$\}$，那么 $A \times B$ 又是什么？它肯定包含下列有序对：

(苹果, 刀), (苹果, 叉), (橘子, 刀), (橘子, 叉), (柚子, 刀), (柚子, 叉)。

但是这并没有回答我们的问题：有序对 (苹果, 刀) 是什么？

问题的答案不在于"它是什么"，而在于"我们如何得到它"。一般情况下，要得到 (x, y)，我们会先从 A 中选出 x，再从 B 中选出 y。就这么简单。

数学家卡齐米日·库拉托夫斯基从这个过程中发现了一种只用我们先前描述过的集合论概念来抽象定义 (x, y) 的方法。从 A 中选出 x 之后，我们就得到了一个单元素集合 $\{x\}$；从集合 B 选出 y，我们就得到了集合 $\{x, y\}$。因此库拉托夫斯基把有序对 (x, y) 定义为包含这两个集合的集合。

定义 4.1（库拉托夫斯基）：我们把包含两个元素 x, y 的**有序对** (x, y) 定义为集合

$$(x, y) = \{\{x\}, \{x, y\}\}。$$

注意，我们得到的是一个集合。这个定义看起来很奇怪，但其优点在于它满足了有序对性质（OPP）。

命题 4.2：根据库拉托夫斯基的定义，

$$(x, y) = (u, v) \text{ 当且仅当} x = u \text{且} y = v。$$

证明：如果 $x = u$，$y = v$，那么根据定义就能得到 $(x, y) = (u, v)$。接下来假设 $(x, y) = (u, v)$，证明另一个方向。如果 $x \neq y$，那么 $(x, y) = \{\{x\}, \{x, y\}\}$ 就包含两个不同的成员，$\{x\}$ 和 $\{x, y\}$，而它们每个都属于 $(u, v) = \{\{u\}, \{u, v\}\}$。这就说明 $\{u\}$ 和 $\{u, v\}$ 也一定不同，因此 $u \neq v$。现在一定有 $\{x\} = \{u\}$ 或者 $\{x\} = \{u, v\}$，而后者显然不可能（不然 u 和 v 都属于 $\{x\}$，就说明 $u = x = v$，和 $u \neq v$ 矛盾）。因此 $\{x\} = \{u\}$，即 $x = u$。类似地，也能得到 $\{x, y\} = \{u, v\}$。又因为 $x = u$，$x \neq y$ 且 $y \in \{u, v\}$，所以可以推出 $y = v$。因此命题得证。

而如果 $x = y$，这个集合构造就会退化成

$$(x, y) = \{\{x\}, \{x, y\}\} = \{\{x\}, \{x, x\}\} = \{\{x\}, \{x\}\} = \{\{x\}\}$$

因此 (x, y) 只有**一个**成员，也就是 $\{x\}$。如果 $(x, y) = (u, v)$，那么 (u, v) 也只有一个成员，这就说明 $\{u\} = \{u, v\}$，所以 $u = v$，$(u, v) = \{\{u\}\}$。等式 $(x, y) = (u, v)$ 就变成了 $\{\{x\}\} = \{\{u\}\}$，并进一步化简为 $\{x\} = \{u\}$，以及 $x = u$。因此这个情况就退化成了 $x = y = u = v$，命题得证。 $\square$

如果我们经验更加丰富一点，就能更快地证明这一结果。用第 3 章最后一节的符号，我们有

$$\bigcap\{\{x\}, \{x, y\}\} = \{x\} \text{ 和 } \bigcup\{\{x\}, \{x, y\}\} = \{x, y\},$$

因此 $\bigcap(x, y) = \{x\}$，$\bigcup(x, y) = \{x, y\}$。如果 $(x, y) = (u, v)$，那么通过比较交集和并集，就能得到 $x = u$ 和 $\{x, y\} = \{u, v\}$。第一个等式告诉我们 $x = u$，因此（无论 $x = y$ 成立与否），第二个等式都能推出 $y = v$。

这个定义有什么用呢？首先是好消息：我们可以只用集合论的概念定义有序对 (x, y)。然后是坏消息：这个定义和解析几何中直观的有序对表示对应不起来。无论你让哪个数学家用图来表示 $(2, 1)$，他都很可能会把它当作平面上的一个点，而不太可能想到 $\{\{2\}, \{2, 1\}\}$。

最实际的方案就是淡化库拉托夫斯基定义的存在——只要被问到严格定义时能答出来就行。有序对性质（OPP）才是那个重要的概念。

这就是整个形式数学的一个根本理念。重要的并不是数学对象**是**什么，而是它有什么**性质**。形式化的数学概念是由针对所需性质用集合论术语表述的定义形成的。这一原则有一个很强的结果，那就是证明的定理必须在满足所述定义的**任何**情况下均成立。除我们熟知的情况以外，定理必须也适用于新的满足定义的情况。

4.2 数学的精确性和人类的理解

有序对的这种情况在形式数学中比比皆是。本质上，其背后的数学可以用很多种不同的方法表述。比如说，我们现在（至少）有三种不同的方法，可以描述有序对 (x, y)，其中 $x, y \in S$。我们可以用**符号**把它表示为 (x, y)，可以把它**画成**平面上的点（如果 S 是实数集），还可以把它**形式化**地表述为库拉托夫斯基定义下的集合。这三种方法都具有相同的性质：$(x, y) = (x', y')$ 当且仅当 $x = x'$ 且 $y = y'$。当我们在日常工作中**思考**有序对时，我们几乎总是会用图或者符号的表述方式，而非库拉托夫斯基的定义。

一般来说，我们经常会用不同的方式来书写同一个对象。比如说，我们可以把分数 $\frac{1}{2}$ 写成 $\frac{2}{4}$ 或者 $\frac{3}{6}$，然后说这些分数都"相等"。作为计算过程来说，这些分数并不相同，但是它们都能得到相同的结果。这种"相等"的东西本质上相同的例子还有很多。比如说，代数表达式 $3(x+2)$ 和 $3x+6$ 表示不同的过程（"把 x 与 2 的和乘以 3"和"x 乘以 3 再加 6"），但是它们的结果相同。如果我们用函数来表述，函数 $f(x) = 3(x+2)$ 和函数 $g(x) = 3x+6$ 是**相同**的函数。

随着数学不断发展，我们意识到同一个概念的不同理解可以被当作同一个思想。古希腊人会思考算术和集合中数学概念的"本质"。比如说，在面对一个圆的时候，他们会从不同位置、不同大小的实际的圆入手。根据这些例子，他们提取出了一个柏拉图式的对象：平面上到定点（圆心）的距离相等的所有点的轨迹（现在会称为"集合"）。

同样，相等的分数表示了同一个有理数，相等的代数表达式是同一个代数对象的不同写法。

如果一个概念可以在头脑中用不同方式理解，它就被称为一个**结晶化概念** [35]。"结晶"这个词并不是说概念看起来像是水晶，有正多边形的面，而是说概念的各种性质之间有着强大的联系，它们必然地形成一个协调的整体。比如说，两个数的和就是一个结晶化概念。因为用通常的数的概念来表述的话，2+3的结果是 5，而如果用从 5 中减去 3 的方式来理解的话也一定会得到 2。同样，如果我们画一个欧氏几何的三角形，让它的两条边相等，那么它一定有两个相等的角。它们其实是等腰三角形这**一个**概念的两种不同定义，而不是两种恰好等价的定义**不同**的概念。

"结晶化概念"将我们**思考**复杂数学概念的过程形式化，而不是为数学概念提出一个形式化的定义。在现实世界中，不同的概念可能有着相同的本质结构。比如，四只有两条腿的鸭子和两只有四条腿的猫是截然不同的，但在计算腿的数量时，2×4 和 4×2 这两个积的结果相同。同样，从你那里拿走两张 10 元纸币，和给你添两笔 10 元的债务也是不同的过程，但对你的财务状况造成的影响是一样的。

随着我们不断学习，我们不再说"–2 乘以 –3 **等价于** 2 乘以 3"，而是会说"(-2)×(-3) **等于** 2×3"。形式数学在此基础上更进一步，先定义一个形式化结构必须具有的性质，然后通过数学证明推导出它的所有其他性质。曾经被认为是"等价"的定义，在更高等的层面可能会被认为是同一个结晶化概念。比如，等价的代数表达式就会被概念化为同一个函数。

"结晶化概念"是一个心理术语，而不是数学术语。因此数学教材中一般看不到它。但它是认知心理学的一项突破，让我们得以用更有力的方式思考数学。有了它，我们就能不断地讨论"等价"定义。但是人们很快就发现，基于结晶化概念来构建思考更加有用。数学家认为这是一个"辨认"等价概念，然后构建单一概念的过程。随着后续章节的深入学习，这一过程将会变得更加明显。

4.3　将有序对概念化的其他方法

定义 4.3：笛卡儿积 $A \times B$ 就是所有有序对的集合：

$$A \times B = \{(x, y) \mid x \in A, \, y \in B\}。$$

对于 $\mathbf{R} \times \mathbf{R}$ 来说，把有序对表示为平面上的点仍然是最好理解的方法，它肯定满足有序对性质（OPP）。如果 A 和 B 是 $\mathbf{R}$ 的子集，那么这样理解 $A \times B$ 也很容易。比如说，如果 $A = \{1, 2, 3\}$，而 $B = \{5, 7\}$，那么 $A \times B$ 就是集合

$$\{(1, 5), \, (1, 7), \, (2, 5), \, (2, 7), \, (3, 5), \, (3, 7)\}。$$

我们可以用笛卡儿坐标系把它表示出来（见图 4-2）。

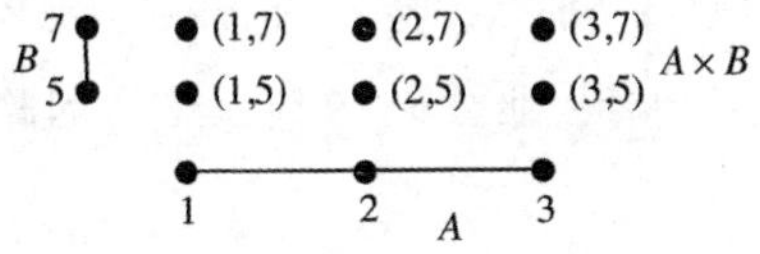

图 4-2　笛卡儿积

当 A 和 B 不是 $\mathbf{R}$ 的子集时，这种图就不那么合适了，但它还是有用处的。例如，如果 $A = \{a, b, c\}$，而 $B = \{u, v\}$，那么

$$A \times B = \{(a, u), \, (a, v), \, (b, u), \, (b, v), \, (c, u), \, (c, v)\}。$$

这个结构可以用图 4-3 表示。

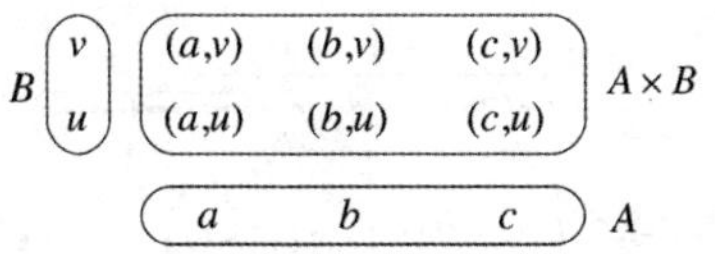

图 4-3　更一般的笛卡儿积

一般来说，$A \times B \neq B \times A$。以上述的 A 和 B 为例，

$$B \times A = \{(u, a), \, (u, b), \, (u, c), \, (v, a), \, (v, b), \, (v, c)\},$$

这和 $A \times B$ 并不相同。不过笛卡儿积还是有一些一般定律的。

命题 4.4：对于任意集合 A, B, C，都有

(a) $(A \cup B) \times C = (A \times C) \cup (B \times C)$；

(b) $(A \cap B) \times C = (A \times C) \cap (B \times C)$；

(c) $A \times (B \cup C) = (A \times B) \cup (A \times C)$；

(d) $A \times (B \cap C) = (A \times B) \cap (A \times C)$。

证明：这些定律都很容易证明，证明过程也很相似。因此我们只给出 (a) 的证明，请读者将剩下的证明作为练习自行完成。令 $(u, v) \in (A \cup B) \times C$，那么 $u \in (A \cup B)$，$v \in C$。因此 $u \in A$ 或 $u \in B$。如果 $u \in A$，那么 $(u, v) \in A \times C$；如果 $u \in B$，那么 $(u, v) \in B \times C$。无论是哪种情况，都有 $(u, v) \in (A \times C) \cup (B \times C)$。因此

$$(A \cup B) \times C \subseteq (A \times C) \cup (B \times C)。$$

令 $x = (y, z) \in (A \times C) \cup (B \times C)$。那么，要么 $x \in A \times C$，要么 $x \in B \times C$。如果是前者，那么 $y \in A$ 且 $z \in C$。如果是后者，那么 $y \in B$ 且 $z \in C$。因此 $x = (y, z) \in (A \cup B) \times C$，这就表明

$$(A \times C) \cup (B \times C) \subseteq (A \cup B) \times C。$$

把两部分结合在一起，证明就完成了。 □

这条定律可以用图 4-4 表示。

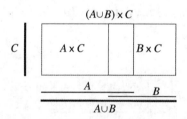

图 4-4 $(A \cup B) \times C = (A \times C) \cup (B \times C)$

命题 4.5：对于所有集合 A, B, C, D，都有

$$(A \times B) \cap (C \times D) = (A \cap C) \times (B \cap D)。$$

证明：令 $x = (y, z) \in (A \times B) \cap (C \times D)$，那么 $y \in A, z \in B$ 且 $y \in C, z \in D$。因

此 $y \in A \cap C$ 且 $z \in B \cap D$ ，所以 $x \in (A \cap C) \times (B \cap D)$ 。因此

$$(A \times B) \cap (C \times D) \subseteq (A \cap C) \times (B \cap D)。$$

反过来，令 $x = (y, z) \in (A \cap C) \times (B \cap D)$ ，那么 $y \in A$ 且 $y \in C$ ， $z \in B$ 且 $z \in D$ ，所以 $x \in (A \times B) \cap (C \times D)$ 。因此

$$(A \cap C) \times (B \cap D) \subseteq (A \times B) \cap (C \times D)。 \qquad \square$$

可以用图 4-5 来表示这一定律。

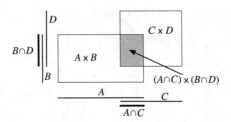

图 4-5 笛卡儿积的交集

这张图也说明了为什么把交集换成并集后，类似的定理**不成立**。

有了有序对，就很容易定义有序三元组、有序四元组等结构：

$$(a, b, c) = ((a, b), c),$$
$$(a, b, c, d) = (((a, b), c), d)。$$

它们是进行多次笛卡儿积运算得到的集合的元素：

$$A \times B \times C = (A \times B) \times C,$$
$$A \times B \times C \times D = ((A \times B) \times C) \times D。$$

我们会在后面学习一个更好的方法来定义对于任意自然数 n 的有序 n 元组

$$(a_1, a_2, \cdots, a_n)$$

这样一个一般概念。目前我们只能对于任意**特定的** n 重复三元组和四元组的定义所使用的过程。这种推广也有着类似有序对性质（OPP）的性质。比如说，$(a, b, c) = (u, v, w)$ 当且仅当 $a = u$ ，$b = v$ ，$c = w$ ，可以重复使用（OPP）来证明这一点。

4.4 关系

直观来说，两个数学对象 a 和 b 之间的关系就是有关 a 和 b 的某种条件，该条件在 a 和 b 取特定值时要么成立要么不成立。比如，"大于"就是自然数之间的一种关系。使用常用的符号 $>$，我们就有

$$2 > 1 \text{为真,}$$
$$1 > 2 \text{为假,}$$
$$3 > 17 \text{为假。}$$

这个关系是一对元素 a, b 的某种性质。因为 $2 > 1$ 而不是 $1 > 2$，所以我们这里必须说它是**有序对** (a, b) 的性质。

如果我们知道哪些有序对 (a, b) 满足 $a > b$，那么无论从哪方面来说，我们都明确了"大于"这一关系的含义。换言之，关系可以用有序对的集合来定义。

定义 4.6：令 A 和 B 为集合。A 到 B 的**一个关系**就是 $A \times B$ 的一个子集 R。

如果 $A = B$，那么这就是一个 A 上的关系，也就是一个 $A \times A$ 的子集。

这个定义需要一些解释。比如，$\mathbf{N}$ 上的关系"大于"就是所有满足 $a, b \in \mathbf{N}$ 且（在通常意义上满足）$a > b$ 的有序对 (a, b) 的集合。我们可以把这个集合表示为图 4-6。

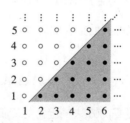

图 4-6 对于 $a, b \in \mathbf{N}$, $a > b$

如果 R 是从集合 A 到 B 的一个关系，那么如果 $(a, b) \in R$（其中 $a \in A$ 且 $b \in B$），我们就说 a 和 b 之间**存在关系** R，并用符号

$$a\,R\,b$$

来表示；如果 $(a, b) \notin R$，我们就将它写作 $a \not{R} b$。这样就引申出了一些小技巧。如果我们把"大于"关系用常用的符号 > 来表示，也就是将 R 记为 >，那么（上述意义上的）$a > b$ 就等价于 $(a, b) \in >$，而根据定义这就意味着通常意义上的 $a > b$。另一方面，如果 $(a, b) \notin >$，我们就将它写作 $a \not> b$，这也和通常的用法一致。我们就这样不择手段地"重现"了标准的运算符号系统。这种想法简直棒极了——至少在数学家看来是这样。我们之后也会继续使用 aRb 这种写法。

我们来看更多的例子。首先是 $\mathbf{N}$ 上的关系 $\geq$（见图 4-7）。

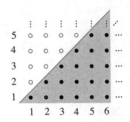

图 4-7 对于 $a, b \in \mathbf{N}$，$a \geq b$

然后是 $\mathbf{N}$ 上的关系 =（见图 4-8）。

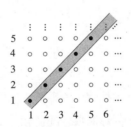

图 4-8 对于 $a, b \in \mathbf{N}$，$a = b$

$\mathbf{N}$ 上的关系 = 实际上就是集合 $\{(x, x) \mid x \in \mathbf{N}\}$。

再来看最后一个例子。令 $X = \{1, 2, 3, 4, 5, 6\}$，"|"表示关系"整除"，$a \mid b$ 就表示"a 整除 b"。这样就得到了有序对的集合

$\mid = \{(1, 1), (1, 2), (1, 3), (1, 4), (1, 5), (1, 6), (2, 2), (2, 4), (2, 6),$
$\quad (3, 3), (3, 6), (4, 4), (5, 5), (6, 6)\}$。

它可以表示为图 4-9。

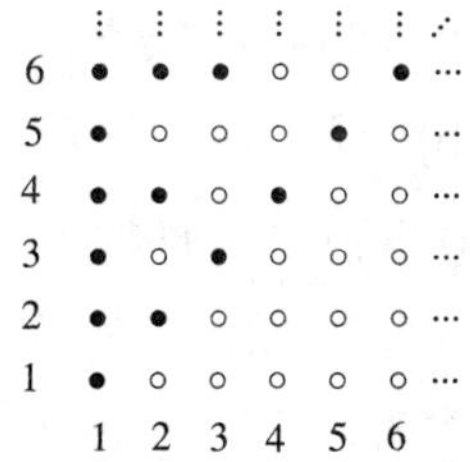

图 4-9   不大于 6 的正整数的关系 $a \mid b$

已知集合 A 到集合 B 的关系 R，以及 A 和 B 的子集 A' 和 B'，我们可以定义从 A' 到 B' 的关系 R' 为

$$R' = \left\{(a,\, b) \in R \mid a \in A' \text{且} b \in B'\right\}.$$

事实上，根据集合论，我们有

$$R' = R \cap \left(A' \times B'\right).$$

我们把 R' 称作 R 在 A' 和 B' 上的**限制**。对于 A' 和 B' 的元素来说，关系 R 和 R' 是一样的。它们的唯一区别在于 R' 无法描述不属于 A' 和 B' 的元素。

4.5   等价关系

奇数指的是那些形如 $2n+1$（n 为整数）的整数，也就是 $\cdots,\ -5,\ -3,\ -1,\ 1,\ 3,\ 5,\ \cdots$。而**偶数**指的是那些形如 $2n$（n 为整数）的整数，也就是 $\cdots,\ -4,\ -2,\ 0,\ 2,\ 4,\ \cdots$。无论是初等数学还是高等数学，奇偶数之间的区分都是很重要的。整数集 $\mathbf{Z}$ 可以分为两个不相交的子集

$$\mathbf{Z}_{\text{odd}} = \left\{\text{所有奇数}\right\},$$
$$\mathbf{Z}_{\text{even}} = \left\{\text{所有偶数}\right\}.$$

我们可以把以上陈述记为

$$\mathbf{Z}_{\text{odd}} \cap \mathbf{Z}_{\text{even}} = \varnothing,\ \mathbf{Z}_{\text{odd}} \cup \mathbf{Z}_{\text{even}} = \mathbf{Z}.$$

我们还可以利用**关系**来把 $\mathbf{Z}$ 分成奇数和偶数，我们暂时先把这个关系用没有明确意义的符号"$\sim$"表示。对于 $m, n \in \mathbf{Z}$，定义

$m \sim n$当且仅当$m-n$是2的倍数。

那么我们有：

所有偶数之间都存在关系~，

所有奇数之间都存在关系~，

没有任何偶数和奇数之间存在关系~，

没有任何奇数和偶数之间存在关系~。

这些陈述都是~的一般性质带来的结论，下面我们来分析在一般情况下这样的结论需要哪些条件才能成立。

假设集合X被分为若干个互不相交的部分（见图4-10）。

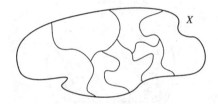

图 4-10　被分为若干个互不相交的部分的集合

我们可以定义关系~为

$x \sim y$当且仅当x和y属于同一个部分（见图4-11）。

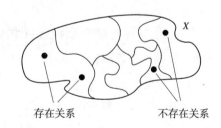

存在关系　　　　　不存在关系

图 4-11　定义关系

反过来，我们可以通过关系~重新构造这些部分：$x \in X$所在的部分就是

$$E_x = \{y \in X \mid x \sim y\}.$$

如果我们换一个不同的关系~，就会出现不同的情况。比如说构造出的部分

之间未必**互不相交**。设 | 为整数上的关系，$a \mid b$ 表示"a 整除 b"。如果我们用 $\sim$ 来表示 $\{1, 2, 3, 4, 5, 6\}$ 上的关系 |，就会得到

$$E_1 = \{1, 2, 3, 4, 5, 6\},$$
$$E_2 = \{2, 4, 6\},$$
$$E_3 = \{3, 6\},$$
$$E_4 = \{4\},$$
$$E_5 = \{5\},$$
$$E_6 = \{6\},$$

那么集合就被分成了图 4-12 所示的样子。

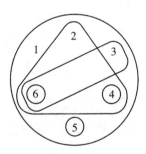

图 4-12　部分相交

如果我们用的是 **N** 上的关系 >，那么我们甚至无法得到 $x \in E_x$，因此 E_x 根本不是"x 所在的部分"。

那为什么用一开始的关系 $\sim$ 进行构造能得到我们想要的结果，而用后面的关系却不行？我们要考虑三条非常简单的陈述：

(i) x 属于 x 所在的部分；

(ii) 如果 x 属于 y 所在的部分，那 y 也属于 x 所在的部分；

(iii) 如果 x 属于 y 所在的部分，而 y 属于 z 所在的部分，那么 x 也属于 z 所在的部分。

显然任何具有"$x \sim y$ 当且仅当 x 和 y 属于同一个部分"这一性质的关系 $\sim$ 都必须具有上面三条性质。我们把这三条性质形式化为下面定义中的 (E1)(E2) 和 (E3)。

定义 4.7：如果集合 X 上的关系 $\sim$ 对于 $x, y, z \in X$ 满足以下性质，它就被称为

一个**等价关系**。

(E1) 对于所有 $x \in X$，都有 $x \sim x$（$\sim$ 有**自反性**）。

(E2) 如果 $x \sim y$，那么 $y \sim x$（$\sim$ 有**对称性**）。

(E3) 如果 $x \sim y$ 且 $y \sim z$，那么 $x \sim z$（$\sim$ 有**传递性**）。

如果我们把 X 分为若干个互不相交的部分，"属于同一个部分"就是一个等价关系。接下来我们要证明**每个**等价关系都是像这样通过合理地选择集合的部分得到的。事实上，这两个概念密切相关。我们首先需要形式化定义将集合"分为互不相交的部分"。

定义 4.8：集合 X 的**划分**是一个集合 P，它的成员都是 X 的非空子集，并且满足以下条件：

(P1) 每个 $x \in X$ 都属于某个 $Y \in P$；

(P2) 如果 $X, Y \in P$ 且 $X \neq Y$，那么 $X \bigcap Y = \varnothing$。

P 的元素就是集合的"部分"。条件 (P1) 说明 X 是所有部分的并集，这样每个 X 的元素都位于某个部分中；(P2) 说明不同的部分之间互不重叠，因此 X 中没有任何元素同时属于两个不同的部分。

设 $\sim$ 为 X 上的等价关系，我们把 $x \in X$（关于关系 $\sim$）的**等价类**定义为集合

$$E_x = \{y \in X \mid x \sim y\}。$$

定理 4.9：令 $\sim$ 为集合 X 上的一个等价关系，那么 $\{E_x \mid x \in X\}$ 就是 X 的一个划分。"属于同一个部分"这一关系和 $\sim$ 相同。

反过来，如果 P 是 X 的一个划分，令 $\sim$ 为满足"$x \sim y$ 当且仅当 x 和 y 属于同一个部分"的关系，那么 $\sim$ 就是一个等价关系，并且把 X 分为关于 $\sim$ 的等价类的划分和 P 相同。

证明前言：这个定理让我们可以在等价关系和划分之间来回转换。

证明：因为 $x \in E_x$，所以条件 (P1) 是满足的。要验证 (P2)，我们假设 $E_x \bigcap E_y \neq \varnothing$，那么就存在 $z \in E_x \bigcap E_y$，因此有 $x \sim z$ 和 $y \sim z$。根据对称性，我们有 $z \sim y$；根据传递性，我们有 $x \sim y$。接下来证明 $E_x = E_y$。如果 $u \in E_x$，则有 $x \sim u$，又因为 $y \sim x$，所以 $y \sim u$。因此 $E_x \subseteq E_y$，同理可得 $E_y \subseteq E_x$。这样就证明了 $E_x = E_y$。因此我们证明了要么 $E_x \bigcap E_y = \varnothing$，要么 $E_x = E_y$，从逻辑上来说这与

(P2) 等价。

定义 $x \approx y$ 表示 "x 和 y 属于同一个等价类"，那么

$$x \approx y \text{当且仅当存在} z \text{使得} x, y \in E_z,$$
$$\text{当且仅当存在} z \text{使得} z \sim x \text{且} z \sim y,$$
$$\text{当且仅当} x \sim y。$$

因此 $\approx$ 和 $\sim$ 是相同的。

定理另一个方向的证明思路与上面相同，但更简单一些。请读者自行完成。 □

4.6 例子：模 n 算术

我们用等价关系来推广奇数和偶数的区分，并建立 "模算术" 或 "整数模 n" 的概念。

我们先来看 $n = 3$ 时的情况。我们将 **Z** 上的**对于模 3 同余**的关系 $\equiv_3$ 定义为

$$m \equiv_3 n \text{当且仅当} m - n \text{是3的倍数。}$$

命题 4.10：$\equiv_3$ 是 **Z** 上的等价关系。

证明：

(E1) $m - m = 0 = 3 \times 0$。

(E2) 如果 $m - n = 3k$，那么 $n - m = 3(-k)$。

(E3) 如果 $m - n = 3k$，$n - p = 3l$，那么 $m - p = 3(k+l)$。 □

我们知道通过模算术得到的等价类（被称作模 3 的同余类）是 **Z** 的划分，但这些等价类究竟是什么？看几个简单的例子就能得到答案：

$$E_0 = \{y \mid 0 \equiv_3 y\}$$
$$= \{y \mid y - 0 \text{是3的倍数}\}$$
$$= \{y \mid \text{存在} k \in \mathbf{Z} \text{使得} y = 3k\},$$
$$E_1 = \{y \mid 1 \equiv_3 y\}$$
$$= \{y \mid y - 1 = 3k\}$$
$$= \{y \mid \text{存在} k \in \mathbf{Z} \text{使得} y = 3k + 1\},$$
$$E_2 = \{y \mid 2 \equiv_3 y\}$$
$$= \{y \mid \text{存在} k \in \mathbf{Z} \text{使得} y = 3k + 2\},$$
$$E_3 = \{y \mid \text{存在} k \in \mathbf{Z} \text{使得} y = 3k + 3\},$$

但是 $3k+3 = 3(k+1)$，因此 $E_3 = E_0$。同理，$E_4 = E_1$、$E_5 = E_2$、$E_{-1} = E_2$、$E_{-2} = E_1$……每个整数都能表示为 $3k$、$3k+1$ 或 $3k+2$ 的其中一种形式（取决于除以 3 的余数是 0、1 还是 2），因此我们得到了三个等价类：

$$E_0 = \{\cdots, \ -9, \ -6, \ -3, \ 0, \ 3, \ 6, \ 9, \ \cdots\},$$
$$E_1 = \{\cdots, \ -8, \ -5, \ -2, \ 1, \ 4, \ 7, \ 10, \ \cdots\},$$
$$E_2 = \{\cdots, \ -7, \ -4, \ -1, \ 2, \ 5, \ 8, \ 11, \ \cdots\}。$$

关于这个等价关系我们就讲到这里。更让我们好奇的是我们能否用这些等价类进行**运算**。

为了整体上让记法更加清楚明白，我们会把 n 的等价类记作 n_3，而不是 E_n。这样，上面的三个等价类就可以写作 0_3、1_3 和 2_3。令 $\mathbf{Z}_3 = \{0_3, 1_3, 2_3\}$，并定义 $\mathbf{Z}_3$ 上的加法和乘法运算为

$$m_3 + n_3 = (m+n)_3, \tag{4.1}$$

$$m_3 n_3 = (mn)_3。 \tag{4.2}$$

例如，$1_3 + 2_3 = 3_3 = 0_3$，$2_3 2_3 = 4_3 = 1_3$。

虽然这样的定义看起来没什么意义，但你很快就会发现事实并非如此。它看起来也没什么隐患，如果担心它出问题，就需要注意到其中的一些微妙之处，并稍加思考，你就会发现它确实没有漏洞。

微妙之处在于：相同的类有着不同的名字。因此 $1_3 = 4_3 = 7_3 = \cdots$，$2_3 = 5_3 = 8_3 = \cdots$。目前，按照定义 (4.1) 和定义 (4.2)，如果我们对于相同的类使用不同的名字，就可能得到同一个问题的不同答案。我们已经看到 $1_3 + 2_3 = 0_3$，但因为 $1_3 = 7_3$，$2_3 = 8_3$，所以 $1_3 + 2_3 = 7_3 + 8_3 = 15_3$。好在 $15_3 = 0_3$，我们才能长出一口气。

那么一般情形下呢？如果 $i_3 = i_3'$，那么存在 k 使得 $i - i' = 3k$；如果 $j_3 = j_3'$，那么存在 l 使得 $j - j' = 3l$。

现在 (4.1) 就会给出两种可能的答案：

$$i_3 + j_3 = (i+j)_3 \text{ 和 } i_3' + j_3' = (i'+j')_3。$$

但因为

$$i + j = i' + 3k + j' + 3l = (i' + j') + 3(k+l),$$

所以

$$(i+j)_3 = (i'+j')_3 。$$

因此这两种答案其实相同，(4.1) 定义的加法确实是合理的。

同理，我们也要检查乘法规则是否有歧义。使用相同的 i, j, i', j'，我们有

$$i_3 j_3 = (ij)_3，\ i'_3 j'_3 = (i'j')_3 。$$

但因为

$$ij = (i'+3k)(j'+3l) = i'j' + 3(i'l + j'k + 3kl)，$$

所以

$$(ij)_3 = (i'j')_3 。$$

乘法的定义也没有问题。

当我们用"从集合中选择元素，对元素进行运算，找到结果属于的集合"这样的规则来定义集合运算时，总是要考虑上述问题。当运算涉及这样的过程时，我们必须仔细思考该运算的**含义**，而不只是盲目地操作。我们必须检查不同的选择是否能得出相同的答案。

你可能会觉得看起来没问题的东西就应该没问题，从而想跳过这种检查过程。但让我们来看看在 $\mathbf{Z}_3$ 上定义幂时的情况。最自然的方法就是模仿 (4.1) 和 (4.2)，把它定义成

$$m_3^{n_3} = (m^n)_3 。$$

例如，$2_3^{2_3} = (2^2)_3 = 4_3 = 1_3$。使用这个"定义"还能证明一些幂的定律，例如

$$m_3^{n_3 + p_3} = (m^{n+p})_3 = (m^n m^p)_3 = (m^n)_3 (m^p)_3 = m_3^{n_3} m_3^{p_3} 。 \tag{4.3}$$

然而，这其实是行不通的。因为 $2_3 = 5_3$，所以规则 (4.3) 又可以推导出

$$2_3^{2_3} = 2_3^{5_3} = (2^5)_3 = (32)_3 = 2_3 。$$

但是 $1_3 \neq 2_3$，所以 (4.3) 就是个谬论——这种貌似合理的谬论是最危险的。

通俗地讲，我们必须检查运算是否是"良好定义的"。但这种说法甚至过于

礼貌了：我们其实是在检查它们是否被"定义"了。

让我们从题外话回到 $\mathbf{Z}_3$ 的算术。我们可以写出如下的加法表和乘法表。

+	0_3	1_3	2_3		×	0_3	1_3	2_3
0_3	0_3	1_3	2_3		0_3	0_3	0_3	0_3
1_3	1_3	2_3	0_3		1_3	0_3	1_3	2_3
2_3	2_3	0_3	1_3		2_3	0_3	2_3	1_3

可以证明很多常见的算术定律依然成立（比如说 $x+y=y+x$ 和 $x(y+z)=xy+xz$ ），不过还是会有一些这样的意外情况：

$$\big((1_3+1_3)+1_3+1_3\big)=1_3。$$

除了 3，我们可以用任意整数 n 来进行模 n 算术。我们把 $\mathbf{Z}_n$ 上的关系 $\equiv_n$ 定义为

$$x\equiv_n y \text{ 当且仅当 } x-y \text{ 是 } n \text{ 的倍数}^{①}。$$

可以得到 n 个互不相交的等价类 0_n, 1_n, 2_n, $\cdots$, $(n-1)_n$，其中 x_n 包括了那些除以 n 余 x 的整数。同时我们还有 $n_n=0_n$、$(n+1)_n=1_n$ 等。对于由等价类划分的集合 $\mathbf{Z}_n$，像 (4.1) 和 (4.2) 那样定义的算术运算同样成立。

我们将在第 10 章进一步讨论这些概念。

4.7　等价关系的一些细节

尽管等价关系的定义看起来简单，并且我们遇到过的几乎所有学生都能写出它的三条性质，但还是有一些细节需要深入思考才能理解。

比如说，(E1) 要求对于所有 $x \in X$ 都有 $x \sim x$。有些例子看起来是等价关系，但其实不满足 (E1)。比如说欧氏几何中的平行线——严格意义上一条直线不能平行于它自身。（平行线之间没有公共点。）平行线满足 (E2)，也满足 (E3)。如果我们想的话，当然可以把平面上直线的关系 $x \sim y$ 定义为 " x 平行于 y 或 $x=y$ "，这样我们才能得到一个等价关系。

一般来说，我们必须**非常**仔细地检查定义的完整含义。定义的准确含义是在本书中反复出现的主题。定义的含义就是其所表述的内容，应该分毫不差。

---

① 标准的写法是 $x=y(\bmod n)$。我们用符号 $\equiv_n$ 是为了和关系的符号保持一致。

反例 4.11：下面的问题出自某大一考试：

已知集合 S 有三个互不相同的元素 a,b,c，假设有一个关系只满足

$$a \sim a, b \sim b, a \sim b, b \sim a,$$

它是不是等价关系？

请暂停阅读，仔细思考，并写下你的答案。

你很可能会得到正确答案："不是"。原因在于它不满足 $c \sim c$，因此不满足 (E1)。不过在实际的考试中，很多经验丰富的学生也没能注意到这一点。他们反而去关注 (E3)，也就是

如果 $x \sim y$ 且 $y \sim z$，那么 $x \sim z$。

许多学生认为，因为满足这一性质需要**三个**元素 x, y, z，但关系 $\sim$ 只涉及集合 S 的两个元素 a, b，所以这个关系不是等价关系。但在集合论中，不同的字母可以表示同一元素，所以我们可以令 $x = a, y = b, z = b$ 以及其他的组合，来证明 (E3) 在所有情况下均成立。

还有一种常见的想法，就是认为我们在数学中见到的等价关系（比如整数模 n）都有着类似的等价类。比如说整数模 3 的等价类都是无限集，互相之间存在一个自然的映射。这种例子就会让人误以为等价类都与之类似。但一般来说，划分定理表明等价关系可以把集合分成**任意**大小的（非空）子集。这些子集不需要有任何特殊的性质，只要每个集合中的元素只存在于划分出的一个子集中即可。

无限小数的等价类就是一个有趣的例子。如果两个无限小数的值相等，它们就在同一个等价类中。我们在第 1 章中证明了，小数要么是唯一的，要么是一个有两种写法的有限小数：有无限多个 9 或者以 0 结尾（例如 $3.47 = 3.469\,99\cdots$）。这个关系下，有些等价类只有一个元素，而其他等价类有两个。

4.8 顺序关系

第二种关系源自数的顺序，比如说 $4 < 5$、$7 > 2\pi$、$x^2 \geqslant 0$、$1 - x^2 \leqslant 1$（对于任意实数 x）等。其性质和等价关系截然不同。

幸运的是，$<$、$>$、$\leqslant$、$\geqslant$ 这些关系互相之间都有关联：

$x < y$ 等价于 $y > x$，

$x \leqslant y$ 等价于 $y \geqslant x$，

$x \leqslant y$ 等价于 $x < y$ 或 $x = y$，

$x < y$ 等价于 $x \leqslant y$ 且 $x \neq y$。

因此我们只需要研究其中一个，把结果转换到其他关系上即可。

在处理数的时候，我们倾向于考虑严格的关系 $<$ 或 $>$。一般来说，我们不会说 $2 + 2 \geqslant 4$，这是因为我们知道更精确的事实：$2 + 2$ **等于** 4。同样，我们一般会说 $2 + 2 > 3$，这是因为它比 $2 + 2 \geqslant 3$ 包含了更精确的信息。但对于一般的陈述就不一样了。比如，如果 $a_n \to a$，$b_n \to b$ 并且 $a_n \geqslant b_n$，那么 $a \geqslant b$。但 $a_n > b_n$ 不能推出 $a > b$。（$a_n = \dfrac{1}{n}$，$b_n = 0$ 就是一个反例。）这种情况下我们会更倾向于使用更弱一些的不等关系 $\leqslant$ 和 $\geqslant$。

我们从后者开始进行讨论。

定义 4.12：如果集合 A 上的关系 R 满足以下性质，它就被称为一个**弱序**。

(WO1) 如果 $a R b$ 且 $b R c$，那么 $a R c$。

(WO2) 要么 $a R b$，要么 $b R a$（或者两者同时成立）。

(WO3) 如果 $a R b$ 且 $b R a$，那么 $a = b$。

实数集上的关系 $\leqslant$ 和 $\geqslant$ 显然都具有这三条性质。因为它们一个表示"更大"，一个表示"更小"，所以这个事实可能看上去有些奇怪。但如果把实数看作实轴上的点，我们就会发现可以通过镜像改变左右顺序，把 $\leqslant$ 变成 $\geqslant$。只有在研究算术的时候，才会有"如果 $a \geqslant 0$，$b \geqslant 0$，那么 $ab \geqslant 0$"这种不适用于 $\leqslant$ 的性质。我们等到第 9 章学习算术时再来考虑这些。

弱序关系一般成对出现。已知一个弱序 R，我们可以定义它的**逆序** R'：

$$a R' b \text{ 表示 } b R a。$$

逆序 R' 也是一个弱序关系，再取一次逆序就会得到 $R'' = R$。

例 4.13：如果 $A = \{a, b, c\}$，其中 a, b, c 互不相同，那么 A 上的一个弱序可以定义为 $a R b$，$a R c$，$b R c$，$a R a$，$b R b$，$c R c$。我们可以用图把它表示出来：让 a, b, c 排成一排，$x R y$ 表示 x 位于 y 的左边或者 $x = y$。

$$a b c$$

R 的逆序可以通过把它们按 c, b, a 的顺序列出来而得到。

例 4.14：定义平面上的关系 R 为：$(x_1, y_1)R(x_2, y_2)$ 表示

$$要么 y_1 = y_2 且 x_1 \leqslant x_2,$$
$$要么 y_1 < y_2。$$

这个关系乍一看很奇怪，但从图中就能看出，$(x_1, y_1)R(x_2, y_2)$ 表示要么 (x_1, y_1) 和 (x_2, y_2) 在同一条水平线上且前者在后者的左边（或者与后者重合），要么 (x_1, y_1) 所在水平线严格位于 (x_2, y_2) 所在水平线的下方（见图 4-13）。

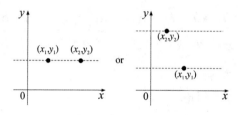

图 4-13 一个平面上的序

例 4.15：$A = \{\{0\}, \{0, 1\}, \{0, 1, 2\}, \{0, 1, 2, 3\}\}$。

$$x\,R\,y \text{ 表示对于 } x, y \in A，x \subseteq y。$$

这里有 $\{0\} \subseteq \{0, 1\} \subseteq \{0, 1, 2\} \subseteq \{0, 1, 2, 3\}$。

集合的包含关系满足

$$如果 X \subseteq Y 且 Y \subseteq Z，那么 X \subseteq Z，$$
$$如果 X \subseteq Y 且 Y \subseteq X，那么 X = Y，$$

但是对于任意集合 X 和 Y，也可能有 $X \subsetneqq Y$ 和 $Y \subsetneqq X$。这就意味着集合的包含关系一般满足 (WO1) 和 (WO3)，但是不满足 (WO2)。集合 A 上满足 (WO1) 和 (WO3) 的关系 R 被称为**偏序**，而 A 被称为**偏序集**。设 A 为集合的集合，那么包含就是一个偏序。

令 R 为集合 A 上的弱序，那么它对应的严序 S 满足

$$x\,S\,y \text{ 等价于 } x\,R\,y 且 x \neq y。$$

例如，如果 R 是 $\leqslant$，那么 S 就是 $<$。

命题 4.16：集合 A 上的**严序** S 满足：

(SO1) 如果 aSb，bSc，那么 aSc；

(SO2) 设 $a,b \in A$，那么下面三条陈述中有且仅有一条成立：

$$aSb, \ bSa, \ a=b。$$

证明：假设 aSb，bSc，那么可以得到 aRb 和 bRc，根据 (WO1) 可以推得 aRc。$a=c$ 不可能成立，否则 bRc 就可以代换为 bRa，再根据 (WO3) 和 aRb，就会得到 $a=b$，这和 aSb 矛盾。这样就证明了 (SO1)。根据 (WO2)，$a, b \in A$ 说明 aRb 或 bRa，所以 aSb 或 $a=b$ 或 bSa。但这三者中没有任何两个能同时成立：$a=b$ 和 aSb 还有 bSa 的定义矛盾；而如果 aSb 和 bSa 同时成立，那么 aRb 和 bRa 也同时成立，根据 (WO3) 就有 $a=b$，和 aSb 矛盾。这样就证明了 (SO2)。 □

命题 4.16 的条件 (SO2) 通常被称为**三分律**。（就像二分律表示两种互斥的可能性一样，三分律表示三种互斥的可能性，在这里就是 aSb、bSa 或 $a=b$。）对于实数上的严序 $<$ 来说，这三种互斥的可能性就是 $a<b$、$b<a$ 和 $a=b$。

前面提过，我们可以通过下面的关联从 $<$ 回到弱序 $\leqslant$：

$$a \leqslant b \text{ 等价于 } a<b \text{ 或 } a=b。$$

这适用于任何严序。如果一个集合 A 上的关系 S 满足 (SO1) 和 (SO2)，那么定义

$$aRb \text{ 表示 } aSb \text{ 或 } a=b。$$

很容易证明 R 满足 (WO1)~(WO3)，并且我们可以在弱序和严序之间自由转换。这样一看，弱序和严序的符号就可以互换使用。尽管我们把 (WO1)~(WO3) 当作基本公理证明了 (SO1) 和 (SO2)，我们也可以反过来把 (SO1) 和 (SO2) 当作基本公理来推导 (WO1)~(WO3)。

4.9 习题

1. 给出命题 4.4(b)、4.4(c) 和 4.4(d) 的证明。

2. 证明对于所有集合的集合 S, T，都有

$$(\bigcup S) \times (\bigcup T) \subseteq \bigcup \{X \times Y \mid X \in S, \ Y \in T\},$$
$$(\bigcap S) \times (\bigcap T) = \bigcap \{X \times Y \mid X \in S, \ Y \in T\}。$$

证明第一个公式中的"$\subseteq$"不能替换为"$=$"。

3. 如果 $A = \varnothing$，证明对于所有集合 B，都有 $A \times B = \varnothing = B \times A$。如果 $A \neq \varnothing$，证明 $A \times B = A \times C$ 可以推得 $B = C$。设 $A \times B = B \times A$，关于 A 和 B 能得到什么结论？

4. 令 $A = \mathbf{N} \times \mathbf{N}$。定义 A 上的关系 R 为

$$(m, n) R(r, s) \text{ 意味着 } m + s = r + n。$$

证明 R 是一个等价关系。

如果 $B = \{(x, y) \in \mathbf{Z} \times \mathbf{Z} \mid y \neq 0\}$，并且 B 上的关系 S 定义为

$$(a, b) S(c, d) \text{ 当且仅当 } ad = bc，$$

那么 S 是等价关系吗？证明你的猜想。

5. $\{1, 2, 3, 4\}$ 上存在多少个不同的等价关系？

6. 请回想等价关系的性质 (E1)(E2) 和 (E3)。下列 $x, y \in \mathbf{R}$ 之间的关系分别具有这三个性质中的哪些性质呢？

(a) $x < y$。

(b) $x \geq y$。

(c) $|x - y| < 1$。

(d) $|x - y| \leq 0$。

(e) $x - y$ 是有理数。

(f) $x - y$ 是无理数。

(g) $(x - y)^2 < 0$。

7. 下面的论述试图证明如果 (E2) 和 (E3) 成立，那么 (E1) 就成立。证明过程是否存在问题？如果存在，问题在哪里？

令 $a \sim b$。

根据 (E2)，可以得到 $b \sim a$。根据 (E3)，如果 $a \sim b$ 且 $b \sim a$，那么 $a \sim a$。这样就证明了 (E1)。

8. 请举出满足下列条件的关系的例子（越优雅越好）。

(a) (E1)(E2) 和 (E3) 均不满足。

(b) 满足 (E1)，但不满足 (E2) 和 (E3)。

(c) 满足 (E2)，但不满足 (E1) 和 (E3)。

(d) 满足 (E3)，但不满足 (E1) 和 (E2)。

(e) 满足 (E2) 和 (E3)，但不满足 (E1)。

(f) 满足 (E1) 和 (E3)，但不满足 (E2)。

(g) 满足 (E1) 和 (E2)，但不满足 (E3)。

9. 请写出整数模 4、模 5 和模 6 的加法和乘法表。

找出所有使得 $ab = 0_{12}$ 的 $a, b \in \mathbf{Z}_{12}$。

10. 定义 $\mathbf{N}$ 上的关系 R 为

$$a R b \text{ 表示 } a \text{ 整除 } b，$$

即存在 $c \in \mathbf{N}$ 使得 $b = ac$。R 是顺序关系吗？如果是，它是弱序还是严序？

11. 令 $X = \{1, 2, 6, 30, 210\}$，定义 X 上的关系 S 为

$$a S b \text{ 表示 } a \text{ 整除 } b。$$

S 是顺序关系吗？如果是，它是弱序还是严序？

12. 令 A、B 为集合，S 和 T 分别为 A 和 B 上的（严）序关系。定义 $A \times B$ 上的字典式关系 L 为

$$(a, b) L (c, d) \text{ 表示要么 } a S c，\text{要么 } a = c \text{ 且 } b T d。$$

这个关系是顺序关系吗？它和字典有什么关联？

第 5 章
函数

函数在整个现代数学的各种层面上都至关重要。这个概念源自微积分。微积分是一门**有关**函数的学科，它研究的是如何微分或者积分函数。建立函数的**一般**概念的早期尝试都有些混乱，不能让人满意，这很大程度上是因为它们都太过复杂。如今我们对函数概念的理解是基于这些尝试逐渐发展而来的：既有一般性，又十分简单。实际上，函数的概念如今太过宽泛，以至于在研究微积分的时候必须加上额外的条件，把考察的函数限制为那些**能**被微分或者积分处理的。因此，我们将先给出一个非常宽泛的"函数"定义，然后通过额外条件来选出特殊的一类函数，最终得到想研究的对象。

我们将在本章中逐渐建立函数的一般概念。我们会从熟知的例子开始，慢慢提取一般性的原则。我们将讨论函数可以具有的一些一般性质，介绍函数的图像，并把它和形式化定义还有传统理解联系到一起。

5.1　一些传统函数

传统上函数是通过引入"变量"x（通常假定为实数），然后讨论"关于x的函数$f(x)$"来定义的。这种定义最重要的特征就是理论上我们可以求得任意x对应的$f(x)$值（根据所考察的函数，可能需要$x \neq 0$或者$x > 0$这样的限制）。下面来看一些熟悉的例子。

- 对于任意实数x，指数函数的值是e^x（其中$e = 2.718\,28\cdots$）。
- 对于所有实数x，正弦、余弦和正切函数的值分别是$\sin(x)$、$\cos(x)$和$\tan(x)$。不过正切函数需要假设x不是$\dfrac{\pi}{2}$的奇数倍，不然$\tan(x) = \dfrac{\sin(x)}{\cos(x)}$的定义就没有意义了。（我们通常省略括号，把它们写成$\sin x$、$\cos x$等。）

- 当 x 为实数且 $x > 0$ 时，对数函数的值是 $\ln(x)$（也常用 $\ln x$ 这种写法）。
- 对于实数 $x \neq 0$，倒数函数的值是 $\dfrac{1}{x}$。
- 对于任意实数 x，平方函数的值是 x^2。
- 阶乘函数 $x!$ 只有在 x 为正整数时才有定义。

这些例子有什么共同点呢？原则上，我们能计算函数在 x 为特定值时的取值。换言之，函数为每个相关的实数 x 都分配了一个实数值 $f(x)$。在上面的例子中，$f(x) = \mathrm{e}^x$, $\sin(x)$, $\cos(x)$, $\tan(x)$, $\ln(x)$, $\dfrac{1}{x}$, x^2, $x!$。

我们不能混淆函数和函数的**值**。$\ln(x)$ 并不是函数，"取对数"的这样一条规则才是，我们用它来**求**值。从某种意义上来说，这个函数就是符号"$\ln$"。我们可以把函数 f 理解为一种"规则"，它为任意（或者某种限制下的）实数 x 定义了另一个实数 $f(x)$。$f(x)$ 的定义应当是**唯一的**——为一个问题给出两个答案的规则没什么用处。这就意味着我们必须要小心"平方根"这种函数——我们需要指明它使用的是正根还是负根。不过别担心，我们会先建立基本概念，然后再来考察具体的函数。

5.2 函数的一般定义

函数最一般的定义是在传统定义的基础上放宽 x 和 $f(x)$ 是实数的限制。实际上，即便是传统定义的函数中也允许出现复数，以及非数值对象。比如说三角形的面积是定义在三角形上的一个函数。最简单也最令人满意的假设就是对 x 和 $f(x)$ 不加以限制。不过这样就要求我们更准确地定义规则，因为传统公式的局限性很大。

在上述函数的例子中，x 和 $f(x)$ 的范围是某个可能的取值的集合。最自然的集合选择往往不同，比如说对数函数要求 $x > 0$，而 $\ln(x)$ 可以是任意实数。

因此，我们从两个任意集合 A 和 B 开始，给出一个初步定义。

初步定义 5.1：**一个从 A 到 B 的函数**是一条规则，它为每个 $a \in A$ 唯一地分配了一个元素 $f(a) \in B$。

这个定义非常宽泛，它涵盖了前面所有的例子。

指数函数：$A = \mathbf{R}$，$B = \mathbf{R}$，$f(x) = \mathrm{e}^x$。

对数函数：$A = \{x \in \mathbf{R} \,|\, x > 0\}$，$B = \mathbf{R}$，$f(x) = \ln(x)$。

倒数函数：$A = \{x \in \mathbf{R} \,|\, x \neq 0\}$，$B = \mathbf{R}$，$f(x) = \dfrac{1}{x}$。

阶乘函数：$A = \{x \in \mathbf{R} \,|\, x > 0\}$，$B = \mathbf{N}$，$f(x) = x!$。

这个定义还适用于一些其他类型的函数：

$A = \{\text{平面上的所有圆}\}$，$B = \mathbf{R}$，$f(x) = x$的半径；

$A = \{\text{平面上的所有圆}\}$，$B = \mathbf{R}$，$f(x) = x$的面积；

$A = \{\{0,\, 2,\, 4\}\text{的所有子集}\}$，$B = \mathbf{N}$，$f(x) = x$的最小元素；

$A = \{\{0,\, 1,\, 2,\, 3,\, 4,\, 5,\, 6,\, 7\}\text{的所有子集}\}$，$B = \{0,\, 1,\, 2,\, 3,\, 4,\, 5,\, 6,\, 7,\, 8\}$，$f(x) = x$ 中元素的个数；

$A = \mathbf{N}$，$B = \{0,\, 1,\, 2\}$，$f(x) = x$除以3的余数；

$A = \{\text{骆驼, 狮子, 大象}\}$，$B = \{\text{一月, 三月}\}$，$f(\text{骆驼}) = \text{三月}$，$f(\text{狮子}) = \text{一月}$，$f(\text{大象}) = \text{三月}$ [①]。

定义 5.2：我们把 A 称为函数的**定义域**，B 称为函数的**陪域**。符号

$$f : A \to B$$

表示"f是一个定义域为A、陪域为B的函数"。

还有一个麻烦的词需要考虑，那就是"规则"。我们可以明智地引入有序对，像第4章形式化定义"关系"那样来定义函数。我们想把每个$x \in A$和$f(x) \in B$结合起来。一种方法是把它们变成一个有序对$(x, f(x))$，那么"规则"就变成了x遍历A中的所有值之后，所有有序对$(x, f(x))$组成的集合。这个集合当然是笛卡儿积$A \times B$的一个子集。

上一章我们把$A \times B$的一个子集定义为从A到B的一个关系。这意味着函数也可以看作一种特殊的关系：它把x和$f(x)$关联起来。

我们之前要求$f(x)$对于每个$x \in A$都有定义，那么现在这个要求就变成了对于任意$x \in A$，集合中都**存在**元素(x, y)。$f(x)$的唯一性则要求对于每个x，对应的y也应当是**唯一的**。我们现在明白了如何用有序对的集合来表示规则：求$f(x)$，

---

① 这当然是一个比较傻的函数，没有数学意义，只是说明函数$f(x)$的定义可以很随便。实际上，这个函数还不算特别随便。也许有这样一个动物园，它有三个展馆：骆驼馆、狮子馆和大象馆。这些展馆每年都要重新装修：狮子馆在一月装修，其他两个在三月装修。那么$f(x)$就表示展馆x重新装修的月份。

就是在集合中寻找有序对 (x, y)。这样的一个有序对唯一存在，因此我们令 $f(x) = y$。

其形式化定义如下。

定义 5.3：令 A 和 B 为集合。函数 $f : A \to B$ 是 $A \times B$ 的一个子集 f，它满足以下条件：

(F1) 如果 $x \in A$，那么存在 $y \in B$ 使得 $(x, y) \in f$；

(F2) 这个元素 y 是唯一的：换言之，如果 $x \in A$ 且 $y, z \in B$ 满足 $(x, y) \in f$ 且 $(x, z) \in f$，那么 $y = z$。

函数也被称为**映射**。

根据这个定义，定义域为 $\mathbf{R}$ 的平方函数就是 $\mathbf{R} \times \mathbf{R}$ 的子集

$$\left\{ \left(x, \ x^2 \right) \middle| x \in \mathbf{R} \right\}。$$

上面那个古怪的函数就是集合

$$\left\{ (骆驼, \ 三月), \ (狮子, \ 一月), \ (大象, \ 三月) \right\}。$$

把 $f(x)$ 定义为使得 $(x, y) \in f$ 的唯一元素 $y \in B$，我们就得到了传统的函数定义。

用有序对的集合来定义函数，使得所有对象都以集合的方式表述，从形式上来说非常巧妙。但当我们想定义一个具体函数时，使用有序对就有些太过于讲究了，而且也不实用。这时我们就可以用这样的语言来定义函数：

"定义函数 $f : A \to B$，对于所有 $x \in A$ 都有 $f(x) = \cdots\cdots$"

另外一个常用的写法是：

"定义函数 $f : A \to B$，$x \mapsto \cdots\cdots$"

无论是哪种，都可以把省略号替换为具体的已知 x 求 $f(x)$ 的方法。这两种写法可以形式化地解释为：

"f 是 $A \times B$ 的子集，由 $(x, f(x))$ 构成。"

然后我们必须检查求 $f(x)$ 的方法是否唯一定义了 $f(x)$，并且要确认对于所有 $x \in A$，都有 $f(x) \in B$。

例 5.4：定义函数 $f : \mathbf{N} \to \mathbf{Q}$ 为

$$f(n) = \sqrt{2}\text{的前} n \text{位小数，}$$

那么我们有

$$f(1) = 1.4,$$
$$f(2) = 1.41,$$
$$f(3) = 1.414,$$

等等。因为 $\sqrt{2}$ 是无理数，所以它的结尾不可能是一堆 0 或者一堆 9，因此这条规则唯一定义了 $f(n)$。另外因为 $f(n)$ 是有限小数，所以它一定是有理数。

这个函数可以形式化定义为 $\mathbf{N} \times \mathbf{Q}$ 的一个子集，它包含了所有有序对

$$\left(n, \sqrt{(2)} \text{的前} n \text{位小数}\right),$$

也就是

$$(1,\ 1.4),\ (2,\ 1.41),\ (3,\ 1.414),\ \cdots$$

非形式化定义的优势是很明显的，但我们要知道如何把它转换成形式化定义，这样才能安全地使用它。

反例 5.5：下面是一些貌似定义了函数，但仔细观察就能发现问题的陈述。

(1) 定义 $f : \mathbf{R} \to \mathbf{R}$，$f(x) = \dfrac{x^2 + 17x + 93}{x+1}$。

这不能定义函数。当 $x = -1$ 时，$\dfrac{1}{x+1}$ 没有定义，因此它没有为 $f(-1)$ 指定一个实数。把定义的开头改为 $f : \mathbf{R} \setminus \{-1\} \to \mathbf{R}$ 就可以了。

(2) 定义 $f : \mathbf{Q} \to \mathbf{Q}$，$f(x) = \sqrt{x}$（正根）。

这不能定义函数。某些 x 值（比如说 2）对应的 $f(x)$ 值（$\sqrt{2}$）不属于 $\mathbf{Q}$。把定义中的第二个 $\mathbf{Q}$ 改成 $\mathbf{R}$ 即可。

(3) 定义 $f : \mathbf{R} \to \mathbf{Q}$，$f(x) = $ 离 x 最近的有理数。

这不能定义函数。不存在这样的 $f(x)$。

(4) 定义 $f : \mathbf{R} \to \mathbf{N}$，$f(x) = $ 离 x 最近的整数。

这个定义几乎是可行的，唯一问题在于 0 和 1 到 $\dfrac{1}{2}$ 的距离相等，因此 $f\left(\dfrac{1}{2}\right)$ 的定义**不唯一**。

5.3　函数的一般性质

接下来我们介绍函数相关的一个重要的子集。

定义 5.6：如果 $f:A \to B$ 是一个函数，那么 f 的**像**就是 B 的子集

$$f(A) = \{f(x) \,|\, x \in A\},$$

也常用符号 $\mathrm{im}(f)$ 表示。

f 的像就是定义域中所有 x 对应的 $f(x)$ 值的集合。它不需要是整个陪域，比如说如果 $f:\mathbf{R} \to \mathbf{R}, f(x) = x^2$，那么像就是非负实数的集合，而不是整个陪域 $\mathbf{R}$。

函数定义缺乏对称性，这一点可能让人有些遗憾。我们要求 $f(x)$ 对于所有 $x \in A$ 都有定义，但不要求每个 $b \in B$ 都能写成 $f(x)$。背后的原因其实很实际。当我们**使用**函数时，我们希望确保它有定义，因此有必要知道准确的定义域。但是了解 $f(x)$ 值的所在就没那么重要，因此我们可以任意选择方便的陪域。

比如，如果我们定义

$$f:\mathbf{N} \to \mathbf{R}$$

为

$$f(n) = \sqrt[3]{n!},$$

那么 f 的像就是阶乘数的立方根的集合

$$\left\{1, \sqrt[3]{2}, \sqrt[3]{6}, \sqrt[3]{24}, \sqrt[3]{120}, \cdots\right\}.$$

这个集合看起来不是很友好。像一般来说都很不像话，因此用陪域定义函数就很合理——我们可以放弃计算陪域中真正需要的那部分，并暗暗祈祷确实不用进行这种计算（往往会应验）。如果真的需要计算，那我们再去算就好了。

这就引出了另外一点知识。严格来说，我们没法讨论函数"真正的"陪域。考虑以下两个函数：

$$f:\mathbf{R} \to \mathbf{R}, f(x) = x^2;$$
$$g:\mathbf{R} \to \mathbf{R}^+, g(x) = x^2,$$

其中 $\mathbf{R}^+=\{x\in\mathbf{R}\,|\,x\geq 0\}$。第一个函数的陪域是 $\mathbf{R}$，而第二个是 $\mathbf{R}^+$，但使用有序对的集合形式化定义函数，就会得到同一个集合 $\{(x,x^2)\,|\,x\in\mathbf{R}\}$。函数 f 和 g 是**相同**的。因此函数"真正的"陪域是有歧义的，**任何**包含函数取值范围的集合都可以是陪域，而定义域则是唯一的。

再严谨一些，我们可以把函数定义为三元组 (f,A,B)，而不是有序对 f 的集合。这样就可以消除歧义。但使用三元组的定义有些讨厌，而且带来不了多少好处。符号 $f:A\to B$ 已经告诉了我们在特定情况下我们想要哪个陪域。

描绘函数 $f:\mathbf{R}\to\mathbf{R}$ 的一个熟悉的方法就是画图像，我们会在下一节详细讨论。对于 $\mathbf{R}$ 以外的集合，把函数想象为下面这样的图 5-1 会更好理解一些。

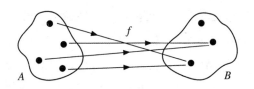

图 5-1　函数图

每个 $x\in A$ 对应的 $f(x)$ 值就位于箭头的另一端。

函数的定义可以用图来表示：

(F1′) A 的每个元素都是唯一一根箭头的起点。

(F2′) 所有箭头的终点都在 B 中。

这种图和维恩图一样都是形象化的描述，但是它可以为讨论提供启发，或是作为简单的例子。

在这种图中，f 的像就是 B 中位于箭头终点的元素的集合（见图 5-2）。

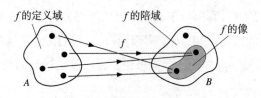

图 5-2　定义域、陪域和像

如果 B 中的每个元素都位于某根箭头的终点，那么整个陪域 B 都是 f 的像。

这就引出了一个更加形式化的定义：

定义 5.7：设函数 $f:A \to B$，如果 B 中的每个元素都是某个 $x \in A$ 对应的 $f(x)$，那么 f 就是（到 B）的一个**满射**。

函数是否是满射取决于陪域的选择，因此"f 是满射"这一说法只能用在陪域已经确定的情况——比如说"$f:A \to B$ 是一个满射"，这里的陪域就是 B。我们用几个例子来解释这个概念。

例 5.8：

(1) $f:\mathbf{R} \to \mathbf{R}, f(x)=x^2$。因为实数的平方不可能是负实数，所以这不是一个到 $\mathbf{R}$ 的满射。比如说，$-1 \in \mathbf{R}$，但没有任何一个 $x \in \mathbf{R}$ 的平方是 -1。

(2) $f:\mathbf{R} \to \mathbf{R}^+, f(x)=x^2$。因为每个正实数都有实数平方根，所以这是一个到 $\mathbf{R}^+$ 的满射。

(3) $f:A \to B$，其中 $A=\{$平面上的所有圆$\}$，$B=\mathbf{R}^+$，$f(x)=x$ 的半径。因为对于任意正实数，我们都能找到一个以它为半径的圆，所以这是一个到 $\mathbf{R}^+$ 的满射。

如果 B 中没有元素位于两根不同箭头的终点，那么我们就得到了另一类重要的函数：

定义 5.9：设函数 $f:A \to B$，如果对于所有 $x, y \in A$，当 $f(x)=f(y)$ 时，都有 $x=y$，那么 f 就是一个**单射**。

这次陪域的选择就不会带来问题了。如果 f 对于某一个陪域是单射，那么它对于其他任意陪域也是单射。我们来看几个例子。

例 5.10：

(1) $f:\mathbf{R} \to \mathbf{R}, f(x)=x^2$。因为 $f(1)=f(-1)$，但 $1 \neq -1$，所以 f 不是单射。

(2) $f:\mathbf{R}^+ \to \mathbf{R}, f(x)=x^2$。这个函数是单射：如果 x 和 y 是非负实数且 $x^2=y^2$，那么 $0=x^2-y^2=(x-y)(x+y)$，因此要么 $x-y=0$（也就是 $x=y$），要么 $x+y=0$。又因为 x 和 y 都是非负数，所以除非 $x=y=0$，不然后者不可能成立。无论是哪种情况，都有 $x=y$。

(3) $f:\mathbf{R} \backslash \{0\} \to \mathbf{R}, f(x)=\dfrac{1}{x}$。因为如果 $\dfrac{1}{x}=\dfrac{1}{y}$，那么 $x=y$，所以 f 是单射。

最友好的函数就是兼具这两种性质的函数。

定义 5.11：设函数 $f: A \to B$，如果它既是单射又是（到 B 的）满射，那么它是一个**双射**。

这个性质同样取决于陪域的选择，它也常被叫作"**一一对应**"。显然 $f: A \to B$ 是双射，当且仅当对于每个 $b \in B$，都有一个唯一的 $x \in A$ 使得 $b = f(x)$。

单射和满射组合起来可以有如下四种情况（见图 5-3）。

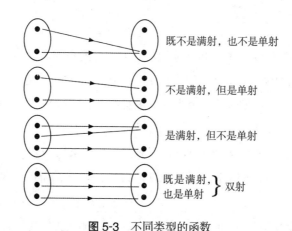

既不是满射，也不是单射

不是满射，但是单射

是满射，但不是单射

既是满射，
也是单射 $\Big\}$ 双射

图 5-3 不同类型的函数

对于每个集合 A，都能定义一个简单但是重要的函数。

定义 5.12：**恒等**函数 $i_A: A \to A$ 被定义为对于所有 $a \in A$ 都有 $i_A(a) = a$。它显然是双射。

5.4 函数的图像

要描绘一个实数函数——即定义域和值域都是 **R** 的子集的函数——有两种方法。这两种方法分别是图像和箭头图，它们有着有趣的联系。函数 $f(x) = x^2 (x \in \mathbf{R})$ 的箭头图如下所示（见图 5-4）。

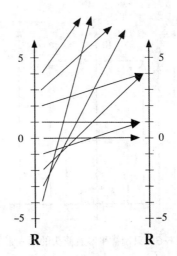

图 5-4 一个从 **R** 到 **R** 的箭头图

如果我们把 A 水平放置，令它与 B 在 0 处重合，就能把这些箭头分开（见图 5-5 ）。

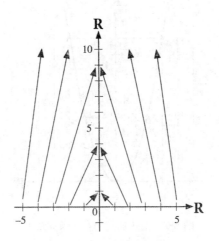

图 5-5 从水平轴到垂直轴的箭头图

但如果只用横平竖直的箭头就更有趣了（见图 5-6 ）。

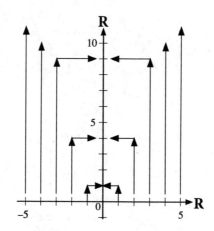

图 5-6 只用横平竖直箭头的同一张图

这样就能清楚地看出，箭头形成的拐角才是重要的位置。如果我们以 x 为变量，那么所有的拐角都在一条曲线上（见图 5-7）。

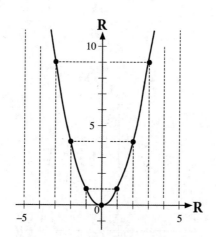

图 5-7 箭头的拐角在一条曲线上

去掉箭头，就得到了常见的图像（见图 5-8）。

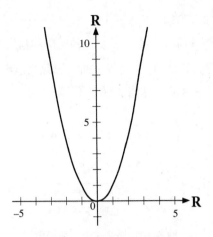

图 5-8　去掉箭头得到图像

反过来，已知图像，我们可以把箭头加回去。从 $x \in A$ 开始垂直移动，直到与函数图像相交，然后再水平移动到 B，这个点就是 $f(x)$（见图 5-9）。

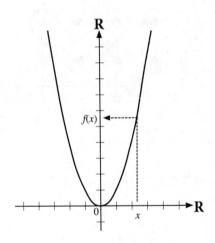

图 5-9　从图像得到箭头

从集合论的角度来说，这个图像是什么呢？平面表示 $\mathbf{R} \times \mathbf{R}$，从 x 到 $f(x)$ 的箭头的拐角位于 $(x, f(x))$。因此 f 的图像就是集合

$$\{(x, f(x)) | x \in \mathbf{R}\}。$$

但从形式化定义的角度来说，它**就是** f。把 $\mathbf{R} \times \mathbf{R}$ 表示为平面，我们就得到了函数

图像这一自然的表示f的方法。

对于一般的函数$f : A \to B$，我们需要一种对应的描绘方法。现在已经有了一种表示$A \times B$的方法，我们就用它来代替平面。因此之前看到的骆驼－狮子－大象函数的"图像"就是这样的（见图 5-10）。

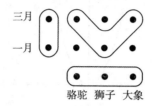

图 5-10 描绘一个一般函数

和前一个函数类似，假设我们从A的元素开始画垂直箭头连接到图像，然后再画水平箭头连接到B，就会得到以下结果（见图 5-11）。

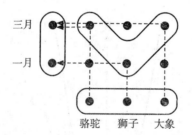

图 5-11 还原箭头

稍微变形一下就得到了箭头图（见图 5-12）。

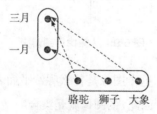

图 5-12 箭头图

严格来说，函数$f : \mathbf{R} \to \mathbf{R}$的图像应该如图 5-13 所示。

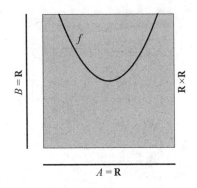

图 5-13　从 **R** 到 **R** 的图像

把 A 和 B 画到平面上作为"轴"的话，就得到了我们更熟悉、使用起来更方便的传统图像（见图 5-14）。

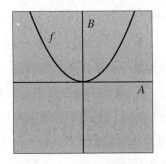

图 5-14　画出图像的轴

但是要记住这些"轴"**不是图像的一部分**，只是用来给平面上的点 (x, y) 提供标记。

5.5　函数的复合

如果 $f:A \to B$ 和 $g:C \to D$ 是两个函数，而且 f 的像是 C 的子集，那么我们就可以把 f 和 g 复合："先 f，再 g。"（见图 5-15。）

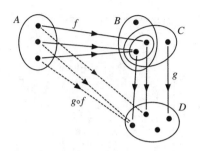

图 5-15 函数的复合

用形式化的语言，我们有如下的定义：

定义 5.13：如果 $f:A\rightarrow B$ 和 $g:C\rightarrow D$ 是函数，且 $f(A)\subseteq C$，那么**复合函数**

$$g\circ f:A\rightarrow D$$

定义为

$$g\circ f(x)=g(f(x))。$$

当然，我们需要验证 $g\circ f$ **确实是**一个从 A 到 D 的函数，不过这并不难。

"先 f 再 g" 对应的是 $g\circ f$，而非 $f\circ g$ 这样更自然的符号，这多少有些可惜。但是后者会让定义变成 $f\circ g(x)=g(f(x))$，这看起来更加不对劲。还有一种方案是用 $(x)f$ 代替 $f(x)$，这样复合函数就变成了 $(x)f\circ g=((x)f)g$。但这也很奇怪。

函数的复合有一个很有用的性质：它满足结合律。具体如下：

命题 5.14：令 $f:A\rightarrow B$，$g:C\rightarrow D$，$h:E\rightarrow F$ 都是函数，并且 f 的像是 C 的子集，且 g 的像是 E 的子集。那么下面两个函数相等：

$$h\circ(g\circ f):A\rightarrow F,$$
$$(h\circ g)\circ f:A\rightarrow F。$$

证明：这里 "相等" 的意思是定义函数的 $A\times F$ 的两个子集相等，这就相当于说明对于每个 $x\in A$，两个函数的值都相同。根据定义，我们有

$$h\circ(g\circ f)(x)=h(g\circ f(x))=h(g(f(x))),$$
$$(h\circ g)\circ f(x)=h\circ g(f(x))=h(g(f(x)))。$$

定理得证。 □

恒等函数的复合也有很好的性质：

命题 5.15：如果 $f: A \to B$ 是一个函数，那么

$$f \circ i_A = f, \; i_B \circ f = f。$$

证明：用定义就可以验证。 □

5.6 反函数

我们把 $f: A \to B$ 理解为一条对 $x \in A$ **进行某种操作**的规则，这条规则会得出 $f(x) \in B$。有时候我们能找到一个函数 g，它能"撤销" f 的操作，我们把 g 称为 f 的反函数。但是我们要小心，反函数未必总是存在，而且 f 和 g 的顺序有时候也有影响。

定义 5.16：令 $f: A \to B$，$g: B \to A$ 为函数。如果对于所有 $x \in A$ 都有 $g(f(x)) = x$，那么 g 是 f 的**左反**函数；如果对于所有 $y \in B$ 都有 $f(g(y)) = y$，那么 g 是 f 的**右反**函数；如果 g 既是 f 的左反函数又是 f 的右反函数，那么它是 f 的**反函数**。

这三个条件可以等价表示为：

$$g \circ f = i_A;$$
$$f \circ g = i_B;$$
$$g \circ f = i_A \text{ 且 } f \circ g = i_B。$$

下面的图用单箭头来表示 f，双箭头来表示 g（见图 5-16 至图 5-18）。

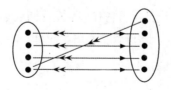

图 5-16 左反函数

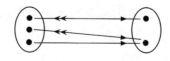

图 5-17 右反函数

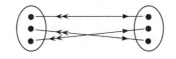

图 5-18   反函数

从这几张图可以得出一个很有用的判定标准：

定理 5.17：函数 $f: A \to B$ 有一个

(a) 左反函数，当且仅当它是单射；

(b) 右反函数，当且仅当它是满射；

(c) 反函数，当且仅当它是双射。

证明：(a) 假设 f 有一个左反函数 g。要证明 f 是单射，假设 $f(x) = f(y)$，那么 $x = g(f(x)) = g(f(y)) = y$，所以 f 是一个单射。反过来，假设 f 是单射。如果 $y \in B$ 且对于某个 $x \in A$ 有 $y = f(x)$，定义 $g(y) = x$，那么根据单射的定义，x 是唯一的。如果 y 不是 f 的像中的元素，就不存在这样的 x，那么我们选择**任意** $a \in A$，定义 $g(y) = a$。现在 $g(y)$ 对于所有 $y \in B$ 都有定义，$g: B \to A$ 是一个函数。根据 g 的定义，有 $g(f(x)) = x$，所以 g 是 f 的左反函数。

(b) 假设 f 有一个右反函数。如果 $y \in B$，那么 $y = f(g(y))$，所以它是 $x = g(y)$ 对应的 $f(x)$，因此 f 是一个到 B 的满射。反过来，假设 f 是满射。令 $y \in B$，存在 $x \in A$，使得 $y = f(x)$。这样的 x 不一定唯一。对于每个 $y \in B$，定义 $g(y)$ 为 A 中满足 $f(g(y)) = y$ 的**某一个特定元素**，那么 g 是一个函数，并且是 f 的右反函数。

(c) 函数 f 有反函数，当且仅当它有一个左反函数 g，且 g 也是它的右反函数。因此 f 既是单射，又是满射，所以它是双射。如果 f 是双射，它就有一个左反函数 g。可以轻松验证 g 也是其右反函数。因此 f 有反函数。 $\square$

例 5.18：

(1) $f: \mathbf{R} \to \mathbf{R}, f(x) = x^3$。这是一个双射，它有反函数 $g: \mathbf{R} \to \mathbf{R}, g(x) = \sqrt[3]{x}$

(2) $f: \mathbf{R} \to \mathbf{R}, f(x) = x^2$。这个函数既不是单射也不是满射，所以它没有任何一种反函数。那么平方根函数和它又有什么关系呢？我们可以令函数的陪域为 $\mathbf{R}^+ = \{x \in \mathbf{R} \mid x \geq 0\}$，从而使 f 变为一个满射。现在 $f: \mathbf{R} \to \mathbf{R}^+$ 是一个满射，$g(x) = \sqrt{x}$（正平方根）就是 f 的**右反函数**，这是因为 $f(g(x)) = (\sqrt{x})^2 = x$。但它

不是 f 的左反函数，这是因为

$$\sqrt{x^2} = x，如果 x \geqslant 0；$$
$$\sqrt{x^2} = -x，如果 x < 0。$$

(3) 尽管本书还没有对指数和对数的性质进行严格证明，但我们先假设它们成立。令 $f : \mathbf{R} \to \mathbf{R}, f(x) = \mathrm{e}^x$。如果 $\mathrm{e}^x = \mathrm{e}^y$，那么 $\mathrm{e}^{x-y} = 1$，所以 $x - y = 0$，即 $x = y$。因此 f 是一个单射。此外，函数 f 有右反函数，其定义为（比如）

$$g(y) = \log y，\ 如果 y > 0;$$
$$g(y) = 273，\ 如果 y \leqslant 0。$$

因此 $g(f(x))$ 可以这样计算：因为 $f(x) = \mathrm{e}^x$，所以 $g(f(x)) = g(\mathrm{e}^x) = \ln \mathrm{e}^x = x$。273 是一个任意数，并不用于计算，它只是为了让 g 在整个 $\mathbf{R}$ 上均有定义。在 y 为负实数时，我们可以把 $g(y)$ 定义为任何数。

(4) 我们来考虑一个更合理的情况：$f : \mathbf{R} \to \mathbf{R}^{\#}, f(x) = \mathrm{e}^x$，其中 $\mathbf{R}^{\#} = \{x \in \mathbf{R} \mid x > 0\}$。现在 f 是一个双射，而 $g : \mathbf{R}^{\#} \to \mathbf{R}, g(y) = \ln y$ 就是它的反函数：

$$\mathrm{e}^{\ln y} = y,$$
$$\ln \mathrm{e}^x = x。$$

(5) 本例中，我们假定三角函数的性质成立。考察函数 $f : \mathbf{R} \to \mathbf{R}, f(x) = \sin x$。因为它既不是单射也不是满射，所以它没有任何一种反函数。但是三角函数中的 $\sin^{-1} x$（或者 $\arcsin x$）又是什么呢？

答案取决于我们的目标。如果 $\sin^{-1}(x)$ 被定义为 $-\dfrac{\pi}{2} \leqslant y \leqslant \dfrac{\pi}{2}$ 中使得 $\sin y = x$ 的唯一一个 y，那么它就是 $f : \mathbf{R} \to \{x \in \mathbf{R} \mid -1 \leqslant x \leqslant 1\}, f(x) = \sin x$ 的右反函数。但是它并不是左反函数，比如我们有

$$\sin^{-1}(\sin 6\pi) = \sin^{-1} 0 = 0 \neq 6\pi。$$

有时候我们会说 $\sin^{-1}$ 是"多值"的，那么它就不符合我们对函数的定义。

(6) 下面这个函数就令人满意多了。令

$$f : \{x \in \mathbf{R} \mid -\dfrac{\pi}{2} \leqslant x \leqslant \dfrac{\pi}{2}\} \to \{x \in \mathbf{R} \mid -1 \leqslant x \leqslant 1\},$$

其中 $f(x) = \sin x$。这时 f 是一个双射，而 $\sin^{-1}$ 是**这个** f 的反函数。

左和右反函数不需要唯一，其中一个原因是它们的构造涉及任意性的选择。但反函数是唯一的。

命题 5.19：如果一个函数既有左反函数又有右反函数，那么它就有反函数。这个反函数是唯一的，每个左或右反函数都和它相等。

证明：如果 $f : A \to B$ 既有左反函数又有右反函数，那么根据定理 5.17，f 是一个双射，且有反函数 F。假设 g 是 f 的任意左反函数，那么

$$g = g \circ i_B = g \circ (f \circ F) = (g \circ f) \circ F = i_A \circ F = F。$$

同样，如果 h 是 f 的任意右反函数，那么我们也能得到 $h = F$。因为反函数本身也是左反函数，所以这也证明了 F 是唯一的。 $\square$

如果 $f : A \to B$ 是一个双射，那么存在一个 f 的反函数，可以记为

$$f^{-1} : B \to A。$$

警告：不要混淆 $f^{-1}(x)$ 和倒数 $\dfrac{1}{f(x)}$。（例如：如果 $f(x) = x^2$，那么 $f^{-1}(x) = \sqrt{x}$，而 $\dfrac{1}{f(x)} = \dfrac{1}{x^2}$。）

命题 5.20：如果 $f : A \to B$ 和 $g : B \to C$ 都是双射，那么 $g \circ f : A \to C$ 也是双射，并且

$$(g \circ f)^{-1} = f^{-1} \circ g^{-1}。$$

证明：$g \circ f$ 很明显是双射。$f^{-1} \circ g^{-1}$ 是左反函数的证明也很简单，其过程如下：

$$
\begin{aligned}
\left(f^{-1} \circ g^{-1} \right) \circ (g \circ f) &= f^{-1} \circ \left(g^{-1} \circ (g \circ f) \right) \\
&= f^{-1} \circ \left(\left(g^{-1} \circ g \right) \circ f \right) \\
&= f^{-1} \circ \left(i_B \circ f \right) \\
&= f^{-1} \circ f \\
&= i_A。
\end{aligned}
$$

因此根据定理 5.17，它是反函数。 $\square$

这个计算过程可以用图 5-19 表示。它其实没有看起来那么复杂。

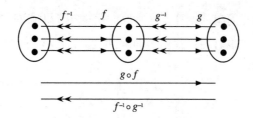

图 5-19 反函数的复合

5.7 限制

定义 5.21：如果 $f : A \to B$ 是一个函数，且 $X \subseteq A$，那么 f 在 X 上的**限制**就是函数

$$f\big|_X : X \to B,$$

其中

$$f\big|_X (x) = f(x) \quad (\text{对于 } x \in X)。$$

这个函数和 f 的唯一区别在于，我们不再考虑不在 X 中的 x。

比如，如果 $f : \mathbf{R} \to \mathbf{R}, f(x) = \sin x$，且 $X = \{x \in \mathbf{R} \mid 0 \leqslant x \leqslant 6\pi\}$，那么 f 和 $f\big|_X$ 的图像如图 5-20 所示。

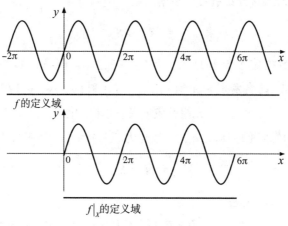

图 5-20 函数的限制

限制是一种相对简单的运算，它主要的用途在于让我们关注 f 在子集 X 上的行为。这样做有时候很有用：我们上面提到过 $\sin : \mathbf{R} \to I$ 在 $I = \{x \in \mathbf{R} \mid -1 \leqslant x \leqslant 1\}$ 时不是双射，但如果

$$I = \left\{ x \in \mathbf{R} \,\middle|\, -\frac{\pi}{2} \leqslant x \leqslant \frac{\pi}{2} \right\},$$

$\sin|_X : X \to I$ 就是双射。

定义 5.22：把恒等函数 $i_A : A \to A$ 限制在子集 $X \subseteq A$ 就得到了**包含**函数

$$i_A|_X : X \to A,$$

其中 $i_A|_X(x) = x \, (x \in X)$。

它和 i_X 是相同的函数，但是不同的陪域强调了不同的信息。这个函数形式化地描述了 X 和 A 的包含关系。

5.8 序列和 n 元组

我们现在可以用函数来解决先前发现的一些问题，尤其是序列和 n 元组的准确定义。我们之前给出了有序对、三元组、四元组等的定义，但是没有给出一般定义。

定义 5.23：令 X_n 是集合 $\{1, 2, 3, \cdots, n\} = \{x \in \mathbf{N} \mid 1 \leqslant x \leqslant n\}$。如果 S 是一个集合，那么 S 中元素的 n **元组**就可以根据函数

$$f : X_n \to S$$

定义。这个函数指定了 S 中的元素 $f(1), f(2), \cdots, f(n)$，如果我们把它记成 $(f_1, f_2, \cdots, f_n)$，就能发现 n 元组 $(f_1, \cdots, f_n)$ 和 $(g_1, \cdots, g_n)$ 相等，当且仅当 $f_1 = g_1, f_2 = g_2, \cdots, f_n = g_n$。$n$ 元组就应该具有这样的性质。

同样，我们先前把序列 $a_1, a_2, \cdots$ 描述为 "无穷无尽的数串"，它也可以由函数

$$f : \mathbf{N} \to S$$

严格定义，其中 $f(n)$ 就是 a_n。

有序对的新定义 (f_1, f_2) 和第 4 章中库拉托夫斯基的定义并**不相同**。但是新定

义也具有有序对的关键性质：$(f_1, f_2) = (g_1, g_2)$ 当且仅当 $f_1 = g_1$ 且 $f_2 = g_2$。其实我们只需要这个性质。这就又一次说明，如果我们关注形式化定义所具有的**性质**，而不是定义的对象本身，那么我们得到的就是同一个基本数学概念。这也是结晶化概念的又一个例子。

5.9　多元函数

我们在微积分中见到过"两个变量的函数"。例如：

$$f(x, y) = x^2 - 3y^3 + \cos xy \, (x, y \in \mathbf{R})。$$

这里我们不再对这些函数进行周密准确的定义。从符号上可以很清楚地看出 f 也只是一个定义在有序对 (x, y) 的集合上的普通函数：

$$f : \mathbf{R} \times \mathbf{R} \to \mathbf{R}。$$

一般来说，如果 A 和 B 是集合，那么函数 $f : A \times B \to C$ 就是一个有两个变量 $a \in A, b \in B$ 的函数。同样，n 元函数就是定义在 n 元组的集合上的函数。

5.10　二元运算

在数学的很多领域中，都常有把两个数结合为另一个数，或者把两个特定类型的对象结合为另一个同类对象的情况。这就引出了集合 A 上的**二元运算**的概念，其形式化定义如下。

定义 5.24：集合 A 上的**二元运算**就是函数 $f : A \times A \to A$。

例 5.25：我们熟悉的例子包括：

(1) $\mathbf{N}$ 上的加法：$\alpha : \mathbf{N} \times \mathbf{N} \to \mathbf{N}, \, \alpha(x, y) = x + y$；

(2) $\mathbf{N}$ 上的乘法：$\mu : \mathbf{N} \times \mathbf{N} \to \mathbf{N}, \, \mu(x, y) = xy$；

(3) $\mathbf{N}$ 上的减法：$\sigma : \mathbf{N} \times \mathbf{N} \to \mathbf{N}, \, \sigma(x, y) = x - y$；

(4) $\mathbf{Q}$ 中非零元素的除法。令 $\mathbf{Q}^* = \{x \in \mathbf{Q} \mid x \neq 0\}$，定义 $\delta : \mathbf{Q}^* \times \mathbf{Q}^* \to \mathbf{Q}^*, \, \delta(x, y) = \dfrac{x}{y}$；

(5) 集合的并集。令 $A = \mathbb{P}(X)$，也就是集合 X 的所有子集的集合。定义
$u : A \times A \to A$, $u(Y_1, Y_2) = Y_1 \bigcup Y_2$；

(6) 函数的复合。对于任意集合 X，令 M 为所有从 X 到 X 的函数的集合。因此 $f \in M$ 就表示 $f : X \to X$。定义

$$c : M \times M \to M, c(g, f) = g \circ f。$$

数学中的大多数二元运算不会使用函数 $f(x, y)$ 这种表示法，而是会用某种符号 $*$ 将其写成 $x * y$。上面的例子就可以分别写成 $x + y$、xy、$x - y$、$\dfrac{x}{y}$、$x \cup y$、$x \circ y$。因此我们通常把二元运算写成 $* : A \times A \to A$，并把 $*(x, y)$ 写成 $x * y$。例 (2) 和例 (6) 中的二元运算分别叫作 x 和 y 的**积**和**复合**。例 (2) 中完全没有用到符号，这种省略写法在其他不会产生歧义的场合也很常见。而例 (6) 中函数的复合也常常会写成 gf，而不是 $g \circ f$。读者应该也已经习惯了下面这样的省略：

$$2\pi \text{ 表示 } 2 \text{ 乘 } \pi,$$
$$2\frac{1}{2} \text{ 表示 } 2 \text{ 加 } \frac{1}{2},$$
$$21 \text{ 表示 } 2 \text{ 乘 } 10 \text{ 加 } 1。$$

使用 $x * y$ 记法时，我们一般不会认为 $x * y$ 和 $y * x$ 相同。比如，如果 $*$ 是减法，那么 $2 - 1 \neq 1 - 2$。但是当它们相同时，$*$ 的代数就可以被简化。因此我们有如下的定义：

定义 5.26：如果对于所有 $x, y \in A$ 都有 $x * y = y * x$，那么 $*$ 就是**可交换的**。

在例 (1)、例 (2) 和例 (5) 中，二元运算都是可交换的；而在例 (3) 和例 (4) 中却不是。如果 X 有不止一个元素，那么例 (6) 中的运算就是不可交换的。实际上，如果 $a, b \in X$，$a \neq b$，我们定义 $f(a) = f(b) = a$，$g(a) = g(b) = b$，而其他情况下 $f(x) = g(x) = x$，那么 $g \circ f(a) = b$，但是 $f \circ g(a) = a$，所以 $g \circ f \neq f \circ g$。

除非我们确定二元运算满足交换律，不然就有必要保持运算中元素的顺序。这样的运算可以外延到三个（或更多）元素。设 $x, y, z \in A$，因为 $x * y \in A$，所以我们可以把这个结果和 z 再结合起来。我们可以引入括号，把它写成 $(x * y) * z$，来区分 $x * (y * z)$。虽然后者 x, y, z 的顺序相同，但它表示的是 x 和 $y * z$ 的运算结果。可以想象，这两者有可能是不同的。例如 $(3 - 2) - 1 \neq 3 - (2 - 1)$。

定义 5.27：如果对于所有 $x, y, z \in A$ 都有 $(x*y)*z = x*(y*z)$，那么 $*$ 就是**可结合的**。

例 (1)、例 (2)、例 (5) 和例 (6) 是可结合的，而例 (3) 和例 (4) 不是。

在建立数的概念时，可交换和可结合的二元运算（比如加法和乘法）是必不可少的组件。初等代数反复使用这些性质，但我们第一次学习代数概念时，因为用代数符号代替的是数，所以大部分时间都默认了这些性质的存在。而在更高等的代数中，符号的意义更加丰富，交换律和结合律就未必成立，因此我们必须小心。

和二元运算 $f : A \times A \to A$ 一样，我们可以继续定义三元运算 $t : A \times A \times A \to A$ 等，甚至还可以把函数 $g : A \to A$ 当作"一元运算"，作为这个体系的基石。数学中这种概念还有很多，但是都没有二元运算这样重要。

5.11　集合的索引族

在第 3 章末尾，我们考察了集合的集合。例如 $S = \{S_1, \cdots, S_n\}$，其中每个 S_r 都是集合。我们现在可以用函数来扩大这个概念。如果 $\mathbf{N}_n = \{1, 2, \cdots, n\}$，那么就存在双射 $f : \mathbf{N}_n \to S, f(r) = S_r$。这个思路不仅限于 $\mathbf{N}_n$ 上。

定义 5.28：如果 A 是任意集合，S 的每个元素都是一个集合，并且 $f : A \to S$ 是一个双射，那么我们说 S 是一个**集合的索引族**，写作

$$S = \{S_\alpha \mid \alpha \in A\},$$

A 被称为**索引集**。

这样一个索引族的并集

$$\bigcup S = \{x \mid \text{存在} \alpha \in A \text{使得} x \in S_\alpha\}$$

也可以写成

$$\bigcup_{\alpha \in A} S_\alpha,$$

而交集

$$\bigcap S = \{x \mid \text{对于所有} \alpha \in A \text{都有} x \in S_\alpha\}$$

可以写成

$$\bigcap_{\alpha \in A} S_\alpha \circ$$

如果 $A = \mathbf{N}_n$，我们就常常把它们写成 $\bigcup\limits_{r=1}^{n} S_r$ 和 $\bigcap\limits_{r=1}^{n} S_r$。当 $A = \mathbf{N}$ 时，也常常会写成 $\bigcup\limits_{r=1}^{\infty} S_r$ 和 $\bigcap\limits_{r=1}^{\infty} S_r$。这里使用"$\infty$"符号涉及数学发展的历史原因；使用现代的集合论符号，它们则会被写成 $\bigcup\limits_{r \in \mathbf{N}} S_r$ 和 $\bigcap\limits_{r \in \mathbf{N}} S_r$。

5.12 习题

在下面的习题中，你可以不加证明地假定需要的任何指数、对数和三角函数的性质成立。

1. 找出下列函数 $f : \mathbf{R} \to \mathbf{R}$ 的像。

   (a) $f(x) = x^3$。

   (b) $f(x) = x - 4$。

   (c) $f(x) = x^2 + 2x + 2$。

   (d) $f(x) = x^3 + \cos x$。

   (e) 如果 $x \neq 0$，那么 $f(x) = \dfrac{1}{x}$，$f(0) = 1$。

   (f) $f(x) = |x|$。

   (g) $f(x) = x^2 + x - |x|^2$。

   (h) $f(x) = x^{16} + x$。

2. 对于上面定义的每个函数 $f : \mathbf{R} \to \mathbf{R}$，指出它是否是 (a) 单射，(b) 满射，(c) 双射。

3. 下面函数的定义需要满足两个条件：它们的陪域是 $\mathbf{R}$，而定义域是 $\mathbf{R}$ 的特定子集。请指出每个函数可能的最大定义域。

   (a) $f(x) = \ln x$。

   (b) $f(x) = \ln \ln \cos x$。

(c) $f(x) = -x$。

(d) $f(x) = \ln(1 - x^2)$。

(e) $f(x) = \ln(\sin^2(x))$。

(f) $f(x) = e^{x^2}$。

(g) $f(x) = \dfrac{1}{x^2 - 1}$。

(h) $f(x) = \sqrt{(x-1)(x-2)(x-3)(x-4)(x-5)(x-6)}$（正平方根）。

指出每个 f 的像。

4. 令 S 为平面中圆的集合，定义 $f : S \to \mathbf{R}$ 为

$$f(s) = s \text{ 的面积} 。$$

f 是单射吗？是满射吗？是双射吗？

令 T 为平面中所有以原点为圆心的圆的集合，$\mathbf{R}^+ = \{x \in \mathbf{R} \mid x \geqslant 0\}$，定义 $g : T \to \mathbf{R}^+$ 为

$$g(t) = t \text{ 的周长} 。$$

g 是单射吗？是满射吗？是双射吗？

5. 如果 A 有两个元素，B 有三个元素，那么从 A 到 B 有多少个不同的函数？从 B 到 A 呢？两种情况下，有多少个函数是单射，多少个是满射，多少个是双射？

6. 如果 A 有 n 个元素，B 有 m 个元素（$m, n \in \mathbf{N}$），那么从 A 到 B 有多少个函数？

7. 证明如果 $A = \varnothing$，$B \neq \varnothing$，那么根据基于集合论的函数定义，有且仅有一个从 A 到 B 的函数。证明如果 $A \neq \varnothing$，$B = \varnothing$，那么不存在从 A 到 B 的函数。从 $\varnothing$ 到 $\varnothing$ 有多少个函数？

8. 试举出满足以下条件的函数 $f : \mathbf{Z} \to \mathbf{Z}$。

(a) 既不是单射也不是满射；

(b) 是单射但不是满射；

(c) 是满射但不是单射；

(d) 既是满射又是单射。

9. 如果 $f : A \to B$，试证明对于 $X \subseteq A$ 和 $Y \subseteq B$，公式

$$\hat{f}(X) = \{f(x) \mid x \in X\},$$
$$\tilde{f}(Y) = \{x \in A \mid f(x) \in Y\}$$

定义了两个函数 $\hat{f} : \mathbb{P}(A) \to \mathbb{P}(B)$ 和 $\tilde{f} : \mathbb{P}(B) \to \mathbb{P}(A)$，其中 $\mathbb{P}(X)$ 表示 X 的所有子集的集合。证明对于 $X_1, X_2 \subseteq A$ 和所有 $Y_1, Y_2 \subseteq B$，都有

(a) $\hat{f}(X_1 \cup X_2) = \hat{f}(X_1) \cup \hat{f}(X_2)$；

(b) $\hat{f}(X_1 \cap X_2) \subseteq \hat{f}(X_1) \cap \hat{f}(X_2)$，但未必相等；

(c) $\tilde{f}(Y_1 \cup Y_2) = \tilde{f}(Y_1) \cup \tilde{f}(Y_2)$；

(d) $\tilde{f}(Y_1 \cap Y_2) = \tilde{f}(Y_1) \cap \tilde{f}(Y_2)$。

能否通过令 f 为满射、单射或双射把 (b) 变为等式?

课本中常用的符号是 $\hat{f}(X) = f(X)$ 和 $\tilde{f}(Y) = f^{-1}(Y)$。我们为了不产生歧义使用了上述的符号。

10. 定义以下 $\mathbf{Z}$ 上的二元运算 $*$。

(a) $x * y = x - y$。

(b) $x * y = |x - y|$。

(c) $x * y = x + y + xy$。

(d) $x * y = \dfrac{1}{2}\left(x + y + \dfrac{1}{2}\left((-1)^{x+y} + 1\right) + 1\right)$。

请证明这些运算是二元运算。它们哪些是可交换的? 哪些是可结合的?

第 6 章
数理逻辑

把数学自洽地结合起来的至关重要的性质就是数学证明。我们用它来从已知结论推导新结论，构建强大而自洽的理论。这个过程中涉及一些日常生活中不太常见的技巧，其中最有趣的可能就是反证法（在更加古典的时代也被称为"归谬法"）。要用反证法证明某物为真，我们就先假定其为假，然后证明这个假设会推出矛盾。来看下面的例子。

命题 6.1：$s = \{x \in \mathbf{R} \,|\, x < 1\}$ 的上确界是 1。

证明：1 肯定是一个上界。令 K 为另一个上界，假设 $K < 1$，那么通过简单的算术就能推出 $K < \frac{1}{2}(K+1) < 1$。这意味着 $K < \frac{1}{2}(K+1) \in S$，和 K 是上界这一假设矛盾。因此假设 $K < 1$ 为假，所以 $K \geqslant 1$，1 是上确界。 □

这是一个很典型的例子。我们来更仔细地分析这个过程：令 P 表示陈述"如果 K 是 S 的上界，那么 $K \geqslant 1$"，上述证明的主要部分就是证明 P 为真。我们假设 P 为假（换言之，S 确实存在上界 $K < 1$），然后用一个简单的论述导出了矛盾。如果论述正确，那么 P 不可能为假——它必定为真。

要完成这样的证明，并且保证它有效，我们必须确保两件重要的事情。

首先，陈述 P（以及所有其他要证明的陈述）必须非真即假，尽管证明时我们未必能做出判断。日常生活中会有这样的对话："几乎所有司机都曾经超速过。"这种评论对于反证法来说毫无意义。要驳斥这一点，是不是找到一个从来都不超速的人就够了？还是我们必须找到"足够多的"（先不管它是什么意思）守法司机，还是必须证明大多数司机从不超速？日常语言充满了模糊、笼统的评论，我们不能保证它们永远正确。数学证明则要求严格，不允许有任何概括性语言，使用的所有陈述都必须非真即假。

其次，证明过程中的论述不能有任何谬误。只有这样才能确保论述导出的矛盾正是源自一开始的假设：P 为假。

有这样一个老笑话。

逗哏：你不在这儿。

捧哏：别闹，我当然在这儿。

逗哏：我可以证明你不在这儿……首先你不在通布图。

捧哏：确实。

逗哏：你也不在南极。

捧哏：那肯定啊。

逗哏：既然你既不在通布图，也不在南极，那你肯定在别的地方。

捧哏：我肯定是在别的地方啊！

逗哏：你要是在别的地方，那当然不在这儿了！

这种笑话很有意思，我们也都能看出其中的逻辑谬误。但刚学习数学证明技巧的人就会因此完全不信任反证法。要是证明过程中一不小心或者巧妙地使用了有歧义的术语该怎么办？你第一次学习 $\sqrt{2}$ 是无理数的反证法证明时，是否毫无怀疑地立刻相信了它呢？这种不信任完全合理，而消除它的唯一方法就是确保我们的数理逻辑完美无瑕。

我们将在本章中关注数学语言的准确使用以及逻辑学的基本术语，然后在下一章学习数学证明的技巧。

6.1 陈述

我们刚才提到了很重要的一点——数学证明中的每个陈述都必须非真即假。下面来看几个典型的例子。

例 6.2：

(i) $2+3=5$。

(ii) $\mathbf{R}$ 的有界非空子集的上确界是唯一的。

(iii) $S = \{x \in \mathbf{R} \mid x < 1\}$ 存在一个满足 $K < 1$ 的上界 K。

(iv) $\sqrt{2}$ 是无理数。

其中，(i)(ii) 和 (iv) 为真，但 (iii) 为假。比起假的数学陈述，我们天然地更关注真的数学陈述。但是反证法可以方便地让我们处理任何一种陈述。

要区分真假陈述，我们称每个陈述都有一个**真值**，用 t 或 f 表示，其中 t = 真，f = 假。陈述的真值为 t 的意思就是该陈述为真。

已知陈述 P，"P 为假"这句话本身也是一个陈述，而且它的真值与 P 的真值相反。比如，如果 P 是假陈述"$2+2=5$"，那么"$2+2=5$ 为假"就是一个真陈述。在数理逻辑中，"P 为假"通常写作

$$\neg P。$$

它也被称作"P 的否定"，可以简单地读作"非 P"。这是一种方便的简写，但是如果把 P 替换成一个实际陈述，那么这样读起来可能就不对劲了。上述的例子中，"非 P"就会读作"非 $2+2=5$"，听起来非常奇怪，而读作它的等价陈述"$2+2=5$ 为假"或者"$2+2\neq5$"就比较合理。在把"非 P"翻译成文字时，通常会重新组织语言，使其读起来更加通顺。

6.2　谓词

我们在第 3 章学习了谓词，它是数学中特别重要的一类论断。谓词是一个有关符号（例如 x）的句子。当我们把 x 换成集合 X 中的任意元素时，它必须非真即假。比如"实数 x 不小于 1"就是一个典型的数学谓词。如果我们把它记作 $P(x)$，那么 $P(2)$ 为真，$P(0)$ 为假，$P\left(\dfrac{\pi}{4}\right)$ 为假，以此类推。如果对于每个 $a\in\mathbf{R}$，我们都知道其真值 $P(a)$，那么我们就得到了一个**真值函数** $T_P:\mathbf{R}\to\{t,f\}$：如果 $P(a)$ 为真，那么 $T_P(a)=t$；如果 $P(a)$ 为假，那么 $T_P(a)=f$。

这个概念和集合论十分适配。谓词 $P(x)$ 把 $\mathbf{R}$ 分成了两个不重叠的子集，其中一个包含使得 $P(x)$ 为真的元素，另一个包含使得 $P(x)$ 为假的元素。第一个子集记作 $\{x\in\mathbf{R}\,|\,P(x)\}$，比如 $\{x\in\mathbf{R}\,|\,x\geqslant1\}$ 就是上面例子描述的集合。而第二个子集写作 $\{x\in\mathbf{R}\,|\,\neg P(x)\}$，在上述例子中就是集合 $\{x\in\mathbf{R}\,|\,x<1\}$。

这个例子可以推广到一般情况。任意谓词 $P(x)$ 都有一个这样的真值函数，那么对于 $a\in S$，我们就有

$$a\in\{x\in S\,|\,P(x)\}\text{ 当且仅当 }P(a)\text{ 为真，}$$

$$a \in \{x \in S \mid \neg P(x)\}\ \text{当且仅当}\ P(a)\ \text{为假。}$$

我们可以用真值函数来给出一个基于集合论的定义，而不用模棱两可地说"谓词是某种陈述"。假设定义在集合 S 上的真值函数 T_P 为任意函数 $T_P : S \to \{t, f\}$，那么我们就可以提出如下定义："真值函数 T_P 对应的谓词 $P(x)$ 就是任何等价于' $T_P(x) = t$ '的句子。"这种方法的唯一问题在于，看起来不同的谓词可能有相同的真值函数。例如：

$$P_1(x) : \text{"}x\text{ 是 } \{s \in \mathbf{R} \mid s < 1\} \text{ 的一个上界"},$$

$$P_2(x) : \text{"}x \geq 1\text{"}。$$

证明这样的谓词等价，或者更一般而言，证明一个为真就能推出另一个为真，这是数学家的主要工作之一。因此实践中，数学家面对的谓词都有着上述结构。这解释起来有点儿像是解释颜色——指着一个东西说"它是蓝色的"。谓词的形式化定义需要很多铺垫。如果这是一门数理逻辑课程，那么我们就会去做这些铺垫，不过在这里就没有必要了。

如果句子中有多于一个变量，那么它就是一个"二元谓词"或者"三元谓词"……比如说句子"$x > y$"就是一个二元谓词（记作 $Q(x, y)$），把 x 和 y 换成具体的实数就得到了一个陈述。比如说 $Q(3, 2)$ 为真，但 $Q\left(7\frac{1}{4},\ 10 + \sqrt{2}\right)$ 为假。它的真值函数可以认为是

$$T_Q : \mathbf{R} \times \mathbf{R} \to \{t, f\}。$$

如果 $Q(x, y)$ 为真，那么 $T_Q(x, y) = t$；如果 $Q(x, y)$ 为假，那么 $T_Q(x, y) = f$。

同理，"$x^2 + y^2 = z$"就是一个三元谓词。它有三个变量 $x, y, z \in \mathbf{R}$，可以记作 $P(x, y, z)$。其真值函数为 $T_P : \mathbf{R} \times \mathbf{R} \times \mathbf{R} \to \{t, f\}$，

$$T_P(x, y, z) = \begin{cases} t, & x^2 + y^2 = z; \\ f, & x^2 + y^2 \neq z。 \end{cases}$$

在实践中，数学家会假设谓词所指的集合可以由上下文推出，而不会一直明确提及它。比如，谓词"$x > 3$"一般指的是实数 x，而"$n > 3$"一般指的是整数 n。这是因为一条传统——除非明确说明，符号 x, y, z 一般都指实数。

写下"$x > 3$"时，我们假设不会有人把 x 替换为没有意义的东西。同理，特定字母表示特定集合元素也是一个历史悠久的传统。例如，n 一般用来表示自然数或整数。在这种语境下，我们会认为谓词"$n > 3$"只涉及自然数。我们在本书前面的章节也见过类似的例子。比如在收敛的定义（定义 2.7）中，我们写道：

> 已知实数序列 (a_n)，如果对于任意 $\varepsilon > 0$，都存在自然数 N，使得 $|a_n - l| < \varepsilon$ 对于所有 $n > N$ 成立，那么 (a_n) 趋近于极限 l。

我们并没有在定义中提到 n 是自然数，但这一点不言自明。实际上，因为 (a_n) 是序列，所以 n 必须是自然数。

虽然乍一看有些草率，但这样的传统有其存在的原因。我们越是要清楚明白地描述数学，就需要越多的符号。如果我们要把每件事都说清楚，那么就需要写满符号。而这样大量的细节反而会影响我们阅读。如何选择尽可能简洁清楚地表述概念的符号取决于我们的判断和数学风格，有些时候也可能需要忽略这些传统。比如说某个特定情境下，可能需要用字母 x 来表示整数。

6.3 所有和部分

已知对集合 S 有效的谓词 $P(x)$，我们想知道它是否对于 S 的所有元素均为真，或者 S 中是否存在部分元素使得 $P(x)$ 为真。我们可以做出如下陈述："对于所有 $x \in S$，$P(x)$ 为真"或者"对于某些 $x \in S$，$P(x)$ 为真"。这两个陈述本身也有真假。我们可以用"全称量词"$\forall$ 和"存在量词"$\exists$ 来表示这两个陈述。

$\forall x \in S : P(x)$ 读作"对于所有 $x \in S$，$P(x)$"。

$\exists x \in S : P(x)$ 读作"存在（至少）一个 $x \in S$ 使得 $P(x)$"。

如果谓词 $P(x)$ 对于所有 $x \in S$ 都为真，那么陈述 $\forall x \in S : P(x)$ 为真；否则陈述为假。另一方面，如果 $P(x)$ 对于至少一个 $x \in S$ 为真，那么陈述 $\exists x \in S : P(x)$ 为真；否则陈述为假。

$\forall x \in S : P(x)$ 可以读作"对于所有 $x \in S$，$P(x)$""对于每个 $x \in S$，$P(x)$"或者其他语法意义上等价的读法。同理，$\exists x \in S : P(x)$ 可以读作"存在一个 $x \in S$ 使得 $P(x)$"或者"对于某些 $x \in S$，$P(x)$"等。

在日常生活中，"某些政治家是诚实的"这种陈述是有弦外之音的。我们能明白**有些**政治家是诚实的，但我们也常会假设有些不是。不然我们就会说"所有政治家都是诚实的"了。数学中就没有这种暗示。"对于某些 $x \in S$， $P(x)$"这句陈述并没有暗示确实存在一个 $x \in S$，使得 $P(x)$ 为假。考察下面的陈述：

"3677, 601, 19, 257, 11 119 中的某些数是质数。"

因为 19 是质数，所以这句陈述为真。虽然其他数**也是**质数，但是它们并不影响结论。但另一方面，"某些"也可能意味着只有一个，比如

"2, 3, 5, 7, 11 中的某些数是偶数。"

也为真，因为 2 是偶数。这样就大大简化了验证"$\exists x \in S : P(x)$"的工作，我们只需要找到一个使得 $P(x)$ 为真的 x 值即可。

例 6.3：

(i) $\forall x \in \mathbf{R} : x^2 \geq 0$ 的意思是"对于每个 $x \in \mathbf{R}$， $x^2 \geq 0$""任意实数的平方都是非负的"或者其他等价的说法。这个陈述为真。

(ii) $\exists x \in \mathbf{R} : x^2 \geq 0$ 的意思是"对于某些 $x \in \mathbf{R}$， $x^2 \geq 0$"或者"存在一个平方是非负数的实数"。这个陈述也为真。

(iii) $\forall x \in \mathbf{R} : x^2 > 0$ 为假（因为 $0^2 \not> 0$）。

(iv) $\exists x \in \mathbf{R} : x^2 > 0$ 为真（因为 $1^2 > 0$。 $\mathbf{R}$ 中还有很多其他元素也满足条件。）

(v) $\exists x \in \mathbf{R} : x^2 < 0$ 为假。

如果我们把一个包含量词的陈述中的 x 换成另一个符号，那么得到的新陈述与原陈述等价：

$\exists x \in S : P(x)$ 和 $\exists y \in S : P(y)$ 意思相同。

例如， $\exists x \in \mathbf{R} : x^2 > 0$ 等价于 $\exists y \in \mathbf{R} : y^2 > 0$。两者都是在说"存在一个平方为正数的实数"。

6.4 多个量词

已知一个多元谓词，每个变量都可以使用一个量词。例如，如果 $P(x, y)$ 是

谓词"$x + y = 0$",那么陈述 $\forall x \in \mathbf{R} \, \exists y \in \mathbf{R}: P(x, y)$ 就读作"对于每个 $x \in \mathbf{R}$,都存在一个 $y \in \mathbf{R}$ 使得 $x + y = 0$"。把所有量词放在谓词的前面,按顺序读出来是逻辑学的一种标准做法。例如,$\exists y \in \mathbf{R} \, \forall x \in \mathbf{R}: P(x, y)$ 读作"存在一个 $y \in \mathbf{R}$,使得对于所有 $x \in \mathbf{R}$,都有 $x + y = 0$"。

量词的顺序很重要。在上面的两个陈述中,$\forall x \in \mathbf{R} \, \exists y \in \mathbf{R}: P(x, y)$ 为真。这是因为对于每个 $x \in \mathbf{R}$,我们都能令 $y = -x$,从而使得 $x + y = 0$。但是 $\exists y \in \mathbf{R} \, \forall x \in \mathbf{R}: P(x, y)$ 为假。这是因为它断言存在一个 $y \in \mathbf{R}$,对所有 $x \in \mathbf{R}$ 都满足 $x + y = 0$,但没有任何一个 y 值能做到这一点。

在陈述中写对量词的顺序是数学思维清晰的重要一环。顺序错误非常常见(不仅限于初学者),如果我们想象写散文那样写出一个清晰但形式化的逻辑陈述,那么就可能出现这种错误。调整词语顺序可能得到更优美的文字,但也可能让逻辑变得混乱,尤其是当量词出现在语句的中间时,例如我们在上面写过:"……它断言**存在一个** $y \in \mathbf{R}$,**对所有** $x \in \mathbf{R}$ 都满足 $x + y = 0$。"

考察陈述"每个非零有理数都有一个有理倒数"。我们的意思是"已知 $x \in \mathbf{Q}$,$x \neq 0$,存在一个元素 $y \in \mathbf{Q}$ 使得 $xy = 1$"。这当然是真的,如果 $x = \dfrac{p}{q}$,p, q 为整数且 $p \neq 0$,那么我们就可以令 $y = \dfrac{q}{p}$。该陈述可以用逻辑语言写成

$$\forall x \in \mathbf{Q} \, (x \neq 0) \; \exists y \in \mathbf{Q}: xy = 1 \text{。}$$

数学家有可能调整这个陈述的语序,用"存在一个有理数对应每一个非零有理数的倒数。"来表达相同的意思,却有可能带来误解。你应该确保你写的数学陈述尽可能清晰明白。

这种歧义只有在涉及不同量词时才会出现,量词相同就不会出现歧义。比如,已知谓词 $P(x, y): (x + y)^2 = x^2 + 2xy + y^2$,陈述

$$\forall x \in \mathbf{R} \, \forall y \in \mathbf{R}: P(x, y)$$

和陈述

$$\forall y \in \mathbf{R} \, \forall x \in \mathbf{R}: P(x, y)$$

的意思都是:"对于所有 $x, y \in \mathbf{R}$,都有 $(x + y)^2 = x^2 + 2xy + y^2$"。这显然为真。

如果涉及的变量出自同一个集合，我们通常会简写为 $\forall x, y \in \mathbf{R} : P(x, y)$。存在量词也是如此，例如，如果 $P(x, y)$ 是 "x, y 是无理数，且 $x+y$ 是有理数"，那么 $\exists x \in \mathbf{R} \backslash \mathbf{Q} \, \exists y \in \mathbf{R} \backslash \mathbf{Q} : P(x, y)$ 和 $\exists y \in \mathbf{R} \backslash \mathbf{Q} \, \exists x \in \mathbf{R} \backslash \mathbf{Q} : P(x, y)$ 都表示 "存在两个无理数 x, y，它们的和是有理数"。（因为 $\sqrt{2}$ 和 $-\sqrt{2}$ 是无理数，但 0 是有理数，所以这个陈述为真。）它也可以写作 $\exists x, y \in \mathbf{R} \backslash \mathbf{Q} : P(x, y)$。

用文字来书写数学陈述还有一个小问题。我们未必会写出全称量词，它往往需要由上下文推知。我们再来看一遍序列收敛的定义：

> 如果对于任意 $\varepsilon > 0$，都存在自然数 N，使得 $|a_n - l| < \varepsilon$ 对于所有 $n > N$ 成立，那么该实数序列趋近于极限 l。

这个定义很拗口，我们通常会把它尽可能地简化。更精确的定义应该从 "**对于所有 $\varepsilon \in \mathbf{R}$，$\varepsilon > 0$，……**" 开始。我们常常会省略 "所有"，将定义简写成：

> 已知 $\varepsilon > 0$，$\exists N$ 使得如果 $n > N$，则 $|a_n - l| < \varepsilon$。

这个定义有很多变体，但是它们本质上的意思都是一样的。如果你理解了这一点，那么你就对使用适当精确程度的语言来表达数学的这件事的本质有了深刻的理解。

6.5 否定

我们在前面介绍了陈述 P 的否定 $\neg P$。$\neg P$ 的真值可以表示为下表（也叫作**真值表**）：

P	$\neg P$
t	f
f	t

第一行说的是当 P 为真时，$\neg P$ 为假，第二行则正好相反。因为符号 $\neg$ 修改了一个陈述的意思和真值，所以它也被称为**修饰语**。

同理，谓词也可以用 $\neg$ 修饰。如果 $P(x)$ 表示 "$x > 5$"，那么 $\neg P(x)$ 就是 "$x > 5$ 为假" 或者 "$x \not> 5$"。

如果陈述包含量词，那么它的否定就很有意思。容易看出，陈述"$\forall x \in S : P(x)$ 为假"和"$\exists x \in S : \neg P(x)$"相同。（如果对于所有 $x \in S$ 都有 $P(x)$ 不成立，那么一定存在一个 $x \in S$ 使得 $P(x)$ 为假，也就是 $\neg P(x)$ 为真。）换言之，

(1) $\neg \forall x \in S : P(x)$ 和 $\exists x \in S : \neg P(x)$ 意思相同。

同理，

(2) $\neg \exists x \in S : P(x)$ 和 $\forall x \in S : \neg P(x)$ 意思相同。

(2) 的意思是，"不存在使得 $P(x)$ 为真的 x"和"对于每个 $x \in S$，都有 $P(x)$ 为假"是相同的。我们来看一个例子：

$$\neg \exists x \in \mathbf{R} : x^2 < 0 : \text{不存在} \, x \in \mathbf{R} \, \text{使得} \, x^2 < 0;$$

$$\forall x \in \mathbf{R} : \neg(x^2 < 0) : \text{每个} \, x \in \mathbf{R} \, \text{都满足} \, x^2 \nless 0。$$

这两个法则在数学陈述中很重要。说得更明白一点，(1) 说明要证明谓词 $P(x)$ 不是对于所有 $x \in S$ 均为真，只需要找到一个 x 使得 $P(x)$ 为假。同理，(2) 说明要证明不存在任何 $x \in S$ 使 $P(x)$ 为真，只需要证明 $P(x)$ 对于所有 $x \in S$ 均为假。

在否定涉及量词的陈述时，这两个法则对于涉及多个量词的陈述也是适用的。序列收敛的定义就是一个典型的例子：

$$\forall \varepsilon > 0 \, \exists N \in \mathbf{N} \, \forall n > N : \left(|a_n - l| < \varepsilon\right)。$$

要证明 (a_n) **不趋近于极限** l，我们就必须证明这个陈述的否定：

$$\neg \left[\forall \varepsilon > 0 \, \exists N \in \mathbf{N} \, \forall n > N : \left(|a_n - l| < \varepsilon\right) \right]。$$

使用 (1) 和 (2)，我们可以得到

$$\exists \varepsilon > 0 \, \neg \left[\exists N \in \mathbf{N} \, \forall n > N : \left(|a_n - l| < \varepsilon\right) \right],$$

然后有

$$\exists \varepsilon > 0 \, \forall N \in \mathbf{N} \, \neg \left[\forall n > N : \left(|a_n - l| < \varepsilon\right) \right],$$

然后有

$$\exists \varepsilon > 0 \, \forall N \in \mathbf{N} \, \exists n > N : \neg \left(|a_n - l| < \varepsilon\right),$$

最后得到

$$\exists \varepsilon > 0 \, \forall N \in \mathbf{N} \, \exists n > N : \left(|a_n - l| \geq \varepsilon \right).$$

因此，要证明 (a_n) **不**收敛到 l，我们必须证明存在某个 $\varepsilon > 0$ 使得对于任意自然数 N，都存在一个更大的自然数 $n > N$，使得 $|a_n - l| \geq \varepsilon$。

在数学分析中，大部分的困难都来自于对陈述的这种处理。只要记住否定量词的使用法则，再加上一点点经验和耐心，就能轻松得多。

6.6 逻辑语法：联结词

在数学中，"和""或"这样标准的联结词都有着非常明确的含义。比如说，"或"有一种包含的意味：如果 P、Q 是陈述，那么只要 P、Q 中的一个或者**两个为真**，P 或 Q 这个陈述就为真。我们可以用真值表来表示。

P	Q	P 或 Q
t	t	t
t	f	t
f	t	t
f	f	f

这张表需要横着读。比如第二行说明如果 P 为真，Q 为假，那么 P 或 Q 就为真。

数学中常用的联结词还包括"和""蕴含""当且仅当"，分别由符号 &、$\Rightarrow$ 和 $\Leftrightarrow$ 表示。它们的真值表如下：

P	Q	$P \& Q$	P	Q	$P \Rightarrow Q$	P	Q	$P \Leftrightarrow Q$
t	t	t	t	t	t	t	t	t
t	f	f	t	f	f	t	f	f
f	t	f	f	t	t	f	t	f
f	f	f	f	f	t	f	f	t

这几张表的读法和"或"的真值表相同。第一张和第三张表都很明显：$P \& Q$ 只有在 P 和 Q 均为真的时候才为真；$P \Leftrightarrow Q$ 只有在 P 和 Q 有着相同的真值时才为真。

$P \Rightarrow Q$ 的真值表就很有趣了。如果 P 为真，那么前两行说明 Q 为真时 $P \Rightarrow Q$

为真，Q 为假时 $P \Rightarrow Q$ 为假。这说明，$P \Rightarrow Q$ 为真就意味着如果 P 为真，那么 Q 必然为真。这是蕴含符号 $\Rightarrow$ 的通常解释。因此，$P \Rightarrow Q$ 也常被解释为"如果 P，那么 Q"。

那 P 为假又是什么样呢？后两行说明无论 Q 是真还是假，$P \Rightarrow Q$ 都会被认为是真。关于这一点，有很多没有意义的哲学讨论，比如"P 为假怎么能推出 Q 为真呢？"

出现这种情况的原因是在标准数学实践中我们通常将谓词和联结词结合使用，而不是将陈述和联结词结合使用。如果 $P(x)$ 和 $Q(x)$ 都是对于 $x \in S$ 有效的谓词，那么我们可以像上面那样用联结词来得到 $P(x)$ 或 $Q(x)$、$P(x) \& Q(x)$ 等谓词。其中，谓词 $P(x) \Rightarrow Q(x)$ 的真值就如表中所述。有时候 $P(x) \Rightarrow Q(x)$ 对于所有 $x \in S$ 都为真，这也是真值表发挥作用的地方。比如，如果 $P(x)$ 是"$x > 5$"，而 $Q(x)$ 是"$x > 2$"，那么所有数学家都会同意 $P(x) \Rightarrow Q(x)$ 为真，尽管有些人会把它读成"**如果** $x > 5$，**那么** $x > 2$"，他们并不在乎 $x \not> 5$ 的情况。

我们来代入一些 x 值看看：

$$如果 x = 4，那么 P(4) 为假，Q(4) 为真；$$

$$如果 x = 1，那么 P(1) 为假，Q(1) 为假。$$

它们正是"$\Rightarrow$"的真值表中的后两行，也说明了真值表的由来。如果这样解释，那么真值表应该描述为：

$$"P \Rightarrow Q 为真"$$

意味着

(a)"如果 P 为真，那么 Q 一定为真"；

而

(b)"如果 P 为假，那么 Q 可能为真，也可能为假，我们无从判断"。

还有其他联结词，比如说"异或"，其真值表如下所示：

P	Q	P异或Q
t	t	f
t	f	t
f	t	t
f	f	f

只有 P 和 Q 的其中一个为真，并且两个不同时为真的时候， P 异或 Q 才为真。

我们可以写出很多这些联结词的真值表，但它们都能用上述联结词推出。例如，异或可以表示为 $(P或Q)\&\neg(P\&Q)$ 。我们会在下面的 6.8 节中具体讨论这些概念。

数学家使用联结词不仅限于此，他们还会使用语言中的连词，比如说"但是""因为"等。这些词在语法上可以理解为数学术语的等价版本。比如，" P 但是 Q "和" $P\&Q$ "的真值表相同，如" $\sqrt{2}$ 是无理数但是 $\left(\sqrt{2}\right)^2$ 是有理数"和" $\sqrt{2}$ 是无理数并且 $\left(\sqrt{2}\right)^2$ 是有理数"的意思相同。同理" P 因为 Q "和" $Q\Rightarrow P$ "的真值表也相同。你可以用几个例子来熟悉这些联结词。（参见本章最后的习题。）

6.7 和集合论的联系

如果我们把联结词和修饰词 $\neg$ 应用到一元谓词，我们就能发现它和集合论概念的简单联系。假设 $P(x)$ 和 $Q(x)$ 是在同一个集合 S 上有效的谓词，我们来看使各种复合陈述为真的子集（见图 6-1）。对于 $\&$ ，我们有

$$\{x\in S\mid P(x)\&Q(x)\}=\{x\in S|P(x)\}\bigcap\{x\in S|Q(x)\}。$$

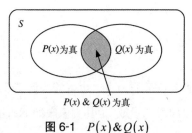

图 6-1 $P(x)\&Q(x)$

同理，

$$\{x\in S|P(x)或Q(x)\}=\{x\in S|P(x)\}\bigcup\{x\in S|Q(x)\}。$$

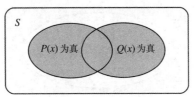

$P(x)$ 或 $Q(x)$ 为真 (阴影部分)

图 6-2　$P(x)$ 或 $Q(x)$

这也是我们使用对应集合论中并集的"或"（见图 6-2），而不是对应集合论中对称差集的"异或"的原因，后者可以表示为图 6-3 中的阴影部分。

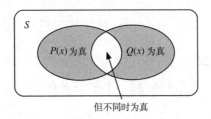

但不同时为真

图 6-3　$P(x)$ 异或 $Q(x)$

修饰词 $\neg$ 应用到谓词 $P(x)$ 上就对应集合论中的补集（见图 6-4）。

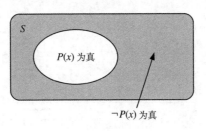

$\neg P(x)$ 为真

图 6-4　非 $P(x)$

然而蕴含 $P(x) \Rightarrow Q(x)$ 就稍微有点儿不同，我们只关心 $P(x) \Rightarrow Q(x)$ 对于所有 x 都为真的情况。

如果 $P(x)$ 为真，那么 $Q(x)$ 必然为真；换言之，如果 $a \in \{x \in S \mid P(x)\}$，那么 $a \in \{x \in S \mid Q(x)\}$，也就意味着 $\{x \in S \mid P(x)\} \subseteq \{x \in S \mid Q(x)\}$。$P(x) \Rightarrow Q(x)$ 为真对应集合论中的包含关系，如图 6-5 所示。

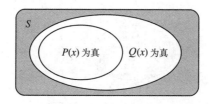

图 6-5 $P(x) \Rightarrow Q(x)$

同理，$P(x) \Leftrightarrow Q(x)$ 对于所有 $x \in S$ 为真，当且仅当

$$\{x \in S \mid P(x)\} = \{x \in S \mid Q(x)\}。$$

6.8 复合陈述公式

使用联结词和修饰词，我们可以把已知的谓词和陈述组合成更复杂的形式，例如 $(P \& Q)$ 或 R。它涉及三个陈述，所以真值表有 $2^3 = 8$ 行：

			中间计算	
P	Q	R	$P \& Q$	$(P \text{ 或 } Q)$ 或 R
t	t	t	t	t
t	t	f	t	t
t	f	t	f	t
t	f	f	f	f
f	t	t	f	t
f	t	f	f	f
f	f	t	f	t
f	f	f	f	f

符号"$(P \& Q)$ 或 R"用三个已知的陈述或者谓词 P, Q, R 组合出了新的陈述或谓词。为了强调这一点，如果 P, Q, R 表示任意陈述或者谓词，我们就把上述符号叫作**复合陈述公式**。如果我们把 P, Q, R 换成了具体的陈述，比如

$$(2 > 3 \,\&\, 2 > 6) \text{ 或 } 2 > 1,$$

我们就把它叫作**复合陈述**。如果我们使用了具体的谓词，那么就会得到**复合谓词**。例如，

$$(x > 3 \,\&\, x > 6) \text{ 或 } x > 1$$

就是一个复合谓词。

大多数数学证明都需要用到复合陈述或者复合谓词，通常我们会用括号来表示这些陈述或者谓词的构成方式。例如，$P\&(Q或R)$ 就和 $(P\&Q)或R$ 不同。观察上述真值表的第七行，如果 P 为假、Q 为假，而 R 为真，那么 $(P\&Q)或R$ 就为真；但是我们可以得出 $P\&(Q或R)$ 为假。谓词的情况也一样。括号的位置必须正确，不然就会产生歧义。

不过有些时候是可以省略括号的。比如说 $(P\&Q)\&R$ 和 $P\&(Q\&R)$ 的真值表相同，那么把它们写成 $P\&Q\&R$ 就没有任何问题。

使用联结词和修饰词构造复合陈述公式的时候，常常会得到看起来不同，但是真值表相同的公式，例如陈述 $P\Rightarrow Q$ 和 $(\neg Q)\Rightarrow(\neg P)$：

P	Q	$P\Rightarrow Q$
t	t	t
t	f	f
f	t	t
f	f	t

		中间计算		
P	Q	$\neg P$	$\neg Q$	$(\neg Q)\Rightarrow(\neg P)$
t	t	f	f	t
t	f	f	t	f
f	t	t	f	t
f	f	t	t	t

我们可以把结果总结为：

P	Q	$(\neg Q)\Rightarrow(\neg P)$
t	t	t
t	f	f
f	t	t
f	f	t

两个公式的真值表最后一列都是"真假真真"。

这时我们就说两个复合陈述公式是**逻辑等价**的。如果把这两个公式记作 S_1 和

S_2，逻辑等价就可以表示为

$$S_1 \equiv S_2。$$

例如，上述结果就可以表示为

$$P \Rightarrow Q \equiv (\neg Q) \Rightarrow (\neg P)。$$

有时候，即便两个复合陈述公式由不同陈述构成，也可能被认为是逻辑等价的。这是因为改变其中一个符号的真值不影响最终结果。例如，$P \& (\neg P)$ 永远为假。无论 P 的真值为何，$(P \& (\neg P))$ 或 $(\neg Q)$ 和 $(\neg Q)$ 都有着相同的真值。我们可以使用数学中一种常见的做法，把 $(\neg Q)$ 想象成一个 P 和 Q 的函数，那么其真值表就变成了：

P	Q	$(P \& (\neg P))$ 或 $(\neg Q)$
t	t	f
t	f	t
f	t	f
f	f	t

P	Q	$\neg Q$
t	t	f
t	f	t
f	t	f
f	f	t

这样，我们就可以合理地写出

$$\neg Q \equiv (P \& (\neg P)) 或 (\neg Q)。$$

定义 6.4：已知一个复合陈述公式，如果无论构成它的陈述的真值为何，它都永远为真，那么它就是一个**重言式**。

典型的重言式包括：

(i) P 或 $(\neg P)$；

(ii) $P \Rightarrow (P 或 Q)$；

(iii) $(P \& Q) \Rightarrow P$；

(iv) $(P \Rightarrow Q) \Leftrightarrow ((\neg Q) \Rightarrow (\neg P))$。

请读者自行检查它们的真值是否永远为真。

定义 6.5：已知一个复合陈述公式，如果无论构成它的陈述的真值为何，它都永远为假，那么它就是一个**矛盾式**。

例如，$P \& (\neg P)$ 就是一个矛盾式。

任何两个重言式或者任何两个矛盾式都是逻辑等价的。此外，复合陈述公式 S 是一个重言式，当且仅当 $\neg S$ 是一个矛盾式。

我们可以用符号 T 来表示重言式，用 C 来表示矛盾式[①]，这样又能得到一些有趣的结果。比如，$(\neg P) \Rightarrow C$ 和 P 是逻辑等价的。它们的真值表如下：

P	$(\neg P) \Rightarrow C$		P	P
t	t		t	t
f	f		f	f

在计算真值表时，记得提醒自己 C 的真值永远为假。

如果我们把 C 替换为 $Q \& (\neg Q)$ 这样具体的矛盾式，仍然可以得到相同的结果：

P	Q	$(\neg P) \Rightarrow (Q \& (\neg Q))$
t	t	t
t	f	t
f	t	f
f	f	f

P	Q	P
t	t	t
t	f	t
f	t	f
f	f	f

请读者自行检查第一张真值表的中间计算过程，来理解背后的原理。

已知两个复合陈述公式 S_1 和 S_2，要想知道它们是否逻辑等价，除了检查各自的真值表，还可以检查 $S_1 \Leftrightarrow S_2$ 的真值表。如果二者逻辑等价，那么 $S_1 \Leftrightarrow S_2$ 就是一个重言式，反之亦然。例如，$P \Rightarrow Q$ 和 $(\neg Q) \Rightarrow (\neg P)$ 逻辑等价，就说明

---

① T 和 C 分别为英文中这两个术语（tautology 和 contradiction）的首字母。——译者注

$[P \Rightarrow Q] \Leftrightarrow \big[(\neg Q) \Rightarrow (\neg P)\big]$ 是一个重言式。

6.9 逻辑演绎

证明的策略往往不是证明已知陈述为真，而是证明一个逻辑等价的陈述为真。下面有一些重要的例子。

例 6.6：

(1) **逆否命题：** $P \Rightarrow Q \equiv (\neg Q) \Rightarrow (\neg P)$。要证明 $P \Rightarrow Q$，我们就去证明 $(\neg Q) \Rightarrow (\neg P)$ 为真。

(2) **反证法：** $P \equiv (\neg P) \Rightarrow C$，其中 C 为矛盾式。要证明 P，我们就去证明 $(\neg P) \Rightarrow C$ 为真。

(3) **"当且仅当证明"：** $P \Leftrightarrow Q \equiv (P \Rightarrow Q) \& (Q \Rightarrow P)$。要证明 $P \Leftrightarrow Q$，我们就去证明 $P \Rightarrow Q$ 且 $Q \Rightarrow P$。

(4) **另一种"当且仅当证明"：** $P \Leftrightarrow Q \equiv (P \Rightarrow Q) \& \big((\neg P) \Rightarrow (\neg Q)\big)$。要证明 $P \Leftrightarrow Q$，我们就去证明 $P \Rightarrow Q$ 和 $(\neg P) \Rightarrow (\neg Q)$ 均为真。

给定一个陈述，我们可以基于已知的陈述构造它，并利用真值表来证明其为真。例如，我们已知 P 为真，且 $(\neg Q) \Rightarrow (\neg P)$ 为真，基于此可以推出 Q 一定为真。已知的陈述可能是像 $(\neg Q) \Rightarrow (\neg P)$ 这样的复合陈述，虽然我们知道它为真，但是我们无从得知其构成成分的真值。因此虽然我们知道 $(\neg Q) \Rightarrow (\neg P)$ 为真，但是我们完全不清楚 P 或者 Q 的真值。即便如此，我们仍然可以演绎推理：如果 $(\neg Q) \Rightarrow (\neg P)$ 为真，那么其等价陈述 $P \Rightarrow Q$ 也为真。

下面的例子中，可以用第一列陈述为真来推出第二列陈述为真。

如果这些陈述为真……	……那么这些陈述一定为真
$P,\ (\neg Q) \Rightarrow (\neg P)$	Q
$(\neg P) \Rightarrow C$（矛盾式）	P
$P,\ P \Rightarrow Q$	Q
$P \Rightarrow Q,\ Q \Rightarrow R$	$P \Rightarrow R$
P 或 $Q,\ \neg P$	Q
$P \& Q$	P 或 Q
$P \Rightarrow Q,\ Q \Rightarrow P$	$P \Leftrightarrow Q$
$P_1, \cdots, P_n$	$P_1 \& \cdots \& P_n$
$P_1, \cdots, P_n,\ (P_1 \& \cdots \& P_n) \Rightarrow Q$	Q

这张表还可以继续写下去。你在左边写一些复合陈述 S_1, $\cdots$, S_n，然后在右边写一个只要 S_1, $\cdots$, S_n 为真就一定为真的复合陈述公式 D，就可以得到新的一行。虽然这需要我们检查 S_1, $\cdots$, S_n, D 的真值表，但是如果考察公式 $(S_1 \& \cdots \& S_n) \Rightarrow D$，就只需要检查一张真值表。如果它是一个**重言式**，那么 S_1, $\cdots$, S_n 为真就可以确保 D 为真。

形如 $(S_1 \& \cdots \& S_n) \Rightarrow D$ 的重言式被称为**推理规则**。把实际陈述代入到推理规则的复合陈述公式中，如果 S_1, $\cdots$, S_n 为真，那么就可以推断出 D 为真。

如果陈述中有包含量词，那么我们必须查看它们的构成，以判断一个新陈述为真是否是已知陈述为真的自然推论。来看一个简单的例子：如果已知 $\forall x \in S : P(x)$ 为真，那么就可以推断 $\exists x \in S : P(x)$ 也为真。已知 $\forall x \in S : P(x)$ 和 $\forall x \in S : Q(x)$ 均为真，就可以演绎出包括下列陈述在内的一系列陈述：

$$\forall x \in S : P(x) \& Q(x),$$

$$\left[\forall x \in S : P(x)\right] 或 \left[\forall x \in S : Q(x)\right],$$

$$P(a) \& Q(b)，其中 a, b \in S。$$

和之前一样，我们可以列一张表，写出涉及量词的陈述可以进行的演绎。

如果这些陈述为真……	……那么这些陈述一定为真
$\forall x \in S : P(x)$, $\forall x \in S : Q(x)$	$\forall x \in S : [P(x) \& Q(x)]$
$\forall x \in S : P(x)$	$\exists x \in S : P(x)$
$\forall x \in S : P(x)$	$P(a)$ $(a \in S)$
$P(a)$ $(a \in S)$	$\exists x \in S : P(x)$
$\neg [\forall x \in S : P(x)]$	$\exists x \in S : [\neg P(x)]$
$\neg [\exists x \in S : P(x)]$	$\forall x \in S : [\neg P(x)]$
$\exists x \in S \forall y \in S \forall z \in M : \neg [P(x, y, z)]$	$\neg [\forall x \in S \exists y \in S \exists z \in M : P(x, y, z)]$

这个列表也一样可以继续扩充。我们在左手边写下陈述 S_1, $\cdots$, S_n，这些陈述有可能涉及量词；我们在右手边写下陈述 D，其在 S_1, $\cdots$, S_n 均为真时为真。这同样可以表述为 $(S_1 \& \cdots \& S_n) \Rightarrow D$ 这一陈述必须为真。

本书的主要目标不是构造出越来越复杂的逻辑陈述，而是寻找更简单的方法来表述复杂的概念，从而让证明更容易读写。

6.10 证明

实际证明数学陈述的过程中，我们从一系列陈述 $H_1, \cdots, H_r$（被称为**假设**）开始，试图演绎出陈述 D 为真。更复杂的证明中可能会引入其他的辅助性陈述。因此证明的过程需要分步进行——我们会写下一系列陈述 $L_1, \cdots, L_n$，其中 $L_n = D$，而对于每个 $m = 1, 2, \cdots, n$，L_m 要么是假设 $H_1, \cdots, H_r$ 之一，要么是一个可以用 $L_1, \cdots, L_{m-1}$ 推出的陈述。因此 L_1 一定是假设之一，而后续的每个陈述 $L_2, \cdots, L_n$ 一定要么是一个假设，要么是一个可以由之前的 L_j 推出的陈述。这些条件可以明确地推出最后一行的 D 为真。

要检验之前的 L_j 确实能推出 L_m 为真，需要验证陈述 $(L_1 \& \cdots \& L_{m-1}) \Rightarrow L_m$ 为真。如果 L_m 是一个假设，那么由 $\Rightarrow$ 的真值表就能立刻推出 $(L_1 \& \cdots \& L_{m-1}) \Rightarrow L_m$ 为真；但如果 L_m 不是假设，就需要更仔细地验证。

如果最终的陈述 D 需要形如 $P \Rightarrow Q$ 的演绎，那么数学家往往会改变一下形式，把 P 作为第一行的 L_1，Q 作为最后一行的 L_n。和先前一样，中间的每一行都要么是一个假设，要么可以由前几行推出。有些行可能是谓词，但重要的是确保 $(L_1 \& \cdots \& L_{m-1}) \Rightarrow L_m$ 总是为真。

例 6.7：已知假设

$$H_1 : 5 > 2,$$
$$H_2 : \forall x, y, z \in \mathbf{R} : (x > y) \& (y > z) \Rightarrow (x > z),$$

$(x > 5) \Rightarrow (x > 2)$ 的证明如下：

$$L_1 : x > 5,$$
$$L_2 : 5 > 2,$$
$$L_3 : \forall x, y, z \in \mathbf{R} : (x > y) \& (y > z) \Rightarrow (x > z),$$
$$L_4 : x > 2。$$

尽管这个演绎没什么意思，但是它包含了证明需要的一般要素。

定义 6.8：令 P 和 Q 为陈述或者谓词。已知陈述 $H_1, \cdots, H_r$，陈述 $P \Rightarrow Q$ 的**证明**由有限多个陈述

$$L_1 = P,$$
$$L_2,$$
$$\vdots$$
$$L_n = Q$$

构成，其中每个 $L_m\,(2 \le m \le n)$ 要么是一个假设 $H_s\,(1 \le s \le r)$，要么是一个陈述或者谓词，使得

$$(L_1 \,\&\, \cdots \,\&\, L_{m-1}) \Rightarrow L_m$$

对于所有 $m \le n$ 均为真。

我们把 L_j 称为证明的**行**。

这样，如果 P 为真，那么后续的每一行，特别是 Q 也为真。那么根据 $\Rightarrow$ 的真值表，$P \Rightarrow Q$ 也为真。

我们来看看 P 为假的情况。如果 P 是谓词，那么代入一个变量的具体值就很容易使其为假。在上面的例子中，$x = 1$ 就会让 $x > 5$ 为假，那么第四行 L_4 也就变成了 $1 > 2$，明显为假。而如果 $x = 3$，那么 L_1 就为假，但是 L_4 就变成了 $3 > 2$，反而为真。总之，如果 P 为假，那么我们无法确定后续陈述 L_j 是否为真，我们只知道**复合陈述** $P \Rightarrow Q$ 为真。这是因为尽管 $(L_1 \,\&\, \cdots \,\&\, L_{m-1}) \Rightarrow L_m$ 这一演绎是正确的，但 $L_1 = P$ 为假可能会让 L_m 为假。

这是反证法中最重要的一环。反证证明就具有上面所说的形式。要证明 P，我们就去证明等价陈述 $(\neg P) \Rightarrow C$，其中 C 为矛盾式。我们从 $L_1 = \neg P$ 开始，推出最后一行 $L_n = C$。因为我们假设 $(\neg P)$ 为真，所以后面的行一定也为真。但是 L_n 明显为假，我们得到了矛盾。因此 $(\neg P)$ 不可能为真，P 一定为真。这样我们就通过"矛盾"证明了 P。

利用等价陈述 $(\neg Q) \Rightarrow (\neg P)$ 来证明 $P \Rightarrow Q$ 也具有同样的基本结构：我们从 $(\neg Q)$ 开始，到 $(\neg P)$ 为止。

这就是证明中逻辑步骤的形式化定义。实际中又需要怎么写呢？我们将在下一章中得到解答。

6.11 习题

1. 写出下列复合陈述的真值表。

(a) $P \Rightarrow (\neg P)$。

(b) $\big((P \Rightarrow R) \,\&\, (Q \Rightarrow R)\big) \Leftrightarrow \big((P \,\&\, Q) \Rightarrow R\big)$。

(c) $(P \,\&\, Q) \Rightarrow (P\text{或}Q)$。

(d) $(P \Rightarrow Q)\text{或}(Q \Rightarrow P)\text{或}(\neg Q)$。

其中哪些是重言式?

2. 用量词 $\forall$, $\exists$ 表述下列陈述，并指出哪些陈述为真。

(a) 对于每个实数 x，都存在一个实数 y 使得 $y^3 = x$。

(b) 存在一个实数 y，使得对于每个实数 x，$x + y$ 都为正。

(c) 对于每个无理数 x，都有一个整数 n 满足

$$x < n < x + 1。$$

(d) 每个整数的平方除以 4 的余数都为 0 或 1。

(e) 2 以外的两个质数的平方和是偶数。

3. 把下列陈述翻译成文字。

(a) $\forall x \in \mathbf{R}\, \exists y \in \mathbf{R} : x^2 - 3xy + 2y^2 = 0$。

(b) $\exists y \in \mathbf{R}\, \forall x \in \mathbf{R} : x^2 - 3xy + 2y^2 = 0$。

(c) $\exists N \in \mathbf{N}\, \forall \varepsilon \in \mathbf{R} : \big[(\varepsilon > 0) \,\&\, (n > N)\big] \Rightarrow \left(\dfrac{1}{n} < \varepsilon\right)$。

(d) $\forall x \in \mathbf{N}\, \forall y \in \mathbf{N}\, \exists z \in \mathbf{N} : x + z = y$。

(e) $\forall x \in \mathbf{Z}\, \forall y \in \mathbf{Z}\, \exists z \in \mathbf{Z} : x + z = y$。

仔细阅读你的翻译，如果你觉得它们很生硬，就用更自然的方式重写一遍（但是不要改变它们的意思）。试说明哪些陈述为真、哪些为假，并给出原因。

4. 写出下列每一小题中两个陈述的真值表，并判断它们是否等价。

(a) $\neg\big[P \,\&\, (\neg P)\big]$，$P\text{或}(\neg P)$。

(b) $P \Rightarrow Q$，$(\neg P) \,\&\, Q$。

(c) $P \Rightarrow Q$，$(\neg Q) \,\&\, P$。

(d) $(P \Rightarrow Q) \,\&\, R$，$P \Rightarrow (Q \,\&\, R)$。

(e) $\big[P \,\&\, (\neg Q)\big] \Rightarrow \big[R \,\&\, (\neg R)\big]$，$P \Rightarrow Q$。

5. （如果可能的话）用真值表来验证 6.9 节中列出的推理规则。

6. 下列哪些是逻辑正确的演绎?

(a) 如果一份国际武器限制协议被签订，或者联合国批准了一项裁军计划，那么军工行业的股票就会下跌。但是军工行业的股票不会下跌，因此国际武器限制协议没有被签订。

(b) 如果英国脱欧或者贸易逆差有所减少，那么黄油价格就会下降。如果英国留在欧盟，出口就不会增长。除非出口增长，不然贸易逆差会继续增加。因此黄油价格不会下降。

(c) 有些政治家是诚实的。有些女性是政治家。因此有些女性政治家是诚实的。

(d) 如果我不努力工作，那么我就会睡觉。如果我焦虑，那么我就不会睡觉。因此如果我很焦虑，那么我就会努力工作。

7. 考察陈述

$$x \leqslant y \text{ 但 } y > z$$

的下列情况：

(a) $x = 1$, $y = 2$, $z = 0$；

(b) $x = 1$, $y = 2$, $z = 3$；

(c) $x = 2$, $y = 1$, $z = 0$；

(d) $x = 2$, $y = 1$, $z = 3$。

哪些情况下陈述为真？利用这些信息，总结"但"的真值表，并证明

$$(P \text{但} Q) \Leftrightarrow (P \& Q)$$

为重言式。

对"因为"和"因此"重复同一过程，并和"蕴含"做比较。"除非"又是怎样的情况呢？

8. 下列陈述的否定是什么？

(a) $\forall x : (P(x) \& Q(x))$。

(b) $\exists x : (P(x) \Rightarrow Q(x))$。

(c) $\forall x \in \mathbf{R} \, \exists y \in \mathbf{R} : x \geqslant y$。

(d) $\forall x \in \mathbf{R} \, \forall y \in \mathbf{R} \, \exists z \in \mathbf{Q} : x + y \geqslant z$。

(c) 和 (d) 是真还是假？

9. 用反证法证明下列定理。

(a) 如果 $x, y \in \mathbf{R}$，且对于所有 $\varepsilon > 0$, $\varepsilon \in \mathbf{R}$ 都有 $y \leqslant x + \varepsilon$，那么 $y \leqslant x$。

(b) 对于所有实数 x，要么 $\sqrt{3} + x$ 是无理数，要么 $\sqrt{3} - x$ 是无理数。

(c) 大于 $\sqrt{2}$ 的最小有理数不存在。

10. 考察以下联结词：$\neg, \&, 或, \Rightarrow$。证明

$$P \Rightarrow Q \equiv (\neg P) 或 Q,$$

$$P 或 Q \equiv \neg\big[(\neg P) \& (\neg Q)\big],$$

从而说明任何复合陈述都可以只用联结词 $\neg,\ \&$ 表述。是否有可能只用 $\neg,\ \&,\ 或,\ \Rightarrow$ 中的一个联结词来表述所有复合陈述呢？

竖线联结词 $|$ 由如下真值表定义：

P	Q	$P\,|\,Q$
t	t	f
t	f	t
f	t	t
f	f	t

证明

$$P\,|\,P \equiv (\neg P) 或 (\neg Q)。$$

进一步证明：

(a) $(\neg P) \equiv P\,|\,P$；

(b) $(P \& Q) \equiv (P\,|\,Q)\,|\,(Q\,|\,P)$；

(c) $(P 或 Q) \equiv (P\,|\,P)\,|\,(Q\,|\,Q)$；

(d) $(P \Rightarrow Q) \equiv P\,|\,(Q\,|\,Q)$。

因此可以推导出任何复合陈述都可以只用竖线联结词来表述。

注：虽然这样可以少用一些联结词，但是

$$\Big(\big((P|P)|Q\big)\,\big|\,\big((P|P)|Q\big)\Big)\,\big|\,(Q|Q)$$

会比 $\big((\neg P) \& Q\big) \Rightarrow Q$ 更容易阅读吗？它们可是等价的。

11. 重新审视你对第 1 章习题的回答，看看你的理解是否有所变化。

第 7 章
数学证明

我们在上一章学习了数学中的逻辑语言，以及如何用已知陈述推出新陈述为真。我们看到，证明可以理解为一系列逻辑演绎。但这一形式化定义在实践中无法指导我们**书写**证明：把每一步都写出来会让格式变得很僵硬，也会让证明过于冗长 [8]。我们会在本章中学习数学家实际书写证明的方式。除了底层逻辑架构以外，数学证明的书写需要我们对细节有所取舍：哪些细节是必要的，哪些可以省略。细节太少可能会丢掉论述中的重要部分，细节太多可能会让整个证明变得晦涩。

我们先来看一个用通常数学风格书写的证明，然后把它和第 6 章见过的形式化结构做对比。

定理 7.1：如果 (a_n)，(b_n) 是实数序列，并且在 $n \to \infty$ 时有 $a_n \to a$，$b_n \to b$，那么 $a_n + b_n \to a + b$。

证明：令 $\varepsilon > 0$。因为 $a_n \to a$，所以存在 N_1 使得

$$n > N_1 \Rightarrow |a_n - a| < \frac{1}{2}\varepsilon。$$

因为 $b_n \to b$，所以存在 N_2 使得

$$n > N_2 \Rightarrow |b_n - b| < \frac{1}{2}\varepsilon。$$

令 $N = \max(N_1, N_2)$，如果 $n > N$，那么有 $|a_n - a| < \frac{1}{2}\varepsilon$ 和 $|b_n - b| < \frac{1}{2}\varepsilon$。根据三角不等式，就有

$$
\begin{aligned}
\left|(a_n + b_n) - (a + b)\right| &\leqslant |a_n - a| + |b_n - b| \\
&\leqslant \frac{1}{2}\varepsilon + \frac{1}{2}\varepsilon \\
&= \varepsilon。
\end{aligned}
$$

因此 $a_n + b_n \to a + b$。 □

我们把该证明分解为行，添加一些词语使其构造更加清晰，以便分析它的结构。

首先我们仔细观察证明的陈述，找出已知的假设和要证明的结果。这个定理有着 $P \Rightarrow Q$ 的形式，其中 P 涉及两个已知的假设。

假设：

H_1：(a_n) 是一个实数序列，且 $a_n \to a$。

H_2：(b_n) 是一个实数序列，且 $b_n \to b$。

要证明的结果 Q 是：

要证明的结果： $Q : a_n + b_n \to a + b$。

上面的证明包含下面这些行：

证明：

L_1：令 $\varepsilon > 0$。

L_2：因为 $a_n \to a$，所以存在 N_1 使得 $n > N_1 \Rightarrow |a_n - a| < \frac{1}{2}\varepsilon$。

L_3：因为 $b_n \to b$，所以存在 N_2 使得 $n > N_2 \Rightarrow |b_n - b| < \frac{1}{2}\varepsilon$。

L_4：令 $N = \max(N_1, N_2)$。

L_5：如果 $n > N$，那么有 $|a_n - a| < \frac{1}{2}\varepsilon$ 和 $|b_n - b| < \frac{1}{2}\varepsilon$。

L_6：根据三角不等式，我们有 $\left|(a_n + b_n) - (a + b)\right| \le |a_n - a| + |b_n - b|$。

L_7：$|a_n - a| + |b_n - b| < \frac{1}{2}\varepsilon + \frac{1}{2}\varepsilon$。

L_8：$\frac{1}{2}\varepsilon + \frac{1}{2}\varepsilon = \varepsilon$。

L_9：（存在 $N = \max(N_1, N_2)$ 使得）$n > N \Rightarrow \left|(a_n + b_n) - (a + b)\right| < \varepsilon$。

L_{10}：$a_n + b_n \to a + b$。 □

L_1 和 L_2 是极限 $a_n \to a$ 的定义，而 L_1 和 L_3 是极限 $b_n \to b$ 的定义。它们暗含了这样一步：如果 $\varepsilon > 0$，那么 $\frac{1}{2}\varepsilon > 0$。因此我们可以把 $\frac{1}{2}\varepsilon$ 用在极限的定义中。原则上我们应该把这些简单的演绎写出来，但在实践中往往会省略这些已知的技巧。

L_4 是以前没见过的东西：一个用 N_1 和 N_2 定义的符号 N。如果我们想的话，可以把这个定义省略，然后把证明中出现的每个 N 都换成 $\max(N_1, N_2)$。这样证明仍然成立。但实践中我们常常会用符号来表示从已知概念构造出的复杂概念，来让书写和阅读更加简单。

L_5 可以由 L_2、L_3 和 L_4 推出。但这里我们没有写出 $n > N$ 蕴含了 $n > N_1$ 和 $n > N_2$。

L_6 涉及一些简单的代数运算，把 $\left|(a_n + b_n) - (a + b)\right|$ 整理为 $\left|(a_n - a) + (b_n - b)\right|$，以便后续使用三角不等式得到最终结果。这个陈述看起来像是 n 的谓词，但是我们心照不宣地把它当作 L_5 中暗含的量词 $\forall n > N$ 的结果。

L_7 可以由 L_5 和 L_6 推出。我们同样使用了一条大家熟知的代数结果，也就是不等式相加的规则。

L_8 就是简单的代数。

L_9 则由 L_2 到 L_8 推出。因为它正是 $a_n + b_n$ 收敛到 $a + b$ 的形式化定义，所以也就证明了 L_{10} 中的最终结论。

这一分析表明，数学家并不是按上一章所说的方法来书写证明的。无论是在引入假设还是演绎的时候，都可能跳过一些步骤。我们会引入新的定义，整个证明就像一篇飘逸的文章，而不是一系列形式化的陈述。

为什么会这样？首先，数学家早在对证明做逻辑分析之前就在书写证明了，因此文字式的风格先行且继续被使用。省略简单细节和用新符号表示复杂构造的主要原因就是让演绎过程更好理解。要在头脑中构建理论，人类需要辨识出熟悉的规律并略过已经理解的细节，这样才能集中精力在新事物上。其实人类在任何时候能处理的新信息都是有限的，忽略熟知的细节往往是为了更好地把握全局。如果证明中的一些逻辑演绎是读者已经掌握的基本技巧，我们就会跳过它们，好让读者能更轻松地理解证明的整体结构。

在思考新理论的时候，数学家会把自己已经掌握的事实和正在思考的新内容中的事实区分开。他们认为前者是理所当然的结果，利用成熟的数学技巧把好几个步骤合并到一行之中，并且不会给出这些结果的证明。即便有人来问他们，他们也有自信能把这些细节填充进去（不过他们可能得好好回想一下！）。

而作为新理论核心的新结果则需要更仔细的处理。有必要时，会把它们明确地作为假设引入，并且给出证明的来源。

什么时候可以省略证明中的逻辑步骤或者结果的来源取决于一个不太好理解的概念：数学风格。数学家对此可能各执一词。我们可以观察证明的上下文，看看目标读者是谁。若本书的读者可能是一位学生，其经验主要来自于课本或者课堂的讲解，那么我们会倾向于给出更多细节。而两个数学家的通信就会更加粗略，只关注重要的新细节。但无论是哪种情况，我们都会跳过在当前的上下文中应当已经成为基本技巧的细节。

比如在学习分析的时候，算术法则是基本工具，但是极限、连续性等新概念就会有更细致的讨论。我们会更仔细地证明涉及新概念的定理，后续的定理也会明确地建立在先前证明的结果之上。在上面的证明中，我们完全没有提到使用的算术结果。提到三角不等式是因为我们觉得有些读者可能会感到陌生，需要提醒一下。而在更加深入的内容中，三角不等式就会变成一个基本技巧，我们使用它时不会再有任何说明。

原则上，数学家使用的证明的底层结构和上一章描述的一致，但是有些结果在证明所处的上下文中可能是标准技巧的一部分。因此，基于显式的假设 $H_1, \cdots, H_n$，陈述 D 的证明包含了一系列陈述 $L_1, \cdots, L_n$，其中 L_n 就是 D，而每个 L_m 要么是：

(i) 一个已知的事实，它要么可以由假设推出，要么在上下文中是已知的数学技巧；

要么是：

(ii) 利用形式逻辑和上下文已知的数学技巧从 $L_1, \cdots, L_{m-1}$ 演绎的结果。

这样的证明结合了文字和数学符号，其逻辑结构更加清晰。如果某些步骤的推导在上下文中非常明显，我们就会省略它。我们还会引入新符号来简化证明。同理，陈述 $P \Rightarrow Q$ 的证明也和形式化的逻辑证明有着相同的底层结构，但是会默认使用上下文存在已知的数学技巧。

有时候上下文非常清晰，就不需要显式地提及任何假设，举例如下。

定理 7.2（欧几里得）：质数有无限多个。

证明：假设只存在有限多个质数 $p_1, \cdots, p_n$，那么

$$N = 1 + p_1 \cdots p_n$$

这个数可以被某个质数 p 整除。但是 p 不可能是 $p_1, \cdots, p_n$ 中的任何一个，不然它除 N 的余数是 1。这和我们的假设（$p_1, \cdots, p_n$ 就是所有的质数）矛盾。 □

这个证明需要整数算术的知识，例如质因数分解。证明采用了反证法，令 P 表示陈述"质数有无限多个"。证明的第一行是"假设 $\neg P$"，后面的部分就采用正常的论述方法来推出矛盾。那么 $\neg P$ 一定为假，因此 P 一定为真。

在这样的证明中，我们需要仔细考察上下文，以免省略的部分和书写的符号中存在逻辑漏洞。例如，下面的"证明"错在哪里呢？

定理（?）7.3：1 是最大的整数。

证明（?）：假设 1 不是最大的整数。令 n 为最大的整数，那么 $n>1$。n^2 也是整数，且 $n^2>n\times1=n$。因此 $n^2>n$，这与 n 是最大整数相矛盾。因此我们一开始的假设是错误的，从而得到 1 是最大的整数。　　　　　　　　　□

请仔细思考问题出在哪里。

问题出在"令 n 为最大的整数"这个陈述，它并不是"1 是最大的整数"的正确否定。正确的否定应该是"1 不是最大的整数"，也就是"$n>1$ **是最大的整数或者不存在最大整数**"。如果使用这句陈述，那么 $n^2>n$ 和加粗部分并不矛盾，所以矛盾不成立。在这样非形式化的证明中，逻辑漏洞隐藏得很巧妙，读者需要大量经验才能规避这种陷阱。

7.1　公理化系统

为了给使用的上下文提供一个坚实的基础，我们需要一个起点。我们把一些清楚明白的陈述称为**公理**，假定它们为真，理论中的所有其他结果都由公理推导出来。有些人会把这些推导的结果称作定理，有些人会使用命题、引理、推论等名词。"定理"和"命题"这两个词往往可以互相替换，但有些作者只会使用其中一个。我们选择用"命题"来描述常见的结果，把"定理"一词留给更重要的结果。这样，重要的定理就可以从命题中脱颖而出，让理论的结构更加清晰。

为了让理论的轮廓更加清晰，也为了避免冗长的证明，我们会把命题或定理的证明中的一部分拿出来提前证明，这样的结果被称为**引理**。重要的定理可能需要好几个引理。这样在证明定理前，困难的工作就已经完成，只需要把它们连起来即可。因为繁杂的细节都放到了引理中，所以定理的证明本身变得简单，其最重要的特征也不至于被细节淹没。

引理是定理的前置工作，而**推论**则是定理的后续结果。定理（或者命题）可以轻而易举地推导出推论。有些时候由于上下文的缘故，推论的证明过于容易，所以往往会省略，或者"留给读者"。

在第 2 章中，我们学习了实数的一些直观概念，在上下文中证明了一些结果。为了形式化地学习实数，我们需要选择算术的一些性质作为公理，然后从它们开始有逻辑地构建理论。（如果我们是理智的，那么就会利用简单算术中发展的技巧来指导形式化构建的方向。）在第 8 章中，我们会学习自然数的公理，然后再考察其他数系。一旦有了坚实的算术基础，我们就可以以此为背景构建更高等的理论。在学习向量空间、分析或者几何时，可以默认算术结果的存在，从而集中精力在后续推导上。每个学习阶段都需要我们清楚哪些结果可以不加说明地使用，哪些结果必须仔细地书写。由于这些信息往往暗含于上下文中，课本作者或者老师有时候未必能明确地指出这一点。

7.2 理解证明与自我解释

那么问题来了：如果证明的作者在表达重要的想法时做了取舍，省略了一些他们认为不言自明的细节，我们该如何理解证明呢？答案是：在阅读证明时，你需要依次考察每一行，并向**自己**解释为什么可以推出下一行。这个过程被称为**自我解释**，读者可以阅读本书附录来理解这一过程。这个过程需要我们在脑海中思索每一行是根据什么数学原理从前面的行中推导出来的。你可以默默思考，也可以在书页上写下注释。比起被动地一行行阅读，这样一个验证的思考过程可以帮助你在头脑中建立更紧密的联系。

我们以之前的证明为例，来看看在本章的上下文中如何自我解释。

定理：如果 (a_n)，(b_n) 是实数序列，并且在 $n \to \infty$ 时有 $a_n \to a$，$b_n \to b$，那么 $a_n + b_n \to a + b$。

证明：令 $\varepsilon > 0$。因为 $a_n \to a$，所以存在 N_1 使得

$$n > N_1 \Rightarrow |a_n - a| < \frac{1}{2}\varepsilon。$$

因为 $b_n \to b$，所以存在 N_2 使得

$$n > N_2 \Rightarrow |b_n - b| < \frac{1}{2}\varepsilon。$$

令 $N = \max\left(N_1, N_2\right)$，如果 $n > N$，那么有 $|a_n - a| < \frac{1}{2}\varepsilon$ 和 $|b_n - b| < \frac{1}{2}\varepsilon$。根据三角不等式，就有

$$\begin{aligned}
\left|(a_n + b_n) - (a + b)\right| &\leq |a_n - a| + |b_n - b| \\
&\leq \frac{1}{2}\varepsilon + \frac{1}{2}\varepsilon \\
&= \varepsilon
\end{aligned}$$

因此 $a_n + b_n \to a + b$。 □

依次阅读证明的每一行，向自己解释为什么下一行是正确的。为什么第一行只说了"令 $\varepsilon > 0$"？（原因在于你要证明 $a_n + b_n \to a + b$，而它的数学表述就从"已知 $\varepsilon > 0$"开始，并且要求你找到一个 N，使得如果 $n > N$，那么 $\left|(a_n + b_n) - (a + b)\right| \leq \varepsilon$。）写下"令 $\varepsilon > 0$"之后，你需要用已知信息来找到一个 N，它具有 $a_n \to a$ 和 $b_n \to b$ 成立所必需的性质。接下来，你需要解释第二行和第三行如何使用了这一信息，以及为什么你用到了 $\frac{1}{2}\varepsilon$，而不是 ε。你继续依次思考每一行的由来。这一行是不是定义？它是不是一个让论述更加简单的新符号？论述中是否隐含了可以轻松验证，并因此而省略的假设？这一行是否可以由前面推出？如果可以，那么是哪些行推出了这一行？

请读者**现在**认真地思考这些问题。

然后请读者阅读附录中的"如何阅读证明：'自我解释'策略"小节。曾经有一项研究利用眼动追踪设备来研究读者阅读证明过程中的关注点。研究显示，使用自我解释方法的学生在理解证明和记住概念这两个方面做得更好 [3]。如果你建立起了概念之间有意义的联系，那么你就可以更轻松地使用它们。否则脑海中的概念就更加散乱，长远来看，你也会更难理解它们。

7.3 试题

学生常常关心一个问题：考试时，怎样的证明才算合格？这个问题的答案部分取决于出题人，但是学生们的焦虑和上下文的不确定性有一定关系。在教材

中，通常可以在所处的位置上可以清楚地看出一个陈述的上下文。第 7 章的证明显然可以利用前六章的结果。但在考试时，学生就未必清楚证明需要写到什么程度：我是需要写出所有步骤，还是可以略去一些？

如果试题出得好，那么上下文会很清楚。"利用基本原理来证明……"这样的试题要求学生从基本的定义和公理出发，给出一个仔细的证明。而关于更高等的知识的问题就不需要这样回答，并且可以假定上下文已经包含了该领域中更加初等的知识，不需要为问题中涉及的概念提供过多细节。如果一个问题出得仿佛学生已经知晓了某些概念，那么也可以在解答中直接使用它们，这样就可以避免证明那些本应当省略的基本结果。

同一个问题的不同小题可能有不同的上下文：第一小题可能很初等，后面的小题可能更高等。聪明的学生会根据不同情况调整推理过程的细节程度，自如地使用和上下文相称的概念。

7.4 习题

1. 下面的证明是否成立？如果不成立，为什么？请阅读证明，并向自己仔细解释每一行为什么可以（或不可以）由假设和前面的部分推出。

   定理：对于所有实数 x, y 都有 $\frac{1}{2}(x+y) \geq \sqrt{xy}$。

   证明：不等式两边同时平方并乘以 4，得到

   $$x^2 + 2xy + y^2 \geq 4xy。$$

   两边同时减去 $4xy$，得到

   $$x^2 - 2xy + y^2 \geq 0。$$

   因为 $x^2 - 2xy + y^2 = (x-y)^2 \geq 0$，所以定理得证。 □

2. 下面的证明是否成立？如果不成立，为什么？

   定理：等腰三角形的底角相等。

   证明：令 $\triangle ABC$ 为等腰三角形，且 $AB = AC$。因为对应的边都相等：$AB = AC, BC = CB, AC = AB$，所以 $\triangle ABC$ 和 $\triangle ACB$ 全等。因此，它们对应

的角相等，特别是 $\angle ABC = \angle ACB$ 。（假定已知全等三角形的常见几何性质。）　　　　　　　　　　　　　　　　　　　　　　　□

3. 本书第 2 章中给出的"证明"在合适的上下文中是否是正确的证明？如果是，这个上下文是什么？如果不是，应该如何证明？

4. 分析第 3 章中命题 3.10 的证明，解释如何从前面的陈述推出下一个陈述。应该添加哪些内容，才能使其满足证明的逻辑定义？

   为第 3 章的其他证明重复上述过程。

5. 找一本数学教材，选择一个（证明长度适中的）定理，分析其结构。证明的上下文中假定了哪些结果的存在？

   再找几个定理，重复上述过程。这些定理最好来自不同数学领域、不同教材。

6. 下面是一个（到目前为止还没有定义过的）数学结构——**政府机构**的公理。一个政府机构包括：

   官员的集合 B ，

   委员会的集合 C ，

   B 和 C 之间的关系 S （读作**任职于**），

   它有如下公理：

   (B1) 每名官员都任职于至少三个不同的委员会；

   (B2) 每个委员会都至少有三名不同的官员；

   (B3) 已知两个不同的委员会，有且仅有一名官员同时任职于这两个委员会；

   (B4) 已知两名不同的官员，他们同时任职的委员会有且仅有一个。

   基于这几个公理，证明如果官员的数量有限，那么委员会的数量也有限。

   证明一个政府机构总是有至少七名官员，并给出一个正好有七名官员的政府机构。

7. 下面的证明符合证明的逻辑定义，请分析并解释这个证明。

   定理：如果 A, B, C 是集合，那么 $(A \cap B) \cap C = A \cap (B \cap C)$ 。

   证明：

   L_1：令 $a \in (A \cap B) \cap C$ 。

L_2：$a \in A \cap B$。

L_3：令 $b \in A \cap (B \cap C)$。

L_4：$a \in C$。

L_5：$b \in B \cap C$。

L_6：$b \in B$。

L_7：$a \in B$。

L_8：$b \in C$。

L_9：$\{a, b\} \subseteq B$。

L_{10}：$b \in A$。

L_{11}：$a \in A$。

L_{12}：$b \in A \cap B$。

L_{13}：$a \in A \cap B$。

L_{14}：$\{a, b\} \subseteq A \cap B$。

L_{15}：$a \in B \cap C$。

L_{16}：$a \in A \cap (B \cap C)$。

L_{17}：$(A \cap B) \cap C \subseteq A \cap (B \cap C)$。

L_{18}：$b \in (A \cap B) \cap C$。

L_{19}：$(A \cap B) \cap C \supseteq A \cap (B \cap C)$。

L_{20}：$(A \cap B) \cap C = A \cap (B \cap C)$。 □

请用合适的风格重写这个证明，来揭示论述的结构。

第三部分
公理化系统的发展

现在我们回到数系，分析它们的结构，试图找出能精确描述它们的形式化公理。我们还会介绍如何用集合论的知识来构造满足这些公理的系统，这为培养直觉打下了坚实的基础，让我们可以安心地使用它们，不用担心逻辑问题。

打个比方，我们正在盖楼或者种树，需要尽可能小心，确保不会出问题。这就要求我们对细节投以足够的关注，得到的结果可能看起来很迂腐，令人费解。

我们现在要求读者稍稍改变自己的思考角度。尽管直觉可以作为灵感的来源，但除非我们给出了严格的逻辑论证，否则不能把它们用在证明中。因此这就需要我们基于公理严格地证明那些已经从直觉上接受的性质。从公理化的角度来说，我们这样做是为了确保这些性质是正确的，并且可以用公理符合逻辑地证明。这样，我们的想法就有了健全的基础。

在第 8 章中，即便是那些显而易见的陈述，我们也会给出非常细致的证明。但在利用理论的公理和上下文中的定义严格证明了一系列概念之后，我们将从第 9 章开始不加解释地使用证明过的结果。如果有必要的话，读者可以自行检查这些结果的正确性。这样，大的框架就不至于淹没在不断积累的大量细节中。如果总是一步步地详细阐述，就会看不清大局。

第 8 章
自然数和数学归纳法

数是什么？数学家花了漫长的时间才开始思考这个问题的答案，然后又花了更长的时间找到答案。首先我们要描述自然数的特征。其实它们最重要、最具决定性的性质既不是计数，也不是算术，而是作为数学归纳法证明定理的基础。但乍一看，归纳法似乎并不符合上一章描述的证明的模式。来看一个典型的例子。

命题 8.1：前 n 个自然数的和是 $\frac{1}{2}n(n+1)$。

证明：$n=1$ 时命题显然为真。如果它在 $n=k$ 时也为真，

$$1+2+\cdots+k=\frac{1}{2}k(k+1),$$

那么在等式两边同时加上 $k+1$ 就能得到

$$1+2+\cdots+(k+1)=\frac{1}{2}k(k+1)+(k+1)=\frac{1}{2}(k+1)(k+2)。$$

这正是前 $k+1$ 个自然数的和，因此该公式在 $n=k+1$ 时也成立。根据归纳法，该公式对于所有自然数均成立。 □

许多人觉得这种证明是那种"以此类推……"式的论述。陈述在 $n=1$ 时为真，在建立了从 $n=k$ 到 $n=k+1$ 这个一般步骤之后，令 $k=1$ 就可以从 $n=1$ 推进到 $n=2$。然后就可以从 $n=2$ 推进到 $n=3$，以此类推。例如，在 592 步之后，我们就来到了 $n=593$ 的情况。这样思考的唯一问题在于，要想到达一个很大的 n，也需要应用很多次一般步骤。如果一次推进一步，我们永远也无法在有限的演绎之内涵盖**所有**自然数。但是根据定义，证明只有**有限**行。[①]

走出这个困境的办法就是去掉"以此类推……"的部分，把它干脆放到自然数的**定义**之中。这样归纳法证明就自然属于上一章描述的数学证明了。

---

① 不然的话，首先教科书就会变得很贵。

8.1　自然数

自然数构成了一个很不简单的集合。因为自然数无穷无尽，所以我们不可能写出它的每个元素，需要一种不同的方法描述它们。幸运的是，我们可以用集合论的方式轻松地表述计数这一直观概念。我们从 1 开始，数到 2、3，然后继续，不断地数出每个后续的数。

为了"一次性地"理解自然数集的概念，我们把这种后续视为自然数集 $\mathbf{N}$ 上的**函数**。换言之，我们要寻找一个具有合适性质的函数 $s: \mathbf{N} \to \mathbf{N}$。这里 s 表示"后继"（successor）。$s(1) = 2$，$s(2) = 3$，以此类推。我们显然需要下面两条性质：

(i) s 不是满射（因为对于任意 $n \in \mathbf{N}$，都有 $s(n) \neq 1$）；

(ii) s 是单射（$s(m) = s(n)$ 就意味着 $m = n$）。

第三个重要的性质催生了归纳法证明：

(iii) 假设 $S \subseteq \mathbf{N}$，$1 \in S$，并且对于所有 $n \in \mathbf{N}$，如果 $n \in S$，那么 $s(n) \in S$。那么 $S = \mathbf{N}$。

换言之，(iii) 说的是如果一个子集包含 1，并且只要它包含 n，就必定包含 $s(n)$，那么这个子集就能穷举整个自然数集。

上述三条性质就足够描述自然数了，这多少有点儿令人惊讶。算术的公理化基础只需要我们假定存在一个满足这三条性质的集合。

出于一些技术上的原因，从 0 开始会比从 1 开始更有益处。虽然我们是从 1 开始数数，但是因为空集有 0 个元素，所以从 0 开始会更好。在算术中，0 的存在很方便。再加上其他的一些原因，公理化系统从 0 开始。为了避免和我们熟知的自然数集 $\mathbf{N}$ 混淆，我们将用 $\mathbb{N}_0$ 来表示形式化的系统。这个奇怪的粗体 $\mathbb{N}$ 区分了自然数的形式化概念和非形式化概念，下标 0 则提醒我们 0 也是其中的一个元素。

然后我们就得到了自然数的**佩亚诺公理**。它由意大利数学家朱塞佩·佩亚诺于 19 世纪末提出。

佩亚诺公理：假设存在一个集合 $\mathbb{N}_0$，以及函数 $s: \mathbb{N}_0 \to \mathbb{N}_0$，使得

(N1) s 不是满射：存在 $0 \in \mathbb{N}_0$ 使得对于任意 $n \in \mathbb{N}_0$，都有 $s(n) \neq 0$。

(N2) s 是单射：如果 $s(m) = s(n)$，那么 $m = n$。

(N3) 如果 $S \subseteq \mathbb{N}_0$ 满足 $0 \in S$，且对于所有 $n \in \mathbb{N}_0$ 都有 $n \in S \Rightarrow s(n) \in S$，那么 $S = \mathbb{N}_0$。

我们无法保证这样一个集合 $\mathbb{N}_0$ 存在，因此我们把它的存在作为一个基本数学公理：

自然数存在公理：存在一个集合 $\mathbb{N}_0$，以及函数 $s : \mathbb{N}_0 \to \mathbb{N}_0$ 满足 (N1)~(N3)。

从这个简单的公理开始，我们可以发展出所有常用的算术性质，然后构建包括实数和复数在内的其他数系。我们还将用下面这个简单的例子，来看看公理 (N3) 是如何让归纳法成立的。

命题 8.2：如果 $n \in \mathbb{N}_0$，$n \neq 0$，那么存在一个唯一的 $m \in \mathbb{N}_0$，使得 $n = s(m)$。

证明：令 $S = \{n \in \mathbb{N}_0 | n = 0$ 或存在 $m \in \mathbb{N}_0$ 使得 $n = s(m)\}$，必然有 $0 \in S$。如果 $n \in S$，那么要么 $n = 0$，然后 $s(n) = s(0)$，所以 $s(n) \in S$；要么 $n = s(m)$，$s(n) = s(s(m))$ 且 $s(m) \in \mathbb{N}_0$，所以 $s(n) \in S$。那么根据公理 (N3)，$S = \mathbb{N}_0$。这就证明存在所需的 m，其唯一性可由 (N2) 推出。 $\qquad\square$

命题 8.2 说明 0 是唯一一个不是其他数后继的元素，这也把它和其他元素区分开来。集合 $\mathbb{N} = \mathbb{N}_0 \setminus \{0\}$ 被称为**自然数**。我们把 $s(0)$ 记作 1。它是 $\mathbb{N}$ 的一个元素，并且至关重要。

再来看一遍命题 8.2 的证明。它的主要结构包括定义集合 S，然后

(i) 证明 $0 \in S$；

(ii) 证明 $n \in S \Rightarrow s(n) \in S$；

(iii) 用公理 (N3) 来推出 $S = \mathbb{N}_0$。

归纳法证明总是遵循这样的结构。

在实践中，S 形如

$$S = \{n \in \mathbb{N}_0 | P(n)\},$$

其中 $P(n)$ 是一个谓词，且对于每个 $n \in \mathbb{N}_0$ 都已知其真假。上述的 (i)(ii) 和 (iii) 就可以转化为

(i)′ 证明 $P(0)$ 为真；

(ii)′ 证明如果 $P(n)$ 为真，那么 $P(s(n))$ 为真；

(iii)′ 用 (N3) 来推导对于所有 $n \in \mathbb{N}_0$，$P(n)$ 都为真。

利用公理 (N3)，证明中就不需要"以此类推……"这样的论述了。

读者在命题 8.1 中也能发现这个结构，只不过当时我们不是从 0 开始，而是从 1 开始，并且把 $s(n)$ 写成了 $n+1$。我们后面会证明这个方法可以从任意的 $k \in \mathbb{N}_0$，特别是 $k = 1$ 开始，这样本章开头的命题就只不过是一个利用公理 (N3) 完成的简单的归纳法证明。

在实践中，我们未必会显式地提到公理 (N3)。证明的过程只会用到谓词 $P(n)$，并且在完成 (i)′ 和 (ii)′ 这两步后，我们会说"根据归纳法，$P(n)$ 对于所有 n 均为真"。因此，公理 (N3) 也被称为**归纳公理**，而上面这句话就是隐式地使用了它。在归纳法证明中，$P(n)$ 为真的假设被称为**归纳假设**，而 $P(n) \Rightarrow P(s(n))$ 的证明被称为**归纳步骤**。我们暂时先显式地定义 S。

8.2　归纳定义

当前最重要的任务是建立 $\mathbb{N}_0$ 的算术。首先我们来定义加法和乘法这两个基本运算。

我们可以这样定义加法：对于所有 $m \in \mathbb{N}_0$，令

$$m + 0 = m, \tag{8.1}$$

然后在计算 $m + n$ 之后，我们可以这样计算 $m + s(n)$：

$$m + s(n) = s(m+n)。 \tag{8.2}$$

归纳公理看起来像是为定义和证明量身定制的。如果集合 S 包含所有定义了 $m+n$ 的 $n \in \mathbb{N}_0$，那么 $0 \in S$（根据 (8.1)）。并且如果 $n \in S$，那么 $m+n$ 就有定义，且根据 (8.2)，我们可以用 $s(m+n)$ 来定义 $m + s(n)$，使得 $s(n) \in S$。

但是证明和定义有一点微妙的不同。在归纳法证明中，归纳步骤 $n \in S \Rightarrow s(n) \in S$ 只需要证明**如果** $n \in S$ 为真，那么 $s(n) \in S$ 也为真。但是在归纳定义加法时，为了能把和 $m + s(n)$ **定义**为 $s(m+n)$，有必要先**知道** $m+n$ 的值。

我们熟知的 $\mathbb{N}_0$ 告诉我们对于任意 $n \in \mathbb{N}_0$，都可以从 0 开始数：1, 2, 3, …，最终数到 n。例如，如果 $n = 101$，我们就可以根据定义 (8.1) 从 m 开始，重复步骤 (8.2) 101 次，来得到 $m+n$。但很不幸，$\mathbb{N}_0$ 还没有这样的原则；已知 $m \in \mathbb{N}_0$，

我们还不知道如果从 0 开始，然后不断构造 $1 = s(0)$，$2 = s(1)$ 这样的后继，最终是否能得到 m。此外，我们的长远目标是消除"以此类推……"式的论述。为了解决这个问题，我们要证明一个一般原则，来表明只用佩亚诺公理完成的定义确实有效。考虑一个更一般的情况：在任意集合 X 中不断复合任意函数 f。如果我们为它形成了一个定理，就可以把这个定理用在后继函数 s 上，从而进行递归定义。这个证明需要相当的技术（它可能是本书中最复杂的证明）。读者可能需要慢慢思考每一步，给自己解释它的由来。

定理 8.3（递归定理）：如果 X 是一个集合，$f : X \to X$ 是一个函数，且 $c \in X$，那么存在一个唯一的函数 $\phi : \mathbb{N}_0 \to X$ 满足如下条件：

(i) $\phi(0) = c$；

(ii) 对于所有 $n \in \mathbb{N}_0$，$\phi(s(n)) = f(\phi(n))$。

证明前讨论：本质上，我们从函数 $f : X \to X$ 和 $c \in X$ 开始，不断应用 f，来得到

$$\phi(0) = c,\ \phi(1) = f^1(c) = f(c),\ \phi(2) = f^2(c) = f(f(c)),$$

以此类推，

并最终得到函数 $\phi(n) = f^n(n)$（我们可以把 $f^0(c)$ 当作 c）。为了去掉"以此类推……"的部分，我们使用函数的集合论定义，把 $\phi : \mathbb{N}_0 \to X$ 当作一个有序对集合，并考察满足下列条件的 $\mathbb{N}_0 \times X$ 的子集 U：

(a) $(0, c) \in U$；

(b) $(n, x) \in U \Rightarrow (s(n), f(x)) \in U$。

这样的子集有很多，连全集 $U = \mathbb{N}_0 \times X$ 也是其中之一。我们要证明所求的集合是所有这些子集的交集。

证明：令 ϕ 是 $\mathbb{N}_0 \times X$ 的所有满足下列条件的子集 U 的交集：

$$(0, c) \in U, \tag{8.3}$$

$$(n, x) \in U \Rightarrow (s(n), f(x)) \in U. \tag{8.4}$$

令

$$S = \{n \in \mathbb{N}_0 \mid 存在 x \in X 使得 (n, x) \in \phi\}.$$

那么根据 (8.3)，$0 \in S$。根据 (8.4)，$n \in S \Rightarrow s(n) \in S$。根据归纳法，$S = \mathbb{N}_0$。

所以对于每个 $n \in \mathbb{N}_0$，都存在 $x \in S$ 使得 $(n, x) \in \phi$。但是要证明 ϕ 是一个函数，我们还需要证明 x 的唯一性。

令

$$T = \left\{ n \in \mathbb{N}_0 \mid 存在唯一的 x \in X 使得 (n, x) \in \phi \right\}。$$

我们将用归纳法证明 $T = \mathbb{N}_0$。

从 $n = 0$ 开始，我们知道 $(0, c) \in \phi$。如果还存在一个 $c \neq d$ 使得 $(0, d) \in \phi$，就令 $\phi^- = \phi \setminus \{(0, d)\}$，那么 ϕ^- 满足 (8.3)；而如果 $(n, x) \in \phi^-$，那么根据公理 (N1) 有 $s(n) \neq 0$，所以 $(s(n), f(x)) \in \phi$ 且不是 $(0, d)$。因此 $(s(n), f(x)) \in \phi^-$，且 ϕ^- 满足 (8.4)。又因为 ϕ 是满足 (8.3) 和 (8.4) 的最小集合，所以我们得到了矛盾。因此不存在这样的 d，故 $0 \in T$。

下面我们用类似的方法完成归纳步骤，也就是如果 $n \in T$，那么 $s(n) \in T$。

如果 $n \in T$，那么存在唯一的 $x \in X$ 使得 $(n, x) \in \phi$。根据证明前讨论中的 (b)，我们有 $(s(n), f(x)) \in \phi$。所以要证明 $s(n) \in T$，我们必须证明不存在任何其他的 $y \neq f(x)$ 使得有序对 $(s(n), y) \in \phi$。如果存在这样的有序对，就考察 $\phi^* = \phi \setminus \{s(n), y\}$。同理，因为 $0 \neq s(n)$，我们知道 ϕ^* 也满足 (8.3)。

要验证 (8.4)，我们需要证明

$$对于所有 m \in \mathbb{N}_0，\quad (m, z) \in \phi^* \Rightarrow (s(m), f(z)) \in \phi^*。$$

因为存在唯一的 $x \in X$ 使得 $(n, x) \in \phi$，所以上述陈述对于 $m = n$ 是成立的。根据 (b)，可知 $(s(n), f(x)) \in \phi$。因为 $y \neq f(x)$，所以 $(s(n), f(x))$ 也不是 $(s(n), y)$。如果 $m \neq n$，根据 (b) 可知 $(s(m), f(z)) \in \phi$，根据 (N2) 可知 $s(m) \neq s(n)$。因此 $(s(m), f(z)) \neq (s(n), y)$，故 $(s(m), f(z)) \in \phi^*$。无论是哪种情况，ϕ^* 都满足 (8.4)，也就得到了矛盾。

根据归纳法，$T = \mathbb{N}_0$。　　　　　　　　　　　　　　　　$\square$

使用这个定理的定义被称为**递归定义**。递归定理赋予了我们大量崭新的可能性。例如：

(1) **加法**。$\alpha_m : \mathbb{N}_0 \to \mathbb{N}_0$，$\alpha_m(n) = m + n$ 的定义为：

$$\alpha_m(0) = m,$$
$$\alpha_m(s(n)) = s(\alpha_m(n))。$$

其中 $c = m, f = s$。

(2) **乘法**。$\mu_m : \mathbb{N}_0 \to \mathbb{N}_0$，$\mu_m(n) = mn$ 的定义为：

$$\mu_m(0) = 0,$$
$$\mu_m(s(n)) = \mu_m(n) + m。$$

其中 $c = 0, f(r) = r + m$。

(3) **幂**。$\pi_m : \mathbb{N}_0 \to \mathbb{N}_0$，$\pi_m(n) = m^n$ 的定义为：

$$\pi_m(0) = 1,$$
$$\pi_m(s(n)) = m\pi_m(n)。$$

其中 $c = 1, f(r) = rm$。

(4) 对于所有 $x \in X$，映射 $f : X \to X$ 的**重复复合**定义为：

$$f^0(x) = x,$$
$$f^{s(n)}(x) = f(f^n(x))。$$

8.3 算术定律

用递归定义了加法和乘法之后，使用归纳法证明常见的算术定律就相对简单一些了。在没有接受指导的情况下自行证明这些定律可能会有些困难，我们鼓励读者阅读下面的论述，为自己解释这些证明。构建了自己的知识基模之后，你也许能找到更简单的证明。

我们将会用到一些符号：

(α1) $m + 0 = m$，   (α2) $m + s(n) = s(m + n)$，

(μ1) $m0 = 0$，   (μ2) $ms(n) = mn + m$。

根据 (α2) 和 (α1)，我们可以看出 $m + s(0) = s(m + 0) = s(m)$。因为我们已经把 $s(0)$ 表示为 1，所以 $s(m) = m + 1$。

引理 8.4：对于所有 $m \in \mathbb{N}_0$，

(a) $0+m=m$ ；

(b) $1+m=s(m)$ ；

(c) $0m=0$ ；

(d) $1m=m$ 。

证明：这四条均可以对 m 进行归纳来证明。我们这里只证明 (a)，其余三条留给读者作为自我解释的练习。令

$$S=\{m\in\mathbb{N}_0\,|\,0+m=m\}。$$

根据 (α1) 显然有 $0\in S$。如果 $m\in S$，那么 $0+m=m$，所以根据 (α2)，

$$0+s(m)=s(0+m)=s(m)。$$

因此 $s(m)\in S$。

根据 (N3)，$S=\mathbb{N}_0$。　　　　　　　　　　　　　　　　　$\square$

定理 8.5：对于所有 $m,\,n,\,p\in\mathbb{N}_0$，

(a) $(m+n)+p=m+(n+p)$ ；

(b) $m+n=n+m$ ；

(c) $(mn)p=m(np)$ ；

(d) $mn=nm$ ；

(e) $m(n+p)=mn+mp$ 。

证明：我们可以对 p 进行归纳来证明 (a)。令

$$S=\left\{p\in\mathbb{N}_0|(m+n)+p=m+(n+p)\right\}。$$

首先

$$
\begin{aligned}
(m+n)+0 &= m+n && (\alpha 2)\\
&= m+(n+0), && (\alpha 1)
\end{aligned}
$$

所以 $0\in S$。然后，如果 $p\in S$，那么

$$(m+n)+p=m+(n+p)，\tag{8.5}$$

因此

$$(m+n)+s(p) = s((m+n)+p) \qquad (\alpha 2)$$
$$= s(m+(n+p)) \qquad (8.5)$$
$$= m+s(n+p) \qquad (\alpha 2)$$
$$= m+(n+s(p)), \qquad (\alpha 2)$$

这就意味着 $s(p) \in S$。根据归纳法，$S = \mathbb{N}_0$。

我们可以对 n 进行归纳来证明 (b)。令

$$S = \{n \in \mathbb{N}_0 | m+n = n+m\}.$$

引理 8.4(a) 说明 $0 \in S$。如果 $n \in S$，那么

$$m+n = n+m, \qquad (8.6)$$

那么

$$m+s(n) = s(m+n) \qquad (\alpha 2)$$
$$= s(n+m) \qquad (8.6)$$
$$= n+s(m) \qquad (\alpha 2)$$
$$= n+(1+m) \qquad 引理8.4(b)$$
$$= (n+1)+m \qquad 定理8.5(a)$$
$$= s(n)+m,$$

因此 $s(n) \in S$。根据归纳法 $S = \mathbb{N}_0$，也就证明了 (b)。

方便起见，我们先来对 p 进行归纳，从而证明 (e)。令

$$S = \{p \in \mathbb{N}_0 | m(n+p) = mn+mp\}.$$

那么

$$m(n+0) = mn \qquad (\alpha 1)$$
$$= mn+0 \qquad (\alpha 1)$$
$$= mn+m0, \qquad (\mu 1)$$

因此 $0 \in S$。如果 $p \in S$，那么

$$m(n+p) = mn+mp, \qquad (8.7)$$

因此

$$m\big(n+s(p)\big)=ms(n+p) \qquad (\alpha2)$$
$$=m(n+p)+m \qquad (\mu2)$$
$$=(mn+mp)+m \qquad (8.7)$$
$$=mn+(mp+m) \qquad \text{定理8.5(a)}$$
$$=mn+ms(p)。 \qquad (\mu2)$$

因此 $s(p)\in S$，根据归纳法就可以得到 $S=\mathbb{N}_0$。

(c) 的证明相对简单，而且和前面的结构类似。最后的 (d) 会稍微麻烦一些。令

$$S=\big\{n\in\mathbb{N}_0|mn=nm\big\}。$$

根据引理 8.4(c)，$0\in S$。如果 $n\in S$，那么

$$mn=nm, \qquad\qquad\qquad (8.8)$$

并且

$$ms(n)=mn+m \qquad (\mu2)$$
$$=nm+m。 \qquad (8.8)$$

如果我们能证明它等于 $s(n)m$ 就可以大功告成了，可惜目前我们还看不出这一点。但是我们可以对 m 再做一次归纳来证明它。令

$$T=\big\{m\in\mathbb{N}_0|nm+m=s(n)m\big\}。$$

那么 $0\in T$，并且如果 $m\in T$，那么

$$nm+m=s(n)m, \qquad\qquad\qquad (8.9)$$

因此

$$ns(m)+s(m)=n(m+1)+(m+1)$$
$$=(nm+n)+(m+1) \qquad (e)$$
$$=nm+\big(n+(m+1)\big) \qquad (a)$$
$$=nm+\big((n+m)+1\big) \qquad (a)$$
$$=nm+\big((m+n)+1\big) \qquad (b)$$
$$=nm+\big(m+(n+1)\big) \qquad (a)$$
$$=(nm+m)+(n+1) \qquad (a)$$
$$=s(n)m+s(n) \qquad (8.9)$$
$$=s(n)s(m)。 \qquad (\mu2)$$

因此 $s(m) \in T$ 且 $T = \mathbb{N}_0$。回到先前的证明，我们可以得到 $s(n) \in S$ 和 $S = \mathbb{N}_0$。这样就证明了 (d)。 $\qquad\qquad\qquad\qquad\qquad\qquad\qquad\qquad\qquad\qquad\qquad\qquad\square$

在做了这么多归纳法证明之后，我们就可以随意使用这些算术结果，为我们要证明的更加复杂的结果提供一个自洽的上下文，避免证明中出现过多细节。为了简化符号，我们把 $s(n)$ 换成我们更熟悉的 $n+1$。这样归纳公理就变成了：

$$\text{如果 } S \subseteq \mathbb{N}_0，0 \in S \text{ 且 } n \in S \Rightarrow n+1 \in S，\text{那么 } S = \mathbb{N}_0。$$

公理 (N2) 也可以写成

$$m+1 = n+1 \Rightarrow m = n,$$

利用归纳法，就可以得到以下结果。

命题 8.6：对于所有 $m, n, q \in \mathbb{N}_0$，

(a) $m+q = n+q \Rightarrow m = n$；

(b) $q \neq 0, mq = nq \Rightarrow m = n$。

证明：(a) 对 q 进行归纳。令

$$S = \{q \in \mathbb{N}_0 | m+q = n+q \Rightarrow m = n\}。$$

显然 $0 \in S$。如果 $q \in S$，假设

$$m+(q+1) = n+(q+1)。$$

根据定理 8.5(a)，

$$(m+q)+1 = (n+q)+1,$$

因此根据 (N2)，

$$m+q = n+q,$$

又因为 $q \in S$，

$$m = n。$$

因此 $q+1 \in S$，根据归纳法，$S = \mathbb{N}_0$。

(b) 令

$$S = \{m \in \mathbb{N}_0 | q \neq 0,\ mq = nq \Rightarrow m = n\}。$$

要证明 $0 \in S$，假设 $q \neq 0$，且

$$nq = 0q = 0，$$

那么就存在 p 使得 $q = p+1$。如果 $n \neq 0$，那么 $n = r+1$。那么 $nq = (pr + p + r) + 1$，不可能等于 0。因此 $n = 0$，所以 $0 \in S$。

假设 $m \in S$，$q \neq 0$，并且

$$(m+1)q = nq。$$

和之前一样，$n \neq 0$，所以存在 $r \in \mathbb{N}_0$ 使得 $n = r+1$。那么 $mq + q = rq + q$。根据 (a)，可知 $mq = rq$；根据假设，可以得到 $m = r$。因此 $m+1 = n$。　　□

我们现在来讨论减法。假设 $p = r + q$，根据命题 8.6，r 由 p 和 q 唯一决定。因此我们可以把 r 写作 $p - q$。对于 $m, n \in \mathbb{N}_0$，我们把关系 $\geq$ 定义为

$$m \geq n \Leftrightarrow \exists r \in \mathbb{N}_0,\ m = r + n。$$

已知 $m, n \in \mathbb{N}_0$，差 $m - n$ 只有在 $m \geq n$ 时才有定义。这样，我们就可以验证减法的各种规则了。例如下面这些：

$$对于\ m \geq n \geq r，\quad m - (n - r) = (m - n) + r，$$

$$对于\ n \geq r，\quad m + (n - r) = (m + n) - r，$$

$$对于\ n \geq r，\quad m(n - r) = mn - mr。$$

这些规则都很常规。例如最后一个可以这样证明：考虑

$$n = s + r\ （因为\ n \geq r），$$

因此

$$mn = m(s + r) = ms + mr。$$

根据定义，以及 $s = n - r$，我们就有

$$mn - mr = ms = m(n - r)。$$

我们还可以考察除法：如果 $m = rn$（$n \neq 0$），那么我们就把 r 记作 $\dfrac{m}{n}$。我们

将在本章后续讨论除法。

8.4 自然数的顺序

我们已经定义了 $\mathbb{N}_0$ 上的关系 $\geqslant$。其他的顺序关系如下所示：

$$m > n \Leftrightarrow m \geqslant n \, \& \, m \neq n,$$
$$m \leqslant n \Leftrightarrow n \geqslant m,$$
$$m < n \Leftrightarrow n > m.$$

我们必须像第 4 章那样，证明这些确实是顺序关系。

命题 8.7：对于所有 $m, n, p \in \mathbb{N}_0$，$m \geqslant n, n \geqslant p \Rightarrow m \geqslant p$。

证明：存在 $r, s \in \mathbb{N}_0$ 使得 $m = r + n, n = s + p$。因此 $m = r + (s + p) = (r + s) + p$，所以 $m \geqslant p$。 $\qquad\square$

顺序关系的第二个性质也很容易证明。

命题 8.8：如果 $m, n \in \mathbb{N}_0$ 且 $m \geqslant n, n \geqslant m$，那么 $m = n$。

证明：存在 $r, t \in \mathbb{N}_0$ 使得 $m = r + n, n = t + m$，所以 $m = r + t + m$。根据命题 8.5(a)，$r + t = 0$。$t \neq 0$ 不可能成立，否则根据引理 8.4，就存在 $q \in \mathbb{N}_0$ 满足 $t = q + 1$。那么 $0 = (r + q) + 1$，和公理 (N1) 矛盾。因此 $t = 0$，$n = m$。 $\qquad\square$

顺序关系的第三个性质需要更加技术性的证明，我们将在命题 8.13 中给出。但是可以简单地证明这些顺序关系在应用 $\mathbb{N}_0$ 上的算术运算之后仍然符合我们的预期。

命题 8.9：对于所有 $m, n, p, q \in \mathbb{N}_0$，

(a) 如果 $m \geqslant n, p \geqslant q$，那么 $m + p \geqslant n + q$，

(b) 如果 $m \geqslant n, p \geqslant q$，那么 $mp \geqslant nq$。

证明：(a) 存在 $r, s \in \mathbb{N}_0$ 使得 $m = r + n, p = s + q$。因此，简化就可以得到 $m + p = (r + s) + (n + q)$。

(b) 同理，$mp = nq + (rs + ns + rq)$。 $\qquad\square$

元素 0 是 $\mathbb{N}_0$ 的最小元素，证明如下。

引理 8.10：如果 $m \in \mathbb{N}_0$，那么 $m \geqslant 0$。

证明：$m = 0 + m$。 $\qquad\square$

元素 1 是第二小的元素:

引理 8.11: 如果 $m \in \mathbb{N}_0$ 且 $m > 0$, 那么 $m \geq 1$。

证明: 根据命题 8.1, 如果 $m \neq 0$, 那么存在 $q \in \mathbb{N}_0$ 使得 $m = q + 1$。因此 $m \geq 1$。 $\quad\square$

我们可以继续证明 $2 = 1 + 1$ 是 1 之后最小的元素, 然后证明 $3 = 2 + 1$ 是 2 之后最小的元素, 以此类推。但是证明一个一般性的命题会更高效。

命题 8.12: 如果 $m, n \in \mathbb{N}_0$ 且 $m > n$, 那么 $m \geq n + 1$。

证明: 存在 $r \in \mathbb{N}_0$ 使得 $m = n + r$。因为 $m \neq n$, 所以 $r \neq 0$。根据命题 8.2, 存在 $q \in \mathbb{N}_0$ 使得 $r = q + 1$, 因此 $m = (n+1) + q$, $m \geq n + 1$。 $\quad\square$

接着我们完成 $\geq$ 是第 4 章所描述的顺序关系的证明。

命题 8.13: 关系 $\geq$ 是 $\mathbb{N}_0$ 上的一个(弱)序关系。

证明: 我们必须证明对于所有 $m, n, p \in \mathbb{N}_0$,

(WO1) $m \geq n \,\&\, n \geq p \Rightarrow m \geq p$;

(WO2) 要么 $m \geq n$, 要么 $n \geq m$;

(WO3) 如果 $m \geq n$ 且 $n \geq m$, 那么 $m = n$。

我们已经在命题 8.7 和命题 8.8 中证明了 (WO1) 和 (WO3)。要证明 (WO2), 令

$$S(m) = \{n \in \mathbb{N}_0 \mid m \geq n \text{ 或 } n \geq m\}。$$

我们想要证明对于所有 $m \in \mathbb{N}_0$ 都有 $S(m) = \mathbb{N}_0$。对于一个已知的 m, 因为 $m \geq 0$, 所以 $0 \in S(m)$。接下来假设 $n \in S(m)$。要么 $m \geq n$, 要么 $n \geq m$。

如果 $n \geq m$, 那么 $n + 1 \geq m$。如果 $m \geq n$, 那么要么 $n = m$ 且 $m \leq n + 1$, 要么 $m > n$。根据命题 8.12, 后者意味着 $m \geq n + 1$。因此 $n + 1 \in S(m)$。根据归纳法, $S(m) = \mathbb{N}_0$。 $\quad\square$

根据第 4 章所述, 这就表明 $>$ 是一个严序关系。换言之, 对于所有 $m, n, p \in \mathbb{N}_0$,

$$m > n \,\&\, n > p \Rightarrow m > p,$$

$m > n$, $m = n$, $m < n$ 中有且仅有一个为真(三分律)。下一个结果差不多是命题 8.6 的逆命题。

命题 8.14: 对于所有 $m, n, p, q \in \mathbb{N}_0$,

(a) $m+q > n+q \Rightarrow m > n$；

(b) $q \neq 0$，$mq > nq \Rightarrow m > n$。

证明：(a) 如果 $m \not> n$，那么根据三分律就有 $m \leqslant n$。但是根据命题 8.9(a)，$m \leqslant n$ 就意味着 $m+q \leqslant n+q$。这与假设矛盾，因此 (a) 得证。(b) 的证明思路相似。 □

把 $>$ 换成 $\geqslant$ 之后，命题 8.14 就成了命题 8.6 的逆命题，并且依然成立。

8.5　$\mathbb{N}_0$ 的唯一性

集合 $\mathbb{N}_0$ 以及它的算术和顺序都是唯一的，这一点可以得到严格证明。通俗地讲，虽然法语中的数 "un, deux, trois, …" 和英语中的 "one, two, three, …" 完全不同，但是它们具有相同的算术结构。在把法语翻译成英语时，我们把 "un" 换成 "one"，把 "deux" 换成 "two"，以此类推。这样就能把正确的法语算术翻译成正确的英语算术，反之亦然。$\mathbb{N}_0$ 的情况也是一样的。

假设能找到另一个集合 $\mathbb{N}_0'$ 以及函数 $s' : \mathbb{N}_0' \to \mathbb{N}_0'$ 满足对应的公理 (N'1)~(N'3)。那么对于所有 $n \in \mathbb{N}_0$，定义 $\phi : \mathbb{N}_0 \to \mathbb{N}_0'$：

$$\phi(0) = 0',$$
$$\phi(s(n)) = s'(\phi(n))。$$

根据递归定理，这个函数确实存在。同理，对于所有 $m \in \mathbb{N}_0'$，也存在函数 $\varphi : \mathbb{N}_0' \to \mathbb{N}_0$：

$$\varphi(0') = 0,$$
$$\varphi(s'(m)) = s(\varphi(m))。$$

使用归纳法可以轻松证明 ϕ 和 φ 互为反函数。令 $S = \{ n \in \mathbb{N}_0 \mid \varphi\phi(n) = n \}$，来证明 $\varphi\phi = 1_{\mathbb{N}_0}$。同理可以证明 $\phi\varphi = 1_{\mathbb{N}_0'}$。对 n 进行归纳还可以证明

$$\phi(m+n) = \phi(m) + \phi(n),$$
$$\phi(mn) = \phi(m)\phi(n),$$

以及

$$m \geqslant n \Rightarrow \phi(m) \geqslant \phi(n)。$$

因此 $\mathbb{N}_0$ 和 $\mathbb{N}_0'$ 之间的双射 ϕ **保留**了算术和顺序：我们可以用它来把一个集合中的正确结果"翻译"为另一个集合中的正确结果。

这样的一个双射被称为**序同构**。"同构"一词通常用于保留了所有相关算术（代数）运算的双射，"序"一词是为了强调顺序关系同样被保持了。这个词还可以用于很多数学系统。

这样来看，满足 (N1)~(N3) 的系统就只有一个可能的结构：所有这样的系统都是序同构的。自然数的全部思想都蕴含在这三个简单的公理中。

我们会认为直觉概念 $\mathbb{N} \cup \{0\}$ 也满足这三条公理，所以它显然应该与 $\mathbb{N}_0$ 一致。但它们的不同在于：我们认为 $\mathbb{N} \cup \{0\}$ 所具有的性质来源于例子和经验，而 $\mathbb{N}_0$ 的性质则是从公理逻辑演绎而来的。因此我们认为 $\mathbb{N} \cup \{0\}$ 所具有的性质都可以在 $\mathbb{N}_0$ 得到严格证明。例如，我们可以用十进制数来命名 $\mathbb{N}_0$ 的元素，并且计算加法和乘法表。在认识到这些技术性细节并不特殊之后，忽略它们才是当下更好的选择。

8.6　计数

现实生活中，我们可以用自然数计数。对于所有 $n \in \mathbb{N}$，令

$$\mathbb{N}(n) = \{m \in \mathbb{N} \mid 1 \leqslant m \leqslant n\},$$

并令

$$\mathbb{N}(0) = \varnothing。$$

已知集合 X，如果存在双射

$$f : \mathbb{N}(n) \to X,$$

我们就说 X 有 n 个元素（$n \in \mathbb{N}_0$）。

这就是计数这一原始概念的数学模型。如果我们轮流指向元素 $f(1), f(2), \cdots, f(n)$，并且念诵"1, 2, $\cdots$, n"，那么我们就是在计数（见图 8-1）。

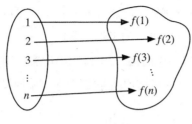

图 8-1　计数

$\mathbb{N}(0) = \varnothing$ 是一个非常有用的符号，它让我们可以对空集进行计数。如果一个集合有 $n \in \mathbb{N}_0$ 个元素，那么它就是**有限**的；否则它就是**无限**的。

这种计数方法不依赖于集合元素的顺序。换言之，已知双射 $f: \mathbb{N}(n) \to X$ 和双射 $g: \mathbb{N}(m) \to X$，我们总是有 $m = n$。要证明这一点，令 $\varphi = f^{-1}g$。那么 $\varphi: \mathbb{N}(m) \to \mathbb{N}(n)$ 就是一个双射。我们将用归纳法证明，如果存在一个 $\mathbb{N}(n)$ 和 $\mathbb{N}(m)$ 之间的双射，那么 $m = n$。

$m = 0$ 时这显然成立。假设它在 $m \in \mathbb{N}_0$ 时成立，考察双射

$$\theta: \mathbb{N}(m+1) \to \mathbb{N}(k)。$$

首先 $k \neq 0$，不然 $m+1 = 0$，与 (N1) 矛盾。因此存在 $n \in \mathbb{N}_0$ 使得 $k = n+1$。我们构造一个双射 $\theta^*: \mathbb{N}(m+1) \to \mathbb{N}(n+1)$，它满足 $\theta^*(m+1) = n+1$。如果 $\theta(m+1) = n+1$，那么就让 $\theta^* = \theta$。否则就存在 $q \leqslant n$ 使得 $\theta(q) = n+1$。这种情况下，我们定义

$$\theta^*(q) = \theta(m+1),$$

$$\theta^*(m+1) = n+1,$$

$$\text{其他情况下 } \theta^*(r) = \theta(r)。$$

把 θ^* 限制到映射

$$\theta^*\big|_{\mathbb{N}(m)}: \mathbb{N}(m) \to \mathbb{N}(n)$$

上。这显然是一个双射，因此根据归纳法 $m = n$。故 $m+1 = n+1 = k$，我们就完成了归纳步骤。

这样就在形式化系统内验证了我们熟知的计数的概念。

8.7 冯·诺伊曼的灵感

我们稍微偏下题，来看看约翰·冯·诺伊曼在 1923 年提出的一个绝妙的描述自然数的方法。他把数 n 定义为一个有 n 个元素的特定集合，这种方法尤其适合计数。

0 个元素的集合只有一种选择，所以有

$$0_v = \varnothing。$$

（这里的下标 v 表示冯·诺伊曼。）在有了 0_v 这个对象之后，我们定义

$$1_v = \{0_v\},$$

这个集合显然有 1 个元素。现在有了 0_v 和 1_v 这两个对象，我们定义

$$2_v = \{0_v, 1_v\}。$$

后面就很显然了。注意：

$$\{0_v, 1_v\} = \{0_v\} \cup \{1_v\} = 1_v \cup \{1_v\}。$$

在描述了

$$n_v = \{0_v, 1_v, \cdots, (n-1)_v\}$$

之后，我们定义

$$\begin{aligned}(n+1)_v &= n_v \cup \{n_v\} \\ &= \{0_v, \cdots, (n-1)_v\} \cup \{n_v\} \\ &= \{0_v, \cdots, n_v\}。\end{aligned}$$

这个过程可以更加形式化。对于任意集合 X，令

$$\sigma(X) = X \cup \{X\}$$

为 X 的**后继**。它有一个古怪的性质：

$$X \in \sigma(X) \text{ 且 } X \subseteq \sigma(X)。$$

已知集合 Ω 的元素都是集合，如果

$$\varnothing \in \Omega,$$

$$X \in \Omega \Rightarrow \sigma(X) \in \Omega,$$

那么它就是一个**归纳集**。

为了规避"以此类推……"式的定义，冯·诺依曼提出了下面的公理。

无限公理：存在一个归纳集 Ω。

这个集合 Ω 可能比我们需要的更大一点。但如果我们令 $\mathbb{N}_v$ 为 Ω 的所有子归纳集的交集，那么它就是最小的子归纳集。因此如果 $S \subseteq \mathbb{N}_v$ 且 S 是归纳集，那么 $S = \mathbb{N}_v$。

因为 $\mathbb{N}_v$ 是归纳集，所以我们有 $\varnothing \in \mathbb{N}_v$，且 $X \in \mathbb{N}_v \Rightarrow \sigma(X) \in \mathbb{N}_v$。因此 $\sigma : \mathbb{N}_v \to \mathbb{N}_v$ 是一个函数。另外，对于任意 $n \in \mathbb{N}_v$，因为 $n \in \sigma(n)$，所以 $\varnothing \neq \sigma(n)$。我们将证明 σ 是单射。

首先注意到如果 $m, n \in \mathbb{N}_v$ 且 $m \in n$，那么 $m \subseteq n$。令

$$S = \{n \in \mathbb{N}_v \mid m \in n \Rightarrow m \subseteq n\},$$

显然 $\varnothing \in S$。假设 $n \in S$ 且 $m \in \sigma(n)$，那么要么 $m \in n$，要么 $m = n$。无论是哪种情况，都有 $m \subseteq n \cup \{n\} = \sigma(n)$。因此 S 是 $\mathbb{N}_v$ 的一个子归纳集，所以 $S = \mathbb{N}_v$。

假设 $\sigma(m) = \sigma(n)$，那么 $m \cup \{m\} = n \cup \{n\}$。因此 $m \in n \cup \{n\}$，且要么 $m \in n$，要么 $m = n$。根据上面提到的结果，可知 $m \subseteq n$。同理，可知 $n \subseteq m$。因此 $m = n$，σ 是单射。

把这些结果写在一起，就会发现 $\mathbb{N}_v$ 是一个集合，$\sigma : \mathbb{N}_v \to \mathbb{N}_v$ 是一个函数，$\varnothing \in \mathbb{N}_v$，且

(i) 对于任意 $n \in \mathbb{N}_v$，$\varnothing \neq \sigma(n)$，

(ii) $\sigma(m) = \sigma(n) \Rightarrow m = n$，

(iii) 如果 $S \subseteq \mathbb{N}_v$，$\varnothing \in S$，且 $n \in S \Rightarrow \sigma(n) \in S$，那么 $S = \mathbb{N}_v$。

把 $\mathbb{N}_v$ 替换为 $\mathbb{N}$、σ 替换为 s、$\varnothing$ 替换为 0，就可以得到佩亚诺公理。因此冯·诺伊曼给出了自然数的另一种基础，无限公理也可以替代自然数存在公理。我们可以使用这种方法定义自然数，但是要想在冯·诺依曼的系统中数集 X 的元素个数，最简单的方法就是寻找一个双射 $f : n_v \to X$，即

$$f:\left\{0_v, 1_v, \cdots, (n-1)_v\right\} \to X,$$

那么 X 就有 n 个元素。这就等同于数 "$0_v, 1_v, \cdots, (n-1)_v$",而不是我们习惯的 "$1, 2, 3, \cdots, n$"。

8.8 其他形式的归纳法

要想证明 $P(n+1)$,有时候除了 $P(n)$ 为真这一假设,归纳法证明的归纳步骤还需要更多信息。例如,我们可能需要知道 $P(1), P(2), \cdots, P(n)$ 均为真,才能继续推导 $P(n+1)$,这种情况可以使用广义归纳原理。如果

(GP1) $P(0)$ 为真,

(GP2) 如果对于所有 $m \in \mathbb{N}_0$, $m \leqslant n$, $P(m)$ 均为真,那么 $P(n+1)$ 为真,

那么对于所有 $n \in \mathbb{N}_0$, $P(n)$ 为真。

乍一看,因为第二条陈述用到了更多信息,所以它是归纳原理的扩展。但如果我们令 $Q(n)$ 为谓词

$$P(0) \& P(1) \& \cdots \& P(n),$$

或者说更形式化的定义

"对于所有 $m \in \mathbb{N}_0$, $m \leqslant n$, $P(m)$ 为真",

那么 (GP1) 和 (GP2) 就会变成

(i) $Q(0)$ 为真,

(ii) 如果 $Q(n)$ 为真,那么 $Q(n+1)$ 为真。

这样我们就看穿了 "广义" 的真相:对于 $Q(n)$ 来说它仍然是普通的归纳法,一点也不比普通的归纳原理更广义。在实践中,有时候它可以让证明变简单,我们可以用它来证明归纳原理的一个非常有用的变种。首先,已知一个集合 S,如果 $a \in S$ 且对于所有 $s \in S$ 都有 $a \leqslant s$,那么 a 就是 S 的**最小元**。于是就有:

定理 8.15(良序原理): $\mathbb{N}_0$ 的每个非空子集 S 都有一个最小元。

证明: 我们需要证明如果 $\varnothing \neq S \subseteq \mathbb{N}_0$,那么存在一个 $a \in S$,使得对于所有 $s \in S$ 都有 $a \leqslant S$。我们采用反证法,假设不存在这样的 a。令 $P(n)$ 为谓词 $n \notin S$。

根据引理 8.10，$0 \in S$ 就意味着 0 是 S 的最小元，所以 $P(0)$ 为真。假设对于所有 $m \leqslant n$，$P(m)$ 均为真。那么如果 $m \leqslant n$，就有 $m \notin S$；如果 $s \in S$，那么 $s > n$。根据命题 8.12，可知 $s \geqslant n+1$。因为如果 $n+1 \in S$，它就会是一个最小元，所以 $n+1 \notin S$，且 $P(n+1)$ 为真。根据广义归纳原理，$P(n)$ 对于所有 n 都为真。换言之 S 为空集，而这就带来了矛盾。 □

归纳原理的另一个变种不是从 0 开始，而是从另一个 $k \in \mathbb{N}_0$ 开始。如果

$P(k)$ 为真，且

如果对于 $m \geqslant k$，$P(m)$ 为真，那么 $P(m+1)$ 为真，

我们就可以推断对于所有 $n \geqslant k$，$P(n)$ 为真。

如果令 $Q(n) = P(n+k)$，它就变回了普通的归纳原理。大多数时候我们见到的是 $k=1$，但下一个命题就要求 $k=3$，后续我们也会用到该命题。

命题 8.16（广义结合律）：如果 $a_1, \cdots, a_n \in \mathbb{N}_0$，那么无论怎样加入括号，和 $a_1 + \cdots + a_n$ 的值都不变。

证明：如果 $n=3$，那么只有两种加入括号的方法，也就是 $(a_1+a_2)+a_3$ 和 $a_1+(a_2+a_3)$。根据定理 8.5(a)，它们相等。假设命题对于某些 n 成立，那么对于小于等于 n 个数的和，我们可以省略所有括号。因此我们需要考察

$$(a_1 + \cdots + a_k) + (a_{k+1} + \cdots + a_{n+1})$$

并且证明它的值与 k 无关。令

$$a = a_1 + \cdots + a_k,$$
$$b = a_{k+1} + \cdots + a_n,$$
$$c = a_{n+1},$$

则上述表达式等于

$$a + (b+c) = (a+b) + c$$
$$= (a_1 + \cdots + a_n) + a_{n+1},$$

它与 k 无关。这样就完成了归纳步骤。 □

把加法换成乘法之后，证明过程也类似。

8.9　除法

已知 $m,n \in \mathbb{N}_0, n \neq 0$，$m$ 除以 n 的结果未必总是在 $\mathbb{N}_0$ 内。除非 m 是 n 的倍数，也就是存在 $q \in \mathbb{N}_0$ 使得 $m = qn$，否则就会产生余数。

定理 8.17（带余除法）：已知 $m, n \in \mathbb{N}_0, n \neq 0$，存在唯一的 $q, r \in \mathbb{N}_0$ 使得 $m = qn + r$ 且 $r < n$。

证明：对 m 进行归纳。令

$$S = \{m \in \mathbb{N}_0 \mid 存在 q, r \in \mathbb{N}_0, r < n 使得 m = qn + r\}。$$

因为 $0 = 0n + 0$，所以 $0 \in S$。假设 $m \in S$，那么 $m = qn + r, r < n$，且

$$m + 1 = qn + r + 1。 \tag{8.10}$$

如果 $r < n$，那么 $r + 1 \leqslant n$。如果 $r + 1 = n$，(8.10) 就会变成

$$m + 1 = (q+1)n + 0；$$

如果 $r + 1 < n$，(8.10) 就会变成

$$m + 1 = qn + (r+1), \ r + 1 < n。$$

无论是哪种情况，都有 $m + 1 \in S$，因此归纳可得 $S = \mathbb{N}_0$。

要证明 q, r 的唯一性，假设

$$m = qn + r = q'n + r',$$

其中 $r, r' < n$。那么

$$qn \leqslant m < (q+1)n,$$
$$q'n \leqslant m < (q'+1)n。$$

根据顺序关系的传递性，$qn < (q'+1)n$。根据命题 8.13，可知 $q < q' + 1$。根据命题 8.12，可知 $q \leqslant q'$，同理有 $q' \leqslant q$，因此 $q = q'$。根据命题 8.6(a)，就有 $r = r'$。　□

8.10　因数分解

现在我们可以讨论质因数分解，并证明其唯一性。因为我们只对非零的数感兴趣，所以本章后续内容中使用的都是 $\mathbb{N} = \mathbb{N}_0 \setminus \{0\}$。首先我们需要一些简单的定义。

已知 $m, k \in \mathbb{N}$，如果存在 $s \in \mathbb{N}$ 使得 $m = ks$，那么 k 就是 m 的一个**因数**或者**约数**，写作 $k \mid m$。显然 1 和 m 都是 m 的因数，其他的因数则被称为**真因数**。如果 $m \neq 1$ 且没有真因数，我们就称其为**质数**。（为了方便起见，我们不将 1 看作质数，例如在唯一分解定理中就是如此。）很显然 m 的因数 k 必定满足 $1 \leqslant k \leqslant m$。这是因为如果 $k > m$，由于 $s \geqslant 1$，则 $ks > m$，而真因数满足 $1 < k < m$。

如果 k 同时是两个数 $m, n \in \mathbb{N}$ 的因数，它就被称作**公因数**。1 永远是公因数，如果它还是唯一的公因数，那么就说 m 和 n **互质**。我们可以把最大公因数定义为公因数中最大的一个（它确实是），但是我们将选择另一个更有用的定义。

定义 8.18：已知 $m, n \in \mathbb{N}$，如果 $h \in \mathbb{N}$ 是它们的公因数，且任何其他的公因数 k 都是 h 的因数，那么 h 是 m 和 n 的**最大公因数**，记作

$$h = \mathrm{hcf}(m, n).$$

8.11　欧几里得算法

要证明任意两个非零自然数存在最大公因数，最简单的办法就是把它算出来。有一种计算方法叫作**欧几里得算法**，这个名字的由来有些历史。它建立在下面两个事实的基础上：

(i) 如果 $r_1 = q_1 r_2$，那么 $r_2 = \mathrm{hcf}(r_1, r_2)$；

(ii) 如果 $r_1 = q_1 r_2 + r_3$ 且 $r_3 \neq 0$，那么 $\mathrm{hcf}(r_1, r_2) = \mathrm{hcf}(r_2, r_3)$。

使用最大公因数的定义就能轻松地证明这两点。其中 (ii) 之所以成立，是因为等式 $r_1 = q_1 r_2 + r_3$ 表明 r_1 和 r_2 的任何公因数都必须整除 r_3，而 r_2 和 r_3 的任何公因数都必须整除 r_1。

要计算 r_1 和 r_2 的最大公因数，我们不断重复除法，来寻找满足下列等式的 q_i 和 r_i ：

$$r_1 = q_1 r_2 + r_3 \quad (r_3 < r_2),$$
$$r_2 = q_2 r_3 + r_4 \quad (r_4 < r_3),$$
$$\cdots$$
$$r_i = q_i r_{i+1} + r_{i+2} \quad (r_{i+2} < r_{i+1}),$$
$$\cdots$$

由于 $r_2 > r_3 > r_4 > \cdots$ ，这个过程不会无限重复下去，因为根据良序原理，这些数的集合存在一个最小元素。因此在某一步，我们会得到 $r_{i+2} = 0$, $r_{i+1} \neq 0$ 。r_{i+1} 就是 r_1 和 r_2 的最大公因数。根据上述的 (i) 和 (ii)，我们有

$$\mathrm{hcf}(r_1,\ r_2) = \mathrm{hcf}(r_2,\ r_3) = \cdots = \mathrm{hcf}(r_i,\ r_{i+1}) = r_{i+1} 。$$

我们以 612 和 221 为例，看一下这个过程（假设当前上下文已知常见算术运算，这是因为我们已经看到可以在 $\mathbb{N}_0$ 中将它们形式化）：

$$612 = 2 \times 221 + 170$$
$$221 = 1 \times 170 + 51$$
$$170 = 3 \times 51 + 17$$
$$51 = 3 \times 17$$

因此 $\mathrm{hcf}(612,\ 221) = 17$ 。

注意，和学校教授的方法不同，欧几里得算法**不用分解质因数**就可以计算最大公因数。

命题 8.19：如果 h 是 $r_1,\ r_2 \in \mathbb{N}$ 的最大公因数，且 $n \in \mathbb{N}$ ，那么 nr_1 和 nr_2 的最大公因数是 nh 。

证明：我们把用欧几里得算法计算 $\mathrm{hcf}(r_1, r_2)$ 的步骤像上面那样写出来，并且每一步的等式两边都乘 n ，就可以得到下列等式：

$$nr_1 = q_1 nr_2 + nr_3 \quad (nr_3 < nr_2),$$
$$nr_2 = q_2 nr_3 + nr_4 \quad (nr_4 < nr_3),$$
$$\cdots$$
$$nr_i = q_i nr_{i+1} \quad (r_{i+2} = 0) 。$$

每一步的余数都是唯一的，所以这就是用欧几里得算法计算 $\mathrm{hcf}(nr_1, nr_2)$ 的过程，因此

$$nr_{i+1} = n \times \mathrm{hcf}(r_1, r_2)。$$ □

这个命题有一个很重要的结果：

引理 8.20：如果 $m, n \in \mathbb{N}$，质数 p 整除 mn，那么 p 要么整除 m，要么整除 n。

证明：假设 p 不整除 m。因为 p 是质数，它只有两个因数 $1, p$，所以 p 和 m 的最大公因数是 1。根据命题 8.19，可知 nm 和 np 的最大公因数是 n。由于 p 整除 nm 和 np，因此根据最大公因数的定义，p 整除 n。 □

推论 8.21：如果 $m_1, \cdots, m_r \in \mathbb{N}$，质数 p 整除 $m_1 \cdots m_r$，那么 p 至少整除 $m_1, \cdots, m_r$ 中的一个。

证明：对 $r \geq 2$ 进行归纳。 □

本章的最后一个定理将用形式化的术语表述质因数分解的唯一性（因数的书写顺序有可能不唯一）。

定理 8.22（质因数分解的唯一性）：假设 $m \in \mathbb{N}$，$m \geq 2$，且

$$m = p_1^{e_1} \cdots p_r^{e_r} = q_1^{f_1} \cdots q_s^{f_s},$$

其中，p_i, q_j 是质数，而 $e_i, f_j \geq 1$ 是自然数。那么 $r = s$，且存在双射

$$\varphi : \{1, \cdots, r\} \to \{1, \cdots, s\}$$ 使得对于每个 i 都有 $p_i = q_{\varphi(i)}$ 和 $e_i = f_{\varphi(i)}$。

证明：对 $k = e_1 + \cdots + e_r$ 进行归纳。如果 $k = 1$，那么 $m = p_1$，$r = 1$，$e_1 = 1$。所以 p_1 整除所有 q_j 的积，根据推论 8.21，又可知存在 i 使得 p_1 整除 q_i。因为 q_i 是质数，所以 $p_1 = q_i$。使用命题 8.6(b)，我们把等式两边同时除以 p_1，得到

$$1 = q_1^{f_1} \cdots q_i^{f_i - 1} \cdots q_s^{f_s},$$

它只有在 $s = 1$，$f_1 = 1$ 时才可能成立。因此这两个质因数分解可以表述为 $m = p_1 = q_1$，φ 可以是恒等函数。

现在假设定理对于 k 成立，$e_1 + \cdots + e_r = k + 1$。对于 $k = 1$，我们证明了存在 i 使得 $p_1 = q_i$。因此 $e_1 = f_i$，否则如果我们使用命题 8.6(b) 把等式两边同时除以 p_1 的幂，一边就可以被 p_1 整除，而另一边不行。现在消去等式两边所有 p_1 的幂，

得到

$$p_2^{e_2} \cdots p_r^{e_r} = q_1^{f_1} \cdots q_{i-1}^{f_{i-1}} q_{i+1}^{f_{i+1}} \cdots q_s^{f_s}.$$

根据归纳假设，$r-1 = s-1$，且存在双射 $\varphi : \{2, \cdots, r\} \to \{1, \cdots, i-1, i+1, \cdots, s\}$ 使得 $p_j = q_{\varphi(j)}$ 和 $e_j = f_{\varphi(j)}$ 对于 $j = 2, \cdots, r$ 成立。我们只需要定义

$$\phi(1) = i,$$
$$\phi(j) = \varphi(j) \quad j = 2, \cdots, r,$$

将 φ 推广到集合 $\{1, \cdots, r\}$ 上，即可完成递归步骤。　□

8.12　思考

在本章中，我们在用集合论定义和证明来形式化研究数学的道路上又迈出了坚实的一步。在刚阅读本书的时候，你对于整数算术的理解可能都基于过往经验。例如，你知道无论把多少数加到一起，都可以任意改变数的顺序而不影响结果。经验使你相信这个一般性质成立。但是在本章中，我们把算术简化到了一个只需要满足 (N1)(N2) 和 (N3) 的系统。假设这样的系统存在，我们利用这三个公理证明了所有常用的算术性质。这个过程有时候很折磨，因为所有的论述都必须建立在公理、定义或者利用公理和定义逻辑证明的定理这些形式化的性质上。在建立了自然数的大量性质之后，我们就可以以它们为基础，构建新的理论了。

在后续章节中，我们将用同样的方法，来形式化集合论中的公理结构，以及这些结构中的定义。我们知道，只要新的情况仍然满足已知的公理化结构中的公理和定义，那些证明过的性质就依然成立。我们会略过细节，直接使用已经证明的结果，这是因为我们知道随时都可以把缺少的细节补全。这样就能专注于新的概念，构造越来越复杂的理论，无须担心细节会影响我们理解全局。

8.13　习题

1. 已知 $m, n \in \mathbb{N}_0$，定义 m^n 为

$$m^0 = 1, \ m^{n+1} = m^n m.$$

使用归纳法证明

$$m^{n+r} = m^n m^r;$$

$$m^{nr} = \left(m^n\right)^r;$$

$$(mn)^r = m^r n^r。$$

2. 一个自然数序列就是一个函数 $s : \mathbb{N} \to \mathbb{N}_0$。我们可以把 $s(n)$ 写成 s_n，并且用 (s_n) 表示 s。已知序列 (s_n)，它的**前 n 项部分和** σ_n 可以递归定义为

$$\sigma_1 = s_1, \ \sigma_{n+1} = \sigma_n + s_{n+1}。$$

和 σ_n 还可以写作 $\sigma_n = s_1 + s_2 + \cdots + s_n$。

使用归纳法证明

(a) $1 + 2 + \cdots + n = \dfrac{1}{2} n(n+1);$

(b) $1^2 + 2^2 + \cdots + n^2 = \dfrac{1}{6} n(n+1)(2n+1);$

(c) $1^3 + 2^3 + \cdots + n^3 = \dfrac{1}{4} n^2 (n+1)^2。$

3. 已知 $n \in \mathbb{N}_0$，定义 $n!$ 为

$$0! = 1, \ (n+1)! = n!(n+1)。$$

对 n 使用归纳法，证明对于所有 $0 \leqslant r \leqslant n$，都有 $(n-r)! r!$ 整除 $n!$。

对于所有 $n, r \in \mathbb{N}_0$，$0 \leqslant r \leqslant n$，定义 $\dbinom{n}{r} \in \mathbb{N}$ 为 $\dfrac{n!}{(n-r)! r!}$。

证明

$$\binom{n}{0} = 1, \ \binom{n}{1} = n, \ \binom{n}{r} = \binom{n}{n-r}$$

以及

$$\binom{n}{r} + \binom{n}{r-1} = \binom{n+1}{r}。$$

使用最后一个等式，利用归纳法证明对于所有 $a, b, n \in \mathbb{N}_0$，都有

$$(a+b)^n = a^n + na^{n-1}b + \cdots + \binom{n}{r} a^{n-r} b^r + \cdots + \binom{n}{n} b^n。$$

4. 使用归纳法证明或者证否下列陈述。

(a) $1 \times 1! + 2 \times 2! + \cdots + n \times n! = (n+1)! - 1$

(b) $\binom{n}{0} + \binom{n}{1} + \cdots + \binom{n}{n} = 2^n$

(c) $\binom{n}{1} + 2\binom{n}{2} + \cdots + n\binom{n}{n} = 2^{n-1} n$

5. 使用以下方法计算 2244 和 2145 的最大公约数。

(a) 欧几里得算法

(b) 质因数分解

6. **斐波那契数列** (u_n) 可以递归定义为

$$u_1 = 1, \ u_2 = 2, \ u_{n+1} = u_n + u_{n-1}。$$

计算 u_3, u_4, u_5, u_6 和 u_7。证明每一个自然数都可以表示为斐波那契数列中的数之和。这种表示法是否唯一？

7. 如果 x_1, $\cdots$, x_n 是实数，证明

$$|x_1| + \cdots + |x_n| \geqslant |x_1 + \cdots + x_n|。$$

8. 令 $\dfrac{p}{q}$ 是一个最简分数，且存在自然数 n 满足

$$\frac{1}{n+1} < \frac{p}{q} < \frac{1}{n}。$$

证明 $\dfrac{p}{q} - \dfrac{1}{n+1}$ 是一个分数，且其最简分数的分子小于 p。使用归纳法证明每个真分数 $\dfrac{p}{q}$（其中 $p < q$），都可以表示为有限多个自然数 n_1, $\cdots$, n_k 的倒数和

$$\frac{p}{q} = \frac{1}{n_1} + \cdots + \frac{1}{n_k}。$$

例如，$\dfrac{14}{15} = \dfrac{1}{2} + \dfrac{1}{3} + \dfrac{1}{10}$。

利用问题中的方法，把 $\dfrac{5}{7}$ 表示为自然数的倒数和。

9. 请给出并证明带余除法和欧几里得算法在实系数多项式

$$P(x) = a_n x^n + a_{n-1} x^{n-1} + \cdots + a_0$$

中的类比。（提示：如果 $a_n \neq 0$，那么 $P(x)$ 的次数是 $\mathbb{N}_0$ 的一个元素。）

10. **汉诺塔**是一种解谜游戏，它有 n 个不同大小的圆盘，圆盘可以放在 A, B, C 三堆中。把一个堆顶端的圆盘"合法地"移到另一堆上时，它必须比另一堆顶端的圆盘更小。所有圆盘一开始都放在堆 A 中，按大小顺序排列（最下面的圆盘最大），其他两堆都是空的。证明存在一个把所有的圆盘移到堆 B 中的合法移动的序列。

11. 下列归纳法证明是否正确？

(a) 所有人都秃顶。

证明：对头发数量 n 进行归纳。没有头发的人显然秃顶，给一个秃顶的人加一根头发不能让他变得不秃。因此如果一个有 n 根头发的人是秃顶的，有 $n+1$ 根头发的人也是秃顶的。根据归纳法，无论一个人有多少头发，他都是秃顶的。 □

(b) 每个人都有相同数量的头发。

证明：对人的数量进行归纳。如果人数为 0 或 1，这个陈述显然成立。假设它在有 n 个人时成立。取 $n+1$ 个人并去掉一个，根据归纳假设，剩下的 n 个人都有相同数量的头发。去掉另一个人，剩下的 n 个人也有相同数量的头发，因此一开始去掉的那个人和剩下的人的头发数量相同。因此这 $n+1$ 个人的头发数量相同。 □

(c) 在圆盘上画 n 条直线，并确保不存在三线共点的情况，那么这 n 条直线把圆盘分成 2^n 块。

证明：对于 $n=1, 2$，圆盘会被分成 $2, 4$ 块。假设陈述对于 n 成立。再画一条线会把它经过的每一个区域分成两块，从而得到 2^{n+1} 块区域。根据归纳法，陈述得证。 □

(d) 对于每个自然数 n，$n^2 - n + 41$ 都是（正或负）质数。

证明：

$$1^2 - 1 + 41 = 41, \quad 2^2 - 2 + 41 = 43,$$
$$3^2 - 3 + 41 = 47, \quad 4^2 - 4 + 41 = 53,$$
$$5^2 - 5 + 41 = 61, \quad 6^2 - 6 + 41 = 71, \quad \cdots$$

□

(e) $1 + 3 + 5 + \cdots + (2n-1) = n^2 + 1$。

证明：如果它对于 n 成立，那么等式两边同时加 $2n+1$ 可以得到

$$1+3+5+\cdots+(2n-1)+(2n+1)=n^2+1+(2n+1)$$
$$=(n+1)^2+1。$$

这正是把陈述中的 n 换成 $n+1$ 之后的等式，因此根据归纳法，该公式对于所有自然数均成立。 □

(f) $2+4+\cdots+2n=n(n+1)$。

证明：如果 $2+4+\cdots+2n=n(n+1)$，那么

$$2+4+\cdots+2n+2(n+1)=n(n+1)+2(n+1)，$$

因此

$$2+4+\cdots+2(n+1)=(n+1)(n+2)。$$

根据归纳法，公式对于所有 n 均成立。 □

12. **归纳法变种**。n 个实数 $a_1,\cdots,a_n$ 的算术平均值为 $\dfrac{a_1+\cdots+a_n}{n}$。如果它们均为非负实数，那么它们的几何平均值为 $\sqrt[n]{(a_1a_2\cdots a_n)}$。证明如果 $a_1,a_2,\cdots,a_n\geqslant 0$，那么

$$\frac{a_1+a_2+\cdots+a_n}{n}\geqslant\sqrt[n]{(a_1a_2\cdots a_n)}。$$

你会发现这个问题无法直接使用归纳法证明。你可以尝试柯西的方法：令 $P(n)$ 为陈述"对于所有实数 $a_1,\cdots,a_n\geqslant 0$，都有 $\dfrac{a_1+\cdots+a_n}{n}\geqslant\sqrt[n]{(a_1\cdots a_n)}$"。

首先利用标准的归纳法证明 $0\leqslant a\leqslant b\Rightarrow 0\leqslant a^n\leqslant b^n$，然后证明对于 $a,b\geqslant 0$，$a^n\leqslant b^n\Rightarrow a\leqslant b$。用 $\sqrt[n]{x}$ 表示 $x\geqslant 0$ 的正 n 次方根，证明 $x,y\geqslant 0$，$x\geqslant y\Leftrightarrow\sqrt[n]{x}\geqslant\sqrt[n]{y}$。

$P(1)$ 显然成立，我们可以考察 $\dfrac{1}{4}(a_1+a_2)^2-a_1a_2$ 的符号来证明 $P(2)$。接下来证明 $P(n)\Rightarrow P(2n)$。（提示：把 $a_1,\cdots,a_n$ 和 $a_{n+1},\cdots,a_{2n}$ 这两种情况下的 $P(n)$ 利用 $P(2)$ 组合到一起。）然后再证明 $P(n)\Rightarrow P(n-1)$。（已知 $a_1,\cdots,a_{n-1}$，令 $a_n=\dfrac{a_1+\cdots+a_{n-1}}{n-1}$，使用 $P(n)$ 来证明

$$\sqrt[n]{a_1 \cdots a_{n-1} a_n} \leqslant a_n。$$

不等式两边同时 n 次方并简化就可以得到 $P(n-1)$。）

现在 $P(n)$ 对于所有 $n \in \mathbb{N}$ 均成立得证。

13. 证明 $P(n)$ 对于所有 $n \in \mathbb{N}$ 均成立未必总是能通过归纳法证明。例如，哥德巴赫猜想（每个偶数均可以表示为两个质数之和，$2 = 1+1$，$4 = 2+2$，$6 = 3+3$，$8 = 5+3$，$10 = 7+3$，$\cdots$）看起来可以用归纳法证明（1 也视为质数）。请验证哥德巴赫猜想对于所有偶数 $2n \leqslant 50$ 均成立。你能发现任何可以用于归纳法证明的规律吗？尽管我们不知道哥德巴赫猜想是否成立，弱哥德巴赫猜想（每个大于等于 7 的奇数均可以表示为三个质数之和）已由哈拉尔德·黑尔夫戈特于 2013 年证明。

第 9 章
实数

从实数的直觉模型 **R** 中，我们可以得出其严格表述中需要具有的性质。我们需要两个二元运算——加法和乘法，它们的算术性质可以让我们定义减法和除法。我们还需要一个顺序关系，它应该和加法还有乘法有合理的联系，并且可以解释负数。最后，我们需要能将实数和 **Z**、**Q** 等数系区别开的性质：**完备性**。我们在第 2 章非正式地介绍了这个性质，它明显更加复杂。就像 (N1)~(N3) 确定了 $\mathbb{N}_0$ 一样，我们将证明，当算术、顺序和完备性这三种性质被准确地表述之后，它们将唯一确定实数。

这些性质有多种表述方法。20 世纪的数学研究表明，下面这组公理系统是最好的表述。我们把形式化的实数系统 $\mathbb{R}$ 定义为一个完备有序域，再按照难度顺序介绍对应的公理：首先是域，然后是顺序，最后是完备性。

实数公理：令 $\mathbb{R}$ 为一个集合，它具有两种二元运算 + 和 ·（称为加法和乘法）。如果 $a, b \in \mathbb{R}$，那么我们把 $a+b$ 称为 a 和 b 的**和**，把 $a \cdot b$ 称为它们的**积**。传统上，我们会省略这个点，把积写成 ab。

(a) 算术

已知一个有二元运算 + 和 · 的集合 $\mathbb{R}$，如果对于所有 $a, b, c \in \mathbb{R}$，以下性质均成立，那么它就是一个**域**。

(A1) $a+b=b+a$。

(A2) $a+(b+c)=(a+b)+c$。

(A3) 存在 $0 \in \mathbb{R}$ 使得 $a+0=a$ 对于所有 $a \in \mathbb{R}$ 均成立。

(A4) 已知 $a \in \mathbb{R}$，存在 $-a \in \mathbb{R}$ 使得 $a+(-a)=0$。

(M1) $ab=ba$。

(M2) $a(bc)=(ab)c$。

(M3) 存在 $1 \in \mathbb{R}$，$1 \neq 0$，使得 $1a=a$ 对于所有 $a \in \mathbb{R}$ 均成立。

(M4) 已知 $a \in \mathbb{R}, a \neq 0$，存在 $a^{-1} \in \mathbb{R}$ 使得 $aa^{-1} = 1$。

(D) $a(b+c) = ab + ac$。

元素 0 和 1 被称为 $\mathbb{R}$ 的 **加法单位元** 和 **乘法单位元**。根据 (A1) 和 (M1)，我们有 $0 + a = a$，$(-a) + a = 0$，$a1 = a$ 以及 $(a+b)c = ac + bc$。

我们把减法定义为

$$a - b = a + (-b),$$

把除法（$b \neq 0$）定义为

$$\frac{a}{b} = ab^{-1}.$$

(b) 顺序

已知域 $\mathbb{R}$，如果存在子集 $\mathbb{R}^+ \subseteq \mathbb{R}$ 满足下列性质，那么它就是 **有序的**。

(O1) $a, b \in \mathbb{R}^+ \Rightarrow a+b,\ ab \in \mathbb{R}^+$。

(O2) $a \in \mathbb{R} \Rightarrow a \in \mathbb{R}^+$ 或 $-a \in \mathbb{R}^+$。

(O3) $(a \in \mathbb{R}^+)\ \&\ (-a \in \mathbb{R}^+) \Rightarrow a = 0$。

这些公理旨在把顺序和算术性质合理联系起来。集合 $\mathbb{R}^+$ 对应我们熟知的正元素的集合（这里的"正"也包括 0）。那么通常的顺序关系就被定义为

$$a \geq b \Leftrightarrow a - b \in \mathbb{R}^+,$$

我们之后会证明它确实是一个顺序关系。

(c) 完备性

可以类比第 2 章中提到的直觉概念 **R** 的下列性质：

已知子集 $S \subseteq \mathbb{R}$ 和元素 $a \in \mathbb{R}$，如果对于所有 $s \in S$ 都有 $a \geq s$，那么 a 是 S 的一个 **上界**。

一个有上界的集合 S 被称为 **上有界的**。已知元素 $\lambda \in \mathbb{R}$，如果它满足下列条件，那么它是 S 的一个 **上确界**：

(i) $\lambda \geq s$ 对于所有 $s \in S$ 成立（λ 是一个上界）。

(ii) $a \geq s$ 对于所有 $s \in S$ 成立 $\Rightarrow a \geq \lambda$（$\lambda$ 是上界中最小的一个）。

那么我们现在就可以给出最终的 **完备性公理**：

(C) 如果 S 是 $\mathbb{R}$ 的一个非空子集，且 S 是上有界的，那么 S 在 $\mathbb{R}$ 中存在一个

上确界。

满足 (A1)~(A4)、(M1)~(M4)、(D)、(O1)~(O3) 和 (C) 这 13 个公理的结构 $\mathbb{R}$ 被称为**完备有序域**。（我们后面将证明这样的结构是唯一的。）

我们可以引入"存在一个完备有序域"这样一个新公理。但是我们不希望增加不必要的公理。只要我们假定存在满足佩亚诺公理的系统 $\mathbb{N}_0$，就可以从它推导出完备有序域 $\mathbb{R}$。我们首先扩张 $\mathbb{N}_0$ 来构造整数集 **Z** 的形式化版本 $\mathbb{Z}$；然后扩张 $\mathbb{Z}$ 来构造有理数集 **Q** 的形式化版本 $\mathbb{Q}$。最后我们用 $\mathbb{Q}$ 来构造 $\mathbb{R}$，而这个构造在技术上来说更加困难。这有两个原因：完备性公理，以及共有 13 个公理要检查。我们在中小学阶段已经见过了数的直觉概念的类似扩张。

这一系列构造是数学遗产的一部分，所有数学家都应该阅读一遍。这些构造一诞生便解决了数学基础中的前沿问题，特别是回答了"什么是数"的问题。今天来看，这些构造的重要性在于证明 $\mathbb{N}_0$ **的存在**，再加上**集合论**就意味着 $\mathbb{R}$ **的存在**。

最主要的一点是意识到这个构造是**可能的**。构造完成之后，就可以基于性质 (A1)~(A4)、(M1)~(M4)、(D)、(O1)~(O3) 和 (C) 构造数学中的一切。这个构造本身是十九世纪的余晖，当时自然数被认为是数学的基础，没人关心它们的逻辑基础。但是对实数的理解还不完整，实数也就显得很神秘。那时的重任在于证明实数是真正的数学对象。人们从 $\mathbb{N}_0$ 构造了 $\mathbb{R}$，完成了这个证明。如今，在知道这个构造法之后，涉及的心理和哲学问题看起来轻松许多：假设 $\mathbb{R}$ 的存在和假设 $\mathbb{N}_0$ 的存在是逻辑等价的。其实从 $\mathbb{R}$ 开始更容易，因为我们可以通过一串子集

$$\mathbb{R} \supset \mathbb{Q} \supset \mathbb{Z} \supset \mathbb{N}_0$$

来构造有理数、整数和自然数。反过来，佩亚诺公理看起来非常简单自然，我们很容易相信这样一个系统存在，但是完备有序域的 13 个公理就很难消化。

我们将在第 10 章学习这个构造 $\mathbb{R}$ 的内部成分的方法，并且说明其优势。在本章我们中先从 $\mathbb{N}_0$ 构造 $\mathbb{R}$。

9.1 基本的算术结果

在构造整数的公理化结构 $\mathbb{Z}$ 之前，我们可以先找一些有用的线索。我们的直

观模型 $\mathbf{Z}$ 表明它未必具有域的所有性质。特别是公理 (M4)：$\mathbb{Z}$ 中的一些元素在 $\mathbb{Z}$ 中没有乘法逆元（倒数）。但是其他的算术公理应该都成立。

我们将用一些标准的代数术语来表述需要考虑的性质。

定义 9.1：如果一个集合 R 具有两个满足 (A1)~(A4)、(M1)~(M4) 和 (D) 的二元运算，那么它是一个**环**，更准确的说法是**交换环**。（"环"这个词通常用来描述的系统并不满足 (M1)。但是因为本书几乎不会遇到非交换环，所以我们省略"交换"一词。）

如果 R 存在一个子集 R^+ 满足 (O1)~(O3)，那么 R 是一个**有序环**。

我们现在用这些公理做一些基本的演绎。这些结果非常重要，而我们也可以在此过程中练习公理化方法。

命题 9.2：如果 R 是一个环，且存在 $x \in R$ 使得 $a + x = a$ 对于所有 $a \in R$ 均成立，那么 $x = 0$。如果 $xa = a$ 对于所有 $a \in R$ 均成立，那么 $x = 1$。

证明：令 $a = 0$，所以 $0 + x = 0$。但根据 (A3) 和 (A1)，可知 $0 + x = x$，所以 $x = 0$。同理 $x = x1 = 1$。 □

这个命题说明 R 的加法和乘法单位元都是唯一的，其他元素都没有类似的性质。同理，一个元素 a 的加法逆元 $-a$ 也是唯一确定的。

命题 9.3：如果环 R 的元素 x, a 满足 $x + a = 0$，那么 $x = -a$。

证明：

$$
\begin{aligned}
x &= x + 0 && \text{(A3)} \\
&= x + \left(a + (-a) \right) && \text{(A4)} \\
&= (x + a) + (-a) && \text{(A2)} \\
&= 0 + (-a) && \text{因为} x + a = 0 \\
&= -a\,。 && \text{(A1) 和(A3)}
\end{aligned}
$$

□

如果 R 是一个域，那么（非零元素的）乘法逆元也是唯一确定的，证明过程同理。

命题 9.4：如果 R 是一个环，那么对于所有 $a \in R$，都有 $-(-a) = a$。

证明：根据定义，$a + (-a) = 0$。根据命题 9.3，$a = -(-a)$。 □

命题 9.5：如果 R 是一个环，那么对于所有 $a \in R$，都有 $a0 = 0a = 0$。

证明：

$$a0 = a(0+0) \quad \text{(A3)}$$
$$= a0 + a0。 \quad \text{(D)}$$

等式两边同时加上 $-(a0)$，得到

$$0 = a0 + (-a0) = (a0 + a0) + (-a0) \quad \text{(A1)}$$
$$= a0 + (a0 + (-a0)) \quad \text{(A2)}$$
$$= a0 + 0 \quad \text{(A1)}$$
$$= a0。 \quad \text{(A3)} \qquad \square$$

根据 (M1)，$0a = 0$。

命题 9.6：如果 R 是一个环，且 $a, b \in R$，那么 $-(ab) = (-a)b = a(-b)$。

证明：

$$ab + (-a)b = (a + (-a))b \quad \text{(D)和(M1)}$$
$$= 0b \quad \text{(A4)}$$
$$= 0。 \quad \text{命题9.4}$$

因此根据命题 9.3，$(-a)b = -(ab)$。剩余部分可由 (M1) 推出。 $\qquad \square$

从这里继续，很容易做进一步推导，比如

$$(-a)(-b) = ab, \quad (-1)a = -a。$$

如果 R 是一个环，我们还可以证明当 $a \neq 0$ 时，$\left(a^{-1}\right)^{-1} = a$。

像这样定义减法和除法之后，我们就可以验证所需的性质了，例如：

$$\frac{-a}{b} = \frac{a}{-b} = -\frac{a}{b},$$
$$\frac{a}{b} + \frac{c}{d} = \frac{ad + bc}{bd},$$
$$\frac{a}{b} \cdot \frac{c}{d} = \frac{ac}{bd}。$$

请读者自行证明上述性质，在思考和自我解释的过程中，你会更理解它们。

接下来看看顺序关系。利用第 7 章中的证明，我们可以只关注理论中的新要素。至此，我们认为加法和乘法的算术性质已经构建好了，使用时不再需要指明出处。我们后面将认为上下文中已经包含了算术性质，使用它们时无须给出证明。这样，就能专注于新的顺序性质了。

注：学生们虽然可以把使用算术运算的表达式运用得非常好，但是在处理顺序关系时往往犯下意想不到的错误。例如，如果已知 $ab > c$，我们可能会尝试除以 b 得到 $a > \dfrac{c}{b}$。这看起来合理，但如果 b 是负数或 0 就是错误的。在后续的小节中，需要我们用形式化定义仔细地处理顺序关系。

9.2 基本的顺序结果

在本节中，R 表示任意有序环。它的顺序关系由

$$a \geqslant b \Leftrightarrow a - b \in R^+ \tag{9.1}$$

定义。因此 $a \geqslant 0 \Leftrightarrow a \in R^+$，所以

$$R^+ = \{a \in R \mid a \geqslant 0\} \text{。} \tag{9.2}$$

使用 (O1)~(O3)，我们来证明下面的命题。

命题 9.7：$\geqslant$ 是 R 上的一个弱序关系。

证明：我们必须验证以下三个性质：

(WO1) $a \geqslant b \,\&\, b \geqslant c \Rightarrow a \geqslant c$，

(WO2) 要么 $a \geqslant b$ 要么 $b \geqslant a$，

(WO3) $a \geqslant b \,\&\, b \geqslant a \Rightarrow a = b$。

对于 (WO1)，$a \geqslant b \,\&\, b \geqslant c \Rightarrow a - b, b - c \in R^+$。根据 (O1)，$(a-b)+(b-c) \in R^+$，所以 $a - c \in R^+$，$a \geqslant c$。（这是我们第一次省略算术性质的证明：用公理化方法证明 $(a-b)+(b-c) = a-c$ 需要好几步，但这里全部省略了。）

对于 (WO2)，(O2) 意味着要么 $a - b \in R^+$，要么 $b - a = -(a-b) \in R^+$。因此 $a \geqslant b$ 或 $b \geqslant a$。

对于 (WO3)，如果 $a - b$ 和 $b - a$ 都属于 R^+，那么根据 (O3) 就有 $a - b = 0$，所以 $a = b$。 $\qquad \Box$

这个顺序关系应用到算术上也依然符合我们的预期。

命题 9.8：对于所有 $a, b, c, d \in R$，

(a) $a \geqslant b \,\&\, c \geqslant d \Rightarrow a + c \geqslant b + d$，

(b) $a \geq b \geq 0 \& c \geq d \geq 0 \Rightarrow ac \geq bd$。

证明： 使用 (9.1) 来翻译 ≥ 的定义，然后进行算术计算。　　　　　□

在有序域（或有序环）的定义中，我们可以把 (O1)~(O3) 换成命题 9.6 和命题 9.7 所陈述的性质，并使用关系 ≥，把 (9.2) 反过来，来定义 R^+。使用何种方法定义只是个人喜好的问题。

有序环中的模可以定义为

$$|a| = \begin{cases} a, & a \in R^+ ; \\ -a, & -a \in R^+ 。 \end{cases}$$

把第 2 章的论证形式化地重复一遍，就可以证明对于所有 $a \in R$ 都有 $|a| \geq 0$，并且

$$|a + b| \leq |a| + |b|,$$
$$|ab| = |a||b|。$$

现在我们就有足够的知识来构造整数、有理数和实数了。

9.3　构造整数

要从 $\mathbb{N}_0$ 构造整数，我们需要引入负元素。这里我们要考察自然数的差 $m - n$。当 $m \geq n$ 时，这个差可以被定义为**自然数**，但当 $m < n$ 时不行。我们的任务是让 $m - n$ 在任何情况下均有意义。

思路是把减法和加法关联起来，我们一开始学习减法就是这样学的。如果 $m, n, r, s \in \mathbb{N}_0$，且 $m \geq n, r \geq s$，那么

$$m - n = r - s \Leftrightarrow m + s = r + n。$$

等式右边对于**任意** m, n, r, s 均有意义，这也就给了我们一个思路。要构造差 $m - n$ 这样的对象，我们取有序对 (m, n) 的集合 $\mathbb{N}_0 \times \mathbb{N}_0$，其中 $m, n \in \mathbb{N}_0$。定义这个集合上的关系 ~ 为：

$$(m, n) \sim (r, s) \Leftrightarrow m + s = r + n。$$

其实 ~ 是一个**等价**关系，而且仅需 $\mathbb{N}_0$ 中的算术就能证明这一点。这样我们就可以把整数 $\mathbb{Z}$ 定义为 ~ 的等价类集合。(m, n) 的等价类对应差 $m - n$ 这一直觉概念，其

形式化证明如下。

令 $\langle m, n \rangle$ 表示 (m, n) 的等价类。根据 $\sim$ 的定义，

$$\langle m, n \rangle = \langle r, s \rangle \Leftrightarrow m + s = r + n。$$

定义 $\mathbb{Z}$ 上的加法和乘法如下：

$$\langle m, n \rangle + \langle p, q \rangle = \langle m + p, n + q \rangle,$$
$$\langle m, n \rangle \langle p, q \rangle = \langle mp + nq, mq + np \rangle。 \tag{9.3}$$

把 $\langle m, n \rangle$ 想成 "$m - n$"，把和与积转化成下列表达式，就能得到上面的定义：

$$(m - n) + (p - q) = (m + p) - (n + q),$$
$$(m - n)(p - q) = (mp + nq) - (mq + np)。$$

我们需要按照第 4 章的方式检查 (9.3) 的运算是否定义良好。假设 $\langle m, n \rangle = \langle m', n' \rangle$，$\langle p, q \rangle = \langle p', q' \rangle$。那么 $m + n' = m' + n$, $p + q' = p' + q$。那么

$$(m + p) + (n' + q') = (m + n') + (p + q')$$
$$= (m' + n) + (p' + q)$$
$$= (m' + p') + (n + q),$$

因此 $\langle m + p, n + q \rangle = \langle m' + p', n' + q' \rangle$，加法是定义良好的。乘法也可以用同样方式验证。

现在就只需要一个简单但是冗长的过程来证明 $\mathbb{Z}$ 是有序环了，其中

$$\mathbb{Z}^+ = \{\langle m, n \rangle \in \mathbb{Z} | 在 \mathbb{N}_0 中 m \geq n\}。$$

命题 9.9：带有上述运算的 $\mathbb{Z}$ 是一个有序环。

证明：我们必须验证公理 (A1)~(A4)、(M1)~(M4)、(D) 和 (O1)~(O3)。在这个过程中，我们每次都会用 $\mathbb{Z}$ 的定义把所需性质在 $\mathbb{N}_0$ 中重新表述，并且用算术加以验证。

(A1) 令 $a = \langle m, n \rangle$, $b = \langle p, q \rangle$，那么

$$a + b = \langle m + p, n + q \rangle$$
$$= \langle p + m, q + n \rangle \quad (根据 \mathbb{N}_0 中的算术)$$
$$= b + a。$$

(A2) 要证明 $ab = ba$，我们需要证明 $\langle m, n \rangle \langle p, q \rangle = \langle p, q \rangle \langle m, n \rangle$。这就需要证明

$$\langle m,\ n\rangle\langle p,\ q\rangle=\langle mp+nq,\ mq+np\rangle$$
$$=\langle p,\ q\rangle\langle m,\ n\rangle=\langle pm+qn,\ qm+pn\rangle,$$

因为 $\mathbb{N}_0$ 中 $mp+nq=pm+qn$，$mq+np=qm+pn$，所以上述等式成立。

(A3) 把 0 表示为差最简单的办法就是 $0-0$。因此我们考察 $\mathbb{Z}$ 中的元素 $\langle 0,\ 0\rangle$，

$$\langle m,\ n\rangle+\langle 0,\ 0\rangle=\langle m+0,\ n+0\rangle=\langle m,\ n\rangle。$$

因此 $\langle 0,\ 0\rangle$ 是加法单位元。

(A4) $m-n$ 的加法逆元应该是 $n-m$。因此我们计算一下：

$$\langle m,\ n\rangle+\langle n,\ m\rangle=\langle m+n,\ n+m\rangle=\langle m+n,\ m+n\rangle。$$

证明是不是卡住了？答案是否定的。因为 $(m+n,\ m+n)$ 在 $\sim$ 下和 $(0,\ 0)$ 等价，所以 $\langle m+n,\ m+n\rangle=\langle 0,\ 0\rangle$。上式就等价于

$$\langle m,\ n\rangle+\langle n,\ m\rangle=\langle 0,\ 0\rangle,$$

而这正是我们想要证明的。现在 $\sim$ 就变得越来越合理了。

剩余算术公理成立的证明和上述过程相似。我们当然可以在此写出来，但是这样你就只会阅读并记忆它们，好应付考试。花时间推导并解释才更有可能在你的脑海中建立起自洽的知识基模，让你在未来基于它继续构建新理论。数学需要主动思考，而不只是被动观察。　　　　　　　　　　　　　　　　□

下一步是把整数重新表示为正负自然数。

因为 $\mathbb{Z}^+$ 的任意元素都形如 $\langle m,\ n\rangle$，其中 $m\geqslant n$，所以我们也可以把它写作 $\langle m-n,\ 0\rangle$。因此，$\mathbb{Z}^+$ 的每个元素都可以表示为 $\langle r,\ 0\rangle$，$r\in\mathbb{N}_0$。公理 (O2) 告诉我们，对于任意 $a\in\mathbb{Z}$，要么 $a\in\mathbb{Z}^+$，要么 $-a\in\mathbb{Z}^+$，因此要么 $a=\langle r,\ 0\rangle$，要么 $a=-\langle r,\ 0\rangle=\langle 0,\ r\rangle$。

定义映射 $f:\mathbb{N}_0\to\mathbb{Z}^+$，$f(n)=\langle n,\ 0\rangle$。$f$ 显然是一个双射，且

$$f(m+n)=f(m)+f(n),$$
$$f(mn)=f(m)f(n),$$
$$m\geqslant n\Leftrightarrow f(m)\geqslant f(n)。$$

用第 8 章的话来说，f 是一个序同构。

这就带来了一个熟悉的技术问题。我们证明的不是想要的 $\mathbb{N}_0\subseteq\mathbb{Z}$；而是证明

了 N_0 和子集 $\mathbb{Z}^+ \subseteq \mathbb{Z}$ **序同构**。N_0 和 $\mathbb{Z}^+$ 的元素是明确**不同**的数学对象：前者是一个数的集合，而后者是一个有序对的等价类集合。但是它们的行为是一致的。

有很多种方法可以规避这个问题。其中一个方法是把 $\mathbb{Z}^+$ 的元素替换成 N_0 中的对应元素，得到一个混合系统：非负整数是 N_0 中的元素 0, 1, 2, $\cdots$，负整数 $-n$ 则是有序对 $\langle m, m+n \rangle$，如图 9-1 所示。

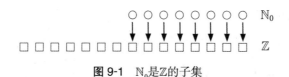

图 9-1 N_0 是 $\mathbb{Z}$ 的子集

这个混合系统中包含了真子集 N_0，还包含了形如 $\langle m, m+n \rangle$ 的元素。这个元素是 n 的加法逆元，我们可以安全地把它表示成 $-n$。

但这个方法既不优雅，也缺乏数学中崇尚的简洁之美。在我们从 $\mathbb{Z}$ 构造 $\mathbb{Q}$，再用 $\mathbb{Q}$ 构造 $\mathbb{R}$ 的过程中，这种复杂的结构会变本加厉。在每个构造过程中，更小的数系不是更大数系的子集，而是其子系统的**同构**。我们当然可以用类似的方法，把 $\mathbb{Q}$ 的一个子集替换为 $\mathbb{Z}$，把 $\mathbb{R}$ 的一个子集替换为 $\mathbb{Q}$，但这样的构造并不优雅。

数学家采用了一个更实用主义的方法。他们"认为 N_0 等同于 $\mathbb{Z}^+$"。换言之，为了让算术和顺序成立，他们忽略了这两者之间从集合论角度来说的技术区别。因为从算术和顺序的角度来说，这两者有着完全相同的数学结构，所以这样做并无害处。如果我们忽视它们的区别，就可以把 N_0 视作 $\mathbb{Z}$ 的子系统。人类思维其实也是这样把 N_0 和 $\mathbb{Z}^+$ 当作同一数学概念的不同表述，从而简化理解的。

等到构造有理数和实数时，我们就能明白这个方法的数学理由。届时，我们将会证明完备有序域的公理**唯一**定义了实数——任何两个满足所有公理的系统都是序同构的。因此，在不考虑同构的情况下，只有**一个**完备有序域。它的子集就是对应自然数、整数和有理数的系统。于是我们可以"抛开"本章中用来构造数系的集合论框架，把我们构造的系统替换为 $\mathbb{R}$ 中那些同构的子系统。

做这些究竟有必要吗？其实你也曾遇到过类似的问题。在学习分数时，你必须明白 $\frac{2}{1}$ 就是 2：有些分数可以是整数。同理，在学习小数时，你已经习惯了把 $1.000\cdots$ 替换成 1。严格来说，前者是一个无限小数，只不过它有无限多个 0。它的**行为**和整数 1 一致，但是写法不同。但显然，认为它**等于** 1 不会有任何问题。

　　从心理学的角度讲，人类把实数当作一个唯一的"结晶化概念"。它有明确的性质，但是可以用多种等价的形式灵活表述。实数可以用 13 条公理来公理化地定义，也可以用数轴上的点来几何式地表述，还可以用无限小数来符号式地书写。如果我们需要加以区分，那么你总是能找到区分的办法，但通常我们不需要这样区分。只要掌握了自洽的整体结构，我们就有了一个完美的视角，可以把这个结晶化的实数概念看作一个唯一但是灵活的数学实体。

　　在那之前，我们还需要从整数构造有理数，再从有理数构造实数。这个过程表明，所有数系都来源于描绘自然数特征的佩亚诺公理。

9.4　构造有理数

　　从整数构造有理数所采用的策略和从自然数构造整数时的策略类似。不过这次不用自然数的差 $m - n$，而是关注整数的商 $\dfrac{m}{n}$。因此我们要从 $\mathbb{Z}$ 开始构造一个更大的集合 $\mathbb{Q}$，让这个商具有意义。

　　令 S 为所有有序对 (m, n) 的集合，其中 $m, n \in \mathbb{Z}$，且 $n \neq 0$。定义关系 $\sim$ 如下

$$(m, n) \sim (p, q) \Leftrightarrow mq = np_\circ$$

这个定义源自于性质 $\dfrac{m}{n} = \dfrac{p}{q}$ 当且仅当 $mq = np$。现在定义 $\mathbb{Q}$ 为 $\sim$ 的等价类的集合。考虑到最终的结果，我们将用 $\dfrac{m}{n}$ 来表示 (m, n) 的等价类。此外，定义下列运算

$$\frac{m}{n} + \frac{p}{q} = \frac{mq + np}{nq},$$

$$\frac{m}{n} \cdot \frac{p}{q} = \frac{mp}{nq}_\circ$$

　　定理 9.10：上述运算在 $\mathbb{Q}$ 上定义了一个域。

　　证明：我们将把证明细节留给读者（好让读者能有机会在脑海中建立这些知识的联系，形成一个自洽的个人基模）。首先，验证这些运算是否是定义良好的，然后逐一验证公理。你可以参考命题 9.8 的证明。

　　我们重申，自己思考这个证明是一个很重要的过程。我们可以把它写出来，

但是阅读其他人的冗长而机械性的计算过程几乎没什么用。这里我们给出一个提示：如果 $n \neq 0$，那么 $\frac{m}{n}$ 的乘法逆元是 $\frac{n}{m}$。 □

现在我们已经构造了 $\mathbb{Q}$ 的算术，但还没有构造其顺序关系。为此，我们可以指定其正元素：

$$\mathbb{Q}^+ = \{\frac{m}{n} \in \mathbb{Q} \mid m, n \in \mathbb{Z}^+, n \neq 0\}。$$

命题 9.11：上述定义的 $\mathbb{Q}$ 是一个有序域。

证明：同样，我们希望读者自行思考证明，来在脑海中建立概念。 □

我们希望整数是有理数的子集，但同样这也只能在不考虑同构的情况下成立。问题还是那样：$\frac{n}{1}$ 和 n 严格来说并不同，但是它们的行为一模一样。要解决这个问题，我们可以证明映射 $g : \mathbb{Z} \to \mathbb{Q}, g(n) = \frac{n}{1}$ 对所有 $m, n \in \mathbb{Z}$ 均保持了下列算术运算成立

$$g(m+n) = g(m) + g(n),$$
$$g(mn) = g(m)g(n),$$
$$m \geq n \Rightarrow g(m) \geq g(n)。$$

这三条运算的证明都很简单。因此，g 是自然数和 $\mathbb{Z}$ 中形如 $\frac{m}{1}$ 的元素的序同构。

因为每个有理数 $\frac{m}{n}$ 都可以写成 $\frac{m}{1} \cdot \frac{1}{n} = \frac{m}{1} \cdot \left(\frac{n}{1}\right)^{-1}$，所以认为 n 等同于 $\frac{n}{1}$ 不会带来任何写法上的问题，也和直觉模型一致。这样，我们就可以类比自然数和整数，把 $\mathbb{Z}$ 当作 $\mathbb{Q}$ 的子系统。

9.5 构造实数

实数的构造更加复杂，而且有多种方式。虽然从技术上来说很尴尬，但我们可以像第 2 章那样把实数构造为无限小数。不过我们当时就发现用近似有理数序列来定义存在着技术优势。虽然单调序列非常好处理，但我们这次将会定义并使用更一般的"柯西序列"。和前面的小节一样，我们将省略那些常规细节。原因也还是一样：把细节融入背景知识中，就可以更好地看到全局。但你仍然需要自己思考，以一种自洽的方式理解概念间的联系，构建对数学结构更加灵活的个人理解。

9.6 有理数序列

构造实数的主要思路，是把每个实数和一个有理数的无限序列联系起来，这个序列会越来越接近对应的实数。我们可以不断取一个无限小数的更多位小数来接近实数，但如果我们避免这样具体的操作，就能得到更简单的构造。

我们把第 5 章中序列定义中的 **N** 替换成形式化的 $\mathbb{N}$，就可以把有理数**序列**形式化地定义为函数

$$s : \mathbb{N} \to \mathbb{Q}。$$

我们用 s_n 表示 $s(n)$，并且把序列记作 $(s_n)_{n \in \mathbb{N}}$、$(s_1,\ s_2,\ s_3,\ \cdots)$ 或者 (s_n)。

令 S 为所有有理数序列的集合。定义 S 中的加法和乘法如下

$$(a_n) + (b_n) = (a_n + b_n),$$
$$(a_n)(b_n) = (a_n b_n)。$$

引理 9.12：具有上述运算的 S 是一个环。

证明：乘法单位元为 $(1,\ 1,\ 1,\ \cdots)$，加法单位元为 $(0,\ 0,\ 0,\ \cdots)$，(a_n) 的加法逆元为 $(-a_n)$。所有的验证都很常规。 $\square$

我们说它是"环"，是因为 S 不是域。如果所有 s_n 都非零，那么 (s_n) 就有一个乘法逆元 $\dfrac{1}{s_n}$。但如果有任何一项 $s_n = 0$，那么它就不是域。例如，$(0,\ 1,\ 1,\ \cdots)$ 不存在逆元 $(b_1,\ b_2,\ b_3,\ \cdots)$，因为

$$(0,\ 1,\ 1,\ \cdots)(b_1,\ b_2,\ b_3,\ \cdots) = (0,\ b_2,\ b_3,\ \cdots) \neq (1,\ 1,\ 1,\ \cdots)。$$

我们在第 2 章学习过，每个实数都可以视作一个有理数序列的"极限"。在当前的上下文中，只要我们坚持定义中的 ε 是有理数，就可以沿用第 2 章的收敛定义。

定义 9.13：已知有理数序列 (s_n) 和 $l \in \mathbb{Q}$，如果对于任意 $\varepsilon \in \mathbb{Q}, \varepsilon > 0$，都存在 $N \in \mathbb{N}$ 使得

$$n > N \Rightarrow |s_n - l| < \varepsilon,$$

那么 (s_n) **收敛**到 l。

但是这个定义还不够令人满意：收敛到一个有理极限没什么意思。它处理不了 $\sqrt{2}$ 这样的实数，我们需要一个不指定极限的"收敛"。

为了论述方便，先假设可以说"一个有理数序列收敛到一个实数极限"。在我们的直觉模型 $\mathbf{Q} \subseteq \mathbf{R}$ 中这显然是成立的。问题在于，从形式化的角度来说，我们还不知道这个极限是什么。不过，如果 (s_n) 要收敛到一个实数 l，就存在一个 N 使得对于所有 $n > N$，有

$$|s_n - l| < \varepsilon。$$

因此，对于所有 $m > N$，有

$$|s_m - l| < \varepsilon。$$

把两个不等式加到一起，那么对于所有 $m, n > N$，有

$$|s_m - s_n| < 2\varepsilon。$$

这个陈述不涉及假想的实数 l，但它仍然保留了收敛的概念。

为了让结果更好看一些，我们从 $\frac{1}{2}\varepsilon$ 开始，得到下面这个重要的定义：

定义 9.14：已知一个有理数序列 (s_n)，如果对于任意有理数 $\varepsilon > 0$，都存在 N 使得

$$m, n > N \Rightarrow |s_m - s_n| < \varepsilon,$$

那么它是一个**柯西序列**。

直观来说，这样一个序列的项会变得越来越接近。

这个概念的名字来自于高产的 19 世纪法国数学家奥古斯丁 - 路易·柯西，他使用柯西序列得到了许多成果。但是，第一个用这个方法从柯西序列构造实数的人是格奥尔格·康托尔。

我们可以直观地把柯西序列理解为实数的有理数近似序列，它是有理数到实数的形式化构造的基础。证明需要几个引理。首先，已知序列 (s_n)，如果存在固定的数 M 使得对于所有 n，都有 $|s_n| \leq M$，那么我们就说 (s_n) 是**有界的**。

引理 9.15：每个柯西序列在 $\mathbb{Q}$ 中都是有界的。

证明：我们取 $\varepsilon = 1$，存在 N 使得对于所有 $m, n > N$，都有 $|s_n - s_m| < 1$。因此

对于所有 $n > N$，都有 $\left| s_n - s_{N+1} \right| < 1$，换言之，$\left| s_n \right| < \left| s_{N+1} \right| + 1$。因此对于所有 $n \in \mathbb{N}$，

$$\left| s_n \right| \le \max \left\{ \left| s_1 \right|, \left| s_2 \right|, \cdots, \left| s_N \right|, \left| s_{N+1} \right| + 1 \right\}。\qquad \square$$

引理 9.16：如果 (a_n) 和 (b_n) 是柯西序列，那么 $(a_n + b_n)$、$(a_n b_n)$ 和 $(-a_n)$ 也是柯西序列。

证明：如果 $\varepsilon > 0$ 是有理数，那么存在 N_1 和 N_2 使得

$$m, n > N_1 \Rightarrow \left| a_m - a_n \right| < \frac{1}{2} \varepsilon,$$

$$m, n > N_2 \Rightarrow \left| b_m - b_n \right| < \frac{1}{2} \varepsilon。$$

所以对于 $m, n > N = \max(N_1, N_2)$，我们有

$$
\begin{aligned}
\left| (a_m + b_m) - (a_n + b_n) \right| &= \left| (a_m - a_n) + (b_m - b_n) \right| \\
&\le \left| a_m - a_n \right| + \left| b_m - b_n \right| \\
&< \frac{1}{2} \varepsilon + \frac{1}{2} \varepsilon \\
&= \varepsilon,
\end{aligned}
$$

因此 $(a_n + b_n)$ 是柯西序列。

要证明 $(a_n b_n)$ 是柯西序列，我们使用引理 9.15 证明存在 $A, B \in \mathbb{Q}$，使得 $\left| a_n \right| < A$ 和 $\left| b_n \right| < B$ 对于所有 $n \in \mathbb{N}$ 成立。如果我们稍微有一点远见（作者当然早就知道了！），就会发现对于 $\varepsilon \in \mathbb{Q}, \varepsilon > 0$，有 $\dfrac{\varepsilon}{A + B} \in \mathbb{Q}$，$\dfrac{\varepsilon}{A + B} > 0$。因此存在 N_1, N_2 使得

$$m, n > N_1 \Rightarrow \left| a_m - a_n \right| < \frac{\varepsilon}{A + B},$$

$$m, n > N_2 \Rightarrow \left| b_m - b_n \right| < \frac{\varepsilon}{A + B}。$$

如果 $m, n > N = \max(N_1, N_2)$，那么两不等式均成立，所以

$$
\begin{aligned}
\left| a_m b_m - a_n b_n \right| &= \left| (a_m - a_n) b_m + a_n (b_m - b_n) \right| \\
&\le \left| a_m - a_n \right| \left| b_m \right| + \left| a_n \right| \left| b_m - b_n \right| \\
&< \frac{\varepsilon}{A + B} B + A \frac{\varepsilon}{A + B} \\
&= \varepsilon。
\end{aligned}
$$

因此 $(a_n b_n)$ 是柯西序列。

至于 $(-a_n)$，我们可以直接计算，或者令所有 b_n 都等于 -1 并利用上面的证明。 □

令 C 表示所有柯西序列的集合，我们有：

命题 9.17：定义了序列的加法和乘法之后，C 构成了一个环。

证明：如果 (a_n)，$(b_n) \in C$，那么引理 9.16 告诉我们 $(a_n + b_n)$、$(a_n b_n)$ 和 $(-a_n)$ 都属于 C。显然加法单位元 $(0, 0, \cdots)$ 和乘法单位元 $(1, 1, \cdots)$ 也都属于 C，这样就验证了环的公理 (A3)、公理 (A4) 和公理 (M3)。根据引理 9.12，剩余的公理也对所有有理数序列成立。 □

但是它还不是域。序列 $(0, 1, 1, 1, \cdots)$ 是柯西序列，它不是加法单位元，但它仍然没有乘法逆元。为此我们注意到另一个问题：直观来讲，不同的柯西序列可以收敛到同一个极限。我们已经在小数的论述中见到

$$(1, 1, 1, 1, 1, \cdots)$$

和

$$(0.9,\ 0.99,\ 0.999,\ 0.999\,9,\ 0.999\,99,\ \cdots)$$

都收敛到 1。

我们再引入一个概念，就可以解决这两个难题。

定义 9.18：如果一个有理数序列 (s_n) 收敛到 0，那么它就是一个**零序列**。换言之，对于所有有理数 $\varepsilon > 0$，存在 N 使得对于任意 $n > N$，有 $|s_n| < \varepsilon$。

如果两个序列 (a_n) 和 (b_n) 趋近于同一个极限 l，很容易看出序列 $(a_n - b_n)$ 是零序列。这会让我们想到一个 C 上的等价关系：

$$a_n \sim b_n \Leftrightarrow (a_n - b_n) \text{ 为零序列}。$$

我们需要证明它**确实**是等价关系。性质 $(a_n) \sim (a_n)$ 和 $a_n \sim b_n \Rightarrow b_n \sim a_n$ 显然成立。如果 $a_n \sim b_n$，$b_n \sim c_n$，那么 $(a_n - b_n)$ 和 $(b_n - c_n)$ 都是零序列，都收敛到 0，因此 $\big((a_n - b_n) + (b_n - c_n)\big)$ 收敛到 0。换言之 $(a_n - c_n)$ 是零序列，所以 $(a_n) \sim (c_n)$。

定义 9.19：$\mathbb{R}$ 是柯西序列的等价类的集合，包含 (s_n) 的等价类记作 $[s_n]$ 或者 $[s_1, s_2, \cdots, s_n, \cdots]$。对于 $q \in \mathbb{Q}$，$[q, q, \cdots, q, \cdots]$ 也会记作 $\hat{q} \in \mathbb{R}$。

最后一个符号让我们可以明确区分已知柯西序列 (s_n) 对应的等价类 $[s_n]$ 和特定 n 值下的元素 s_n 对应的等价类 $\hat{s}_n$。例如，对于 $s_n = \dfrac{1}{n}$，

$$[s_n] = \left[1,\ \frac{1}{2},\ \frac{1}{3},\ \cdots,\ \frac{1}{n},\ \cdots\right],$$

而

$$\hat{s}_n = \left[\frac{1}{n},\ \frac{1}{n},\ \cdots,\ \frac{1}{n},\ \cdots\right]。$$

定义 9.20：加法和乘法的运算可以像下面这样迁移到 $\mathbb{R}$ 中

$$[a_n] + [b_n] = [a_n + b_n],$$
$$[a_n][b_n] = [a_n b_n]。$$

至此，你应该好奇这两个运算是否是定义良好的。答案是肯定的。因为如果 $[a_n] = [a_n']$，$[b_n] = [b_n']$，那么 $(a_n - a_n')$ 和 $(b_n - b_n')$ 就是零序列。因此 $\big((a_n + b_n) - (a_n' + b_n')\big)$ 是零序列，$[a_n + b_n] = [a_n' + b_n']$。

乘法就没那么简单了。根据引理 9.15，存在有理数 A, B，使得对于所有 $n \in \mathbb{N}$ 都有

$$|a_n| < A,\quad |b_n'| < B。$$

已知 $\varepsilon > 0$，我们可以找到 N_1, N_2 使得

$$n > N_1 \Rightarrow |a_n - a_n'| < \frac{\varepsilon}{A + B},$$
$$n > N_2 \Rightarrow |b_n - b_n'| < \frac{\varepsilon}{A + B}。$$

如果 $n > N = \max(N_1, N_2)$，那么

$$\begin{aligned}
|a_m b_m - a_n' b_n'| &= |a_m(b_n - b_n') + (a_m - a_n')b_n'| \\
&\leqslant |a_m||b_n - b_n'| + |a_m - a_n'||b_n'| \\
&< A\frac{\varepsilon}{A + B} + \frac{\varepsilon}{A + B}B \\
&= \varepsilon。
\end{aligned}$$

因此 $(a_n b_n - a_n' b_n')$ 是零序列，$[a_n b_n] = [a_n' b_n']$。

要证明这些运算使 $\mathbb{R}$ 成为一个有序域，我们需要检验域所需的公理 (A1)~(A4)、(M1)~(M3)、(D)，并定义一个 $\mathbb{R}$ 上的关系，使其满足顺序公理 (O1)~(O3)。大多数的验证都很简单，但是在定义非负元素子集 $\mathbb{R}^+$ 时，必须要考虑一个可能性：即便某些项 a_n 不是非负的，其等价类 $[a_n]$ 却可能是非负的。（例如 $a_1 = -1$ ， $n > 1$ 时 $a_n = 1$ 。）为了解决这个问题，我们需要证明，如果一个序列 (a_n) 不是零序列，那么在某一项（比如 $N_0 \in \mathbb{N}$ ）之后的项 a_n （对于 $n > N_0$ ）要么都是正数，要么都是负数。具体来看下面的定义：

定义 9.21：一个柯西序列 (a_n) 如果存在一个有理数 $\varepsilon > 0$ 和 $N_0 \in \mathbb{N}$ ，使得 $a_n > \varepsilon$ 对于所有 $n > N_0$ 均成立，则称该序列是**严格正的**。如果存在一个有理数 $\varepsilon > 0$ 和 $N_0 \in \mathbb{N}$ ，使得 $a_n < -\varepsilon$ 对于所有 $n > N_0$ 均成立，则称该序列是**严格负的**。

那么我们可以证明：

引理 9.22：如果 (a_n) 是一个柯西序列，那么它一定是下列三种情况之一：

(i) 零序列，

(ii) 严格正，

(iii) 严格负。

证明：因为 (a_n) 是一个柯西序列，

$$\forall \varepsilon \in \mathbb{Q}, \ \varepsilon > 0 \exists N_0 : m, \ n > N_0 \Rightarrow |a_m - a_n| < \varepsilon \text{。} \tag{9.4}$$

正如 (i) 所述，柯西序列可能是零序列。

假如 (a_n) 不是零序列，那么它**不收敛**到 0 。因此（取一个正有理值 2ε 时），陈述

$$\exists N \in \mathbb{N} \forall m \in N : m > N \Rightarrow |a_m| < 2\varepsilon$$

为假，因此下面的陈述为真：

$$\forall N \in \mathbb{N} \exists m \in \mathbb{N}, \ m > N : |a_m| \geq 2\varepsilon \text{。}$$

特别地，

$$\exists m > N_0 : |a_m| \geq 2\varepsilon \text{。} \tag{9.5}$$

结合 (9.4)，有

$$n > N_0 \Rightarrow |a_m - a_n| < \varepsilon \text{。} \tag{9.6}$$

根据 (9.5)，存在两种情况，第一种情况是 $a_m \geqslant 2\varepsilon$。那么 (9.6) 可以推出

$$n > N_0 \Rightarrow a_n > \varepsilon,$$

也就是 (ii)。第二种情况是 $a_m \leqslant -2\varepsilon$。那么 (9.6) 可以推出

$$n > N_0 \Rightarrow a_n < -\varepsilon,$$

也就是 (iii)。

总之，如果柯西序列 (a_n) 不满足 (i)，那么它一定满足 (ii) 或 (iii) 其中之一。 $\square$

命题 9.23：定义了运算 $[a_n]+[b_n]$ 和 $[a_n][b_n]$ 的 $\mathbb{R}$ 是一个域。

证明：公理 (A1)~(A4)、(M1)~(M3) 和 (D) 的验证很简单。加法单位元是 $[0, 0, 0, \cdots]$，乘法单位元是 $[1, 1, 1, \cdots]$，而 $[a_n]$ 的加法逆元是 $[-a_n]$。

但乘法逆元 $\dfrac{1}{[a_n]}$ 就需要一点智慧了。根据引理 9.22，如果 $[a_n] \neq [0]$，那么它要么是严格正，要么是严格负。特别地，对于 $n > N_0$，一定有 $a_n \neq 0$。那么我们可以定义 (b_n)：

$$b_n = \begin{cases} 0, & n \leqslant N_0; \\ \dfrac{1}{a_n}, & n > N_0。 \end{cases}$$

因此

$$a_n b_n = \begin{cases} 0, & n \leqslant N_0; \\ 1, & n > N_0。 \end{cases}$$

那么序列 $(a_n b_n)$ 在 $n > N_0$ 时的项都等于 1，因此 $[a_n b_n] = [1, 1, 1, \cdots]$，$[b_n]$ 是 $[a_n]$ 的乘法逆元。这样就证明了 $\mathbb{R}$ 是一个域。 $\square$

9.7 $\mathbb{R}$ 上的顺序

有了引理 9.22，就可以定义 $\mathbb{R}$ 上的顺序：如果 (a_n) 是严格负的，那么 $[a_n] < 0$；如果 (a_n) 是零序列，那么 $[a_n]$ 为零；如果 (a_n) 是严格正的，那么 $[a_n] > 0$。等价的弱序关系可以定义如下：

定义 9.24：$[a_n] \in \mathbb{R}^+$ 当且仅当 (a_n) 为零序列或者严格正。

命题 9.25：$\mathbb{R}$ 是一个有序域。

证明：

(O1) 假设 $[a_n]$，$[b_n] \in \mathbb{R}^+$。请读者考虑 $[a_n]$，$[b_n]$ 分别为零序列和严格正的几种情况，自行证明 $[a_n + b_n] \in \mathbb{R}^+$，$[a_n b_n] \in \mathbb{R}^+$。

(O2) 如果 $[a_n] \in \mathbb{R}$，那么根据引理 9.20，序列 (a_n) 要么是零序列，要么是严格正，要么是严格负。如果是前两种情况，那么 $[a_n] \in \mathbb{R}^+$；否则 (a_n) 是严格负，那么 $(-a_n)$ 就是严格正，$-[a_n] \in \mathbb{R}^+$。

(O3) 如果 $[a_n] \in \mathbb{R}^+$ 且 $-[a_n] \in \mathbb{R}^+$，那么根据引理 9.20，唯一的可能就是 $[a_n] = [0]$。 $\qquad\square$

9.8　$\mathbb{R}$ 的完备性

完备性是最难处理的一个性质。我们之前通过定义

$$\hat{q} = [q, q, \cdots, q, \cdots], q \in \mathbb{Q}$$

把 $\mathbb{Q}$ 包括在了 $\mathbb{R}$ 中。那么很容易证明 $\mathbb{Q}$ 和 $\mathbb{R}$ 的子集 $\hat{\mathbb{Q}} = \{\hat{q} \in \mathbb{R} \mid q \in \mathbb{Q}\}$ 序同构。

我们的计划是：证明任意有上界 $k \in \mathbb{R}$ 的非空子集 $X \subseteq \mathbb{R}$ 都有一个上确界。首先，我们证明可以找到 $l, r \in \mathbb{Q}$ 使得 $\hat{l} \in \mathbb{R}$ 不是 X 的上界，但是 $\hat{r} \in \mathbb{R}$ 是它的上界。那么就可以通过二分法来得到一个递增有理数序列 (l_n) 和一个递减序列 (r_n)。前者都不是上界，而后者都是上界，且

$$0 < r_n - l_n < \frac{r - l}{2^n}。$$

这样两个柯西序列 (l_n) 和 (r_n) 都趋近于同一个极限

$$[l_n] = [r_n]，$$

也就是我们寻找的 X 的上确界。

我们先证明一个简单的引理：

引理 9.26：如果 $x \in \mathbb{R}$，那么存在 $\hat{l}$，$\hat{r} \in \hat{\mathbb{Q}}$ 使得 $\hat{l} < x < \hat{r}$。

证明：令 (a_n) 是一个柯西序列，且 $[a_n] = x$。根据引理 9.15，存在 $A \in \mathbb{Q}$ 使得

$\left| a_n \right| < A$。选择 $l \in \mathbb{Q}, l < -A$ 和 $r \in \mathbb{Q}, r > A$，就有 $\hat{l} < [a_n] < \hat{r}$。　　　□

定理 9.27：$\mathbb{R}$ 是一个完备有序域。

证明：根据命题 9.25，$\mathbb{R}$ 是一个有序域。

要证明完备性，令 X 是 $\mathbb{R}$ 的一个非空子集，上界为 $k \in \mathbb{R}$。

因为 X 非空，所以 X 一定包含一个元素 $x \in \mathbb{R}$。根据引理 9.26，我们有 $\hat{l} \in \hat{\mathbb{Q}}, \hat{l} < x$，所以 $\hat{l}$ 不是 X 的上界。

根据引理 9.26，对于上界 $k \in \mathbb{R}$，存在 $\hat{r} \in \hat{\mathbb{Q}}$，使得 $k < \hat{r}$。因此 $\hat{r}$ 也是 X 的上界。

我们从 $l_0 = l$ 和 $r_0 = r$ 开始。假设对于 $n \geq 0$，我们已经找到了 $l_n \in \mathbb{Q}$ 和 $r_n \in \mathbb{Q}$ 满足 $\hat{l}_n \in \mathbb{R}$ 不是 X 的上界，$\hat{r}_n \in \mathbb{R}$ 是 X 的上界。显然 $n = 0$ 时这是成立的。

令 $m_n = \dfrac{l_n + r_n}{2} \in \mathbb{Q}$ 是 l_n 和 r_n 的中点。如果 $\hat{m}_n$ 不是 X 的上界，令

$$l_{m+1} = m_n,\ r_{m+1} = r_n,$$

否则令

$$l_{m+1} = l_n,\ r_{m+1} = m_n。$$

根据归纳法，我们就得到了

一个递增序列 (l_n)，其中 $l_n \in \mathbb{Q}$ 以及不是 X 的上界的 $\hat{l}_n \in \mathbb{R}$，

和

一个递减序列 (r_n)，其中 $r_n \in \mathbb{Q}$ 以及 X 的上界 $\hat{r}_n \in \mathbb{R}$。

图 9-2 给出了一个具体例子：我们在 $\mathbb{R}$ 上标记了一个集合 X，在有理数轴 $\mathbb{Q}$ 上标记了有理数序列 $l_0 = l$, l_1, $\cdots$, l_n, $\cdots$ 和 $r_0 = r$, r_1, $\cdots$, r_n, $\cdots$。

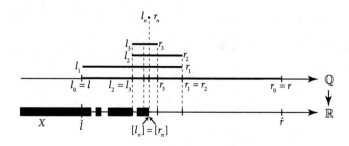

图 9-2　追踪 X 的上确界

令 $d = r - l$。那么从 l_n 到 r_n 的区间长度是 $\dfrac{d}{2^n}$。对于 $m, n > N$，我们有

$$\left| l_m - l_n \right| < \frac{d}{2^N}, \ \left| r_m - r_n \right| < \frac{d}{2^N}, \ \left| r_n - l_n \right| < \frac{d}{2^n}。$$

(l_n) 和 (r_n) 都是柯西序列，而它们的差是一个零序列。因此它们表示了相同的等价类：

$$u = [l_n] = [r_n] \in \mathbb{R}。$$

元素 $u \in \mathbb{R}$ 是 $X \subseteq \mathbb{R}$ 的一个上界。（否则，就会存在一个元素 $x \in X$ 满足 $u < x$。因为 $(\hat{r}_n)$ 向下趋近于 u，我们就可以找到一个 $\hat{r}_n$：它满足 $u < \hat{r}_n < x$，不是上界。这与 $\hat{r}_n$ 是上界相矛盾。）它同时也是上确界：因为如果 $k < u$ 也是上界，那么因为 $(\hat{l}_n)$ 向上趋近于极限 u，我们就可以找到一个元素 $k < \hat{l}_n < u$。但 $\hat{l}_n$ 不是上界，这与 u 是上界矛盾。 $\qquad \square$

如前面所述，$q \in \mathbb{Q}$ 和 $\hat{q} = [q, q, \cdots, q, \cdots] \in \mathbb{R}$ 间存在序同构，因此我们可以把 $\mathbb{Q}$ 当作 $\mathbb{R}$ 的子集。

现在，我们终于得到了这一串数系

$$\mathbb{N} \subseteq \mathbb{N}_0 \subseteq \mathbb{Z} \subseteq \mathbb{Q} \subseteq \mathbb{R}。$$

9.9 习题

1. 首先我们做一些补全工作。

   (a) 给出命题 9.7 的完整证明。

   (b) 完成命题 9.9 的证明。

   (c) 证明定理 9.10。

   (d) 证明定理 9.11。

2. 如果 R 是一个环，加法单位元是 0_R，乘法单位元是 1_R。对于 $n \in \mathbb{N}_0$，递归定义 n_R：

   $$0_R = 0_R, \ (n+1)_R = n_R + 1_R。$$

   对于 $x \in R, n \in \mathbb{N}_0$，递归定义 $x^n \in R$：

$$x^0 = 1_R, \quad x^{n+1} = x^n x。$$

如果 $\binom{n}{r}$ 是二项式系数 $\dfrac{n!}{r!(n-r)!}$，证明对于所有 $x, y \in R$，有

$$(x+y)^n = x^n + n_R x^{n-1} y + \cdots + \binom{n}{r}_R x^{n-r} y^r + \cdots + y^n。$$

3. 如果 $p \in \mathbb{N}$ 是一个质数，且在 R 中 $p_R = 0_R$（比如说就像 $\mathbb{Z}_p$ 中一样），证明

$$(x+y)^p = x^p + y^p。$$

请给出一个环 R，满足 $n \neq 0$ 时 $n_R = 0_R$，但 $(x+y)^n \neq x^n + y^n$。

4. 如果 R 是一个有序环，请用本章的顺序定义证明

$$x^2 - 5_R x + 6_R \geqslant 0_R,$$

当且仅当 $x \geqslant 3_R$ 或 $x \leqslant 2_R$。

5. 使用欧几里得算法证明如果 $m, n \in \mathbb{N}$ 互质（换言之，在 $\mathbb{N}$ 中没有比 1 更大的公因数），那么存在 $a, b \in \mathbb{Z}$ 使得

$$am + bn = 1。$$

当 $m = 1008, n = 1375$ 时，求 a, b。

6. 请形式化地证明每个正有理数都可以唯一地表示为**互质的 $m, n \in \mathbb{N}$ 之比**，**也就是 $\dfrac{m}{n}$** 的形式。这被称作 "最简分数"。如果有理数 $\dfrac{p}{q}, \dfrac{r}{s}$ 都是最简分数，那么 $\dfrac{ps+qr}{qs}$ 是最简分数吗？$\dfrac{pr}{qs}$ 呢？

请证明：如果 $\dfrac{p}{q}$ 是最简分数，那么 $\dfrac{p^2}{q^2}$ 也是最简分数。使用最简分数的唯一性，给出一个 $\sqrt{2}$ 是无理数的简单证明。

7. 在任意一个有序域中证明下列结果成立。

(a) $a \leqslant b \Leftrightarrow -b \leqslant -a$，

(b) $a < b \Leftrightarrow -b < -a$，

(c) $-1 < 0 < 1$，

(d) 如果 $a \neq 0$，那么 $a^2 > 0$，

(e) $0 < a \leqslant b \Rightarrow 0 < b^{-1} \leqslant a^{-1}$，

(f) 如果 $a < 0$ 且 $b < 0$，那么 $ab > 0$。

8. 证明一个有序域的每个非空**有限**子集 X 都有一个最小元素和一个最大元素。（最小元素 $x \in X$ 满足 $x \leqslant y$，对于所有 $y \in X$ 均成立；最大元素的定义同理。）如果我们去掉有限这一条件，这个结果是否依然成立？

9. 在 $\mathbb{R}$ 的顺序关系定义中，为什么不能定义

如果 $\exists N \in \mathbb{Z}$，使得 $a_n \geqslant 0$ 对于所有 $n > N$ 均成立，那么 $[a_n] \geqslant 0$？

10. 令 $a_n = \dfrac{1}{2} - \dfrac{1}{6} + \cdots + \dfrac{(-1)^{n+1}}{(n+1)!}$。证明 (a_n) 是柯西序列，因此趋近一个极限 l。

证明每个 a_n 都是有理数，但 l 不是。

第 10 章
作为完备有序域的实数

在本章中，我们将把上一章的过程反过来。我们当时假定存在一个集合满足自然数的基本性质 (N1)~(N3)，最终构造了一个完备有序域 $\mathbb{R}$。本章我们将假定存在一个完备有序域，向下构造到自然数。这种方法从技术上来说更加简单，比如我们不用序同构的小伎俩也能构造出 $\mathbb{N} \subseteq \mathbb{Z} \subseteq \mathbb{Q} \subseteq \mathbb{R}$。但就像上一章说的，这需要更多的公理，这些公理互相关联，而且有些相当复杂。

我们会先从域、环、有序域和有序环的例子开始，证明有很多这样的结构存在。任何满足一组形式化公理的系统都被称为这组公理的一个**模型**，而公理化方法的优势在于基于公理的任何推导都适用于这些公理的任何模型。因此关于有序域的任何基于公理的有效推导都适用于上一章构造的模型 $\mathbb{Q}, \mathbb{R}$，也适用于**任何**满足这些公理的系统。因此我们只需要推导**一次**，无须为每个模型重复此过程。

公理化方法还有一个优势：（在不考虑同构的情况下）可以选出一个**唯一的**模型。例如自然数的公理 (N1)~(N3)：所有满足这些公理的系统都是序同构的，或者从本质上来说是相同的。这同样适用于完备有序域的公理：不考虑同构的情况下，它们定义了**一个唯一的**系统。因此，这样的一个系统就是**真正的**实数。

当我们思考实数系时，可以把它当作一个唯一的结晶化概念，且具有自洽的性质。我们可以用多种方式理解它：它可以是一个满足完备有序域的 13 个公理的系统；可以表示为无限小数；也可以是数轴上满足包括完备性在内的 13 个公理的点。但是这些表示方法本质上都指向同一个系统。

我们的任务也将在此告一段落：我们从数轴上的点和小数这种直觉概念开始，构造了一系列公理，唯一定义了所需的系统。此外，在这个唯一的实数系中，我们还可以得到对整数和有理数同样简单的描述。

10.1 环和域的例子

即便不考虑同构，也不是每个公理系统都能定义一个唯一的结构。例如，$\mathbb{Z}$ 和 $\mathbb{Q}$ 都是环，但因为 $\mathbb{Q}$ 是域而 $\mathbb{Z}$ 不是，所以它们不是同构的。我们来看一些别的例子，来看看怎么通过引入新公理来排除可能性。

例 10.1：$\mathbb{Z}_n$ 是整数模 n 的环 $\mathbb{Z}_n$。令 $n > 0$ 是一个整数，对于 $r, s \in \mathbb{Z}$，定义

$$r \underset{n}{\sim} s \Leftrightarrow 存在 k \in \mathbb{Z}, \ r - s = kn。$$

很容易证明 $\underset{n}{\sim}$ 是一个等价关系，并且我们把它的等价类集合称为 $\mathbb{Z}_n$。我们把 m 所在的类记作 m_n。

带余除法表明，如果 $m, n \in \mathbb{Z}$，$n > 0$，那么存在 $q, r \in \mathbb{Z}$，$0 \leqslant r < n$，使得 $m = qn + r$。因此 $m - r = qn$，所以每个整数都和一个满足 $0 \leqslant r < n$ 的整数 r 在 $\underset{n}{\sim}$ 下等价。因此 $\mathbb{Z}_n$ 的元素为 0_n，1_n，$\cdots$，$(n-1)_n$。我们在第 4 章学习过（当时我们考察了 $n = 3$ 的特殊情况），可以像下面这样定义等价类的运算：

$$r_n + k_n = (r + k)_n,$$
$$r_n k_n = (rk)_n。$$

这些运算定义良好，且满足**环**的公理，其加法单位元是 0_n，乘法单位元是 1_n。

如果 n 不是质数，那么 $\mathbb{Z}_n$ 就不是域。因为如果 $n = rk$，$0 < r < n$，$0 < k < n$，那么

$$r_n k_n = n_n = 0_n。$$

已知一个环的元素 x，如果 $x \neq 0$，但是环中存在一个 $y \neq 0$ 使得 $xy = 0$，我们就称 x 为**零因子**。那么 r_n 和 k_n 都是零因子。但域不存在零因子，因为如果域中 $xy = 0$ 且 $y \neq 0$，那么 $x = xyy^{-1} = 0y^{-1} = 0$。因此，$n$ 为合数时 $\mathbb{Z}_n$ 不是域。

例如，$\mathbb{Z}_6$ 中有 $2_6 3_6 = 0_6$，其中 $2_6 \neq 0_6$，$3_6 \neq 0_6$。我们可以通过手动检查所有六种可能性，来证明这些元素在 $\mathbb{Z}_6$ 中没有乘法逆元：$2_6 0_6 = 0_6$，$2_6 1_6 = 2_6$，$2_6 2_6 = 4_6$，$2_6 3_6 = 0_6$，$2_6 4_6 = 2_6$，$2_6 5_6 = 4_6$。结果中并没有出现 1_6。

但如果 n 是**质数**，那么 $\mathbb{Z}_n$ 就是一个域。有几种方法可以证明这一点，下面的方法是最简单也最直接的。已知 $r_n \neq 0_n$，我们可以通过计算下面所有的积来寻找

其乘法逆元：

$$r_n 0_n = 0_n, \; r_n 1_n = r_n, \; \cdots, \; r_n(n-1)_n = ?$$

这些元素都是不同的，因为如果

$$r_n k_n = r_n l_n,$$

其中 $0 \leqslant k < l < n$，那么

$$r_n(l-k)_n = 0_n,$$

换言之 n 整除 $r(l-k)$。但因为每个因数都位于 0 和 n 之间，且 n 是质数，所以就产生了矛盾。

现在这些积正好是 n 个不同元素。因为 $\mathbb{Z}_n$ 只有 n 个元素，所以每个元素都刚好出现一次。其中 1_n 一定出现了一次，假设在 $r_n k_n = l_n$ 处，那么 k_n 就是所求的乘法逆元。因此如果 n 是质数，那么 $\mathbb{Z}_n$ 就是一个域。

例如，在 $\mathbb{Z}_5$ 中，我们可以这样寻找 3_5 的乘法逆元：$3_5 0_5 = 0_5$，$3_5 1_5 = 3_5$，$3_5 2_5 = 1_5$，$3_5 3_5 = 4_5$，$3_5 4_5 = 2_5$。可以看到积 0_5，3_5，1_5，4_5，2_5 刚好是 $\mathbb{Z}_5$ 的元素。因为 $3_5 2_5 = 1_5$，所以 3_5 的乘法逆元是 2_5。

例 10.2： $\mathbb{Q}(\sqrt{2}) = \{a + b\sqrt{2} \in \mathbb{R} \,|\, a, b \in \mathbb{Q}\}$。这是一个域，其加法单位元为 $0 + 0\sqrt{2}$，乘法单位元为 $1 + 0\sqrt{2}$。$a + b\sqrt{2}$ 的加法逆元是 $-a - b\sqrt{2}$，如果 $a + b\sqrt{2} \neq 0$，那么其乘法逆元为

$$\frac{1}{a + b\sqrt{2}} = \frac{a - b\sqrt{2}}{(a + b\sqrt{2})(a - b\sqrt{2})} = \frac{a}{a^2 - 2b^2} + \frac{-b}{a^2 - 2b^2}\sqrt{2}。$$

（可以简单地证明如果 a, b 中有一个不为 0，那么 $a^2 - 2b^2 \neq 0$，这和证明 $\sqrt{2}$ 是无理数是一样的。）

例 10.3： 这个例子等下会提供一个有用的反例。这个例子是以 t 为不定元的**有理函数**的域 $\mathbb{R}(t)$。$\mathbb{R}(t)$ 的元素可以简单描述为两个多项式的商

$$\frac{a_n t^n + \cdots + a_0}{b_m t^m + \cdots + b_0},$$

其中 $a_0, \cdots, a_n, b_0, \cdots, b_m \in \mathbb{R}$，且 b 不全为 0。我们可以从这样的表达式中构造

一个函数 $f: D \to \mathbb{R}$，其中

$$D = \left\{ x \in \mathbb{R} \mid b_m x^m + \cdots + b_0 \neq 0 \right\},$$

$$f(x) = \frac{a_n x^n + \cdots + a_0}{b_m x^m + \cdots + b_0}。$$

就像有理数是整数的商一样，我们把这个多项式的商称作"有理函数"。

$\mathbb{R}(t)$ 的形式化定义如下。首先，因为多项式由其系数 a_0，$\cdots$，a_n 定义，所以我们定义**形式多项式**为序列 $s: \mathbb{N}_0 \to \mathbb{R}$，使得对于 $n \in \mathbb{N}_0$，存在 $m > n$ 满足 $s(m) = 0$。我们可以用 s_m 表示 $s(m)$，并用序列 $(s_0, s_1, \cdots, s_r, \cdots)$ 表示 s。从某一个下标开始，我们就有 $s_m = 0$。加法和乘法可以定义为

$$(s_0, s_1, \cdots, s_r, \cdots) + (p_0, p_1, \cdots, p_r, \cdots) = (s_0 + p_0, s_1 + p_1, \cdots, s_r + p_r, \cdots),$$

$$(s_0, s_1, \cdots, s_r, \cdots)(p_0, p_1, \cdots, p_r, \cdots) = (s_0 p_0, s_0 p_1 + s_1 p_0, \cdots, q_r, \cdots),$$

其中 $q_r = s_0 p_r + s_1 p_{r-1} + \cdots + s_r p_0$。

序列 $(0, 1, 0, 0, \cdots)$ 可以表示为 t，那么

$$(s_0, s_1, \cdots, s_r, \cdots) = s_0 + s_1 t + \cdots + s_r t^r + \cdots。$$

这样只要我们把 $s \in \mathbb{R}$ 记作序列 $(s, 0, 0, \cdots)$，就得到了通常的关于 t 的多项式写法。形式多项式构成了一个环。

我们可以像从 $\mathbb{Z}$ 构造 $\mathbb{Q}$ 那样，使用有序对的等价类从形式多项式环构造 $\mathbb{R}(t)$。有理函数的和与积的定义就如同我们所习惯的那样，得到的结构是一个域。最后，我们可以把 $\mathbb{R}$ 表示为 $\mathbb{R}(t)$ 的子集，这个子集包含了函数 $\frac{a_0}{1}$，其中 $a_0 \in \mathbb{R}$。

当然还有很多有趣的环和域，不过上述内容和本章尤其相关。

10.2 有序环和有序域的例子

接下来我们尝试引入顺序。之所以说"尝试"，是因为未必能成功，而失败的原因也很有意义。

（反）例 10.4：我们无法为 $\mathbb{Z}_n$ 引入顺序，使它成为一个有序环。（当然，我们可以引入一个不符合算术的**顺序**。例如：

$$0_n < 1_n < 2_n < \cdots < (n-1)_n。$$

但这样不能得到有序环，因为 $1_n > 0_n$，$(n-1)_n > 0_n$，所以 $0_n = 1_n + (n-1)_n > 0_n$。这显然不可能。）

更一般地，假设我们能赋予 $\mathbb{Z}_n$ 一个顺序关系，让它成为一个有序环，那么就存在一个正元素的子集 $\mathbb{Z}_n^+$ 满足公理 (O1)~(O3)。根据 (O2)，要么 $1_n \in \mathbb{Z}_n^+$，要么 $-1_n \in \mathbb{Z}^+$。因为 $1_n = 1_n \times 1_n = (-1_n)(-1_n)$，所以无论是哪种情况，根据 (O1)，都有 $1_n \in \mathbb{Z}_n^+$。根据 (O1) 和归纳法，可知 $2_n = 1_n + 1_n \in \mathbb{Z}_n^+$，$3_n \in \mathbb{Z}_n^+$，$\cdots$，$(n-1)_n \in \mathbb{Z}_n^+$。这样就能得到和上面相同的矛盾。因此 $\mathbb{Z}_n$ 不可能成为一个有序环。

例 10.5：$\mathbb{Q}(\sqrt{2})$ 可以有两种构造有序域的方法。

首先我们注意到 $\mathbb{Q}(\sqrt{2}) \subseteq \mathbb{R}$，所以第一种方法就是把 $\mathbb{R}$ 上的顺序关系限制在 $\mathbb{Q}(\sqrt{2})$ 上，显然这会让 $\mathbb{Q}(\sqrt{2})$ 变成有序域。

第二种方法则更加巧妙。我们可以定义映射 $\theta : \mathbb{Q}(\sqrt{2}) \to \mathbb{Q}(\sqrt{2})$，

$$\theta(a + b\sqrt{2}) = a - b\sqrt{2}。$$

θ 是一个从 $\mathbb{Q}(\sqrt{2})$ 到自身的同构（通常称为**自同构**）。换言之，θ 是一个双射，且对于所有 $x, y \in \mathbb{Q}(\sqrt{2})$，

$$\theta(x + y) = \theta(x) + \theta(y),$$
$$\theta(xy) = \theta(x)\theta(y)。$$

（请读者自行验证）把第一个顺序关系记为 $\geq$，我们定义一个新的顺序关系 $\succeq$：

$$x \succeq y \Leftrightarrow \theta(x) \geq \theta(y)。$$

请读者自行验证这个关系也会让 $\mathbb{Q}(\sqrt{2})$ 成为有序域。例如，如果 $x, y \succeq 0$，那么 $\theta(x), \theta(y) \geq \theta(0) = 0$，所以 $\theta(x)\theta(y) \geq 0$，$\theta(xy) \geq 0$，$xy \succeq 0$。剩余的公理也可以用同样方式验证。注意，在这个顺序关系中 $\sqrt{2} \prec 0$。

注：除了这个例子，我们还应该知道一个事实：$\mathbb{Z}$ 和 $\mathbb{Q}$ **只有一种**成为有序环（或者 $\mathbb{Q}$ 成为有序域）的方法。其原因可以简述如下。正如我们在 $\mathbb{Z}_n^+$ 那段论述中所说，因为 $1 = 1^2 = (-1)^2$，所以总是有 $1 > 0$。根据归纳法，$\mathbb{Z}$ 的顺序要求其正的部分包括所有自然数。所以根据 (O2)，**通常意义上的**负整数一定在这个顺序的负的部分。因此对于 $\mathbb{Z}$ 来说，只有我们熟悉的顺序关系能使其成为有序环。因为 $\mathbb{Q}$

中的所有元素都是整数的商，所以（在做一点额外工作之后）$\mathbb{Q}$ 也同理。

$\mathbb{R}$ 也有同样的结果，但是其证明用到了每个正实数都存在一个平方根这一尚未证明的结果，这一结果可以由完备性推导出。如果 $x \in \mathbb{R}$ 且 $x > 0$，令

$$L = \left\{ y \in \mathbb{R} \mid y > 0 \,\&\, y^2 < x \right\},$$

那么显然 L 非空，且存在上界。根据完备性，L 存在上确界 u，用一个简单的反证法可以证明 $u^2 = x$。

如果**有一个**顺序关系让 $\mathbb{R}$ 成为有序域，那么所有形如 $y^2 (y \in \mathbb{R})$ 的元素都一定为正，而所有形如 $-y^2$ 的元素都一定为负。根据前述的内容，$\mathbb{R}$ 通常意义上的正元素和负元素也一定是这个顺序关系中的正元素和负元素，因为它们正好是具有这两种形式的所有元素。因此只有一种顺序关系能让 $\mathbb{R}$ 成为有序域。

例 10.6：我们可以赋予有理函数 $\mathbb{R}(t)$ 的域一个有着有趣性质的顺序关系。（我们没有定义函数的**大小**，但是依然可以赋予它一个满足公理 (O1)~(O3) 的顺序。）定义

$$\mathbb{R}(t)^+ = \left\{ f(t) \in \mathbb{R}(t) \mid \exists K \in \mathbb{R} : x \in \mathbb{R},\, x > K \Rightarrow f(x) \geq 0 \right\},$$

换言之，我们认为 $f(t)$ 为正，当且仅当 $f(x)$ 对于所有足够大的 x 都为正。（例如 $\dfrac{t^2 - 17}{5t^3 + 4t}$ 为正，但是 $\dfrac{t+1}{3t - t^2}$ 为负。）我们可以证明，这个关系令 $\mathbb{R}(t)$ 成为了一个有序域。如果我们把 $\mathbb{R}$ 表示为常函数的集合，那么 $\mathbb{R}(t)$ 上的这个关系就会限制到 $\mathbb{R}$ 上通常意义上的顺序。

令人意外的是，$\mathbb{R} \subseteq \mathbb{R}(t)$ 现在**有上界**，而函数 $f(t) = t$ 就是一个上界。因为如果 $k \in \mathbb{R}$，那么函数 $g(t) = f(t) - k = t - k$ 满足 $g(x) > 0$，对于所有 $x > k$ 均成立，所以 $g(t) \in \mathbb{R}(t)^+$。这证明在 $\mathbb{R}(t)$ 中，t 是 $\mathbb{R}$ 的一个上界。

这样一个包含了实数的有序域为形式数学打开了新的大门。我们将在第 15 章进一步学习它。

10.3 回顾同构

我们已经看到了"同构"和"序同构"这两个概念的一些例子，现在来讨

论它们的一般情况。如果 R, S 是环，那么如果 $\theta: R \to S$ 是一个双射，且对于所有 $r, s \in R$，有

$$\theta(r+s) = \theta(r) + \theta(s),$$
$$\theta(rs) = \theta(r)\theta(s), \tag{10.1}$$

则 θ 是一个**同构**。有很多公理化结构在**不考虑同构的情况下**是唯一的。你可能想问：为什么不能更进一步，令它们真正**唯一**？原因在于这要求太高了，而且没什么用。毕竟同构本质上只是换了个名字（从 r 到 $\theta(r)$），所以已知环 R，我们可以寻找不同的改名方法，找到与其同构的环。用形式化的术语，令 S 为**任意**存在双射 $\theta: R \to S$（我们不假定 S 也是环）的集合，我们可以反向使用 (10.1)，定义 S 上的环运算：

$$\theta(r) + \theta(s) = \theta(r+s),$$
$$\theta(r)\theta(s) = \theta(rs)。$$

那么 S 与 R 同构。

我们怎么知道存在这样的集合 S 和对应的双射呢？取任意元素 t，令 $S = R \times t$，定义 $\theta(r) = (r, t)$。θ 总是一个双射，而对 t 的不同选择会得到不同的 S。这证明可以找到很多不同的集合 S——而这只是众多方法中的**一个**简单方法。

因为对于环来说，重要的不是元素，而是代数运算，所以同构环对我们来说具有相同的效力。因此想要定义一个唯一的代数结构有些过于束手束脚了。另一方面，不考虑同构的唯一已经足够我们使用了。

两个有序环 R 和 S 的**序同构**也同理。除了 (10.1)，序同构还要满足条件

$$r \geq s \Rightarrow \theta(r) \geq \theta(s)。$$

我们暂时告别哲学讨论，来看 (10.1) 的几个简单有用的结果。

引理 10.7：如果 $\theta: R \to S$ 是一个环同构，那么对于所有 $r \in R$ 都有：

(a) $\theta(0) = 0$；

(b) $\theta(1) = 1$；

(c) $\theta(-r) = -\theta(r)$；

(d) 如果 $\dfrac{1}{r}$ 存在，那么 $\theta\dfrac{1}{r} = \dfrac{1}{\theta(r)}$。

证明：对于所有 $r \in R$，我们都有 $r = 0 + r$，那么

$$\theta(r)=\theta(0+r)=\theta(0)+\theta(r)。$$

因为 θ 是满射，所以 S 的每个元素都可以表示为 $\theta(r)$，其中 $r \in R$。因此

$$s=\theta(0)+s$$

对于所有 $s \in S$ 均成立。根据的命题 9.2，$\theta(0)=0$。这证明了 (a)，(b) 的证明同理。因为

$$r+(-r)=0,$$

所以

$$\theta(r)+\theta(-r)=\theta(0)=0。$$

根据命题 9.3，$\theta(-r)=-\theta(r)$。这证明了 (c)，(d) 的证明同理。 □

定义 10.8：如果 R 是一个环，那么 R 的**子环**是一个满足下列条件的子集 S：

(i) $r,s \in S \Rightarrow r+s \in S$；

(ii) $r,s \in S \Rightarrow rs \in S$；

(iii) $s \in S \Rightarrow -s \in S$；

(iv) $1 \in S$。

根据 (iv)(iii) 和 (i)，$0=1+(-1) \in S$。例如，$\mathbb{Z}$ 是 $\mathbb{Q}$ 的子环，而 $\mathbb{Q}$ 是 $\mathbb{R}$ 的子环。

和环同构一样，我们往往只需要子环同构，而非相同。

定义 10.9：如果 R 是一个域，那么**子域** S 是一个满足上述 (i)~(iv) 和下列条件的子环：

(v) $s \in S,\ s \neq 0 \Rightarrow s^{-1} \in S$。

例如，$\mathbb{Q}$ 是 $\mathbb{R}$ 的子域。我们将在下一节中用到这些概念。

10.4 一些特征

命题 10.10：每个环 R 都包含一个要么和 $\mathbb{Z}$，要么和某个 $\mathbb{Z}_n$ 同构的子环。

注：这里我们要说 0 和 1 是不同的。不然，就有一个环 $\{0\}$，它的所有运算都会得到 0。

证明：定义 $\theta:\mathbb{Z}\to R$，$\theta(0)=0$，$\theta(1)=1$。$n>0$ 时，$\theta(n+1)=\theta(n)+1$（使用递归定理），$\theta(-n)=-\big(\theta(n)\big)$。归纳法可证得

$$\theta(m+n)=\theta(m)+\theta(n),$$
$$\theta(mn)=\theta(m)\theta(n)。$$

如果 θ 是单射，那么我们已经完成了证明，因为 θ 下 $\mathbb{Z}$ 的像 $\theta(\mathbb{Z})$ 是一个和 $\mathbb{Z}$ 同构的子环。

但是 θ 未必是单射。这时，存在 $r>s\in\mathbb{Z}$ 使得 $\theta(r)=\theta(s)$，因此 $\theta(r-s)=\theta(r)-\theta(s)=0$。使用良序原理，令 n 是满足 $n\neq 0$，$\theta(n)=0$ 的最小自然数。因为如果 $\theta(r)=\theta(s)$，$0<r<s<n$，那么 $\theta(s-r)=0$，与 n 的定义矛盾，所以 $\theta(0)$，$\theta(1)$，$\cdots$，$\theta(n-1)$ 都是不同的。另外，如果

$$u-v=qn\quad (u,\,v,\,q\in\mathbb{Z}),$$

那么

$$\theta(u)-\theta(v)=\theta(u-v)=\theta(qn)=\theta(q)\theta(n)=\theta(q)0=0。$$

因此，使用我们的 $\mathbb{Z}_n$ 记法，如果 $u_n=v_n$，那么 $\theta(u)=\theta(v)$。

因此我们可以定义映射 $\varphi:\mathbb{Z}_n\to R$，$\varphi(u_n)=\theta(u)$。前面的注表明 φ 是定义良好的。现在

$$\varphi(u_n+v_n)=\varphi\big((u+v)_n\big)=\theta(u+v)=\theta(u)+\theta(v)=\varphi(u_n)+\varphi(v_n),$$
$$\varphi(u_nv_n)=\varphi\big((uv)_n\big)=\theta(uv)=\theta(u)\theta(v)=\varphi(u_n)\varphi(v_n)。$$

因为 $\theta(0)$，$\cdots$，$\theta(n-1)$ 都是不同的，所以 $\varphi(0)$，$\cdots$，$\varphi\big((n-1)_n\big)$ 也都是不同的。因此 φ 是一个单射，故 $\varphi(\mathbb{Z}_n)$ 是 R 的一个和 $\mathbb{Z}_n$ 同构的子环。　□

域也有类似的结果：

命题 10.11：每个域 F 都包含一个要么和 $\mathbb{Q}$，要么和某个 $\mathbb{Z}_p$（p 为质数）同构的子域。

证明：根据命题 10.10，F 包含一个和 $\mathbb{Z}$ 或 $\mathbb{Z}_n$ 同构的子环 S。

假设 S 和 $\mathbb{Z}$ 同构，记作 $\theta:\mathbb{Z}\to S$。定义 $\varphi:\mathbb{Q}\to F$，

$$\varphi\left(\frac{m}{n}\right)=\frac{\theta(m)}{\theta(n)}\quad (m,\,n\in\mathbb{Z},\,n\neq 0)。$$

因为 θ 是一个单射，所以 $n \neq 0 \Rightarrow \theta(n) \neq 0$，因此上面等式的右边定义良好。此时，$\varphi$ 是一个单射。因为如果 $\varphi\left(\dfrac{m}{n}\right) = \varphi\left(\dfrac{r}{s}\right)$，那么

$$\frac{\theta(m)}{\theta(n)} = \frac{\theta(r)}{\theta(s)},$$

所以

$$\theta(ms) = \theta(m)\theta(s) = \theta(r)\theta(n) = \theta(rn),$$

因此 $ms = rn$，$\dfrac{m}{n} = \dfrac{r}{s}$。很容易证明 $\varphi(\mathbb{Q})$ 是一个和 $\mathbb{Q}$ 同构的子域。

假设 S 和 $\mathbb{Z}_n$ 同构。如果 n 是合数，$n = qr$，那么 $\varphi(q_n)$，$\varphi(r_n)$ 都是 F 中的零因子。但是域 F 不存在零因子（如果 $xy = 0$，$y \neq 0$，那么 $x = xyy^{-1} = 0y^{-1} = 0$），因此 n 是质数 p。因为 $\mathbb{Z}_p$ 是一个域，我们就找到了 F 的一个和 $\mathbb{Z}_p$ 同构的子域。 □

接下来我们引入顺序关系。

命题 10.12：每个有序环都包含一个和 $\mathbb{Z}$ 序同构的子环。

证明：根据命题 10.10，这个环包含一个和 $\mathbb{Z}$ 或 $\mathbb{Z}_n$ 同构的子环。$\mathbb{Z}_n$ 不能成为有序环的证明也表明它不可能是一个有序环的子环。$\mathbb{Z}$ 的顺序唯一性的证明表明和 $\mathbb{Z}$ 同构的子环也和 $\mathbb{Z}$ 序同构。 □

同理：

命题 10.13：每个有序域都包含一个和 $\mathbb{Q}$ 序同构的子域。

证明：和命题 10.11 一样排除 $\mathbb{Z}_p$ 的可能，然后使用 $\mathbb{Q}$ 的顺序唯一性。 □

这两个命题给出了 $\mathbb{Z}$ 和 $\mathbb{Q}$ 简单的公理化特征：

$\mathbb{Z}$ 是一个最小的有序环（换言之，$\mathbb{Z}$ 是一个没有真子环的有序环）；

$\mathbb{Q}$ 是一个最小的有序域（换言之，$\mathbb{Q}$ 是一个没有真子域的有序域）。

不考虑同构的情况下，这些性质唯一定义了 $\mathbb{Z}$ 和 $\mathbb{Q}$。这是因为根据命题 10.12，任何最小的有序环都必须和 $\mathbb{Z}$ 同构，根据命题 10.13，任何最小的有序域都必须和 $\mathbb{Q}$ 同构。

最后我们来看完备有序域，为此必须推广"极限"和"柯西序列"的概念。令 F 是一个有序域，根据命题 10.13，它包含一个和 $\mathbb{Q}$ 序同构的子域，我们可以不失一般性地假设这个子域就是 $\mathbb{Q}$。我们称一个由 F 中的元素构成的序列 (a_n) 为**柯西**序列，如果对于每个 $\varepsilon > 0$，$\varepsilon \in F$，都存在 $N \in \mathbb{N}_0$，使得 $|a_m - a_n| < \varepsilon$ 对于所有

$m, n > N$ 都成立。

序列 (a_n) 趋近于**极限** $\lambda \in F$，如果对于每个 $\varepsilon > 0, \varepsilon \in F$，都可以找到 $N \in \mathbb{N}_0$，使得 $|a_n - \lambda| < \varepsilon$ 对于所有 $n > N$ 都成立。

下面是一个关键结果：

引理 10.14：在一个完备有序域中，每个柯西序列都有极限。

证明：令 (a_n) 是 F 中的一个柯西序列。在 F 中重复引理 9.15 的论证，可知这个序列是有界的，因此序列的每个子集也都是有界的。定义

$$b_N = \{a_N, a_{N+1}, a_{N+2}, \cdots\} \text{ 的上确界。}$$

根据完备性，它确实存在。显然

$$b_0 \geq b_1 \geq b_2 \geq \cdots$$

且序列 (b_n) 有下界（例如 (a_n) 的任何下界），因此我们可以定义

$$c = (b_n) \text{ 的下确界。}$$

我们断言 c 就是原序列 (a_n) 的极限。

令 $\varepsilon > 0$。假设只存在有限多的 n 值，使得

$$c - \frac{1}{2}\varepsilon < a_n < c + \frac{1}{2}\varepsilon。$$

那么我们可以选择一个 N，使得对于所有 $n > N$，都有

$$a_n \leq c - \frac{1}{2}\varepsilon \text{ 或 } a_n \geq c + \frac{1}{2}\varepsilon。$$

但存在 $N_1 > N$ 使得如果 $m, n > N_1$，那么 $|a_m - a_n| < \frac{1}{2}\varepsilon$。因此

$$a_n \leq c - \frac{1}{2}\varepsilon \text{ 对于所有 } n > N_1 \text{ 均成立,}$$

或者

$$a_n \geq c + \frac{1}{2}\varepsilon \text{ 对于所有 } n > N_1 \text{ 均成立。}$$

后者说明存在 m，使得 $a_n > b_m$ 对于所有 $n > N_1$ 均成立，这和 b_m 的定义矛盾。而前者说明我们可以把 b_{N_1} 换成 $b_{N_1} - \frac{1}{2}\varepsilon$，这也和 b_{N_1} 的定义矛盾。

因此对于任意 M ，都存在 $m > M$ 使得

$$c - \frac{1}{2}\varepsilon < a_m < c + \frac{1}{2}\varepsilon。$$

因为 (a_n) 是柯西序列，所以存在 $M_1 > M$ ，使得 $|a_n - a_m| < \frac{1}{2}\varepsilon$ 对于 $m, n > M_1$ 成立。因此对于 $n > M_1$ ，有

$$c - \varepsilon < a_n < c + \varepsilon。$$

这就意味着 $\lim a_n = c$ 。命题得证。 □

接下来我们有：

引理 10.15：令 $F \supseteq \mathbb{Q}$ 是一个完备有序域。如果 $x \in F$ ，那么存在 $p \in \mathbb{Z}$ 使得 $p - 1 \leqslant x < p$ 。

证明：假设 $n \leqslant x$ 对于所有 $n \in \mathbb{Z}$ 成立，那么 x 就是 $\mathbb{Z}$ 的上界。根据完备性，$\mathbb{Z}$ 有一个上确界 k 。对于所有 $n \in \mathbb{Z}$ ，因为 $n + 1 \in \mathbb{Z}$ ，所以 $n + 1 \leqslant k$ 也成立。这说明 $n \leqslant k - 1$ ，所以 $k - 1$ 是 $\mathbb{Z}$ 的一个更小的上界，这与 k 的定义矛盾。因此存在 $n \in \mathbb{Z}$ ，使得 $x < n$ 。同理存在 $m \in \mathbb{Z}$ ，使得 $m < x$ 。因为 m 和 n 之间只有有限多个整数，所以我们可以找到满足 $x < p$ 的最小整数 p 。那么 $p - 1 \leqslant x < p$ 。 □

还有最后一项准备工作要做：

引理 10.16：令 F 是一个完备有序域，(a_n) 和 (b_n) 是两个序列，极限分别为 a 和 b 。那么

(a) $\lim(a_n + b_n) = a + b$ ；

(b) $\lim(a_n b_n) = ab$ 。

证明：要证明 (a)，模仿定理 7.1 的证明思路，确保它在形式化的表述下依然正确。要证明 (b)，使用引理 9.15 的论证，证明对于所有 $n \in \mathbb{N}_0$ ，都存在 $A, B \in F$ 使得 $|a_n| < A, |b_n| < B$ 。那么如果 $\varepsilon > 0$ ，我们就有 $\frac{\varepsilon}{A + B} > 0$ 。所以存在 N_1 使得

$$|a_n - a| < \frac{\varepsilon}{A + B}$$

对于 $n > N_1$ 成立，存在 N_2 使得

$$|b_n - b| < \frac{\varepsilon}{A + B}$$

对于 $n > N_2$ 成立。

因此对于 $n > N = \max(N_1, N_2)$,

$$|a_n b_n - ab| = |(a_n - a)b_n + a(b_n - b)|$$

$$< \frac{\varepsilon}{A+B}B + A\frac{\varepsilon}{A+B}$$

$$= \varepsilon。$$

这样就证明了 (b)。 □

对于 $\mathbb{R}$,我们有一个比命题 10.12 和命题 10.13 更强的结果。

定理 10.17:每个完备有序域都和 $\mathbb{R}$ 序同构。

证明:令 F 是一个完备有序域。根据命题 10.13,它有一个和 $\mathbb{Q}$ 序同构的子域。为了方便书写,我们把这个子域记作 $\mathbb{Q}$。因此不失一般性地,我们有 $\mathbb{Q} \subseteq F$。

$\mathbb{R}$ 的元素是有理数柯西序列 (a_n) 的等价类 $[a_n]$。定义映射 $\theta: \mathbb{Q} \to F$,

$$\theta([a_n]) = \lim_{x \to \infty} a_n。$$

首先我们要检查这个定义是否有意义。原因在于从 $\mathbb{Q}$ 构造 $\mathbb{R}$ 时,我们定义了一个柯西序列 (a_n),它的各项 $a_n \in \mathbb{Q}$,且在定义中 ε 的值都是**有理数**。当我们说 F 中的极限时,需要 $\varepsilon > 0$ 可以是 **F 中**的任何值。我们断言已知 $\varepsilon > 0$, $\varepsilon \in F$ 时,存在一个有理数 ε',且 $0 < \varepsilon' < \varepsilon$。要证明这一点,首先注意到 $\frac{1}{\varepsilon} \in F$,且根据引理 10.15,存在 $p \in \mathbb{Z}$ 使得 $\frac{1}{\varepsilon} < p$。那么 $p > 0$ 且 $0 < \frac{1}{p} \in \mathbb{Q}$。令 $\varepsilon' = \frac{1}{p} \in \mathbb{Q}$,因为 (a_n) 是 $\mathbb{Q}$ 中的柯西序列,所以存在 $N \in \mathbb{N}_0$,使得对于所有 $m, n > N$,都有

$$|a_m - a_n| < \varepsilon'。$$

因此对于所有 $m, n > N$,都有

$$|a_m - a_n| < \varepsilon,$$

而 (a_n) 是 F 中的柯西序列。根据引理 10.14,$\lim a_n$ 在 F 中存在。

同理,可以简单证明 θ 是一个单射,而且定义良好。引理 10.16 可以证明 $\theta(\mathbb{R})$ 是 F 的子环,且和 $\mathbb{R}$ 同构。容易验证 θ 也保持了顺序关系。

接下来只要证明 θ 是满射即可。令 $x \in F$,根据引理 10.15,存在整数 a_0, $a_0 \leq x < a_0 + 1$。(根据引理 10.15)使用归纳法可以找到 0 和 9(含)之间的整数 a_i,使得

$$a_0 + \frac{a_1}{10} + \cdots + \frac{a_n}{10^n} \leq x < a_0 + \frac{a_1}{10} + \cdots + \frac{a_n+1}{10^n}\text{。}$$

那么如果 $b_n = a_0 + \frac{a_1}{10} + \cdots + \frac{a_n}{10^n}$，我们就有

$$|b_n - x| < \frac{1}{10^n},$$

（运用和本证明第二段类似的方法）可以轻松证明

$$\lim b_n = x\text{。}$$

此外，(b_n) 是 $\mathbb{Q}$ 中的柯西序列，因此 $[b_n] \in \mathbb{R}$，且

$$\theta(b_n) = \lim b_n = x\text{。}$$

因此 θ 是一个满射。 $\qquad\qquad\qquad\qquad\qquad\qquad\qquad\qquad\square$

10.5　和直觉概念间的联系

我们来整理一下思绪。现在有两种模型可以描述相关的公理系统：形式化的模型 $\mathbb{N}_0$, $\mathbb{Z}$, $\mathbb{Q}$, $\mathbb{R}$，以及非形式化的模型 **N**, **Z**, **Q**, **R**。我们为 **R** 是完备有序域提供了一个直觉的、貌似合理的解释，根据这个直觉解释，定理 10.17 告诉我们 **R** 和 $\mathbb{R}$ 是同构的。换言之，形式化的构造可以证明我们的直觉，并且可以证明所有我们认为 **R** 应当具有的性质。这样，用非形式化的 **R** 还是用形式化的 $\mathbb{R}$ 没有什么分别。我们先前做的工作保证了两者没有本质区别，可以安全地使用它们。

那我们为什么还要费这么大劲？这是因为在完成构造前，我们**不知道**这一点。

总而言之，本章和上一章说明我们可以用两种方法构造数系。我们可以

(a) 假定 $\mathbb{N}_0$ 存在，依次构造 $\mathbb{Z}$, $\mathbb{Q}$, $\mathbb{R}$；

或是

(b) 假定 $\mathbb{R}$ 存在，依次构造 $\mathbb{Q}$, $\mathbb{Z}$, $\mathbb{N}_0$。

将这两种方法结合，我们可以从任意数系开始（例如 $\mathbb{Z}$ 或 $\mathbb{Q}$）来向上或者向下构造其他数系。本章证明的唯一性定理表明，这两种方法没有本质区别：结果总是同构的，而且符合直觉概念。从哪里开始构造只是个人喜好问题，根本算不上什么大事。无论从哪里开始构造，都可以基于公理，同样符合逻辑地得到所有

常见数系，以及初等算术中的全部标准结果。

10.6 习题

1. 请给出命题 10.13 的完整证明。

2. 证明在任何有序域 F 中，

$$a^2 + 1 > 0 \text{ 对于所有 } a \in F \text{ 均成立。}$$

请证明，如果方程 $x^2 + 1 = 0$ 在域中有解，那么这个域不可能是有序域。请给出域 $\mathbb{Z}_2$, $\mathbb{Z}_3$, $\mathbb{Z}_5$ 中 $x^2 + 1 = 0$ 的解。

3. 使用欧几里得算法证明，已知 $m, n \in \mathbb{N}$ 和它们的最大公因数 h，存在一种方法计算满足 $am + bn = h$ 的 $a, b \in \mathbb{Z}$。证明如果 m, n 互质，那么存在整数 a, b 使得 $am + bn = 1$。已知 $m = 1008, n = 1375$，求 a, b。计算 $\mathbb{Z}_{1375}$ 中 1008_{1375} 的乘法逆元。

   证明 m_n 在 $\mathbb{Z}_n$ 中有乘法逆元，当且仅当 m 和 n 互质。

4. 在有序环中，证明对于所有 x, y，都有

$$\big\| |x| - |y| \big\| \leqslant |x + y| \leqslant |x| + |y|。$$

5. 根据完备有序域的公理，证明 $\mathbb{R}$ 的每个正元素 a 都有一个唯一的正平方根。（**提示**：考察 $\{x \in \mathbb{Q} \mid x^2 \leqslant a\}$。）

6. 请用归纳法证明在有序环 R 中，$0 \leqslant a \leqslant b \Rightarrow a^n \leqslant b^n$。已知 $a \in R, a \geqslant 0$，证明如果存在元素 $r \in R$，使得 $r \geqslant 0$ 且 $r^n = a$，那么它是唯一的。

7. 证明完备有序域的每个正元素都有一个唯一的 n 次方根。（**提示**：考察 $\{x \mid x^n \leqslant a\}$。）

8. 使用习题 7 来定义完备有序域中正元素 x 的 $\dfrac{p}{q}$（有理数）次方 $x^{\frac{p}{q}}$。

9. 模仿 $\mathbb{Q}\big(\sqrt{2}\big)$ 定义一个域 $\mathbb{Q}\big(\sqrt{3}\big)$，证明有两种不同的方法把它转化为有序域。

10. 证明上述 $\mathbb{Q}\big(\sqrt{2}\big)$ 的两种顺序关系是仅有的两种能让它成为有序域的顺序关系。

11. 请给出一个域，有且仅有四种不同的顺序关系可以使其成为有序域。

12. 令 $\mathbb{R}[t]$ 为实系数多项式 $p(t) = a_n t^n + a_{n-1} t^{n-1} + \cdots + a_0$ 的环。定义关系 $\geqslant$ 如下：

$$p(t) \geqslant q(t) \Leftrightarrow p(0) \geqslant q(0)。$$

这个关系可以让 $\mathbb{R}[t]$ 成为有序环吗？

13. **一般有序域中的柯西序列**

我们用 $\mathbb{Q}$ 构造 $\mathbb{R}$ 时，从 $\mathbb{Q}$ 中的柯西序列开始，用 $\varepsilon \in \mathbb{Q}$ 定义了一个柯西序列。在引理 10.6 中，我们证明了在**完备**有序域 F 中，无论 $\varepsilon \in F$ 为何值，柯西序列都会收敛。但如果是一个不完备的有序域呢？

考察任意有序域 F 中下列定义之间的关系：

已知 F 中的序列 (a_n)，$a \in F$，如果对于任意 $\varepsilon \in F$，$\exists N \in \mathbb{N}$ 使得 $n > N \Rightarrow |a_n - a| < \varepsilon$，那么我们说 (a_n) 收敛到极限 a。

已知有序域 F 中的序列 (a_n)，如果对于任意 $\varepsilon \in F$，$\exists N \in \mathbb{N}$ 使得 $m, n > N \Rightarrow |a_m - a_n| < \varepsilon$，那么我们说 (a_n) 是 F 中的柯西序列。

如果 F 中的所有柯西序列都趋近于 F 中的一个极限，那么我们说域 F 是**柯西完备**的。

(a) 使用完备性公理 (C) 证明完备有序域是柯西完备的。

(b) 证明完备有序域满足阿基米德性：

如果 $e \in F, e > 0$，那么存在 $n \in \mathbb{N}$ 使得 $\dfrac{1}{10^n} < e$。

14. 令 $F = \mathbb{R}(t)$ 表示例 10.3 的域，$\varepsilon = \dfrac{1}{t}$。

(a) 证明 $0 < \varepsilon < \dfrac{1}{n}$ 对于所有 $n \in \mathbb{N}$ 均成立。

(b) 使用（习题 13 中）极限的一般定义，证明序列 $\left(\dfrac{1}{n}\right)$ 在 F 中**不趋近于**极限 0。

(c) 证明在完备有序域中，序列 $\dfrac{1}{n} \to 0$。

(d) 证明有序域 F 是完备的，当且仅当它同时满足柯西完备性和阿基米德性。

第 11 章
复数以及后续数系

对于部分人来说，复数仍然令他们心生怀疑和敬畏。但对于今天的数学家来说，复数不过是实数在集合论意义上的扩张。我们将在本章用 $\mathbb{R}$ 构造复数，从而完成标准的数系体系 $\mathbb{N}_0 \subseteq \mathbb{Z} \subseteq \mathbb{Q} \subseteq \mathbb{R} \subseteq \mathbb{C}$。

而 $\mathbb{C}$ 还可以继续扩张。19 世纪数学家威廉·罗恩·哈密顿爵士就构造了一个更大的数系，并将其命名为四元数，我们会简单介绍四元数的一些性质。但是现代数学的真谛在于开阔眼界，研究描述更一般的数学结构的公理化系统。数的概念不过是这种研究的一部分。

广义来说，现代代数关注的公理化系统是由集合加上运算构成的。我们已经看到了其中的两种——环和域，但除此之外还有很多。本书并非代数教材，不会深入研究这些系统，但是我们仍需要提到几个重要的系统。基于复数放眼望去，更具创造力的方向并非哈密顿的四元数，而是现代代数的一般代数结构。不过四元数也并非一无是处，它在现代数学的某些领域中仍然有一席之地。

11.1 历史背景

在第 1 章中我们提到了接纳复数带来的问题。我们这里稍微离题，来看看复数的历史背景，这可以帮助读者意识到一些常见的误解。

16 世纪初期，数学家对于解代数方程很感兴趣，其中有一个方程是：

求和为 10 、积为 40 的两个数。

用现代写法，这等价于方程

$$x + y = 10,$$
$$xy = 40。$$

将第一个方程中的 y 代入第二个方程，得到

$$x(10-x) = 40,$$

所以

$$x^2 - 10x + 40 = 0,$$

它的解是

$$x = \frac{+10 \pm \sqrt{100 - 160}}{2} = 5 \pm \sqrt{-15}。$$

如果 $x = 5 + \sqrt{-15}$，那么 $y = 5 - \sqrt{-15}$，因此方程的解就是

$$5 + \sqrt{-15}, 5 - \sqrt{-15}$$

这两个表达式。

16 世纪的数学家意识到，这两个表达式可能不是实数。因为任意实数的平方都是正数，所以 -15 不是实数的平方，$\sqrt{-15}$ 不可能是实数。不过如果**把它们当作数**来运算，就会发现无论 $\sqrt{-15}$ 是什么，这两个解相加时，$\pm\sqrt{-15}$ 都会抵消，从而得到

$$\left(5 + \sqrt{-15}\right) + \left(5 - \sqrt{-15}\right) = 10。$$

它们相乘就会得到

$$\left(5 + \sqrt{-15}\right)\left(5 - \sqrt{-15}\right) = 5^2 - \left(\sqrt{-15}\right)^2$$
$$= 25 - (-15)$$
$$= 40。$$

简单来说，如果我们把 $\sqrt{-15}$ 当作一个"假想"的数，在代数运算时把它的平方当作 -15，那么 $5 + \sqrt{-15}, 5 - \sqrt{-15}$ 就是方程的解。

任意正实数 a 都有一个正平方根 $\sqrt{a}$。如果负实数 $-a$（$a > 0$）存在平方根，那么我们可以把它写作 $\sqrt{-a} = \sqrt{-1}\sqrt{a}$。18 世纪数学家莱昂哈德·欧拉为 $\sqrt{-1}$ 引入了符号 i，因此 $\sqrt{-a} = i\sqrt{a}$。尽管还不清楚其本质，但我们把形如 $x + iy$（其中 $x, y \in \mathbb{R}$）的表达式称为**复数**。使用复数，任意二次方程

$$ax^2 + bx + c = 0 \ (a, b, c \in \mathbb{R})$$

的解可以表示为

$$b^2 \geqslant 4ac \text{ 时}, \quad x = \frac{-b \pm \sqrt{b^2 - 4ac}}{2a}$$

和

$$b^2 < 4ac \text{ 时}, \quad x = \frac{-b \pm i\sqrt{4ac - b^2}}{2a}。$$

换言之，如果 $b^2 \geqslant 4ac$，那么方程有实数解；如果 $b^2 < 4ac$，那么虽然方程没有实数解，但是它有复数解。

当时，这个发现引发了方程真正解和假想解的争论。因为是"假想"的，复数仿佛天生就令人难以接受。（这里"复"的意思不是复杂的，而是"由 x, y 复合而来的"。但如果你把它当作"复杂的"，那从心理上就更难接受它了。）

1806 年，法国数学家让 – 罗贝尔·阿尔冈把复数 $x+iy$ 描述为平面上的点（见图 11-1）。

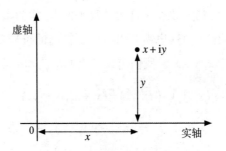

图 11-1　复数作为平面上的点

水平坐标轴成了**实轴**，垂直坐标轴成了**虚轴**，而 i 就在虚轴上原点上方一个单位的位置（见图 11-2）。

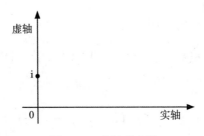

图 11-2　实轴和虚轴

这种把复数表示为平面上的点的方法如今被称为"阿尔冈图"，但是这个想法早在伟大的德国数学家卡尔·弗里德里希·高斯的博士论文（1799）中就出现了。其实高斯的论文也不是它最早的出处——很少有人知道它最早出自丹麦测绘员卡斯帕·韦塞尔的著作（1797），历史就是这样神奇。尽管复数成了平面上实际的点，但曾经围绕它的谜团仍然让大多数人敬而远之。高斯发现这个描述法还可以更简单：他把复数描述为一个实数对 (x, y)。19 世纪 30 年代，爱尔兰数学家哈密顿把复数正式描述为"实数偶"（他把有序对叫作"偶"）。这切中了问题的核心，也是现代复数表示的关键：平面上的点是一个有序对 (x, y)，而符号 $x+iy$ 是这个点或者说这个有序对的另一个名字。而神秘的 i 不过是有序对 $(0, 1)$ 罢了。

11.2 构造复数

我们通常把阿尔冈的复数表示称为"复平面"。作为集合来说，它和"实平面" $\mathbb{R}^2$ 是完全一致的。[①]但这里需要引入一个特殊的符号 $\mathbb{C}$ 作为 $\mathbb{R}^2$ 的别名，表示有序对 (x, y)，其中 $x, y \in \mathbb{R}$。我们定义 $\mathbb{C}$ 上的加法和乘法如下：

$$(x_1, y_1) + (x_2, y_2) = (x_1 + x_2, y_1 + y_2), \tag{11.1}$$

$$(x_1, y_1)(x_2, y_2) = (x_1 x_2 - y_1 y_2, x_1 y_2 + x_2 y_1)。 \tag{11.2}$$

很容易证明 $\mathbb{C}$ 是一个域，其加法单位元为 $(0, 0)$，乘法单位元为 $(1, 0)$。(x, y) 的加法逆元是 $(-x, -y)$，如果 $(x, y) \neq (0, 0)$，那么 (x, y) 的乘法逆元是

$$\left(\frac{x}{x^2 + y^2}, \frac{-y}{x^2 + y^2} \right)。$$

定义 $f: \mathbb{R} \to \mathbb{C}, f(x) = (x, 0)$，那么

$$f(x_1 + x_2) = (x_1 + x_2, 0) = (x_1, 0) + (x_2, 0) = f(x_1) + f(x_2)$$

且

$$f(x_1 x_2) = (x_1 x_2, 0) = (x_1, 0)(x_2, 0) = f(x_1)(x_2)。$$

---

① 现代代数几何学家把 $\mathbb{C}$ 称为复数**轴**，而 $\mathbb{C}^2 = \mathbb{C} \times \mathbb{C}$ 才是复平面。你要习惯这种事。

函数 f 显然是一个单射，因此它是从 $\mathbb{R}$ 到子域 $f(\mathbb{R}) \subseteq \mathbb{C}$ 的域同构，而 $f(\mathbb{R})$ 正是阿尔冈图中的"实轴"。

和以前一样，因为有这个同构，所以我们把 $\mathbb{R}$ 看作 $\mathbb{C}$ 的子集。这样我们就能把实数看作复平面的实轴，并把符号 $(x, 0)$ 替换为 x。

定义 i 为有序对 $(0, 1)$。根据 (11.2)，

$$\mathrm{i}^2 = (0, 1)^2 = (-1, 0)。$$

把 $(-1, 0)$ 想象成实数 -1，这就意味着 $\mathrm{i}^2 = -1$。

更一般地，根据 (11.1) 和 (11.2)，

$$(x, 0) + (0, 1)(y, 0) = (x, 0) + (0, y) = (x, y)。$$

把 $(x, 0)$ 和 $(y, 0)$ 分别替换为 $x, y \in \mathbb{R}$，就得到了

$$x + \mathrm{i}y = (x, y)。$$

因此复数 $x + \mathrm{i}y$ 就是有序对 (x, y) 的别名。

注：偶尔会有一种误解，认为只有 x, y 为实数且 $y \neq 0$ 时 $x + \mathrm{i}y$ 才是复数，$y = 0$ 时它就是一个"实数"。数学家把**所有**形如 $x + \mathrm{i}y(x, y \in \mathbb{R})$ 的数都称为复数，而这其中也**包括**实数。

我们用这种写法重新书写加法的定义 (11.1) 和乘法的定义 (11.2)：

$$(x_1 + \mathrm{i}y_1) + (x_2 + \mathrm{i}y_2) = (x_1 + x_2) + \mathrm{i}(y_1 + y_2)，$$
$$(x_1 + \mathrm{i}y_1)(x_2 + \mathrm{i}y_2) = (x_1 x_2 - y_1 y_2) + \mathrm{i}(x_1 y_2 + x_2 y_1)。$$

这就是我们熟知的复数加法和乘法的规则，定义 (11.1) 和定义 (11.2) 也正是为了使它们成立。

我们把表达式 $x + \mathrm{i}y$ 中的 x 称为"实部"，y 称为"虚部"。x 和 y 是有序对 $(x, y) \in \mathbb{R}^2$ 的第一个和第二个坐标，它们都是实数。如果

$$x_1 + \mathrm{i}y_1 = x_2 + \mathrm{i}y_2，$$

那么

$$(x_1, y_1) = (x_2, y_2)，$$

而根据有序对的性质，

$$x_1 = x_2, \ y_1 = y_2。$$

我们过去把这个过程称为"比较实部和虚部"，但现在这不过是有序对定义的一个应用。

对于二次方程 $x^2 - 10x + 40 = 0$，现代的解释是它在 $\mathbb{R}$ 中无解，但如果我们把它当作 $\mathbb{C}$ 中的方程，它就有解 $5 \pm i\sqrt{15}$。这其实并不比 $\mathbb{N}$ 和 $\mathbb{Q}$ 中的方程 $2x = 1$ 更"复杂"：它在 $\mathbb{N}$ 中无解，但在 $\mathbb{Q}$ 中就有解 $x = \dfrac{1}{2}$。

这种情况在数学中比比皆是：一个问题可能在某个上下文中无解，但是在更大的上下文中有解。不要惊讶，也不要觉得神秘，更多的解题工具可能让你得到更多的解答。

11.3 复共轭

复数 $x + iy$ 常用符号 z（或者其他任何合适的字母）表示。我们写下 $z = x + iy$ 时，除非明确说明，否则总是假设 $x, y \in \mathbb{R}$。

如果 $z = x + iy$, $x, y \in \mathbb{R}$，那么 z 的**实部**是

$$\mathrm{Re}(z) = x,$$

虚部是

$$\mathrm{Im}(z) = y。$$

我们定义 $z = x + iy$ 的**共轭**为

$$\bar{z} = x - iy。$$

例如，$\overline{3 + 2i} = 3 - 2i$，$\overline{1 - 2i} = 1 + 2i$。下面列出了共轭的一些基本性质。

命题 11.1：

(a) $\overline{z_1 + z_2} = \bar{z}_1 + \bar{z}_2$。

(b) $\overline{z_1 z_2} = \bar{z}_1 \bar{z}_2$。

(c) $\overline{\bar{z}} = z$。

(d) $z = \bar{z} \Leftrightarrow z \in \mathbb{R}$ 。

证明：只需用定义即可证明。□

如果我们定义 $c : \mathbb{C} \to \mathbb{C}, c(z) = \bar{z}$ ，那么命题 11.1 表明 c 是域 $\mathbb{C}$ 的一个自同构。如果我们把它限制到 $\mathbb{R}$ 上，它就是恒等函数。

11.4　模

如果 $z = x + iy$ 且 $x, y \in \mathbb{R}$ ，那么 $x^2 + y^2 \geq 0$ 。任意正实数都有一个唯一的正平方根，$z \in \mathbb{C}$ 的**模**或者**绝对值**是

$$|z| = \sqrt{x^2 + y^2} 。$$

例如，$|3 + 2i| = \sqrt{3^2 + 2^2} = \sqrt{13}, \ |-5| = \sqrt{25} = 5$ 。如果 x 是实数，那么 $|x| = \sqrt{x^2}$ ，且因为我们取正平方根，所以它就变成了实数的模定义，

$$|x| = \begin{cases} x, & x \geq 0 ; \\ -x, & x < 0 。 \end{cases} \quad x \in \mathbb{R}$$

从几何意义上来说，模就是复平面上原点到点 $x + iy$ 的距离（见图 11-3）。

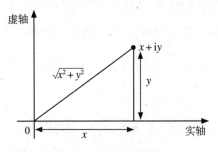

图 11-3　到原点的距离

如果 $z_1 = x_1 + iy_1, z_2 = x_2 + iy_2$ ，那么

$$|z_1 - z_2| = |(x_1 - x_2) + i(y_1 - y_2)| = \sqrt{(x_1 - x_2)^2 + (y_1 - y_2)^2} 。$$

这就是平面上点 z_1 到点 z_2 的距离（见图 11-4）。

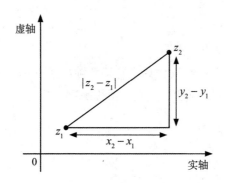

图 11-4　复数的模

命题 11.2：

(a) 对于所有 $z \in \mathbb{C}$，我们都有 $|z| \in \mathbb{R}$, $|z| \geq 0$。

(b) $|z| = 0 \Leftrightarrow z = 0$。

(c) $|z|^2 = z\bar{z}$。

(d) $|z_1 z_2| = |z_1||z_2|$。

(e) $|z_1 + z_2| \leq |z_1| + |z_2|$。

证明： (a) 和 (b) 显然成立。(c) 可以由定义推出，因为如果 $z = x + iy$，那么

$$z\bar{z} = (x + iy)(x - iy) = x^2 - (iy)^2 = x^2 + y^2 = |z|^2。$$

(d) 因为对于所有 $z \in \mathbb{C}$，都有 $|z| \geq 0$，所以只要证明

$$|z_1 z_2|^2 = |z_1|^2 |z_2|^2$$

即可。

$$
\begin{aligned}
|z_1 z_2|^2 &= (z_1 z_2)\overline{(z_1 z_2)} &&\text{命题11.2(c)} \\
&= z_1 z_2 \overline{z_1}\, \overline{z_2} &&\text{命题11.1(b)} \\
&= z_1 \overline{z_1} z_2 \overline{z_2} \\
&= |z_1|^2 |z_2|^2。
\end{aligned}
$$

(e) 直接证明这个不等式需要利用代数技巧暴力计算，但是我们可以用一种更精巧的方法间接证明。令 $z_1 = x_1 + iy_1$, $z_2 = x_2 + iy_2$，考察恒等式

$$\left(x_1^2 + y_1^2\right)\left(x_2^2 + y_2^2\right) - \left(x_1 x_2 + y_1 y_2\right)^2 = \left(x_1 y_2 - x_2 y_1\right)^2,$$

它告诉我们

$$\left(x_1 x_2 + y_1 y_2\right)^2 \leqslant \left(x_1^2 + y_1^2\right)\left(x_2^2 + y_2^2\right) = |z_1|^2 |z_2|^2 。$$

不等式两边开平方，得到

$$x_1 x_2 + y_1 y_2 \leqslant |z_1||z_2|,$$

即便 $x_1 x_2 + y_1 y_2$ 为负这一步也依然正确。因此

$$2\left(x_1 x_2 + y_1 y_2\right) \leqslant 2|z_1||z_2|,$$

所以

$$x_1^2 + 2x_1 x_2 + x_2^2 + y_1^2 + 2y_1 y_2 + y_2^2 \leqslant x_1^2 + y_1^2 + 2|z_1||z_2| + x_2^2 + y_2^2 。$$

这个不等式可以化简为

$$\left(x_1 + x_2\right)^2 + \left(y_1 + y_2\right)^2 \leqslant |z_1|^2 + 2|z_1||z_2| + |z_2|^2 ,$$

也就是

$$|z_1 + z_2|^2 \leqslant \left(|z_1| + |z_2|\right)^2 。$$

因为模为正，所以我们可以取平方根，得到

$$|z_1 + z_2| \leqslant |z_1| + |z_2| 。 \qquad \square$$

命题中的 (c) 给出了 $z = x + \mathrm{i}y, \ z \neq 0$ 的倒数的描述。因为 $|z^2| = x^2 + y^2 \neq 0$，所以等式 $z\bar{z} = |z|^2$ 就意味着

$$\frac{z\bar{z}}{|z|^2} = 1,$$

因此

$$z^{-1} = \frac{\bar{z}}{|z|^2} 。$$

值得强调的是，尽管 (e) 是一个不等式，但它描述的是两个**实数** $|z_1 + z_2|$ 和 $|z_1| + |z_2|$ 之间的关系。

尽管子域 $\mathbb{R}$ 是一个有序域，$\mathbb{C}$ 却不是。我们可以用第 4 章的方法给 $\mathbb{C}$ 定义顺

序关系，例如，我们可以定义关系 ≥ 为

$$x_1 + iy_1 \geq x_2 + iy_2 \Leftrightarrow \text{要么 } x_1 \geq x_2 \text{，要么 } x_1 = x_2 \text{ 且 } y_1 \geq y_2。$$

这显然是一个顺序关系。但是它不符合复数的算术规则，例如

$$z_1 \geq 0,\ z_2 \geq 0 \not\Rightarrow z_1 z_2 \geq 0。$$

我们可以通过例子证明这一点：

$$i \geq 0 \text{ 但 } i^2 = -1 \not\geq 0。$$

我们不可能像第 9 章那样，定义一个 $\mathbb{C}$ 上的顺序关系，让它满足 $\mathbb{C}$ 上的算术规则，从而使 $\mathbb{C}$ 成为一个有序域。要想这样，就需要一个子集 $\mathbb{C}^+ \subseteq \mathbb{C}$ 使得

(i) $z_1,\ z_2 \in \mathbb{C}^+ \Rightarrow z_1 + z_2 \in \mathbb{C}^+ \text{ 且 } z_1 z_2 \in \mathbb{C}^+$；

(ii) $z \in \mathbb{C} \Rightarrow z \in \mathbb{C}^+ \text{ 或 } -z \in \mathbb{C}^+$；

(iii) $z \in \mathbb{C}^+ \text{ 且 } -z \in \mathbb{C}^+ \Rightarrow z = 0$。

但是 (ii) 说明了 $i \in \mathbb{C}^+$ 或 $-i \in \mathbb{C}^+$。如果是前者，根据 (i) 就有 $i^2 \in \mathbb{C}^+$；如果是后者，就有 $(-i)^2 \in \mathbb{C}^+$。无论是哪种情况，都说明 $-1 \in \mathbb{C}^+$，再应用一次 (i)，就会发现 $(-1)^2 \in \mathbb{C}^+$，所以 $1 \in \mathbb{C}^+$。因为 $1, -1 \in \mathbb{C}^+$ 且 $1 \neq 0$，所以这与 (iii) 矛盾。因为 $\mathbb{C}$ 上无法定义顺序关系，所以除非 z_1 和 z_2 都是实数，否则像是 $z_1 > z_2$ 这样复数间的不等式就没有意义。因为 $|z_1|, |z_2| \in \mathbb{R}$，而实数是有序域，所以 $|z_1| > |z_2|$ 这样的公式是成立的。

11.5　欧拉的指数函数方法

这一节中，我们会用实指数函数和三角函数来定义复指数函数 e^z，并证明基本性质 $e^{z+w} = e^z e^w$。我们还会把三角函数和复指数函数关联起来，并证明棣莫弗定理，该定理是一种证明基本三角函数公式的有效方法。我们将用上述结果来给出复数加法和乘法的几何解释，在第 13 章学习正多边形的对称性时还会用到复指数函数。

但首先，我们要回顾历史。人们耗费了漫长的时光才得以知晓在复数的世界中，三角函数和指数函数其实是一体两面的。欧拉在研究复指数函数、正弦函数

和余弦函数的幂级数时发现了这一关系。

欧拉的方法涉及无限级数，是纯代数式的。他把指数函数写作

$$e^z = 1 + \frac{z}{1!} + \frac{z^2}{2!} + \frac{z^3}{3!} + \cdots + \frac{z^n}{n!} + \cdots$$

并且假设该级数对于复数 z 成立。然后他写出了（复数 z 的）正弦和余弦的幂级数

$$\sin z = z - \frac{z^3}{3!} + \frac{z^5}{5!} + \cdots + (-1)^n \frac{z^{2n-1}}{(2n-1)!} + \cdots$$

和

$$\cos z = 1 - \frac{z^2}{2!} + \frac{z^4}{4!} + \cdots + (-1)^n \frac{z^{2n}}{(2n)!} + \cdots。$$

再代入 $z = i\theta$，就得到了这一伟大的等式

$$e^{i\theta} = \cos\theta + i\sin\theta。$$

取 $\theta = \pi,\ \cos\pi = 0,\ \sin\pi = -1$，就得到了

$$e^{i\pi} = -1。$$

欧拉肯定很喜欢这个结果！

等式两边同时乘 -1，得到

$$-e^{i\pi} = 1。$$

这个等式包含了算术中最麻烦的四个对象：负号、无理数 e 和 π，以及复数 i。而它们组合起来，却得到了简简单单的 1。

因为本书的目标是聚焦数学基础，所以我们暂不涉及复幂级数。届时，在构建了幂级数的理论之后，对于复数 A, B，我们就可以优雅地证明包括 $\cos(A+B)$ 和 $\sin(A+B)$ 在内的一系列公式。但目前我们将用更直接的方法，只用初等数学中推导出来的实指数函数和三角函数的性质来解决问题。

11.6 余弦和正弦的加法公式

三角函数与此相关的最重要的性质，就是余弦和正弦的加法公式：

$$\cos(A+B) = \cos A \cos B - \sin A \sin B , \tag{11.3}$$

$$\sin(A+B) = \sin A \cos B + \cos A \sin B 。 \tag{11.4}$$

读者也许见过这两个公式的几何证明，但这些证明可能只用直角三角形中的锐角证明了直角三角形中的加法公式。如图 11-5（左）所示，已知角 A，我们考察一个直角三角形，它的一个锐角等于 A，三边为 r, x, y。我们定义

$$\cos A = \frac{x}{r}, \sin A = \frac{y}{r} , \tag{11.5}$$

根据相似原理，这两个比并不依赖于 r。我们可以直接令 $r = 1$。（正切的定义是 $\tan A = \frac{y}{x}$，但我们这里先只关心余弦和正弦。）

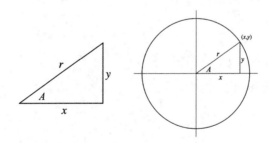

图 11-5 直角三角形中的关系

这种方法先假定 A 是一个锐角：$0 \leqslant A \leqslant \frac{\pi}{2}$。如果 A 是一个钝角 $\frac{\pi}{2} \leqslant A \leqslant \pi$，那么要想得到直角三角形，它就会落在 y 轴左侧，因此 x 为负，对应的三角形内角是 $\pi - A$。使用 (11.5)，可以得到在 $\frac{\pi}{2} < A \leqslant \pi$ 时，

$$\cos A = -\cos(\pi - A), \sin A = \sin(\pi - A) 。 \tag{11.6}$$

我们可以像这样继续推广到 $\pi < A \leqslant \frac{3\pi}{2}$ 和 $\frac{3\pi}{2} < A \leqslant 2\pi$。那么 A 的所有其他实

数值都可以用周期性来计算：

$$\cos(A+2\pi)=\cos A,\ \sin(A+2\pi)=\sin A。$$

但是这种方法涉及很多种情况，非常复杂。因此我们来"迂回"一下，看一种使用复数的方法。这个过程中，我们会为所有实数 A 定义 $\cos A$ 和 $\sin A$，并且为所有实数 A, B 推导 (11.3) 和 (11.4)。最后，我们将会证明这样把余弦和正弦推广到整个实轴上，和分情况推广 A 的值得到的结果一样。

定理 11.3：如果 $0\leqslant A,\ B\leqslant\dfrac{\pi}{2}$，那么 (11.3) 和 (11.4) 成立（见图 11-6）。

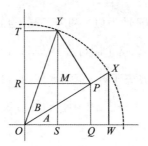

图 11-6 加法公式 $\sin(A+B)$ 的证明

证明：方便起见，假设 $r=1$。图 11-6 不只默认了 $0\leqslant A,\ B\leqslant\dfrac{\pi}{2}$，还假定了 $0\leqslant A+B\leqslant\dfrac{\pi}{2}$。我们暂时如此假定。

在图 11-6 中，有三个重要的直角三角形：

OWX，可以推导 $\sin A$ 和 $\cos A$；

OPY，可以推导 $\sin B$ 和 $\cos B$；

OSY，可以推导 $\sin(A+B)$ 和 $\cos(A+B)$。

根据正弦和余弦的定义，

$$OW=\cos A,$$
$$WX=\sin A,$$
$$OP=\cos B,$$
$$PY=\sin B。$$

我们还知道三角形 OQP 和 OWX 相似，它们的相似比是 $OP:OX=\cos B:1$。因此三角形 OQP 和 OWX 的形状相同，大小的比是 $\cos B$。

而 $\cos(A+B) = OS = OQ - QS$。

根据相似三角形的性质，$OQ:OW = \cos B$，所以

$$OQ = OW \cos B = \cos A \cos B。$$

同样，三角形 YMP 和 OWX 相似，相似比是 $YP:OX = \sin B$，所以

$$QS = WX \sin B = \sin A \sin B。$$

因此

$$\cos(A+B) = \cos A \cos B - \sin A \sin B,$$

也就是 (11.3)。$\sin(A+B)$ 的证明类似，利用了 $\sin(A+B) = YS = YM + MS$。

那如果 $A+B > \dfrac{\pi}{2}$ 呢？那么这个图将会和图 11-6 类似，只不过 Y 位于垂直轴的左边。我们可以用同样的方法证明，但需要使用 (11.6) 并且小心符号。 □

我们现在从 $0 \leqslant \theta \leqslant \dfrac{\pi}{2}$ 开始，把三角函数和复指数函数联系起来。为此，我们定义

$$\mathrm{e}^{\mathrm{i}\theta} = \cos\theta + \mathrm{i}\sin\theta。 \tag{11.7}$$

我们可以用 (11.3) 和 (11.4) 来证明：

引理 11.4：如果 $0 \leqslant \theta,\ \phi \leqslant \dfrac{\pi}{2}$，那么

$$\mathrm{e}^{\mathrm{i}(\theta+\phi)} = \mathrm{e}^{\mathrm{i}\theta}\mathrm{e}^{\mathrm{i}\phi}。$$

证明：根据 (11.7)，

$$\mathrm{e}^{\mathrm{i}(\theta+\phi)} = \cos(\theta+\phi) + \mathrm{i}\sin(\theta+\phi)。$$

因为 $0 \leqslant \theta,\ \phi \leqslant \dfrac{\pi}{2}$，我们可以利用 (11.3) 和 (11.4) 来得到

$$
\begin{aligned}
\mathrm{e}^{\mathrm{i}(\theta+\phi)} &= \cos(\theta+\phi) + \mathrm{i}\sin(\theta+\phi) \\
&= \cos\theta\cos\phi - \sin\theta\sin\phi + \mathrm{i}(\sin\theta\cos\phi + \cos\theta\sin\phi) \\
&= (\cos\theta + \mathrm{i}\sin\theta)(\cos\phi + \mathrm{i}\sin\phi) \\
&= \mathrm{e}^{\mathrm{i}\theta}\mathrm{e}^{\mathrm{i}\phi}。
\end{aligned}
$$

□

下一步是把指数 $\mathrm{i}\theta$ 的定义推广到任意实数 θ。重点在于令 (11.7) 中的 $\theta = \dfrac{\pi}{2}$，

就可以得到

$$e^{\frac{i\pi}{2}} = \cos\left(\frac{\pi}{2}\right) + i\sin\left(\frac{\pi}{2}\right) = 0 + i \cdot 1 = i。$$

因此我们定义

$$e^{i\left(\theta + \frac{\pi}{2}\right)} = ie^{i\theta}。 \tag{11.8}$$

一开始，我们只知道 $0 \leqslant \theta \leqslant \frac{\pi}{2}$ 时的 $e^{i\theta}$ 的定义。使用 (11.8)，就可以利用这个范围中的 θ 来定义 $\pi/2 \leqslant \theta \leqslant \pi$ 中的 $e^{i\theta}$。把 $\theta = 0$ 代入 (11.8)，可以得到 $e^{\frac{i\pi}{2}} = i$，因此这两者在 $\frac{\pi}{2}$ 时结果是一致的。

根据归纳法，我们可以重复乘以 i，把范围推广到所有正实数 θ。此外，如果我们把 (11.8) 中的 θ 换成 $-\theta$，并且两边同时除以 i，就可以得到

$$e^{i\left(\theta - \frac{\pi}{2}\right)} = -ie^{i\theta}，$$

因此我们还可以把定义推广到负实数 θ。同样，这个定义在 θ 的范围重合处也是自洽的。

根据 (11.8) 可以得到：

引理 11.5：对于任意 $\theta \in \mathbb{R}$，

$$e^{i(\theta + 2\pi)} = e^{i\theta}。$$

证明：把 (11.8) 重复应用四次，因为 $i^4 = 1$，所以

$$e^{i(\theta + 2\pi)} = ie^{i\left(\theta + \frac{3\pi}{2}\right)} = i^2 e^{i(\theta + \pi)} = i^3 e^{i\left(\theta + \frac{\pi}{2}\right)} = i^4 e^{i\theta} = e^{i\theta}。 \qquad \square$$

在为所有实数 θ 定义了指数 $i\theta$ 之后，我们就可以把 (11.7) 反过来，为所有实数 θ 定义余弦和正弦。

定义 11.6：

$$\cos\theta = \operatorname{Re} e^{i\theta}, \quad \sin\theta = \operatorname{Im} e^{i\theta}。$$

这个定义会让正弦和余弦都变成为周期为 2π 的周期函数，这正符合我们的期待：

命题 11.7：对于任意 $\theta \in \mathbb{R}$，

$$\sin(\theta+2\pi)=\sin\theta,$$
$$\cos(\theta+2\pi)=\cos\theta。$$

证明：使用引理 11.5，比较实部和虚部即可。 □

针对实数值，使用 $\sin(A+B)$ 和 $\cos(A+B)$ 的公式就可以得到：

命题 11.8：

对于 $x,y\in\mathbb{R}$ ，

$$e^{i(x+y)}=e^{ix}e^{iy}。$$

证明：

$$
\begin{aligned}
e^{i(x+y)} &= \cos(x+y)+i\sin(x+y) \\
&= \cos x\cos y - \sin x\sin y + i(\sin x\cos y+\cos x\sin y) \\
&= (\cos x+i\sin y)(\cos x+i\sin y) \\
&= e^{ix}e^{iy}。
\end{aligned}
$$
□

11.7 复指数函数

为所有复数 z 定义 e^z 的最后一步就是拿掉 z 应该是纯虚数（$z=i\theta$）的限制。

定义 11.9：令 $z=x+iy\in\mathbb{C}$ ，那么

$$e^z=e^x\cos y+ie^x\sin y。 \tag{11.9}$$

因为 x 和 y 是实数，所以这个表达式有定义。如果 $y=0$ ，也就是 $z=x\in\mathbb{R}$ ，那么因为 $\cos 0=1,\sin 0=0$ ，所以

$$e^z=e^x\cos 0+ie^x\sin 0=e^x。$$

因此当 z 是实数时，复指数退化为了常见的实指数，我们也就在一定程度上证明了 e^z 定义的合理性。

此外，(11.9) 可以推出

$$e^{x+iy}=e^xe^{iy}。$$

那么我们可以得到复指数函数的一个基本性质：

定理 11.10：如果 $z, w \in \mathbb{C}$，那么

$$e^{z+w} = e^z e^w。$$

证明：令 $z = wx + iy$，$w = u + iv$，其中 $x, y, u, v \in \mathbb{R}$。那么

$$
\begin{aligned}
e^{z+w} &= e^{x+iy+u+iv} \\
&= e^{(x+u)+i(y+v)} \\
&= e^{x+u} e^{i(y+v)} \quad \text{定义 11.9} \\
&= e^x e^u e^{iy} e^{iv} \quad \text{命题 11.8} \\
&= e^x e^{iy} e^u e^{iv} \\
&= e^{x+iy} e^{u+iv} \quad \text{命题 11.9} \\
&= e^z e^w。
\end{aligned}
$$

$\square$

我们现在可以证明：

定理 11.11（棣莫弗定理）：如果 $n \in \mathbb{N}$，那么

$$\left(\cos\theta + i\sin\theta\right)^n = \cos n\theta + i\sin n\theta。$$

证明：根据定义 11.9，证明这个定理就等价于证明 $\left(e^{i\theta}\right)^n = e^{in\theta}$。对 n 进行归纳，如果 $n = 1$，等式两边完全一致。假设这个结果对于 n 成立，就有

$$
\begin{aligned}
\left(e^{i\theta}\right)^n e^{i\theta} &= e^{in\theta} e^{i\theta} \\
&= e^{in\theta + i\theta} \quad \text{定理 11.10} \\
&= e^{i(n+1)\theta}。
\end{aligned}
$$

归纳证明完成。

$\square$

例 11.12：令 $n = 2$，那么 $\left(\cos\theta + i\sin\theta\right)^2 = \cos 2\theta + i\sin 2\theta$。把等式左边展开，可以得到 $\cos^2\theta - \sin^2\theta + i\left(2\cos\theta\sin\theta\right)$。因为等式两边的实部和虚部分别相等，所以

$$\cos 2\theta = \cos^2\theta - \sin^2\theta, \ \sin 2\theta = 2\cos\theta\sin\theta。$$

这两个都是我们熟知的三角函数公式。

令 $n = 3$。把 $\cos\theta + i\sin\theta$ 的立方展开后，同理可得

$$\cos 3\theta = \cos^3\theta - 3\cos\theta\sin^2\theta, \ \sin 3\theta = 3\cos^2\theta\sin\theta - \sin^3\theta。$$

继续推广就可以得到 θ 的更高倍数的计算公式。

我们还可以用指数函数来表示正弦和余弦：

定理 11.13：如果 $\theta \in \mathbb{R}$，那么

$$\cos\theta = \frac{e^{i\theta} + e^{-i\theta}}{2}, \ \sin\theta = \frac{e^{i\theta} - e^{-i\theta}}{2i}。$$

证明：使用等式

$$e^{i\theta} = \cos\theta - i\sin\theta, \ e^{-i\theta} = \cos\theta - i\sin\theta$$

求解 $\cos\theta$ 和 $\sin\theta$ 即可。 □

复数 $z = x + iy$ 的实部 x 和虚部 y 是 z 在复平面的笛卡儿坐标。而极坐标也是一种很有用的坐标系，它带来了 z 的另一种表示方式。

定理 11.14：每个 $z \in \mathbb{C}$ 都可以唯一表示为 $z = re^{i\theta}$ 的形式，其中 $r, \theta \in \mathbb{R}$，$r \geq 0, 0 \leq \theta < 2\pi$。

证明：我们把 $re^{i\theta}$ 表示为 $r\cos\theta + ir\sin\theta$，然后根据图 11-7 中的条件求解方程 $r\cos\theta = x, r\sin\theta = y$（见图 11-7）。 □

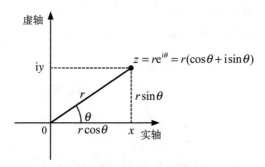

图 11-7 把复数 z 表示为 $re^{i\theta}$ 的形式

根据勾股定理，r 等于模 $|z| = \sqrt{x^2 + y^2}$。角 θ 被称为 z 的**辐角**，记作 $\arg z$。

现在我们就可以用几何方式来解释复数的加法和乘法了。

先来看加法。取一个固定的任意复数 $w = u + iv$，令 $z = x + iy$ 为 $\mathbb{C}$ 中的任意数。考察从 $\mathbb{C}$ 到 $\mathbb{C}$ 的映射"加 w"：

$$\alpha_w(z) = z + w。$$

那么

$$\alpha_w(z) = (x+\mathrm{i}y) + (u+\mathrm{i}v) = (x+u) + \mathrm{i}(y+v)。$$

显然这个映射把 z 沿着实轴移动了距离 u，沿着虚轴移动了距离 v。因此整个平面都发生了移动，新的原点现在位于 w 的位置。

乘法可以用笛卡儿坐标来表示，但是用极坐标表示会更加好懂。我们取一个固定的任意复数 $w = se^{\mathrm{i}\phi}$，令 $z = re^{\mathrm{i}\theta}$ 为 $\mathbb{C}$ 中的任意数。考察从 $\mathbb{C}$ 到 $\mathbb{C}$ 的映射"乘 w"：

$$\mu_w(z) = zw。$$

那么

$$\mu_w(z) = re^{\mathrm{i}\theta}se^{\mathrm{i}\phi} = rse^{\mathrm{i}(\theta+\phi)}。$$

这个映射把一个点到原点的距离变成了原来的 s 倍（这个过程被称为**膨胀**），并且把整个复平面绕原点逆时针旋转了角 ϕ。

复数把笛卡儿坐标系和极坐标系结合到了同一个数学系统中。笛卡儿坐标系适合加法，而极坐标系适合乘法。我们还差最后一块拼图——复共轭，把 $z = x+\mathrm{i}y$ 映射到 $\bar{z} = x-\mathrm{i}y$，就相当于把复平面关于实轴反射。因此复数代数很自然地运用了复平面的三种基本刚体运动（平移、旋转、反射）以及膨胀，这让复数可以高效地完成涉及这些平面变换的运算。我们将在第 13 章学习这一点。

11.8　四元数

我们可以尝试继续扩张数系 $\mathbb{N}_0 \subseteq \mathbb{Z} \subseteq \mathbb{Q} \subseteq \mathbb{R} \subseteq \mathbb{C}$。19 世纪的数学家哈密顿花费多年心血，试图延续他把复数表示为有序实数对 (x, y) 的思路，寻找一个和复数有着相似性质的三元组 (x_1, x_2, x_3) 系统。这一尝试是徒劳的，我们现在知道这样的系统并不存在。但他的横向思维在 1843 年开花结果——他给出了一个很"接近"域的四元组 (x_1, x_2, x_3, x_4) 系统，这个系统满足乘法交换律**以外**的所有域公理。

定义 11.15：代数系统**除环**包含一个集合 D 和 D 上的两种二元运算 +，×。（我们一如既往地把 $a \times b$ 记作 ab。）对于所有 $a, b, c \in D$，我们都有：

(A1) $(a+b)+c=a+(b+c)$。

(A2) 存在 $0 \in D$，使得 $0+a=a+0=a$ 对于所有 $a \in D$ 均成立。

(A3) 已知 $a \in D$，存在 $-a \in D$ 使得 $a+(-a)=(-a)+a=0$。

(A4) $a+b=b+a$。

(M1) $(ab)c=a(bc)$。

(M2) 存在 $1 \in D, 1 \neq 0$，使得 $a1=1a=a$ 对于所有 $a \in D$ 成立。

(M3) 已知 $a \in D, a \neq 0$，存在 $a^{-1} \in D$ 使得 $aa^{-1}=a^{-1}a=1$。

(D) $a(b+c)=ab+ac, (b+c)a=ba+ca$。

哈密顿把他发现的四元组系统称为四元数，四元数正是一种除环。它的乘法不满足交换律：存在元素 a, b 满足 $ab \neq ba$。满足下列规则的三个符号 i, j, k 就是这样的一个例子：

$$i^2 = j^2 = k^2 = -1,$$
$$ij = k, \; jk = i, \; ki = j,$$
$$ji = -k, \; kj = -i, \; ik = -j。$$

最后六个等式可以表示为下面这个顺时针圆环（见图 11-8）：

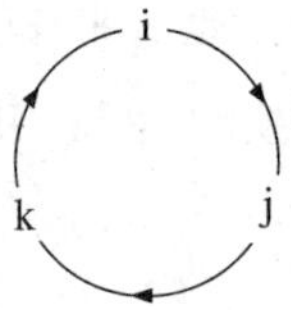

图 11-8 哈密顿四元数

任意两个数按照顺时针顺序相乘都会得到下一个数，而按逆时针顺序相乘会得到下一个数的相反数。

哈密顿把实四元组 (x_1, x_2, x_3, x_4) 理解为 $x_1+ix_2+jx_3+kx_4$，那么两个这样的数相加显然可以表示为：

$$(x_1+ix_2+jx_3+kx_4)+(y_1+iy_2+jy_3+ky_4)$$
$$=(x_1+y_1)+i(x_2+y_2)+j(x_3+y_3)+k(x_4+y_4)。$$

而乘法用到了上面 i, j, k 的规则，其完整过程如下：

$$(x_1 + ix_2 + jx_3 + kx_4)(y_1 + iy_2 + jy_3 + ky_4)$$
$$= x_1y_1 - x_2y_2 - x_3y_3 - x_4y_4$$
$$+ i(x_1y_2 + x_2y_1 + x_3y_4 - x_4y_3)$$
$$+ j(x_1y_3 - x_2y_4 + x_3y_1 + x_4y_2)$$
$$+ k(x_1y_4 + x_2y_3 - x_3y_2 + x_4y_1)。$$

我们把每个 $a_1 + ia_2 + ja_3 + ka_4$ 都替换为 (a_1, a_2, a_3, a_4)，就可以把上面的等式表示为有序四元组。这样我们就可以形式化地定义这些四元组的加法和乘法：

$$(x_1, x_2, x_3, x_4) + (y_1, y_2, y_3, y_4) = (x_1 + y_1, x_2 + y_2, x_3 + y_3, x_4 + y_4),$$
$$(x_1, x_2, x_3, x_4)(y_1, y_2, y_3, y_4) = (a_1, a_2, a_3, a_4)。$$

其中

$$a_1 = x_1y_1 - x_2y_2 - x_3y_3 - x_4y_4,$$
$$a_2 = x_1y_2 + x_2y_1 + x_3y_4 - x_4y_3,$$
$$a_3 = x_1y_3 - x_2y_4 + x_3y_1 + x_4y_2,$$
$$a_4 = x_1y_4 + x_2y_3 - x_3y_2 + x_4y_1。$$

我们将用 $\mathbb{H}$（哈密顿的姓氏首字母）表示具有这两种运算的四元组集合。这样的四元组被称作**四元数**，它们也曾被称作**超复数**。

命题 11.16：四元数 $\mathbb{H}$ 构成了一个除环。

证明：我们只需要验证 $\mathbb{H}$ 满足 (A1)~(A4)、(M1)~(M3) 和 (D) 即可。验证过程都很简单，不过乘法结合律 (M1) 的验证非常烦琐。(A2) 中的加法单位元是 $(0, 0, 0, 0)$，而 (A3) 中 (x_1, x_2, x_3, x_4) 的加法逆元是 $(-x_1, -x_2, -x_3, -x_4)$。(M2) 中的乘法单位元是 $(1, 0, 0, 0)$，而 (M3) 中 $(x_1, x_2, x_3, x_4) \neq (0, 0, 0, 0)$ 的乘法逆元是

$$(x_1, x_2, x_3, x_4)^{-1} = \left(\frac{x_1}{a}, -\frac{x_2}{a}, -\frac{x_3}{a}, -\frac{x_4}{a}\right),$$

其中 $a = x_1^2 + x_2^2 + x_3^2 + x_4^2$。　　　　　　　　　　　　　　□

$\mathbb{H}$ 中的乘法未必满足交换律，例如，

$$(0, 1, 0, 0)(0, 0, 1, 0) = (0, 0, 0, 1),$$

但

$$(0,\,0,\,1,\,0)(0,\,1,\,0,\,0) = (0,\,0,\,0,\,-1)。$$

如果我们令 $i = (0,\,1,\,0,\,0)$，$j = (0,\,0,\,1,\,0)$，$k = (0,\,0,\,0,\,1)$，这两个等式就变成了前面提到的 $ij = k$ 和 $ji = -k$。因为我们刻意设计了乘法的规则，所以哈密顿关于 $i,\,j,\,k$ 的其他乘法规则也成立。

如果我们观察子集 $C = \{(x,\,y,\,0,\,0) \in \mathbb{H} \mid x,\,y \in \mathbb{R}\}$，就会发现 C 上的乘法可以简化为

$$(x_1,\,y_1,\,0,\,0)(x_2,\,y_2,\,0,\,0) = (x_1 x_2 - y_1 y_2,\,x_1 y_2 + x_2 y_1,\,0,\,0),$$

而它是**满足**交换律的。映射 $f : \mathbb{C} \to \mathbb{H}$, $f(x + iy) = (x,\,y,\,0,\,0)$ 显然是一个从 $\mathbb{C}$ 到 C 的域同构。借助这个同构，$\mathbb{C}$ 就成了 $\mathbb{H}$ 的一个子集。我们把 $(x_1,\,x_2,\,x_3,\,x_4)$ 表示成 $x_1 + ix_2 + jx_3 + kx_4$，函数 $f : \mathbb{C} \to \mathbb{H}$ 就变成了

$$f(x + iy) = x + iy + j0 + k0。$$

包含关系 $\mathbb{C} \subset \mathbb{H}$ 表明，我们将复数 $x + iy$ 视作四元数 $x + iy + j0 + k0$。

$\mathbb{C}$ 上的很多性质都可以推广到 $\mathbb{H}$，这也是后者曾被称为"超复数"的原因。比如，四元数 $q = x_1 + ix_2 + jx_3 + kx_4$ **的共轭**是

$$\bar{q} = x_1 - ix_2 - jx_3 - kx_4。$$

它具有复共轭的部分性质，例如

$$\overline{q_1 + q_2} = \bar{q}_1 + \bar{q}_2,$$
$$\bar{\bar{q}} = q,$$
$$q = \bar{q} \Leftrightarrow q \in \mathbb{R}。$$

积的共轭却变成了

$$\overline{q_1 q_2} = \bar{q}_2 \bar{q}_1,$$

请读者自行计算检查。因为乘法不满足交换律，所以我们不能交换 $\bar{q}_2$ 和 $\bar{q}_1$ 的顺序。

我们还可以把四元数 $q = x_1 + ix_2 + jx_3 + kx_4$ 的模定义为

$$|q| = \sqrt{x_1^2 + x_2^2 + x_3^2 + x_4^2}。$$

这样就有

对于所有 $q \in \mathbb{H}$，都有 $|q| \in \mathbb{R}$，$|q| \geq 0$；

$$|q| = 0 \Leftrightarrow q = 0;$$
$$q\bar{q} = |q|^2;$$
$$|q_1 q_2| = |q_1||q_2|;$$
$$|q_1 + q_2| \leq |q_1| + |q_2|。$$

这些公式的证明难度不一，但是都不算太难，请感兴趣的读者自行完成证明。它们的证明和复数的类似情况同理，只不过需要小心 $\mathbb{H}$ 下乘法不满足交换律。

和复数一样，对于 $q \in \mathbb{H}$，$q \neq 0$，我们发现 $q\bar{q} = |q|^2$，$|q|^2 \neq 0$，因此

$$\frac{q\bar{q}}{|q|^2} = 1,$$

且

$$q^{-1} = \frac{\bar{q}}{|q|^2}。$$

然而四元数的某些性质就比较惊人了。例如，我们知道 $i^2 = j^2 = k^2 = (-i)^2 = (-j)^2 = (-k)^2 = -1$，因此方程 $x^2 + 1 = 0$ 在 $\mathbb{H}$ 中有至少六个解——$\pm i$，$\pm j$，$\pm k$。因为 $(ib + jc + kd)^2 = -b^2 - c^2 - d^2$，所以任意形如 $ib + jc + kd$ 且满足 $b^2 + c^2 + d^2 = 1$ 的四元数都是 $x^2 + 1 = 0$ 的解。这个方程在 $\mathbb{H}$ 中有**无限**多个解。

这和我们学习过的所有数系都不一样，方程 $x^2 + 1 = 0$ 在 $\mathbb{R}$ 中无解，在 $\mathbb{C}$ 中有两个解。一般来说，n 次方程在 $\mathbb{R}$ 或 $\mathbb{C}$ 中最多有 n 个解。四元数中更多的根让我们曾经坚信的性质在新系统下化为了泡影。

直觉知识的问题在于，一个上下文中的经验未必能应用到新的上下文中。不断构造更大的数系 $\mathbb{N} \subset \mathbb{Z} \subset \mathbb{Q} \subset \mathbb{R} \subset \mathbb{C} \subset \mathbb{H}$ 之后，我们得到了新的性质，同时也失去了一些旧的性质。例如，从一个自然数中减去另一个自然数会让被减数变小，但是整数就未必——减去一个负数反而会让被减数变大；非零实数的平方永远为正，但复数则不然。而在四元数系 $\mathbb{H}$ 中，n 次方程最多有 n 个根的定理也不再成立。

推广数学系统带来的含义上的变化会让学习者感到晕头转向，但这也是发展更强大的数学系统的秘密武器。

在引入四元数前，人们一直认为乘法的结果和顺序无关是不言自明、注定成立的。四元数的发现不仅带来了一个新的代数系统，还揭示"a乘b"等于"b乘a"未必在所有代数系统中都成立。它带来了许多现代数学中研究的新代数结构，例如，矩阵乘法也不满足交换律，而向量和矩阵理论又是许多更高等的代数理论的基础。

11.9 形式数学方法的转变

至此，我们可以用具有特定运算、满足特定性质的集合来定义新公理化系统，再也不必受限于自然规律。我们已经用环、域、有序环、有序域等结构反复实践了这一过程。有理数、实数和复数都构成了域，因此域的**任意**定理在这些系统中都成立。还有一些定理只在某些域中成立。例如，$\mathbb{R}$ 或 $\mathbb{C}$ 中的柯西序列收敛于一个极限，而在 $\mathbb{Q}$ 中则不然；$\mathbb{Q}$ 或 $\mathbb{R}$ 中的非零元素的平方一定是正数，而在 $\mathbb{C}$ 中则未必。

从一个系统的公理开始的形式化方法看起来复杂而抽象。但是过渡到形式化方法之后，相反的过程也往往成立。在一个已知的公理化系统中成立的定理在任何满足已知公理的系统中都成立，这样我们就可以用已经建立的形式化理论构建更加复杂的结构。

我们证明的一些定理，往往可以提供直观展示或者用符号表示数学概念的新方法，让我们可以从新的角度理解数学结构，运用形式化系统中的元素。我们将在本书的下一部分中看到，我们不仅能用直觉概念构建形式化概念，还可以在形式化证明的支撑下，用这些形式化概念反推用图像和符号自然运用公理化系统的方法。

11.10 习题

1. 如果 $z_1, \cdots, z_n$ 是复数，证明

$$|z_1 + \cdots + z_n| \leqslant |z_1| + \cdots + |z_n|。$$

2. 复数 ω 可以定义为 $\omega = \dfrac{1+\sqrt{-3}}{2}$。证明 $\omega^3 = 1$，$1+\omega+\omega^2 = 0$。

3. 令 $\omega = \mathrm{e}^{\mathrm{i}\theta}$，$\theta = \dfrac{2\pi}{n}$，$n \in \mathbb{N}$。证明 $z = \omega^r$ 满足 $z^n = 1$，并且在单位圆上画出 ω, ω^2, $\cdots$, ω^n 的位置。（这些数被称作 1 的 n 次方根。）

   证明 $1+\omega+\cdots+\omega^{n-1} = 0$。

   把 $z^n - 1$ 分解为 $\mathbb{C}$ 上的线性因子。通过证明

$$\left(z - \omega^r\right)\left(z - \omega^{n-r}\right) = z^2 - 2\cos\theta + 1,$$

   把 $z^n - 1$ 分解为线性因子和二次因子。

   把实多项式 $x^5 - 1$ 分解为实线性因子和二次因子：

$$x^5 - 1 = \left(x - 1\right)\left(x^2 - 2\cos\left(\frac{2\pi}{5}\right)+1\right)\left(x^2 - 2\cos\left(\frac{4\pi}{5}\right)+1\right)。$$

4. 使用棣莫弗定理，把 $\cos 4\theta$ 和 $\sin 4\theta$ 用 $\sin\theta$ 和 $\cos\theta$ 表示出来。

5. 对于四元数 p,q，证明下列性质。

   (a) $\overline{p+q} = \bar{p} + \bar{q}$。

   (b) $\overline{pq} = \bar{q}\,\bar{p}$。

   (c) $\bar{\bar{q}} = q$。

   (d) $q = \bar{q} \Leftrightarrow q \in \mathbb{R}$。

6. 对于 $a,b \in \mathbb{H}$，证明 $\left(a+b\right)^2 = a^2 + ab + ba + b^2$。请给出一个例子，证明在一般情况下不能把它写作 $\left(a+b\right)^2 = a^2 + 2ab + b^2$。如果 $a \in \mathbb{H}$，$b \in \mathbb{R}$，证明 $\left(a+b\right)^2 = a^2 + 2ab + b^2$。在 $\mathbb{R}, \mathbb{C}, \mathbb{H}$ 中解方程 $x^2 + 2x + 1 = 0$。（令 $x = y - 1$，然后求解 y。）通过把 x 替换为 $y+1$，在 $\mathbb{R}, \mathbb{C}, \mathbb{H}$ 中解方程 $x^2 - 2x + 2 = 0$。

7. x 是四元数，解方程 $x(1+\mathrm{j}) + \mathrm{k} = 2 + \mathrm{i}$。

8. x 是四元数，解方程 $\mathrm{i}x\mathrm{j} + \mathrm{k} = 3 + 2\mathrm{j}$。

9. 求满足 $3\mathrm{i}x - 2\mathrm{j}y = -1$，$x\mathrm{k} + y = 0$ 的 $x, y \in \mathbb{H}$。

10. 我们定义**复四元数** $\mathbb{H}_{\mathbb{C}}$ 为复数四元组 $\left(a_1, a_2, a_3, a_4\right)$，其加法和乘法的性质和 $\mathbb{H}$ 一致。那么 $\mathbb{H}_{\mathbb{C}}$ 满足哪些域的公理？

11. 证明复数是**柯西完备**的：如果 $\left(a_n\right)$ 是一个复数序列，且对于所有 $\varepsilon \in \mathbb{R}$，$\varepsilon > 0$，都存在 $N \in \mathbb{N}$ 使得 $\left|a_m - a_n\right| < \varepsilon$ 对于所有 $m, n > N$ 均成立，那么 $\left(a_n\right)$

趋近于 $\mathbb{C}$ 中的一个极限。（提示：证明 $x_n + iy_n \to x + iy \Leftrightarrow x_n \to x \,\&\, y_n \to y$。）

12. 定义 $\mathbb{R}^3$ 上的二元运算 $\wedge$（也被称作**向量积**）：

$$(a,\, b,\, c) \wedge (d,\, e,\, f) = (bf - ce,\, cd - af,\, ae - bd)。$$

证明对于所有 $x,\, y \in \mathbb{R}^3$，都有

$$\boldsymbol{x} \wedge \boldsymbol{y} + \boldsymbol{y} \wedge \boldsymbol{x} = \boldsymbol{0},$$

$$(\boldsymbol{x} \wedge \boldsymbol{y}) \wedge \boldsymbol{z} + (\boldsymbol{y} \wedge \boldsymbol{z}) \wedge \boldsymbol{x} + (\boldsymbol{z} \wedge \boldsymbol{x}) \wedge \boldsymbol{y} = \boldsymbol{0}。$$

13. 考察有序复数对 $(z_1,\, z_2)$，其加法和乘法运算定义如下：

$$(z_1,\, z_2) + (w_1,\, w_2) = (z_1 + w_1,\, z_2 + w_2),$$

$$(z_1,\, z_2) \times (w_1,\, w_2) = (z_1 w_1 - z_2 w_2,\, z_1 w_2 + z_2 w_1)。$$

证明它和四元数同构。（提示：回顾我们把复数 $x + iy$ 想象为具有合适的加法和乘法运算的有序对 $(x,\, y)$ 的过程，把它推广到有序复数对上。）

14. 在网上搜索八元数，并把上述构造推广到有序四元数对上。四元数不满足乘法交换律，推广到八元数之后又有什么公理不成立呢？以下两种方法哪种更有意义：从实数推广到复数，再推广到四元数和八元数？还是发展域 F 上 n 维向量空间的一般理论？

第四部分
使用公理化系统

我们在第一部分从已有的数学经验开始构造理论，在第二部分用经验来构建集合论、逻辑和证明的概念，然后在第三部分用这些原理给出了自然数和后续数系的形式化构造。

之前关于盖楼和种树的比喻需要一个基础才能进行后续的操作。基于直觉的隐含观点可能会让地基不稳，或让土壤贫瘠。

接下来我们要明确地把集合论公理和定义作为理论的基础，只关注那些能从它们中用形式化证明推导出来的性质。这些性质不仅成立于已知系统，还适用于任何满足已知公理的新系统。这个过程中，我们要小心地避免使用未经公理和定义推导的隐含概念。

在用基础的公理和定义证明了一系列定理之后，其中被称为**结构定理**的那些会证明一个系统具有图像和符号上的一些性质，让我们能够用更自然的方法来思考形式化结构。这样我们就可以先思考新的可能性，再去寻求形式化证明。

以完备有序域为例，我们得到了数轴这样一个图形化的结构，以及小数算术这一符号结构。结构定理用图形和符号模型来辅助形式化理论，使我们能够思考新的可能性。

这一部分的第一章将研究这些一般概念。接下来的三章会展现一些形式化系统和它们的直观解读：首先我们学习群的概念，它是形式数学的一个核心概念；另外两章则描述了自然数 $\mathbb{N}$ 和实数 $\mathbb{R}$ 的扩张——无限基数和更大的有序域，两者都具有从直观概念推广而来的结构化性质，让我们可以基于形式化的公理和证明来寻找新的直觉知识，这表现出形式数学的强大力量——由形式化证明支撑的图像和符号结构。

第 12 章
公理化系统、结构定理和灵活思考

不断构造更大的数系 $\mathbb{N} \subset \mathbb{Z} \subseteq \mathbb{Q} \subseteq \mathbb{R} \subseteq \mathbb{C} \subseteq \mathbb{H}$ 时，每一个阶段都推广了一些性质，也有一些含义产生了变化。我们在自然数中可以讨论质数和因数分解，但是在实数中就不行。正如我们从自然数过渡到负数或者复数时所发现的那样，曾经坚信的观点在更一般的结构中未必正确。

概念的推广固然有其优势，但是无论对于学生还是数学家来说，含义的变化都让人晕头转向。即便像四元数中交换律失效这样，只有一个性质发生改变，也会产生无法预见的后果。比如，我们看到了四元数多项式可以有无限多个根，但是无法根据交换律失效一眼看出这个结果。

这些长期的含义变化不仅为读者带来了麻烦，也随着概念的演进改变了数学家的信念。随着数学的边界不断拓展，这种变化不仅存在于过去、发生在当下，也必将持续到未来。

古希腊人开始公式化地表述几何时，他们认为点、线和面比画在纸上或者沙地上的图形有着更深奥、更完美的含义。对于古希腊人来说，点不仅仅是纸上的一个痕迹，它还表示了平面或者空间中的一个唯一的位置。直线不只是沿着直尺画出的笔迹，它表示的是一条完美的直线，这种柏拉图式的存在超越了人类物理方法表述的极限。圆也比圆规画出的曲线更加完美：它是一个没有大小的点在平面上和圆心保持固定距离移动的轨迹。

同理，我们可以以数石头的个数，并且把它们按一定的规则摆放，来揭示一些理论结构，从而表示整数。比如，如果你有一定数量的石头，我们有时候可以把它们摆成长方形阵列，有时候却不行。这就形成了合数和质数的概念，最终引出了质数有无限多个，每个整数都能唯一地表示为质数之积这两个结果的形式化证明。

古希腊人的数学基于自然现象，但是又有着完美的柏拉图式性质，无法用物理方法模拟。因为他们的数学源于对自然现象的观察，所以他们的数学是**自然的**。但他们又会在想象的世界中寻求完美的理论基础，让他们超脱自然的限制。

接着他们开始思考更一般的数。因为他们只能用几何来思考，所以他们先是把数想象为长度、面积和体积。基于其他领域的经验（比如弦在长度二分之一、三分之一或者三分之二的地方振动可以产生和弦，而和弦是音乐理论的基础），他们把这些量和整数之比联系了起来。但后来他们发现直角边均为单位长度的直角三角形的斜边不能这样表示，因此必须把它也纳入数学理论中。

后来的数学家引入新数系，不断拓展了这些概念。每个数系中引入的新词汇其实都表现了人们对于新含义的担忧：正数和**负数**，有理数和**无理数**，实数和**复数**（以及后者的实部和**虚部**）。加粗的词都有着负面含义。每次扩张之后，新数系乍一看都更加抽象，和自然现象毫无瓜葛。但是随着数学家对新数系的理解加深，他们发现可以把负数理解为扩张后的数轴上的点，把复数理解为平面上的点。与此同时，熟悉的旧概念也变得和新概念一样扑朔迷离了。等到数学家终于理解了复数之后，他们反而开始思考实数的本质了。

几何概念依然基于点和线：点位于线**上**，而线**穿过**点。即便笛卡儿用一对数 (x, y) 把点表示在了平面上，古希腊人对于点和线的看法依然是几何思维的自然基础。

牛顿使用古希腊几何和符号代数构建了他的微积分思想，解释了重力和天体运动等自然现象。莱布尼茨思考了无穷小量，并给出了一套强大的符号系统，用来表示微积分。尽管逻辑基础饱受质疑，但这一系统还是经受住了时间的考验。在他们之后的数学巨匠们则各自专注于不同领域。欧拉利用幂级数和复数来代数式地运用符号，而柯西用几何方法解释无穷小量，把它们想象为直线上或者平面上任意小的可变量。柯西的方法将实分析和复分析中的图像和符号方法相结合，取得了重大进展，但也招致了大量对其准确含义的批评。这些批评的核心在于：无穷小量的含义没有得到完整解释。他的方法更像是基于一种"它从前没有自相矛盾，所以现在一定也没有问题"的盲信。欧拉当时发表的很多论文放到今天可能都无法通过，而柯西的无穷小量的概念后来被广泛批评。

19 世纪后半叶和 20 世纪初的时候，发生了从自然数学向形式化方法的转变。数学家用集合论定义数学实体，并只靠数学证明来推导它们的性质。据说，戴维·希尔伯特在一堂几何基础的讲座之后和同事们在柏林火车站休息，他当时说道："即便用桌子、椅子和啤酒杯来代替点、直线和平面，几何理论也必须行得通。"[7] 这句话的意义在于，数学不必只依赖于自然现象。从此我们不再只关注对象**是什么**，而是关注它们的形式化定义的性质。

于是我们不再认为点标在线上，而是认为实轴是一个由点组成的**集合**。"自然"数学感知到的是点在直线上平滑地移动，而形式数学把数重新解读为固定的实体，它们构成了实数这一集合。

在这段时期，新的思维方式不仅应用于自然现象，也应用到了用形式化陈述的性质所描述的系统中。当时出现了大量不同的思维方法，各自侧重于不同的数学领域。举例如下。

- **直觉主义**：基于人类认知和构造方法的自然数学，其中构造必须由有限的运算序列完成，并且不允许使用反证法。
- **逻辑主义**：数学基于形式逻辑，不依赖于任何自然直觉。
- **形式主义**：数学具有一个形式化的集合论基础。希尔伯特承认这个基础可能源于自然的直觉经验，但是它必须用集合论的定义和形式化证明来系统阐述。

因为数学家的关注点不同，所以后来数学也发展出了多种多样的领域。应用数学家研究实际问题，并且构造数学模型来解决问题。物理学家考察重力或磁力这样的自然现象，用牛顿力学或者爱因斯坦相对论的四维时空来构造数学模型。他们认为宇宙起源于一次大爆炸，而大爆炸理论本身是一种宇宙扩张的数学模型。他们思考原子的结构，构造亚原子粒子的模型，用复杂的实验来检验模型是否匹配现实世界。气候学家构建长期天气变化的数学模型。经济学家构建经济增长的数学模型，并基于它做出时而准确时而错误的预测。如果模型不足以预测，那么就会寻找预测更精确的模型。

与此同时，纯数学家试图构建精密的理论，让它在明确的上下文中自洽。数学家从任何吸引他们的现象中汲取灵感，寻找解决问题的规律和联系。他们有时使用已有的理论解决问题，有时根据经验来提出新的可能性，有时则思考已有的理论来寻找新的定理，从而给出新的形式化定义并建立新的形式理论。许多数学家会视情况混用这些方法，毕竟每个人对数学研究方法都有自己的偏好。

学生们在学习不同领域时，很可能遇到截然不同的方法。读者应当冷静地看待它们，多样性自有其优势。数学是艰深的：我们要尽可能地用上所有能想到的方法来思考。你掌握的工具和方法越多，能创造的成果也就越多。

为了帮助读者从中学的"自然"数学过渡到更加复杂、广阔的高等数学，本书从读者熟悉的生活经验出发，一边构建逻辑联系，一边介绍形式化方法。

在掌握了形式化方法之后，读者就可以掌握两种**互补的**思维模式。这两种思维模式不是互斥的：读者只需要选择在上下文中最有帮助、最有成效的即可。其中一种是从直觉出发，构造形式化结构的自然方法；另一种是利用集合论定义证明这些结构的性质，从而形式化地构造它们的形式化方法。读者应该根据上下文灵活地选择合适的方法。

基于熟悉的图像和符号运算的自然方法更容易被人脑理解，但形式化地证明相关性质可以由形式化定义推导出来也是必要的。你还可能发现从未想过的新可能性。例如，复数把我们熟悉的小数扩展到了一个允许求 -1 的平方根的系统，而复数到四元数的扩张则得到了一个不满足乘法交换律、二次方程可以有无限多个根的系统。形式化的方法为这些新概念打好地基提供了所必需的结构。

形式化方法关注从特定假设开始的逻辑推导的准确性，可以用来构造头脑中联系知识的基模。赋予这些基模以图形和符号意义，让我们能从自然角度理解它们。我们可以证明特定的结构定理来实现这一过程：这些定理证明一个已知的形式化结构有着可以形式推导的性质，这些性质可以把概念表示为图像或者符号，进而解决问题。

这使得数学能够用不同的方法发展：可以基于逻辑推导，也可以在形式证明的支持下，用图像或者符号运算来自然地思考形式系统。

12.1　结构定理

我们已经建立了熟悉的数系 $\mathbb{N}, \mathbb{Z}, \mathbb{Q}, \mathbb{R}$ 还有扩张后的 $\mathbb{C}$ 和 $\mathbb{H}$ 的公理化性质。我们在第 8 章证明了自然数的一个结构定理：

任何满足佩亚诺公理的系统都和自然数 $\mathbb{N}$ 序同构。

这个定理告诉我们在不考虑同构的情况下，自然数是唯一的，因此我们可以不加限定地使用"自然数"一词。只要一个系统从一个元素出发，不断地移动到下一个，并且每一个都和先前所有的元素不同，就有可能得到一个和自然数同构的无限集。

我们在第 10 章介绍了环、域、有序环、有序域等公理化系统，它们都是有着满足特定性质的指定运算的集合。我们也证明了一些可以描述它们特征的定理。

- 每个**环**都包含一个与 $\mathbb{Z}$ 或者 $\mathbb{Z}_n$ 同构的子环，其中 n 是自然数。（命题 10.10）
- 每个**域**都包含一个与 $\mathbb{Q}$ 或者 $\mathbb{Z}_p$ 同构的子域，其中 p 是质数。（命题 10.11）
- 每个**有序环**都包含一个和 $\mathbb{Z}$ 同构的子环。（命题 10.12）
- 每个**有序域**都包含一个和 $\mathbb{Q}$ 同构的子域。（命题 10.13）
- 每个**完备有序域**都和实数 $\mathbb{R}$ 同构（定理 10.17），并且可以图形化地表示为数轴上的点，或者符号化地表示为无限小数。

这些定理都是**结构定理**。换言之，它们证明了这些结构在不考虑同构的情况下，都包含了一个**特定的**系统——$\mathbb{Z}, \mathbb{Z}_n, \mathbb{Q}, \mathbb{R}$ 中的一个。因此，这个子系统可以图像表示为数轴上的点（$\mathbb{Z}_n$ 的话就是圆上的点），并且可以符号表示为整数、模 n 的整数、有理数或无限小数。

当然，在用图像表示的时候，我们要小心一点：只靠图形，我们有限的视野无法看到这些系统的全貌。例如，有理数和实数都能表示为数轴，但是它们的符号化和集合论性质截然不同。图像和符号思维让我们发现形式化结构，这些结构可以推导出定义良好的结果。另一方面，利用结构定理，我们可以在形式推导的支持下用图形化或者符号化的方法来思考数学系统。

结构定理还可以让我们喘一口气。人脑会在概念间建立自然的联系，结构定理让我们可以用图像或者符号这样更加轻松的方法来思考形式系统。从自然数 $\mathbb{N}_0$ 开始构造 $\mathbb{Z}, \mathbb{Q}, \mathbb{R}$ 的时候，我们建立了等价关系，并且证明每个系统都和下个系统的子系统同构。之后我们看到，可以从 $\mathbb{R}$ 开始构造子系统 $\mathbb{Q}, \mathbb{Z}, \mathbb{N}_0$，而无须用到同构。

有时候把同构的系统"当作同一系统"被认为是"滥用符号"。但这非但不是在滥用数学思维过程，而是灵活地使用符号，帮助人脑更容易地理解。同构系统表示了同一个满足所需性质的结晶化概念。这样我们就得到了更简单的自然概念。

- 每个**环**都包含了 $\mathbb{Z}$ 或 $\mathbb{Z}_n$，其中 n 是自然数。
- 每个**域**都包含了 $\mathbb{Q}$ 或 $\mathbb{Z}_p$，其中 p 是质数。
- 每个**有序环**都包含了 $\mathbb{Z}$。
- 每个**有序域**都包含了 $\mathbb{Q}$。

用结晶化概念来说的话，自然数是**唯一**一个满足佩亚诺公理的系统，实数是**唯一**的完备有序域。

12.2　不同数学思维方法的心理学解释

数学家有着各自的数学思维方法，学生们学习的方法也各有不同。他们有时候基于个人经验**自然地**构建知识，有时候用集合论定义和形式证明**形式化地**推导，有时候背诵证明来**程序化地**通过考试，有时候把上述方法和其他技巧结合起来使用 [6]。通过检查自己对形式数学的理解，你就能意识到为什么自己遇到了某些困难，以及该如何加深自己的理解。

你可能倾向于使用基于个人经验的**自然**方法。这并没有问题，但你需要考虑新结构带来的含义变化。因为新上下文中的新概念可能和你的经验冲突，让你感到困惑，所以你需要灵活地理解如何改造旧概念来适应新情境。有些老师告诉学生"忘掉你学习过的知识，从形式定义重新开始"，但这对于已经学习了太多概念，并且在概念之间建立了难以抛弃、有着微妙区别的思维联系的人来说过于困难。我们需要提高适应性，仔细地思考奇怪的新概念，向自己解释为什么它们在新情境下是正确的，从而理解它们。

你可能倾向于**形式化**方法，只通过定义和证明来构建概念的基模。这些概念可能源自直觉，但是证明必须要基于整个知识结构构建一个形式化的定理基模。有些学生能做到这一点，有些人却不行：要么因为新概念和他们的经验冲突，要么因为复杂的概念让他们无所适从。

你可能倾向于**程序化**方法，在课上学习解决常规问题的特定方法，并且背诵定理，以便在考试中复现它们，全然不顾其含义。

你也可能根据上下文混用不同的方法。

无论你使用何种方法，你都可以通过思考证明、向自己解释推导的合理性来加深自己的理解。

每种方法都有着会影响你数学理解的一些特点。例如，在理解实数序列(a_n)收敛到极限a的过程中，使用自然方法的学生就会在脑海中画出$n=1, 2, \cdots$时的a_n值，表示极限值的水平线$y=a$，以及已知$\varepsilon>0$时表示序列的取值范围的直线$y=a-\varepsilon$和$y=a+\varepsilon$。那么收敛的定义就等价于"对于任意ε，$n=N$之后的a_n值都落在取值范围中"（见图 12-1）。

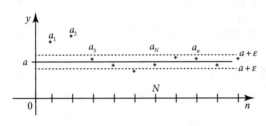

图 12-1　极限的自然理解

你需要**动态地**想象这张图。首先要画出序列；然后将表示极限的水平线$\pm\varepsilon$放在合适的位置，上下范围为$\pm\varepsilon$；接下来寻找一个N，使得$n>N$的时a_n值都落在这个范围中。然后你要想象一个更小的ε值，并重复这一过程。整个过程一定要在a固定的情况下进行，ε可以取任意小的数。这样随着ε接近0，N也变得越来越大，后续的项就会被挤在两条水平线间，序列就像被挤进了一条慢慢变窄的隧道。

这个自然的方法可能适用于一些人，但是它存在一些问题。比如，很多学生无法理解嵌套的量词。极限的定义是：

已知$\varepsilon>0$，存在N使得如果$n>N$，那么$|a_n-a|<\varepsilon$。

一个学生写的是：

在$\varepsilon>0$时，如果存在$N\in\mathbb{N}$使得$n\geq N$时$|a_n-a|<\varepsilon$，那么序列(a_n)收敛于极限a。

而另一个学生写的是：

如果$a_n\to a$，那么存在$\varepsilon>0$，使得$|a_n-a|<\varepsilon$对于所有$n\geq N$均成立，其中N是一个足够大的正整数。

正确复述极限的定义是最基本的要求，但即便学生能正确复述，也未必能完全理解。许多极限的例子涉及公式，这让人觉得序列会不断**接近**极限，但永远不等于极限。有些使用自然方法的学生认为常数序列不能**趋近**于极限，"因为它已经等于极限了"。还有些人会把收敛的概念分成两种情况：一种是**接近**极限，而另一种是**等于**极限。

另一种解读则展现了真正的数学洞察力：假设有一个学生关注形式定义，并发现在计算 N 值的时候，有些序列落在已知 ε 的范围内所需的 N 值比其他序列更小，因此它们"收敛的速率更快"。由此他认为，因为常数序列已经等于极限，所以它们是"收敛最快的序列"。和把常数序列当作特例的同学不同，他把常数序列当作所有收敛序列中最简单的一种。这种把特例也归纳到一般理论中的理解才体现了真正的数学洞察力。

有些教授在介绍收敛时，将其解读为一种数值计算：已知 $\varepsilon > 0$ 的值，计算 N 的数值。例如，已知序列 $\left(\dfrac{1}{n}\right)$ 和 $\varepsilon = \dfrac{1}{1000}$，计算可知 $N = 1000$ 就可以满足收敛的条件。然后我们取 $N > \dfrac{1}{\varepsilon}$，把它推广到一般的 ε。

数值方法是一个好的尝试，但是只知道程序化的解法无法解决下面这样更一般的情况：

已知序列 (a_n) 趋近于 1，证明存在一个 N 使得 $a_n > \dfrac{3}{4}$。

因为我们不知道 a_n 的公式，所以无法计算 N 的数值，因此数值计算的方法也就无效了。

更棘手的问题是证明一个序列**不收敛**。这里需要我们用到第 6 章中量词的否定，把 ¬∀（并非对于所有）替换为 ∃¬（存在否），把 ¬∃ 替换为 ∀¬。

序列不收敛的陈述如下：

$$\neg\left(\forall \varepsilon > 0 \,\exists N \in \mathbb{N} : \forall n \geqslant N \,|a_n - a| < \varepsilon\right).$$

不断地把 ¬ 右移，就可以得到

$$\exists \varepsilon > 0 \,\neg \exists N \in \mathbb{N} : \forall n \geqslant N \,|a_n - a| < \varepsilon,$$
$$\exists \varepsilon > 0 \,\forall N \in \mathbb{N} : \neg \forall n \geqslant N \,|a_n - a| < \varepsilon,$$
$$\exists \varepsilon > 0 \,\forall N \in \mathbb{N} : \exists n \geqslant N \,\neg\,|a_n - a| < \varepsilon,$$

最终我们得到

$$\exists\,\varepsilon > 0\,\forall N \in \mathbb{N}:\exists n \geq N\,|a_n - a| \geq \varepsilon\text{。}$$

它可以表述为：存在 $\varepsilon > 0$，使得对于任意 N，都存在 $n \geq N$ 使得 $|a_n - a| \geq \varepsilon$。

我们可以通过自然地思考定义、形式化地使用量词或者机械式地学习量词规则来学习这种技巧。但是如果能理解背后的原理，我们就能突破直觉含义的限制，培养灵活的思维方式，让自己的数学思维更加自洽，从而更好地掌握技巧。

12.3 构建形式化理论

本章后续内容将概述如何用几个相关的公理来证明性质，从而有效地形成形式化的数学理论。这些证明过的性质可以用于任何满足这些公理的新情境，从而构建越来越复杂的理论。

有些公理化系统发展自一个带有单一运算的集合。

半群和群

整数的加法或者非零整数的乘法涉及一个集合 X 和 X 上的二元运算 $*$。下面是一些可能的性质。

(1) 对于所有 $a,b,c \in X$，均有 $(a*b)*c = a*(b*c)$。这时 $*$ 满足**结合律**。

(2) 存在一个元素 $e \in X$，使得 $a*e = e*a = a$ 对于所有 $a \in X$ 成立。这样的元素被称为**单位元**。

(3) 如果存在单位元 e，那么对于所有 $a \in X$，都存在 $b \in X$ 使得 $a*b = b*a = e$。这样的元素 b 被称作 a 的**逆元素**。

(4) 对于所有 $a,b \in X$，都有 $a*b = b*a$。这时 $*$ 满足**交换律**。

如果一个具有二元运算 $*$ 的集合 X 满足 (1) 和 (2)，那么它被称作一个**半群**。如果它还满足 (3)，它就是一个**群**。如果它满足全部四条性质，那么它被称为**交换群**（或阿贝尔群）。

我们已经在一些上下文中见过了这些性质。

例 12.1：

(i) $\mathbb{N}_0$ 在二元运算 $+$ 下构成了一个半群，其单位元是 0。

(ii) $\mathbb{N}_0$ 在乘法下构成了一个半群，其单位元是 1。

(iii) $\mathbb{Z}$ 在乘法下构成半群。

(iv) $\mathbb{Z}$ 在加法下构成群,其单位元是 0。因为 $n+0=0+n=n$ 且 $n+(-n)=(-n)+n=0$,所以 $n\in\mathbb{Z}$ 的逆元素是 $-n$。

(v) $\mathbb{Z}$ 的非零元素在乘法下构成半群,其单位元是 1。

(vi) $\mathbb{Q}$(或者 $\mathbb{R}$、$\mathbb{C}$)的非零元素在乘法下构成群,其单位元是 1,r 的逆元素是 $\dfrac{1}{r}$。

(vii) $\mathbb{H}$ 的非零元素在乘法下构成群,其单位元是 1,$q\in\mathbb{H}\setminus\{0\}$ 的逆元素是 $\dfrac{\overline{q}}{|q|}$。

(i)~(vi) 都满足交换律,而 (vii) 不满足交换律。我们将在第 13 章更深入地学习群,了解它和数系还有其他上下文的关系。届时我们将形式化地推导群的结构特征。

环和域

在第 9 章我们已经学习了环和域,可以用群和半群的概念更简洁地描述它们。

环包含一个集合 R 以及两种二元运算 $+$ 和 $\times$,R 在 $+$ 下构成交换群,在 $\times$ 下构成半群($a\times b$ 记作 ab),而这两种运算可以用分配律关联起来:对于所有 a, b, $c\in R$,均有 $a(b+c)=ab+ac$, $(b+c)a=ba+ca$。如果乘法满足交换律,那么 R 被称作交换环。因此 $\mathbb{Z}$, $\mathbb{Q}$, $\mathbb{R}$ 和 $\mathbb{C}$ 都是交换环,而 $\mathbb{H}$ 是(非交换)环。

域包含一个集合 F 以及两种满足交换律的运算 $+$ 和 $\times$,F 在 $+$ 下构成群(单位元是 0),$F\setminus\{0\}$ 在 $\times$ 下也构成群(单位元是 1),而这两种运算可以用分配律关联起来:对于所有 a, b, $c\in F$,均有 $a(b+c)=ab+ac$。

$\mathbb{Q}$, $\mathbb{R}$ 和 $\mathbb{C}$ 都是域,但 $\mathbb{Z}$(因为存在没有乘法逆元素的非零元素)和 $\mathbb{H}$(因为乘法不满足交换律)都不是。

但这些系统也都是除环:它包含一个集合 D 和运算 $+$, $\times$,D 在 $+$ 下构成交换群(单位元是 0),$D\setminus\{0\}$ 在 $\times$ 下构成群(并不一定是交换群),且满足分配律:对于所有 a, b, $c\in D$,均有 $a(b+c)=ab+ac$, $(b+c)a=ba+ca$。$\mathbb{Q}$, $\mathbb{R}$, $\mathbb{C}$ 和 $\mathbb{H}$ 均是除环。

我们还可以基于直觉经验设计新的形式化系统,赋予它们集合论定义,得到一些有趣的结构。数学家理解公理化结构的过程中，这样的例子比比皆是，但是现在新的公理系统必须要能帮助其他领域取得进展才有意义。

向量空间

一个公理化系统有着很多应用情景，并且具有清晰的自然结构。三维空间中的点可以在选择坐标轴之后，用坐标 x, y, z 来符号化地表示（见图 12-2）。

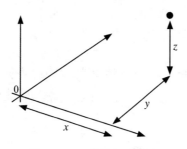

图 12-2　三维空间中的点

三维空间中的点可以表示为有序实数三元组 (x, y, z)，因此我们可以把空间表示为有序实数三元组的集合 $\mathbb{R}^3$。这些三元组的加法显然遵循下面的规则：

$$(x_1, y_1, z_1) + (x_2, y_2, z_2) = (x_1 + x_2, y_1 + y_2, z_1 + z_2).$$

加法既满足结合律也满足交换律。单位元是 $(0, 0, 0)$，而 (x, y, z) 的加法逆元素是 $(-x, -y, -z)$，因此 $\mathbb{R}^3$ 在加法下构成交换群。我们还可以把 (x, y, z) 乘以 $a \in \mathbb{R}$，得到 $a(x, y, z) = (ax, ay, az)$。这个运算和 $\mathbb{R}$ 上的加法及乘法的关系可以表述为以下规则：

$$(a+b)(x, y, z) = a(x, y, z) + b(x, y, z),$$
$$(ab)(x, y, z) = a(b(x, y, z)),$$
$$1(x, y, z) = (x, y, z).$$

而它和向量加法的关系体现在：

$$a((x_1, y_1, z_1) + (x_2, y_2, z_2)) = a(x_1, y_1, z_1) + a(x_2, y_2, z_2).$$

在人类的自然认知中，我们生活在三维空间，因此讨论更高维似乎有些奇怪。但是爱因斯坦相对论用到了第四个变量，将时刻 t 的点 (x, y, z) 表示为有序

四元组 (x, y, z, t)。那第五维又是什么？答案是这种方法偏离了主流数学。时间**可以是**第四维，但不是唯一的第四维。唯一的第四维都不存在，更遑论第五维了。牛顿物理学和相对论把我们束缚在三维空间和四维时空中，但是更高的维度也有着实际的数学意义。（有很多结合相对论和量子力学的尝试，弦理论是其中最流行的一种。如果弦理论是正确的，那么空间可能有 10 维或者 11 维。只不过出于一些原因，这些更高的维度不会出现在日常生活中。）定义任意维度（包括无限维）的空间都有合理的数学原因，这些空间是主流数学的自然结果。

例如，描述三维空间中**两个**独立的点 (x_1, y_1, z_1) 和 (x_2, y_2, z_2) 需要六个实数。我们可以把它们写成一个六元组 $(x_1, y_1, z_1, x_2, y_2, z_2)$，它描述了这两个点的位置。因此两个粒子的"构形空间"（所有可能位置的集合）有六个维度，可以合理地表示为 $\mathbb{R}^6$。

接下来考察空间中的刚体，比如说小行星带中的一颗小行星。要唯一描述它的位置，我们需要确定刚体中**三个**不共线的点 P, Q, R 的位置（见图 12-3）。

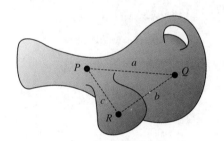

图 12-3　空间中的刚体

假设 PQ, QR, RP 的长度分别是 a, b, c。我们可以把 P 放在点 (x_1, y_1, z_1)，把 Q 放到一个到 (x_1, y_1, z_1) 的距离为 a 的点 (x_2, y_2, z_2)。根据勾股定理（三维版本或者在两个平面内应用两次二维版本），$\mathbb{R}^3$ 中 (x_1, y_1, z_1) 和 (x_2, y_2, z_2) 之间的距离为 $\sqrt{(x_1 - x_2)^2 + (y_1 - y_2)^2 + (z_1 - z_2)^2}$。因此距离条件可以表述为

$$(x_1 - x_2)^2 + (y_1 - y_2)^2 + (z_1 - z_2)^2 = a^2。 \tag{12.1}$$

最后我们可以绕 PQ 旋转刚体，让 R 所在点 (x_3, y_3, z_3) 满足 $QR = b, RP = c$：

$$(x_2 - x_3)^2 + (y_2 - y_3)^2 + (z_2 - z_3)^2 = b^2, \tag{12.2}$$

$$\left(x_3 - x_1\right)^2 + \left(y_3 - y_1\right)^2 + \left(z_3 - z_1\right)^2 = c^2. \tag{12.3}$$

因此刚体的位置就由满足方程 (12.1)~(12.3) 的九个坐标 $x_1, y_1, z_1, x_2, y_2, z_2, x_3, y_3, z_3$ 决定。我们完全可以把它想象成一个有序九元组

$$\left(x_1, y_1, z_1, x_2, y_2, z_2, x_3, y_3, z_3\right) \in \mathbb{R}^9,$$

因此刚体的位置就是 $\mathbb{R}^9$ 中满足方程 (12.1)~(12.3) 的点。

数学中这样的例子还有很多。比起把"空间"限定在 $\mathbb{R}^3$ 中，考察任意 $n \in \mathbb{N}$ 时的实 n 元组构成的集合 $\mathbb{R}^n$ 有着正面意义。现在读者应该已经知道该如何构造它们了。我们可以把 $\mathbb{R}^n$ 中的加法和实数乘法定义为：

$$\left(x_1, x_2, \cdots, x_n\right) + \left(y_1, y_2, \cdots, y_n\right) = \left(x_1 + y_1, x_2 + y_2, \cdots, x_n + y_n\right),$$
$$a\left(x_1, x_2, \cdots, x_n\right) = \left(ax_1, ax_2, \cdots, ax_n\right)。$$

这两个运算和 $\mathbb{R}^3$ 中的对应运算满足相同的性质。方便起见，我们把 $\left(x_1, x_2, \cdots, x_n\right)$ 记作 v，把 $\left(y_1, y_2, \cdots, y_n\right)$ 记作 w。那么这些性质就可以写作：

$$\left(a + b\right)v = av + bv,$$
$$\left(ab\right)v = a\left(bv\right),$$
$$1v = v,$$

对于所有 $a, b \in \mathbb{R}$, $v, w \in \mathbb{R}^n$,

$$a\left(v + w\right) = av + aw。$$

这样就诞生了向量空间的概念。考察集合 V 和其上的二元运算 $+$。我们需要一个映射 $m: \mathbb{R} \times V \to V$，方便起见，把 $m(a, v)$ 记作 av。如果 V 满足下列性质，那么它是 $\mathbb{R}$ 上的一个**向量空间**：

(VS1) V 在 $+$ 下构成交换群；

(VS2) 对于所有 $a, b \in \mathbb{R}$, $v, w \in \mathbb{R}^n$，都有 $\left(a + b\right)v = av + bv$,

$$\left(ab\right)v = a\left(bv\right),$$
$$1v = v,$$
$$a\left(v + w\right) = av + aw。$$

$\mathbb{R}^n$ 满足这些公理，但是除它之外还有很多有趣的向量空间。

例如，令 V 表示从 $\mathbb{R}$ 到 $\mathbb{R}$ 的所有函数的集合。那么 $f \in V$ 表示 $f: \mathbb{R} \to \mathbb{R}$。已知两

个函数 $f, g \in V$，对于所有 $x \in \mathbb{R}$，我们可以把这两个函数的加法 $f+g : \mathbb{R} \to \mathbb{R}$ 定义为 $(f+g)(x) = f(x) + g(x)$。例如，如果 $f(x) = x^3 + x^2$，$g(x) = 3x + 2$，那么 $f(x) + g(x) = x^3 + x^2 + 3x + 2$。对于所有 $x \in \mathbb{R}$，函数与实数 $a \in \mathbb{R}$ 的乘法定义为 $(af)(x) = a(f(x))$。例如，如果 $f(x) = x^3 + x^2$，$a = -3$，那么 $(af)(x) = -3(x^3 + x^2)$。根据上述定义，集合 V 就是 $\mathbb{R}$ 上的一个向量空间。这里 V 的元素都是函数。

　　向量空间也会出现在一些意想不到的地方。假设我们想要求微分方程

$$\frac{\mathrm{d}^2 y}{\mathrm{d}x^2} + 95\frac{\mathrm{d}y}{\mathrm{d}x} + 1066y = 0$$

的解 $y = f(x)$。（假设我们已经熟知微积分。）那么对于可微函数 $f : \mathbb{R} \to \mathbb{R}$，$g : \mathbb{R} \to \mathbb{R}$ 和实数 $a, b \in \mathbb{R}$，我们有

$$\frac{\mathrm{d}}{\mathrm{d}x}\big(af(x) + bg(x)\big) = a\frac{\mathrm{d}f(x)}{\mathrm{d}x} + b\frac{\mathrm{d}g(x)}{\mathrm{d}x},$$

$$\frac{\mathrm{d}^2}{\mathrm{d}x^2}\big(af(x) + bg(x)\big) = a\frac{\mathrm{d}^2 f(x)}{\mathrm{d}x^2} + b\frac{\mathrm{d}^2 g(x)}{\mathrm{d}x^2}。$$

因此

$$\frac{\mathrm{d}^2}{\mathrm{d}x^2}\big(af(x) + bg(x)\big) + 95\frac{\mathrm{d}}{\mathrm{d}x}\big(af(x) + bg(x)\big) + 1066\big(af(x) + bg(x)\big)$$

$$= a\left\{\frac{\mathrm{d}^2 f(x)}{\mathrm{d}x^2} + 95\frac{\mathrm{d}f(x)}{\mathrm{d}x} + 1066 f(x)\right\} + b\left\{\frac{\mathrm{d}^2 g(x)}{\mathrm{d}x^2} + 95\frac{\mathrm{d}g(x)}{\mathrm{d}x} + 1066 g(x)\right\}。$$

这意味着如果 $y = f(x)$ 和 $y = g(x)$ 是这个微分方程的解，那么每个花括号里的表达式都等于 0，所以 $y = af(x) + bg(x)$ 也是方程的解。

　　令 S 为满足该微分方程的所有可微函数的集合。那么（令 $a = b = 1$）

$$f, g \in S \Rightarrow f + g \in S,$$

显然 S 在 + 下构成交换群。同理（令 $b = 0$）

$$a \in \mathbb{R}, f \in S \Rightarrow af \in S。$$

检查公理 (VS1) 和公理 (VS2) 之后，我们发现这个微分方程的解的集合 S 是 $\mathbb{R}$ 上的一个向量空间。（对于任意 $p, q \in \mathbb{R}$，都存在一个解对应初始条件 $x(0) = p$，$x'(0) = q$。因此这个方程有很多解，上述陈述并非没有意义。）

上面这些简短描述可能会让读者觉得现代代数不过就是一堆枯燥的公理。为了改变这种印象，我们看看用这种方法推导出的一些惊人结果。

古希腊时代之后的两千年中，数学家都想知道能否用尺规三等分任意角。通过结合向量空间和域理论这样一个奇妙的方法，数学家证明了 60°（以及许多其他的角）不能用尺规三等分 [32]。

二次方程

$$ax^2 + bx + c = 0$$

的根可以表示为

$$x = \frac{-b \pm \sqrt{b^2 - 4ac}}{2a}。$$

从结果来看，古巴比伦人在 3000 多年前就知道了这个方法。16 世纪的意大利数学家给出了任意三次方程

$$ax^3 + bx^2 + cx + d = 0$$

和任意四次方程

$$ax^4 + bx^3 + cx^2 + dx + e = 0$$

的更复杂的代数求根公式。

寻找五次方程

$$ax^5 + bx^4 + cx^3 + dx^2 + ex + f = 0$$

的代数求根公式的过程持续了 200 多年。直到 19 世纪，数学家才利用域理论和群理论进行一连串晦涩的推导，证明了五次方程不存在代数求根公式 [32]。

$\mathbb{R}$ 上的向量空间 V 的概念有很多推广。例如，如果我们把向量空间定义中的 $\mathbb{R}$ 换成域 F，就得到了 **F 上的向量空间**；如果我们把 $\mathbb{R}$ 换成环 R，就得到了 R 上的**模**。这些系统的研究和应用是现代代数的核心。

然而，我们不仅可以形式化地推导性质，还可以证明结构定理。下面是域 F 上的向量空间 V 的一个例子。

假设 $v = a_1 v_1 + \cdots + a_n v_n$，$a_1, \cdots, a_n \in F$ 是向量 $v_1, \cdots, v_n \in V$ 的**线性组合**。例如对

于所有 $a, b \in F$，(a, a, b) 是 $(1, 1, 0)$ 和 $(0, 0, 1)$ 的一个线性组合，因为 $(a, a, b) = a(1, 1, 0) + b(0, 0, 1)$。

更一般地，任意向量 $(x, y, z) \in \mathbb{R}^3$ 都是向量 $\mathbf{i} = (1, 0, 0)$, $\mathbf{j} = (0, 1, 0)$, $\mathbf{k} = (0, 0, 1)$ 的线性组合，因为

$$(x, y, z) = x\mathbf{i} + y\mathbf{j} + z\mathbf{k}。$$

如果一个向量空间 V 中存在一组向量 $v_1, \cdots, v_n$，使得每个向量 $v \in V$ 都可以写作线性组合

$$v = a_1 v_1 + \cdots + a_n v_n，\text{其中 } a_1, \cdots, a_n \in F，$$

那么这组向量被称作 V 的一个**生成集**。

例如，向量 $\mathbf{i}, \mathbf{j}, \mathbf{k}$ 就是 $\mathbb{R}^3$ 的一个生成集。它们还有一个特殊的性质，已知一组向量 $v_1, \cdots, v_n \in V$，如果

$$a_1 v_1 + \cdots + a_n v_n = 0 \text{ 意味着 } a_1 = \cdots = a_n = 0，$$

那么我们说这些向量**线性无关**。如果一个生成集是线性无关的，那么向量的线性表示就是唯一的。这是因为如果向量 $v \in V$ 存在两种表示，

$$v = a_1 v_1 + \cdots + a_n v_n = b_1 v_1 + \cdots + b_n v_n，$$

那么，

$$(a_1 - b_1) v_1 + \cdots + (a_n - b_n) v_n = 0，$$

根据线性无关性，

$$a_1 - b_1 = 0, \cdots, a_n - b_n = 0，$$

因此

$$a_1 = b_1, \cdots, a_n = b_n。$$

既是生成集又线性无关的一组向量被称作向量空间 V 的**基**，而这个向量空间是一个**有限维**向量空间。

向量空间理论（"线性代数"）的入门课通常关注域 $\mathbb{R}$、$\mathbb{C}$ 或者更一般的域 F

上的有限维向量空间，并证明一个有限维向量空间的任意两个基都有相同的元素数量，这个数量被称为向量空间的**维数**。如果 $v_1, \cdots, v_n$ 是一个基，那么任意 $v \in V$ 都可以唯一表示为

$$v = a_1 v_1 + \cdots + a_n v_n。$$

因此映射 $f : V \to \mathbb{R}^n$，$f(a_1 v_1 + \cdots + a_n v_n) = (a_1, \cdots, a_n)$ 是一个保持结构的同构。这样就得到了一个有限维向量空间的**结构定理**。

定理 12.2：域 F 上的每个有限维向量空间 V 都和 F^n 同构。

因为这只是个说明性的例子，所以我们在此略过定理的证明，证明的关键思路已经包含在上面的讨论中。

这个定理为有限维向量空间提供了一个自然的符号解读——向量可以表示为坐标。那么向量空间之间的线性映射就可以表示为矩阵。如果 $F = \mathbb{R}$ 且 $n = 2$ 或 3，那么向量还可以在二维或者三维空间中用图像表示出来。

读者在任何向量空间的入门课中都能深入了解这部分知识，它们为后续学习其他公理化结构提供了一个模板。

12.4　后续发展

更复杂的代数研究的系统依然是集合，这些集合上定义了运算，以及从一个系统到另一个系统保留结构的函数。这些结构有着很多应用，而往往是应用本身决定了哪些结构最有用。这些应用涵盖了物理、工程、生物、化学、经济、统计、计算机、社会科学、心理学等领域。我们现在就仿佛站在跳板上，准备纵身跃入更深奥的数学思想的海洋。接下来的三章将作为例子，向读者展示形式系统在数学中的用法，我们将学习三种典型的形式结构：**群、无限基数**和**无穷小量**。

群的概念源自很多领域，其中就包括几何对象的对称和集合的置换。我们将证明一个结构定理，它表明任意的群都可以被看作一个集合的一组置换。

第二个例子使用无限基数，把计数过程推广到了无限集。无限基数的算术演变自有限计数过程的算术，但又有一些明显区别。

第三个概念是把实数放到了一个更大的有序域 K 中，让 $\mathbb{R}$ 成为 K 的有序子域，这样就可以推广有穷测度的概念。K 的选择不止一种，但它们都遵循一个独特的结构定理。已知元素 $x \in K$，如果存在 $a, b \in \mathbb{R}$ 使得 $a < x < b$，那么就说 x 是**有穷的**；如果对于所有正实数 $a \in \mathbb{R}$，都有 $0 < |x| < a$，那么就说 x 是**无穷小的**。结构定理表明，如果 x 是有穷的，那么 x 可以唯一表示为 $x = c + e$ 的形式，其中 $c \in \mathbb{R}$，e 为零或无穷小量。

这对数学的长期发展有着深刻影响。虽然形式数学告诉我们实数中不存在无穷小量，但它也表明任何更大的有序域都**一定**包含无穷小量。那么就可以发展一个（被称为非标准分析的）理论模型，来符合逻辑地使用无穷小量，不过我们需要一个更牢固的逻辑基础。（我们在第 1 章中说数学就像树一样生长，不仅要枝繁叶茂，还要根深蒂固。）

一个有无穷小量的结构和排除无穷小量的无限基数理论并不矛盾——它们的使用情境不同。基数推广了 $\mathbb{N}$ 中的计数过程，而且除 1 之外的元素在 $\mathbb{N}$ 中不存在逆元素。非标准分析推广了 $\mathbb{R}$ 中的测度，而 $\mathbb{R}$ 中确实存在乘法逆元素。在用不同方法推广熟悉的系统时，经常会出现这种情况。因为在数学分析中，实数中不存在无穷小量，所以集合论的 $\varepsilon - \delta$ 方法是合适的。而在比实数更大的域中，就会出现无穷小量，我们可以用它们来发展非标准分析的理论。同时，应用数学家可以自然地使用"任意小的数值量"。重要的是使用的方法适合所涉及的领域。

本书的方法是把自然的图像和符号方法与形式化的定义和证明结合起来，为各种数学思维打下基础。无论读者将从事纯数学研究、关注数学分析（另一种使用无穷小量方法的逻辑方法），还是立志成为工程师和物理学家，因而用构建在形式化基础上的更加实用的方法来验证自己的直觉，本书都将帮助读者为未来的发展做好准备。

12.5 习题

本章对数学的形式化方法做了更广泛的介绍。因为涉及的概念太多，本章不会给出具体的习题，更重要的是思考自己头脑中概念的变化。读者可以重新阅读第 1 章，阅读当时写下的习题答案。你的观点发生了变化吗？

然后，你不妨重新阅读本章，写一些笔记来帮助自己思考形式数学方法的优势和劣势。不要想当然地接受书中的说法，而是要用形式化的方法给自己解释书中的论证，以便了解自己对形式化方法的理解如何，明确自己的疑问。和别人分享自己的见解和疑惑可以帮你更好地理解形式化方法。然后你就可以用这些见解来理解本书接下来的内容。

第 13 章

置换和群

在本章中，我们将会学习群论的基础，来展示如何用公理化系统来概括具体数学系统中的特性。群是现代数学基础中的基础，它源自代数和几何中更复杂的部分。其概念虽然复杂，但很容易理解。

我们先来看一个实际例子：置换的概念。置换是一种重新排列集合 X 中的元素的方法。例如，如果 $X = \{1, 2, 3\}$，那么我们可以把 1, 2, 3 变成 1, 3, 2。我们用双射 $\sigma: X \to X$ 来表示这个过程。一个集合 X 的所有置换的集合有很多讨人喜欢的代数性质，基于这些性质和其他的一些例子，我们将推导一组公理，给出群的形式化定义。接下来我们将证明群的一些基本定理，其中包括一个结构定理，它表明每个群都可以视为一组置换。这个定理告诉我们，群不只是一个抽象概念，我们可以把它想象为图像，也可以用符号来操作它的元素。这样我们就将得到新的理论理解，这些理解既有定理的形式化证明，又包括理解结构的自然方法。因为这些概念在后续的数学课程中还会出现，所以其一般性质也值得我们学习。

13.1 置换

日常生活中，我们经常需要用不同的方法来排列物品，或者从多种可能性中选择一种排列方法。比如说邀请客人来吃饭时要决定客人的座位，打牌的时候要先洗牌。数学家一开始就把置换理解为这种排列方法。例如，如果用 x, y, z 来表示物品，那么置换可以写作 (z, y, x) 和 (y, x, z) 这样的有序三元组，它们的排列一共有六种：

$$(x, y, z)(x, z, y)(y, x, z)(y, z, x)(z, x, y)(z, y, x).$$

但是数学家现在不只关注数的顺序，还关注如何从一种顺序变换到另一种。

例如，我们可以把 (x, y, z) 倒过来，变成 (z, y, x)。第一个位置的符号一开始是 x，最后变成了 z。同理，第二个位置一开始是 y，最后变成了 y。第三个位置一开始是 z，最后变成了 x。这种变化可以用函数

$$\sigma : \{1,\ 2,\ 3\} \to \{3,\ 2,\ 1\}$$

表示，其中

$$\sigma(1) = 3,\ \sigma(2) = 2,\ \sigma(3) = 1。$$

这里重要的是给出符号**位置**的数，而符号本身告诉了我们如何变换。现代的方法给出了一个简单准确的定义，更加优雅。

定义 13.1：集合 X 的**置换**是一个双射 $\sigma : X \to X$。

当 X 是有限集（并且不太大）的时候，有一个表示置换的好方法。它把 $\sigma(3) = 1$ 这种变换规则写成更简洁的形式：

$$\begin{pmatrix} 1 & 2 & 3 \\ 3 & 2 & 1 \end{pmatrix}。 \tag{13.1}$$

第一行表示 X 的元素，每个 x 下面是 σ 映射后的像 $\sigma(x)$。

这样表示的时候，第一行中 X 的元素可以写成任何顺序。只要我们把 $\sigma(x)$ 写在 x 的下面，那么改变元素的顺序并不影响 σ。比如，(13.1) 的置换也可以写成

$$\begin{pmatrix} 2 & 1 & 3 \\ 2 & 3 & 1 \end{pmatrix},$$

它们表达的信息是相同的。我们等下就会看到允许改变顺序的好处，以及不应该关注 X 中的元素的具体顺序的原因。

首先我们要强调，函数的复合[①] $\sigma \circ \tau$ 定义为 $\sigma \circ \tau(x) = \sigma\big(\tau(x)\big)$，也就是先 τ 再 σ。

给定集合 X 的置换有三个基本性质：

定理 13.2：

(1) 恒等置换 i_X 也是 X 的一个置换。

[①] 有时，代数学家把 $\sigma(x)$ 写作 $(x)\sigma$，这样先 σ 再 τ 就可以写作 $(x)\sigma\tau = ((x)\sigma)\tau$。这样 $\sigma\tau$ 就表示"先 σ，再 τ"，看起来更加自然。但是 $\sigma(x)$ 的写法更加普遍，因此我们只能接受从右到左复合置换了。

(2) X 的每个置换 σ 都有一个逆置换 σ^{-1}，这个逆置换也是 X 的置换。

(3) 如果 σ 和 τ 是 X 的置换，那么它们的复合 $\sigma \circ \tau$ 也是 X 的一个置换。

证明：

(1) 恒等置换显然是双射，我们在第 5 章定义的时候就提到过。

(2) 因为 σ 是双射，根据定理 5.17(c)，它有一个逆函数。σ^{-1} 显然是双射。

(3) 可由命题 5.20 证明。

当 X 是有限集时，我们可以用上面的记法计算置换的逆置换和两个置换的复合。例如，假设 $X = \{1, 2, 3, 4, 5, 6, 7\}$，

$$\sigma = \begin{pmatrix} 1 & 2 & 3 & 4 & 5 & 6 & 7 \\ 7 & 6 & 5 & 4 & 3 & 2 & 1 \end{pmatrix},$$

$$\tau = \begin{pmatrix} 1 & 2 & 3 & 4 & 5 & 6 & 7 \\ 5 & 3 & 6 & 1 & 4 & 7 & 2 \end{pmatrix}。$$

要计算 τ^{-1}，我们只需要交换这两行，

$$\tau^{-1} = \begin{pmatrix} 5 & 3 & 6 & 1 & 4 & 7 & 2 \\ 1 & 2 & 3 & 4 & 5 & 6 & 7 \end{pmatrix}。$$

如果有必要，我们可以重新排列，让第一行的数字按照 1-7 的顺序排列。或者可以通过观察得知 1 下面是 4，2 下面是 7，3 下面是 2……无论用何种方法，我们都能得到等价的表示：

$$\tau^{-1} = \begin{pmatrix} 1 & 2 & 3 & 4 & 5 & 6 & 7 \\ 4 & 7 & 2 & 5 & 1 & 3 & 6 \end{pmatrix}。$$

要计算复合函数 $\sigma \circ \tau$，我们先应用 τ 再应用 σ。我们要遍历 $x = 1$，$x = 2$，$\cdots$，$x = 7$，找到对应的 $\tau(x)$，然后再来看对它应用 σ 的结果。例如，

$$\tau(1) = 5 \text{，那么 } \sigma(5) = 3 \text{；}$$
$$\tau(2) = 3 \text{，那么 } \sigma(3) = 5 \text{；}$$
$$\tau(3) = 6 \text{，那么 } \sigma(6) = 2 \text{；}$$
$$\tau(4) = 1 \text{，那么 } \sigma(1) = 7 \text{；}$$
$$\tau(5) = 4 \text{，那么 } \sigma(4) = 4 \text{；}$$
$$\tau(6) = 7 \text{，那么 } \sigma(7) = 1 \text{；}$$
$$\tau(7) = 2 \text{，那么 } \sigma(2) = 6 \text{。}$$

因此

$$\sigma \circ \tau = \begin{pmatrix} 1 & 2 & 3 & 4 & 5 & 6 & 7 \\ 3 & 5 & 2 & 7 & 4 & 1 & 6 \end{pmatrix}.$$

另一种方法是重新安排 σ 的列，使其第一行和 τ 的第二行一致。如下所示：

$$\tau = \begin{pmatrix} 1 & 2 & 3 & 4 & 5 & 6 & 7 \\ 5 & 3 & 6 & 1 & 4 & 7 & 2 \end{pmatrix},$$

$$\sigma = \begin{pmatrix} 5 & 3 & 6 & 1 & 4 & 7 & 2 \\ 3 & 5 & 2 & 7 & 4 & 1 & 6 \end{pmatrix}.$$

然后把 τ 的第一行和 σ 的第二行结合起来，就得到了它们的复合。在经过一些练习之后，你就可以先把第一行按 1, 2, 3, … 的顺序写出来，然后在 σ 中用手指点出每个 $\tau(x)$ 下面的数，再把它写到第二行。

13.2 作为循环的置换

我们可以追踪每个元素变换的结果，从而更简单地表示置换。以下面的置换为例，

$$\tau = \begin{pmatrix} 1 & 2 & 3 & 4 & 5 & 6 & 7 \\ 5 & 7 & 3 & 1 & 4 & 6 & 2 \end{pmatrix},$$

1 变成了 5，5 变成了 4，4 变成了 1。同时 2 变成 7，7 又变成 2，而 3 和 6 都没有变化。我们可以把这个变换表示为

$$1 \to 5 \to 4 \to 1, \ 2 \to 7 \to 2, \ 3 \to 3, \ 6 \to 6.$$

每个表达式都表示了一个置换，被称为一个**循环**。第一个循环可以写作 (154)，它表示循环中的每个数都可以变换为下一个数，直到最后一个数变换为第一个数。这些循环的积可以写成

$$(154)(27)(3)(6).$$

因为只有一个元素的循环没有发生任何变换，所以可以省略它们，写成

$$(154)(27).$$

因为复合从右向左读，所以要把上面的式子应用到 x 上，就要先看循环 (27)，再看循环 (154)。以 4 为例：循环 (27) 不会改变它，而循环 (154) 会把 4 变成 1。

这几个循环是**不相交的**，换言之，它们没有公共元素，这时循环的顺序就无关紧要了。但如果两个循环有公共元素，那么顺序就**很重要**。积

$$(12)(23)$$

应用到 2 上的时候，会先在循环 (23) 中把 2 变成 3。因为 3 不受循环 (12) 影响，所以最后 2 变成了 3。但是积

$$(23)(12)$$

应用到 2 上的时候，会先在循环 (12) 中把 2 变成 1。因为 1 不受循环 (23) 影响，所以最后 2 变成了 1。

这意味着两个置换 σ 和 τ 的积不一定满足交换律，$\sigma \circ \tau \neq \tau \circ \sigma$ 是有可能的。

另一方面，写出一个循环的逆也很容易，它的顺序与这个循环相反。例如，(154) 的逆是 (451)。你可以通过计算来验证这一点。

13.3　置换的群性质

定理 13.2 给出了任意集合 X 的所有置换的集合的三条基本性质，可以如下表示。

定义 13.3：如果集合 X 的置换的集合 G 满足下列条件，我们就称它为**置换群**，或者说它具有**群性质**：

(PG1) 恒等置换 $i_X \in G$。

(PG2) 如果 $\sigma \in G$，那么 $\sigma^{-1} \in G$。

(PG3) 如果 $\sigma, \tau \in G$，那么 $\sigma \circ \tau \in G$。

传统上来说，X 总是一个有限集，那么这时前两条性质就可由第三条性质推出（习题 12）。因此"群性质"一词其实指代的只有**一条性质**。

这个定义适用于 X 的所有置换的集合 $\mathbb{S}_X$。如果 $X = \{1, 2, 3, \cdots, n\}$，我们会把它简写为 $\mathbb{S}_n$。那么定理 13.2 就可以重新表述。

定理 13.4：对于任意 X，集合 $\mathbb{S}_X$ 都是一个置换群。

我们在定义 X 的置换群时很小心，没有说它一定要包含 X 的所有置换。例如，$\{i_X, s\}$，$s = (23)$ 是 $\{1, 2, 3, 4, 5, 6, 7\}$ 的所有置换的集合 $\mathbb{S}_7$ 的一个子集。我们发现 $(23)(23)$ 是恒等置换，所以 $s^{-1} = s$。这个集合满足定义 13.3 中的**所有**性质，因此它是一个置换群。

下面这些 $\mathbb{S}_3$ 的子集也是置换群，其中 i 表示恒等置换，

$$\{i\}, \ \{i, (23)\}, \ \{i, (31)\}, \ \{i, (12)\}, \ \{i, (123), (132)\}, \ \mathbb{S}_3.$$

读者可以自行检查它们是否满足定义 13.3。

为了理解置换群，可以用图像的方式来把握它的结构。例如，我们可以置换等边三角形 ABC 的三个角，来直观地表示 $\mathbb{S}_3$。我们先把它的三个顶点标记为位置 1、位置 2、位置 3（见图 13-1）。

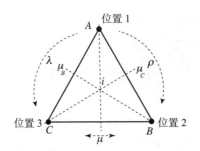

图 13-1　置换等边三角形的角

然后我们旋转或者翻转三角形，把角放到不同的位置上，从而得到六种可能的对称变换。

恒等变换 i，三角形没有任何改变。

两种是旋转对称：

顺时针旋转三分之一圈的 ρ 就是置换 (123)；

逆时针旋转三分之一圈的 λ 就是置换 (132)。

三种是镜像对称：

沿经过 A 的对称轴翻转的 μ，就是置换 (23)；

沿经过 B 的对称轴翻转的 μ_B，就是置换 (31)；

沿经过 C 的对称轴翻转的 μ_C，就是置换 (12)。

但是，这些对称变换可以由旋转和镜像组合而成。例如，使用旋转 ρ 和镜像 μ，可以得到：

恒等置换 i；

旋转 ρ，也就是 (123)；

旋转 λ，也就是 (132)，可以表示为 ρ^2；

翻转 μ，也就是 (23)；

翻转 μ_B，也就是 (13)，可以表示为 $\mu\rho$ 或者 $\rho^2\mu$；

翻转 μ_C，也就是 (12)，可以表示为 $\rho\mu = \mu\rho^2$。

读者可以通过两种方法自行验证上述陈述：要么把置换写作循环，像上面解释的一样用符号来完成这些复合；要么用纸或者纸板剪出一个等边三角形，实际执行这些旋转和镜像。

这一过程表明，群 $\mathbb{S}_3$ 的全部六个元素都可以写成 $\rho^p\mu^q$ 的形式，其中 $0 \leqslant p \leqslant 2,\ 0 \leqslant q \leqslant 1$。其实我们只需要下面这六个表达式：

$$i,\ \rho,\ \rho^2,\ \mu,\ \rho\mu,\ \rho^2\mu。$$

这样就可以简化 $\mathbb{S}_3$ 中元素的计算。我们可以把它们想象成是用 $\rho,\ \mu$ 这两个元素按照下面的"关系""生成"出来的：

$$\rho^3 = i,\ \mu^2 = i,\ \mu\rho = \rho^2\mu。$$

一般来说，我们可以利用这三个关系，把 $\rho,\ \mu$ 的任意幂的乘积表示为这六种元素之一。例如，积

$$\rho\mu\rho$$

可以表示为

$$\rho(\mu\rho) = \rho(\rho^2\mu) = \rho^3\mu = \mu。$$

除了 $\mu\rho = \rho^2\mu$，我们还有 $\mu\rho^2 = \rho\mu$，这里的符号操作很简单。一般来说，它们不满足交换律，因此不能改变乘积中各项的顺序。但是我们只要在交换 ρ 和 μ 的时候把 ρ 换成 ρ^2 就好了。这样任何 ρ 和 μ 的幂的积都可以表示为 $\rho^p\mu^q$，其中 $0 \leqslant p \leqslant 2,\ 0 \leqslant q \leqslant 1$。

这个规则只适用于这一个群，但我们可以思考其他群的生成元和关系。例如，正 n 边形的对称群是由两种对称生成的——将角旋转到下一个位置的旋转对称 ρ，和沿着经过一个角的对称轴翻转多边形的镜像对称 μ（见图 13-2）。

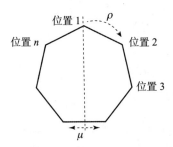

图 13-2 正多边形的对称

这个群可以由 ρ 和 μ 按照下面的关系生成：

$$\rho^n = i,\ \mu^2 = i,\ \rho\mu = \mu\rho^{n-1}.$$

有些群有很多生成元和关系，像这样的计算可能会变得非常复杂。那么就需要给群的一般概念下一个正式定义，并构建关于群结构的定理。

13.4 群的公理

其实定义置换群的三个条件完全可以用来定义一个更一般的数学结构，但是这个推广需要我们放弃"涉及的元素是置换"这一条件。事实上，我们甚至都不要求这些元素是函数。此外，它们之间的运算也不需要是复合。

历史上，在代数、复分析、几何和拓扑的各种领域中出现过很多结构，它们满足的性质和置换群定义相似。

例如，整数集 $\mathbb{Z}$ 就有如下性质：

如果 $n \in \mathbb{Z}$，那么 $0 + n = n$；

如果 $n \in \mathbb{Z}$，那么 $n + (-n) = 0$；

如果 $m, n \in \mathbb{Z}$，那么 $m + n \in \mathbb{Z}$。

第一条性质表明 0 类似于置换群的恒等置换，因为**加 0** 把 n 映射到了自身。第三条性质类似于复合两个置换或者说刚体运动，只不过我们现在是在做整数加法，而不是函数复合。

有理数集的加法也有类似的性质。此外，**非零有理数** $\mathbb{Q}\setminus\{0\}$ 的乘法也有类似性质：

$$\text{如果 } r\in\mathbb{Q}\setminus\{0\}\text{，那么 } 1r=r\text{；}$$
$$\text{如果 } r\in\mathbb{Q}\setminus\{0\}\text{，那么 } r\cdot\frac{1}{r}=1\text{；}$$
$$\text{如果 } r,s\in\mathbb{Q}\setminus\{0\}\text{，那么 } rs\in\mathbb{Q}\setminus\{0\}\text{。}$$

那么现在 1 就是"恒等置换"，r 的逆元素就是它的倒数 $\frac{1}{r}$（因此我们要限制到非零有理数），而复合也变成了乘法。我们在第 9 章学习了 $\mathbb{Q}$ 的这些特性。

上述的例子只是冰山一角。20 世纪早期，数学家清楚地意识到在不同的情境中一遍又一遍证明相同的定理是毫无意义的，特别是有时候证明本身都是相同的。数学家亟需一种公理化的方法，把这些系统归纳到一起，尽可能概括性地定义概念、证明定理。这段历史是复杂的，结果却非常简单。

结合律的成立就没那么明显了。但你也可以说它太过明显——上面的例子中，函数复合（命题 5.14）、加法和乘法（第 9 章）都默认结合律成立。

群性质中最基础的一条，因为太过基本，如今已经直接成了群定义的一部分。那就是在一个运算下"闭合"：无论是复合置换、整数加法还是非零有理数乘法，运算结果都是同一个类型的另一个对象。我们在第 5 章中学习过，集合 A 上的二元运算是一个函数 $f:A\times A\to A$。我们在定义二元运算时也提过，复合、加法和乘法都属于二元运算。

定义 13.5：如果集合 G 带有一个二元运算 $*$ 且满足如下条件，它就是一个**群**。

(G1) 存在一个**单位元**：一个元素 $1_G\in G$ 使得对于所有 $g\in G$，

$$1_G*g=g,\ g*1_G=g。$$

(G2) 对于所有 $g\in G$，都存在一个**逆元素** $g^{-1}\in G$ 使得

$$g*g^{-1}=1_G,\ g^{-1}*g=1_G。$$

(G3) 运算 $*$ 满足**结合律**：对于所有 $g,\ h,\ k\in G$，

$$(g*h)*k=g*(h*k)。$$

如果要做到严格形式化，我们可以把群写成 $(G, *)$，来明确它带有的二元运算。

例 13.6：下面是一些群的例子：

- 带有二元运算 $\circ$ 的集合 X 的所有置换的集合 $\mathbb{S}_X$；

- 带有二元运算 $+$ 的集合 $\mathbb{Z}$；

- 带有二元运算 $+$ 的集合 $\mathbb{Q}$；

- 带有二元运算 $\times$ 的集合 $\mathbb{Q} \setminus \{0\}$；

- 加法下（也就是带有加法运算）的实数 $\mathbb{R}$；

- 加法下的复数 $\mathbb{C}$；

- 加法下的整数模 n，也就是 $\mathbb{Z}_n$；

- 乘法下的非零实数 $\mathbb{R} \setminus \{0\}$；

- 乘法下的非零复数 $\mathbb{C} \setminus \{0\}$；

- p 为质数时，乘法下的非零整数模 p，也就是 $\mathbb{Z}_p \setminus \{0\}$。

除了最后一个例子以外，剩下的都很容易验证。请读者自行完成证明。

上述的很多例子还满足交换律 $g * h = h * g$，因此有一个特殊的名字：

定义 13.7：如果一个群 G 满足定义 13.5 中的 (G1)～(G3)，且满足**交换律**，

$$对于所有 g, h \in G，都有 g * h = h * g，$$

那么 G 就是一个**阿贝尔群**（名字源自数学家尼尔斯·亨利克·阿贝尔）。

如果我们为二元运算引入一个没有歧义的一般符号（比如说 $*$），那么群的定义就会更加清晰。但因为一直写有些麻烦，所以除非会和其他含义混淆，不然我们通常把 $f * g$ 写成 fg。我们还可以把 1_G 写成 1，因为我们通常把群的运算想象成"积"，所以这一般没有问题。我们也会发现，在上述例子中，1 有时是恒等映射，有时是 1，有时是 0。如果某个上下文中主要的群都是阿贝尔群，那我们也常常用 $+$ 表示二元运算，用 0 表示单位元。我们保留使用最合适的符号的权利。

集合 G 不一定是有限的。n 有限的时候，$G = \mathbb{S}_n$ 是有限的，但是 $\mathbb{Z}$ 和 $\mathbb{Q}$ 是无限的。

公理化理论发展的早期，数学家做了大量工作来解决基本问题：确保看似显然成立的结果确实成立。交换律就是其中一个例子——它往往并不成立。数学家必须谨慎审视任何用到交换律的推导，除非能用别的方法得到同样的结果，或者

知道使用的群是阿贝尔群。例如，已知某个群 G 的两个元素 f,g，代数直觉很容易让我们认为

$$(fg)^2 = f^2 g^2,$$

但是它有时候不成立——例如群 $G = \mathbb{S}_3$ 中，$(\rho\mu)^2$ 和 $\rho^2\mu^2$ 就不相等。

我们的下一个任务是证明一些有用的性质，并将它们写在一个定理中。

定理 13.8：令 G 为一个群。我们有：

(1) 单位元是唯一的。换言之，如果对于所有 $g \in G$ 或者某一个 g 有 $fg = g$，那么 $f = 1$。$gf = g$ 时同理。

(2) G 中任意元素的逆元素都是唯一的。

(3) 如果 $f, g \in G$，那么 $(fg)^{-1} = g^{-1}f^{-1}$。

(4) **广义结合律**：如果我们在任意积 $g_1 g_2 \cdots g_n$ 中加入括号，只要括号合理，那么结果总是相同的。因此我们可以省略括号，把这个唯一的值写作 $g_1 g_2 \cdots g_n$。

(5) **广义交换律**：如果 $g_1, g_2, \cdots, g_n \in G$ 可以**交换**（换言之，对于所有 $1 \leqslant i, j \leqslant n$，都有 $g_i g_j = g_j g_i$），那么无论如何置换元素，积 $g_1 g_2 \cdots g_n$ 的值都相同。

证明：我们将证明 (1)~(3)，概述 (4)~(5) 的归纳证明，加以讨论并举例说明。

(1) 如果 $fg = g$，那么

$$f = f1 = f(gg^{-1}) = (fg)g^{-1} = gg^{-1} = 1。$$

$gf = g$ 同理。

(2) 假设 $gh = 1$，那么

$$g^{-1} = g^{-1}1 = g^{-1}(gh) = (g^{-1}g)h = 1h = h。$$

$hg = 1$ 同理。

(3) 对于所有 f 和 g，都有

$$(g^{-1}f^{-1})(fg) = g^{-1}(f^{-1}(fg)) = g^{-1}((f^{-1}f)g) = g^{-1}(1g) = g^{-1}g = 1。$$

根据逆元素的唯一性，可以推出 $g^{-1}f^{-1} = (fg)^{-1}$。

(4) 我们已经知道根据结合律，可以把三个元素 f, g, h 的积写成 fgh（没有括号）。假设 $n \geq 3$ 时，可以把 n 个元素的积写成没有括号的形式。如果有一个 $n+1$ 项的积 g_1, g_2, $\cdots g_n$, g_{n+1}，那么它要么形如 $(g_1 \cdots g_n) g_{n+1}$，要么形如 $(g_1 \cdots g_r)(g_{r+1} \cdots g_{n+1})$，其中 $r < n$。如果是前者，那么前 n 项 g_1, $\cdots$, g_n 的积和括号位置无关。如果是后者，因为每个括号中的项数都小于 n，所以它们的结果和括号位置也没有关系。因此我们可以把它们表示为

$$g = g_1 \cdots g_r,$$
$$h = g_{r+1} \cdots g_n,$$
$$k = g_{n+1}。$$

利用结合律 $g * (h * k) = (g * h) * k$，就有

$$(g_1 \cdots g_r)(g_{r+1} \cdots g_{n+1}) = (g_1 \cdots g_n) g_{n+1}。$$

因此结合律对于 $n+1$ 项也成立。根据归纳法，它对于所有 $n \geq 3$ 均成立。

(5) 广义情况可以表述为任意顺序的 g_1, g_2, $\cdots$, g_n。我们对 $n \geq 2$ 使用归纳法来证明。因为每一对元素都满足交换律，所以 $n = 2$ 时广义交换律成立。归纳步骤中，我们可以用一系列的交换把 g_1 移动到最前面，然后根据归纳假设，剩下的项可以写成 $g_2 g_3 \cdots g_n$，这样就完成了证明。   □

现在开始，我们就可以直接使用上述事实来构造群的理论，无须任何说明。它们对于每个研究群理论的人来说都是基础中的基础。如果你想知道我们为什么要考虑广义结合律等性质，那就去看看要是结合律不成立，计算过程会变成什么样。你可以上网查查"非结合代数"，或者借一本讲解它的书。我们可以剧透一下：计算会变得非常复杂。读者感兴趣的话可以学习一下，看看自己喜不喜欢它。有些特殊的非结合运算其实很有用，而且它们通常满足一些更弱的结合律。深入了解之后，或许你就喜欢上非结合代数了。

13.5 子群

我们之前发现 $\mathbb{S}_3$ 的一些子集在同一个运算（复合）下也形成了置换群。因为这种现象非常常见，所以我们赋予它一个独有的名字。

定义 13.9：令 G 为一个群。如果子集 $H \subseteq G$ 满足如下条件，那么它就是 G 的一个**子群**：

(1) $1_G \in H$；

(2) 如果 $h \in H$，那么 $h^{-1} \in H$；

(3) 如果 $h, k \in H$，那么 $hk \in H$。

换言之，H 包含单位元，且在逆元素和积下**闭合**。

验证子集是否是子群还有一种更高效的方法。

定理 13.10：子集 $H \subseteq G$ 是一个**子群**，当且仅当 H 非空，且 $hk^{-1} \in H$ 对于任意 $h, k \in H$ 成立。

证明：假设 H 是一个子群。那么 $1_G \in H$，因此 H 非空。此外，因为 $k^{-1} \in H$，所以 $hk^{-1} \in H$。

反过来假设 H 非空，且 $hk^{-1} \in H$ 对于任意 $h, k \in H$ 成立。因为 H 非空，所以存在 $h \in H$。令 $k = h$，那么 $1_G = hh^{-1} \in H$。然后令 $h = 1_G$，得到 $k^{-1} \in H$。最后，$hk = h\left(k^{-1}\right)^{-1} \in H$。 □

命题 13.11：假设 H 是 G 的子群，那么 H 在 G 的 $*$ 运算下构成一个限制到 $H \times H$ 的群。它和 G 有着相同的单位元和逆元素。

证明：只需系统地检查所有公理，验证单位元和逆元素所需性质成立即可简单证明。 □

获得 G 的子群的一个重要方法，就是选择一个元素 g，然后找到子群必需的其他元素。首先要有 1。其次，还要有

$$g^2 = gg,$$
$$g^3 = ggg,$$
$$\cdots\cdots$$
$$g^{-1},$$
$$g^{-2} = g^{-1}g^{-1},$$
$$g^{-3} = g^{-1}g^{-1}g^{-1}$$

等。这催生了 g 的任意整数次幂 g^n 的概念（n 可以为正整数、负整数或 0）。

定义 13.12：设 G 为一个群，$g \in G$。对于任意 $n \in \mathbb{Z}$，递归定义 g^n 如下：

(1) $g^0 = 1$；

(2) $g^{n+1} = gg^n \ (n > 0)$；

(3) $g^{-n} = \left(g^n\right)^{-1} \ (n < 0)$。

幸好下面的定理成立，不然就麻烦了。

定理 13.13：设 G 为一个群，$g \in G$，$m, n \in \mathbb{Z}$。那么 $g^m g^n = g^{m+n}$。

证明：对 n 进行归纳。 $\qquad\qquad\qquad\qquad\qquad\qquad\qquad\qquad$ □

我们引入符号

$$\langle g \rangle = \left\{ g^n \mid n \in \mathbb{Z} \right\},$$

因为 g 的所有幂的集合总是一个子群。

定理 13.14：设 G 为一个群，$g \in G$，那么 $\langle g \rangle$ 是一个子群。

证明：取任意两个 $g^m, g^n \in \langle g \rangle$。那么 $g^m \left(g^n\right)^{-1} = g^{m-n} \in \langle g \rangle$。然后使用定理 13.10。 $\qquad\qquad\qquad\qquad\qquad\qquad\qquad\qquad\qquad\qquad\qquad\qquad$ □

定义 13.15：设 G 为一个群，$g \in G$，我们称 $\langle g \rangle$ 为 **g 生成的子群**。

显然任意包含 g 的子群都必须包含 $\langle g \rangle$，因此 $\langle g \rangle$ 是包含 g 的唯一**最小子群**。此外根据定理 13.13，它是一个交换群。

如果我们加入一个并非 g 的幂的元素，就无法证明上述的结果。除了交换群以外，情况都会变得非常复杂。

$\langle g \rangle$ 具体是什么样子呢？我们来看几个例子。假设 $G = \mathbb{S}_3$，$g = \rho$，ρ 的幂是 $\rho^0 = i$，$\rho^1 = \rho$，$\rho^2 = \rho\rho$。但 $\rho^3 = i$，所以后面的幂都是 i, ρ, ρ^2 的循环。此外，$\rho^{-1} = \rho^2$，所以负数幂也没有新元素。因此，

$$\langle \rho \rangle = \left\{ i, \rho, \rho^2 \right\}。$$

读者对此应该不会过分惊讶，因为我们已经知道 $\left\{ i, \rho, \rho^2 \right\}$ 是一个子群，所以它一定包含所有 ρ 的幂。这个结果的本质在于 $\rho^3 = i$。

反过来，假设 G 表示加法下的 $\mathbb{Z}$，且 $g = 1$。那么因为群运算是加法，所以 $g^n = n$。现在所有的 "幂" g^n 都是不同的，且 1 生成的子群 $\langle 1 \rangle = \mathbb{Z}$。这是一个无限群。

由单一元素 g 生成的群 $\langle g \rangle$ 被称为**循环群**，它包含 g 所有的幂。它的结构也很简单：

命题 13.16：由单一元素 g 生成的循环群 $\langle g \rangle$ 只有两种形式：

(1) 有 n 个不同的元素 $\{1, g, g^2, \cdots, g^{n-1}\}$，其中 $g^n = 1$；

(2) 有无限多个形如 $\{g^n \mid n \in \mathbb{Z}\}$ 的元素，其中 $m \neq n$ 时 $g^m \neq g^n$。

证明：这两种形式中，一种是存在两个不同的 m 和 n 使得 $g^m = g^n$，另一种是所有的幂均不相等。先来看第一种情况。我们假设 $n \leq m$，如果 $k = m - n$，那么 $g^k = (g^m)(g^n)^{-1} = 1$。令 n 是使得 $g^n = 1$ 的**最小的**指数，那么 $0 \leq r < n$ 时所有的 g^r 都一定是不同的。这是因为如果 $0 \leq r < s < n$ 时存在 $g^r = g^s$，那么 $g^{s-r} = 1$。然而 $s - r < n$，和 n 是具有这一性质的最小的数的假设相矛盾。因此，循环群 $\langle g \rangle$ 有 n 个不同的元素 $\{1, g, g^2, \cdots, g^{n-1}\}$，其中 $g^n = 1$。

另一边，如果所有的幂都不相同，那么 $\langle g \rangle$ 就是 $\{g^n \mid n \in \mathbb{Z}\}$，其中 $m \neq n$ 时 $g^m \neq g^n$。　□

13.6　同构和同态

有时两个不同的群有着本质相同的结构。例如，$\mathbb{S}_3$ 的子群 $\{i, (23)\}$，$\{i, (31)\}$，$\{i, (32)\}$ 都包含两个元素：一个单位元和一个平方等于单位元的元素。

这些子群除了符号不同，构成的方式都是一样的。因为先换符号再相乘和先相乘再换符号的结果相同，所以群的运算也得到了保留。因此我们有了如下定义。

定义 13.17：两个群 G, H 间的**同构**是一个双射

$$\phi: G \to H,$$

它满足

$$\phi(g_1 g_2) = \phi(g_1)\phi(g_2) \quad \forall g_1, g_2 \in G。$$

如果存在这样的双射 ϕ，我们就说 G 和 H 同构，记作 $G \cong H$。

如果两个群同构，那么它们所有的不依赖于符号的抽象性质都一致。此外，对应的元素也有相同的抽象性质。下面的定理就给出了一些例子。

定理 13.18：设 G, H 为两个群，假设存在同构 $\phi: G \to H$。那么

(1) $\phi(1_G) = 1_H$；

(2) 如果 $g \in G$，那么 $\phi(g^m) = (\phi(g))^m$；

(3) 如果 $g \in G$，那么 $\phi(g^{-1}) = (\phi(g))^{-1}$；

(4) 如果 K 是 G 的子群，那么 $\phi(K)$ 也是 H 的子群。

证明： 因为证明比较简单，所以我们留给读者作为练习。 □

我们还可以考虑一个更广义的映射 $\phi: G \to H$，它保留了运算，但不一定是双射。

定义 13.19： 两个群 G, H 之间的**同态** ϕ 是一个映射 $\phi: G \to H$，它满足

$$\phi(g_1 g_2) = \phi(g_1)\phi(g_2) \quad \forall g_1, g_2 \in G。$$

如果 ϕ 是单射，那么它是一个**单态射**。如果 ϕ 是满射，那么它是一个**满态射**。

例如，从加法下的整数到加法下的有理数的包含 $i: \mathbb{Z} \to \mathbb{Q}$ 就是一个单态射。而从加法下的整数到加法下的整数模 n 的映射 $\phi: \mathbb{Z} \to \mathbb{Z}_n$ 把一个整数映射到了它除以 n 的余数，这个映射是一个满态射。

单态射和满态射是群论中的重要概念。例如，单态射 $\phi: G \to H$ 是 G 和像 $\phi(G) = \{\phi(g) \in H \mid g \in G\}$ 之间的一个同构。因为元素之间存在双射，且运算之间也完美对应，所以 G 就可以认为是 H 的子群 $\phi(G)$。

这时你就会发现我们小心定义置换群的原因了。我们把集合 X 上的置换群定义为 X 的置换的集合 G，且 G 满足：

(1) 单位元 $i_X \in G$；

(2) 如果 $\sigma \in G$，那么 $\sigma^{-1} \in G$；

(3) 如果 $\sigma, \tau \in G$，那么 $\sigma \circ \tau \in G$。

现在，我们就可以把它看作置换群 $\mathbb{S}_X$ 的一个**子群**。我们可以证明一个更一般的结果。

定理 13.20（作为置换群的群结构定理）： 每个群都和一个置换群同构。

证明： 设 G 为一个群。我们取一个任意的 $g \in G$，定义

$$\pi_g : G \to G$$

为

$$\pi_g(x) = gx(x \in G)。$$

这个映射有一个非正式的名称"左乘 g"。

这个映射显然是单射：如果 $\pi_g(x) = \pi_g(y)$，那么 $gx = gy$，因此 $g^{-1}gx = g^{-1}gy$，$x = y$。它也是满射：如果 $y \in G$，那么对于 $x = g^{-1}y$，$\pi_g(x) = g(g^{-1}y) = y$。因此 π_g 是一个双射，是集合 G 的置换。

定义映射 $\phi : G \to \mathbb{S}_G$，$\phi(g) = \pi_g$。我们要证明 ϕ 是一个单态射。

映射 ϕ 是一个单射：如果 $\phi(g) = \phi(h)$，那么 $gx = hx$，因此 $gxx^{-1} = hxx^{-1}$，$g = h$。要证明它是一个同态，我们注意到 $\phi(hg)$ 把 x 映射到 $(hg)x$，且对于所有 $x \in G$，

$$(hg)x = h(gx) = \pi_h(\pi_g(x)),$$

所以

$$\phi(hg) = \phi(h)\phi(g),$$

ϕ 是一个同态。

一个单射的同态就是从 G 到 $\mathbb{S}_G$ 的单态射。因此它是从 G 到它的像，也就是 $\mathbb{S}_G$ 的子群 $\phi(G)$ 的同构。根据定义，这是一个 G 和置换群之间的同构。　　□

这个定理表明，任意抽象群都可以看作一个置换群。特别地，每个有限群都和 $\mathbb{S}_n$ 的一个子群同构。原则上，这意味着我们可以从置换群推导群的性质，特别是 n 的值比较小的时候。比如，我们可以通过把置换看作循环，探索置换的性质，从而更深入地理解群。但在实践中，尤其是 n 比较大的时候，出现的可能性就复杂得多。无限群就更是如此了。

13.7　划分群来得到商群

我们已经学习了**子群**的概念，子群是群的一个子集，其本身也是一个群。我们还可以通过把群的元素分组，定义组的集合的方式来定义群结构。我们在定义 $\mathbb{Z}_n$（整数模 n）的时候已经见过了这种做法。这里的组就是整数的等价类——如果两个整数模 n 同余，那么它们是等价的。要把两组加在一起，我们可以从两组各选一个元素，把它们相加，再看结果所在的组。这样的构造给出了另一种把群分解为更简单的群进行分析的方法，而这个方法和同态有着密切的联系。

我们把这里的组形式化为群的**划分**。我们可以比照整数模 n，取群 G 的划分 P，并尝试用群的运算来定义划分 P 的等价类的运算。但是这个过程可能会遇到问题：从各组中选择元素时，不同的选择可能得到不同的结果。$\mathbb{Z}_n$ 的构造之所以可行，是因为它的分组有着规律的结构：同一组中的元素相差 n 的倍数。这种方法对于没那么规律的划分来说就不起作用。

假设我们把 $\mathbb{Z}$ 划分为 $\{0, 1\}$，$\{2, 5, 6\}$，$\{3, 8\}$ 和其他不同的组。那么 $\{0, 1\}+\{2, 5, 6\}$ 的结果应该是什么呢？如果我们选择了 0 和 2，那么 $0+2=2$，和应该是 $\{2, 5, 6\}$ 这一组。但如果我们选择了 1 和 2，那么 $1+2=3$，所以和应该是 $\{3, 8\}$。这时"和"的定义就不够良好，我们的分组尝试失败了。

对于一般的群 G，我们想把集合 G 分成多个子集，并且这些子集能构成一个群。如果能做到这一点，我们就得到了一个**商群**。等下你就会明白这个名字的由来。

G 的划分 P 是 G 的不相交（非空）子集的集合，且 G 的每个元素都只存在于该划分的一个子集中。这些子集被称为等价类，而定理 4.9 为划分提供了一个结构定理：每个划分都对应一个等价关系 $\sim$，其中 $a \sim b$ 当且仅当 a, b 属于同一个等价类。我们把这个等价类记作 E_a，$E_a = E_b$ 当且仅当 $a \sim b$。

要让这个划分 P 继承群的积，我们取 P 中的两个等价类 S, T，以及元素 $x \in S$ 和 $y \in T$，把积 ST 定义为包含 xy 的子集。这也可以写作把 $E_x E_y$ 定义为子集 E_{xy}（见图 13-3）。

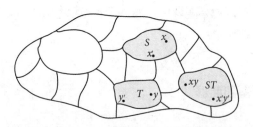

图 13-3　为群的划分定义积

要想不依赖于元素的选择来定义积，我们就得确保如果选了其他元素 $x' \in S$ 和 $y' \in T$，那么积 $x'y'$ 也和 xy 位于同一个子集 ST 中。另一种说法是，如果 $x' \in E_x, y' \in E_y$，那么 $x'y' \in E_{xy}$。或者如果 $x' \sim x, y' \sim y$，那么 $x'y' \sim xy$。只有这样才能用群中元素的积来把 P 中的元素定义为等价类的积。

如果我们在划分上定义一个群结构，那么它必须具有我们先前证明的群性质。比如，任何群的单位元都是唯一的，并且任何元素的逆元素也是唯一的。这就限制了在划分上定义群结构的方法。

例如，单位元只能有一种选择。因为等价类 I 包含了单位元 1_G，所以 I^2 必须包含 $(1_G)^2 = 1_G$。因此 $I^2 = I$，I 必须是单位元（见图 13-4）。

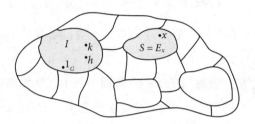

图 13-4　划分的单位元

我们还可以证明更多结果。

定理 13.21：如果群 G 的划分 P 具有群结构，其中等价类 E_x 和 E_y 的积定义为 E_{xy}，那么划分 P 的单位元 I 就是包含 1_G 的等价类，且 I 是 G 的子群。

证明：如果 $h, k \in I$，那么

$$E_{hk} = E_h E_k = I,$$

因此 $hk \in I$，I 在群运算下闭合。

对于任意 $g \in G$，

$$E_g E_{g^{-1}} = E_{gg^{-1}} = I。$$

如果 $g \in I$，那么 $E_g = I$，所以上式可以化简为

$$IE_{g^{-1}} = I,$$

这意味着

$$E_{g^{-1}} = I,$$

因此 $g^{-1} \in I$。所以 I 必定是群 G 的**子群**。　　　　□

因此这些条件对于在 P 上按所述方式构造群结构是必要的。不过它们还不

够，其他的等价类也要有特殊的结构。为此，我们需要一个新的结构：子群的**陪集**。

定义 13.22：令 H 为 G 的子群，$x \in G$。那么

$$x \text{ 的左陪集是 } xH = \{xh \in G \mid h \in H\} \text{,}$$

而

$$x \text{ 的右陪集是 } Hx = \{hx \in G \mid h \in H\} \text{ 。}$$

命题 13.23：令 G 为一个群，H 为 G 的子群，则 H 的左陪集是 G 的一个划分，H 的右陪集也是 G 的一个划分。

证明：首先考察左陪集 $\{xH \mid x \in G\}$。因为每个左陪集都包含 $x1_G = x$，所以它们都是非空的。G 的每个元素 $g \in G$ 都位于至少一个陪集，也就是 gH 中。如果两个陪集 xH, yH 包含一个公共元素 $g = xh_1 = yh_2$，那么 $x = yh_2h_1^{-1} = yh$，其中 $h = h_2h_1^{-1} \in H$（因为 H 是一个子群）。因此，任意 $g \in xH$ 都形如 $g = xk$，$k \in H$，所以 $g = xk = yhk$。因为 H 是子群，所以 $hk \in H$，从而得到 $g = yhk \in yH$。因此 $xH \subseteq yH$。

同理可以证明 $yH \subseteq xH$，因此左陪集 xH 和 yH 是相同的。

右陪集的证明同理。   □

13.8 群和子群的元素数量

我们在把群 G 划分为子群 H 的左右陪集时，对于所有 $h \in H$，从（左）陪集 xH 中的 xh 到（左）陪集 yH 中的 yh 的映射显然是一个双射。如果 G 是有限的，那么所有的陪集都有相同的大小。[①] 这就意味着 G 被分为了一些大小相等的子集，并且在 G 的元素数量和 H 的元素数量之间建立了直接关系。

定义 13.24：有限群 G 的**阶**指的是群中元素的数量，表示为 $|G|$。

英文中的阶是 "order"，也表示顺序，我们不要把它和顺序关系或者置换中元素的顺序混淆。这个术语是经典群论的一部分，读者需要习惯这个用法。

命题 13.25：如果 H 是有限群 G 的子群，那么 H 的阶整除 G 的阶。

---

① 这个性质对于无限群也成立，但为此需要我们定义 "无限集的元素数量"。我们将在第 14 章考虑这一点。

证明：令 $n = |H|$ 表示 H 的阶。那么每个左陪集都有 n 个元素，这些左陪集互不相交，大小相同，包含了 G 的所有元素。如果有 m 个互不相交的陪集，那么 G 中元素的数量就是 mn。　　　　　　　　　　　　　　　　　　　　　　□

这个结果对于寻找已知群的子群很有帮助。如果一个子集是子群，那么它的阶必须要能整除群的阶。例如，置换群 $\mathbb{S}_3$ 有 6 个元素。在考察它的可能子群时，子群的阶只可能是 1 、2 、3 或 6，**不存在其他可能**。因此它的子群要么是单位元（1 阶），要么是整个群（6 阶），要么是 2 阶或者 3 阶。我们先前已经见过 $\mathbb{S}_3$ 所有的 2 阶和 3 阶子群了。

这个命题还有个关于群元素的重要推论。令 $H = \langle g \rangle$，即 g 生成的循环子群。它形如 $\{1, g, g^2, \cdots, g^{n-1}\}$，其中 $g^n = 1$ 且列出的元素互不相同，因此这个循环子群的阶是 n。我们因此可以得到：

定义 13.26：对于元素 $g \in G$，如果存在 $n \in N$ 使得 $g^n = 1$，我们就说它有**有限阶**，其中最小的 n 被称为 g 的**阶**。

很显然的一个结果是：

定理 13.27：如果 g 是一个有限群 G 的元素，那么 g 的阶整除 G 的阶。　　□

13.9　定义群结构的划分

既然我们现在能用左右陪集划分群 G，我们想知道是否能够用下面的运算定义划分上的群运算。对于左陪集，这个运算是

$$xH * yH = xyH。\tag{13.2}$$

对于右陪集，这个运算是

$$Hx * Hy = Hxy。\tag{13.3}$$

我们将证明当且仅当左右陪集相同时，才能定义这样的群运算。这时我们有

$$xH = Hx \text{ 对于所有 } x \in G \text{ 成立,}$$

且 (13.2) 和 (13.3) 两条规则将得到相同的结果。

我们将作如下定义：

定义 13.28：H 是群 G 的子群。如果对于所有 $g \in G$，左陪集 gH 和右陪集 Hg 都相同，那么 H 是一个**正规子群**。

$gH = Hg$ **并不意味着**对于所有 $h \in G$ 都有 $gh = hg$，我们只要求存在 $k \in H$ 使得 $gh = kg$。这意味着元素 $k = ghg^{-1}$ 也在 H 中，因此我们还可以这样定义正规子群。

备选定义 13.29：H 是群 G 的子群。如果对于每个 $h \in H$ 和 $g \in G$，都有 $ghg^{-1} \in H$，那么 H 是一个**正规子群**。

H 是 G 的正规子群可以表示为 $H \triangleleft G$。

例 13.30：回顾我们的老朋友 $\mathbb{S}_3$ 以及它的两个子群

$$H = \{i,\, \mu\},\ K = \{i,\, \rho,\, \rho^2\},$$

其中镜像对称 μ 满足 $\mu^2 = i$，旋转 ρ 满足 $\rho^3 = i$。

情况 1：子群 $H = \{i, \mu\}$。

这里左陪集 ρH 是 $\{\rho i,\, \rho\mu\} = \{\rho,\, \mu\rho^2\}$，而右陪集 $H\rho$ 是 $\{i\rho,\, \mu\rho\} = \{\rho,\, \rho^2\mu\}$，两个陪集**不相同**。如果我们把 $\mathbb{S}_3$ 中的六个元素分成 H 的左右陪集，就会得到下面的结果（见图 13-5）：

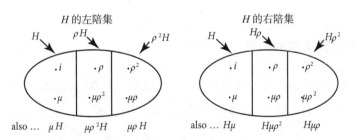

图 13-5 不同的左右陪集

根据等式 $\mu\rho = \rho^2\mu$ 和 $\rho\mu = \mu\rho^2$，我们能看出 $\rho H \neq H\rho$，且 $\rho^2 H \neq H\rho^2$，因此 H 不是正规子群。如果我们通过各选择一个元素相乘的方式来定义两个左陪集（比如说 H 和 ρH）的积，那么结果可能会落在不同的陪集中。例如，如果我们选择 $i \in H$ 和 $\rho \in \rho H$，那么它们的积 $i\rho = \rho \in \rho H$；如果我们选择 $\mu \in H$ 和 $\rho \in \rho H$，那么它们的积 $\mu\rho = \rho^2 H \in H\rho$。

而子群 K 就不一样了：

情况 2：子群 $K = \{i, \rho, \rho^2\}$。

左陪集 ρK 是

$$\rho K = \left\{\rho i,\ \rho\rho,\ \rho\rho^2\right\} = \left\{\rho,\ \rho^2,\ i\right\},$$

而右陪集 $K\rho$ 是

$$K\rho = \left\{i\rho,\ \rho\rho,\ \rho^2\rho\right\} = \left\{\rho,\ \rho^2,\ i\right\}。$$

即便换成 μ，左右陪集也依然相同。左陪集 μK 是

$$\mu K = \left\{\mu i,\ \mu\rho,\ \mu\rho^2\right\},$$

而右陪集 $K\mu$ 是

$$K\mu = \left\{i\mu,\ \rho\mu,\ \rho^2\mu\right\} = \left\{\mu,\ \mu\rho^2,\ \mu\rho\right\}。$$

这时，$\mathbb{S}_3$ 的划分就有两个等价类，K 和 μK。如图 13-6 所示，可以用多种不同的方式来表示它们。

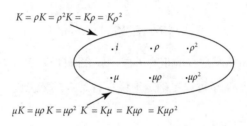

$$K = \rho K = \rho^2 K = K\rho = K\rho^2$$

$$\mu K = \mu\rho K = \mu\rho^2 K = K\mu = K\mu\rho = K\mu\rho^2$$

图 13-6　相同的左右陪集

K 是一个**正规子群**，并且陪集的集合构成了一个群，这个群有两个元素 K 和 μK，其中 K 是单位元，而 $\left(\mu K\right)^2 = K$。

这一点对于正规子群来说都是成立的。

定理 13.31：如果 G 是一个群，而 N 是一个正规子群，那么对于所有 $g \in G$，子集 N 和陪集 gN 构成的划分 P 构成一个群，并且满足

$$gN\,hN = ghN。$$

证明：这个证明的重点在于群的形式化定义，并且确定运算的定义是良好的。

首先，假设 $xN = x'N, yN = y'N$，那么对于 $h, k \in N$，$x' = xh, y' = yk$。所以

$$x'y' = xhyk = x\left(yy^{-1}\right)hyk = xy\left(y^{-1}hy\right)k = xyn，\text{ 其中 } n = \left(y^{-1}hy\right)k。$$

因为 N 是正规的，所以 $y^{-1}hy \in N$。又因为 $k \in N$ 且 N 是一个子群，所以

$$n = \left(y^{-1}hy \right)k \in N。$$

因此

$$x'y' = xyn \in xyN,$$

且陪集 $x'y'N$ 和 xyN 是相同的。

证明的剩余部分比较简单。单位元是 N，而 xN 的逆元素是 $x^{-1}N$。等价类乘法的结合性可由 G 的结合性证明。□

现在我们就能明白它被称作**商群**的原因了。这个定理说明，对于 G 的任意正规子群 N，我们都能把 G 划分为 N 的陪集，并且在其上定义群结构，这个划分记作 G/N。这些陪集的大小相同，每两个之间都存在一一对应关系。特别地，如果 G 是一个有限群且阶是 $|G|$，那么每个陪集的元素数都等于正规子集的阶 $|N|$。因此 G/N 的阶是

$$|G/N| = |G|/|N|。$$

定理 13.31 表明，如果 N 是 G 的正规子群，那么商群 G/N 在 G 的群运算下就构成了一个群结构。我们甚至可以更确定地说：这是 G 的划分能继承 G 的群结构的**唯一方法**。

要想理解这背后的原因，我们需要引入群 G 的任意子集 X, Y 的广义乘法概念。（这里不作"它们是子群"这样的进一步假设。）它们的积是

$$XY = \{xy \in G \mid x \in X, y \in Y\}。$$

例如，在 $\mathbb{S}_3$ 中

$$\{\rho, \mu\}\{i, \rho^2\} = \{\rho i, \mu i, \rho\rho^2, \mu\rho^2\}。$$

同理，如果 $X \subseteq G, g \in G$，我们定义

$$X^{-1} = \left\{x^{-1} \in G \mid x \in X\right\},$$
$$gX = \{g\}X = \{gx \in G \mid x \in X\},$$
$$Xg = X\{g\} = \{xg \in G \mid x \in X\}。$$

子集的乘法显然满足结合律，而且还满足广义结合律。因此，如果 $g, h \in G$，那么 gNh 的定义没有歧义（要么是 $g(Nh)$，要么是 $(gN)h$，且两者相同）。如果 N 是一个正规子群，我们就有：

$$(gN)(hN) = g(Nh)N = g(hN)N = ghN^2 = ghN。$$

这样陪集乘法对于正规子群 N 成立的原因就很明显了。群中元素的乘法未必满足交换律，但是任意 $g \in G$ 乘以 N 满足交换律。因此陪集运算

$$(gN)(hN) = ghN$$

的定义是良好的。

这就可以推出商群和正规子群的主要结构定理。

定理 13.32（群划分的结构定理）：如果 G 是一个群，而 P 是集合 G 的划分，那么 P 在 G 的运算下构成群，当且仅当 N 是一个正规子群，而 P 是商群 G/N。

证明：定理 13.31 证明，如果 N 是一个正规子群，那么划分 G/N 在运算 $(gN)(hN) = ghN$ 下构成一个群。

反过来，我们在上面证明了只要划分 P 继承了群结构，P 的单位元就一定是正规子群，且其他的等价类一定是它的左（或者右）陪集。 □

13.10 群同态的结构

我们现在把群同态和正规子群关联起来，证明群同态的结构定理。假设 $\phi: G \to H$ 是一个同态。同态不需要是单射，也不需要是满射。因为不是单射，所以同态值得我们研究。这是因为它可以把一个复杂的群 G 划分得更简单。但不是满射就没什么意义，因为像

$$\text{im}(\phi) = \{\phi(g) \mid g \in G\}$$

（我们先前用 $\phi(G)$ 表示）就是 H 的一个子群。

命题 13.33：如果 G, H 是群，且 $\phi: G \to H$ 是一个同态，那么 $\text{im}(\phi)$ 是 H 的子群。

证明：如果 $g, h \in G$，那么根据定理 13.18(3)，$\phi(h^{-1}) = (\phi(h))^{-1}$，所以

$$\phi(g)(\phi(h))^{-1} = \phi(g)(\phi(h^{-1})) = \phi(gh^{-1}) \in \mathrm{im}(\phi)。$$

根据定理 13.10，$\mathrm{im}(\phi)$ 是一个子群。 □

同态 ϕ 还给出了 G 的一个特殊子群。

定义 13.34：令 $\phi : G \to H$ 是一个同态，ϕ 的核是

$$\ker(\phi) = \{g \in G | \phi(g) = 1_H\}。$$

那么我们可以证明以下定理。

定理 13.35：令 $\phi : G \to H$ 是一个同态，那么 ϕ 的核是 G 的正规子群。

证明：如果 $h \in \ker(\phi)$，那么 $\phi(h) = 1_H$。所以对于任意 $g \in G$，

$$\phi(ghg^{-1}) = \phi(g)\phi(h)\phi(g^{-1}) = \phi(g)1_G\phi(g^{-1}) = \phi(g)\phi(g^{-1}) = 1_G。$$

因此 $ghg^{-1} \in \ker(\phi)$，$\ker(\phi)$ 是一个正规子群。 □

这就可以推出以下定理。

定理 13.36（群同态的结构定理）：令 G, H 为群，$\phi : G \to H$ 是一个同态，那么

$$G / \ker(\phi) \cong \mathrm{im}(\phi)。$$

证明：令 $N = \ker(\phi)$，它是 G 的一个正规子群。那么 G / N 包含了左陪集 gN（$g \in G$），其群运算是集合乘法。定义映射 $\mu : G / N \to \mathrm{im}(\phi)$

$$\mu(gN) = \phi(g)。$$

μ 显然是定义良好的。这是因为如果 $gN = hN$，那么存在 $n \in N$ 使得 $g = hn$，因此 $\phi(n) = 1_H$ 且

$$\phi(g) = \phi(hn) = \phi(h)\phi(n) = \phi(h)1_H = \phi(h)。$$

因为

$$\mu(xN \, yN) = \phi(xy) = \phi(x)\phi(y) = \mu(xN)\mu(yN)，$$

所以 μ 是同态。如果 $\mu(gN) = \mu(hN)$，那么 $\phi(g) = \phi(h)$，因此

$$\phi(g^{-1}h) = \phi(g^{-1})\phi(h) = \phi(g)^{-1}\phi(h) = 1_H，$$

所以 $g^{-1}h \in N$，$g^{-1}hN = N$。因此 $gN = hN$，μ 是单射。

μ 也是满射。这是因为对于任意 $k \in \text{im}(\phi)$，都存在 $g \in G$ 使得 $k = \phi(g)$，因此

$$k = \phi(g) = \mu(gN)。$$

所以 μ 是一个同构。　　　　　　　　　　　　　　　　　　　　　□

例 13.37：对于整数 $\mathbb{Z}$ 的加法群，n 的所有倍数的集合 $n\mathbb{Z} = \{nm \in \mathbb{Z} \mid m \in \mathbb{Z}\}$ 在加法下构成 $\mathbb{Z}$ 的子群。因为运算是加法，所以陪集应该写成 $k + n\mathbb{Z}$。例如，如果 $n = 3$，那么陪集就是

$$3\mathbb{Z} = \{\cdots,\ -6,\ -3,\ 0,\ 3,\ 6,\ \cdots\},$$
$$1 + 3\mathbb{Z} = \{\cdots,\ -5,\ -2,\ 1,\ 4,\ 7,\ \cdots\},$$
$$2 + 3\mathbb{Z} = \{\cdots,\ -4,\ -1,\ 2,\ 5,\ 8,\ \cdots\}。$$

对于 $n \geqslant 1$，我们有

$$\mathbb{Z} / n\mathbb{Z} \cong \mathbb{Z}_n。$$

对于 $n = 0$，我们有 $0\mathbb{Z} = \{0\}$，$\mathbb{Z} / 0\mathbb{Z} \cong \mathbb{Z}$。对于负数 n，我们有 $n\mathbb{Z} = (-n)\mathbb{Z}$。

13.11　群结构

有了结构定理，我们就不用再把群想象成一系列公理和定理，而是可以把它想成一个结晶化概念。我们在定理 13.20 中看到，一个群 G 就是集合元素的一组置换。特别地，它是对应集合 G 的置换群 $\mathbb{S}_G$ 的子群。

如果我们要把群 G 划分为子集，并且在划分上定义群结构，那么当且仅当划分中的一个子集是 G 的一个正规子群 K，且其他子集是 K 的陪集时才可以。

如果我们有一个从群 G 到群 H 的同态（保留群运算的函数）$\phi : G \to H$，那么 $\ker(\phi)$（G 中映射到 H 的单位元的元素）是 G 的一个正规子群，像 $\text{im}(\phi)$ 是 H 的一个子群，而商群 $G / \ker(\phi)$ 和 $\text{im}(\phi)$ 同构。

一般来说，用集合论定义表述的群 G 可以看作一个集合 X 的一组置换。

我们之前看到，置换群 $\mathbb{S}_3$ 可以看作等边三角形的对称构成的群，其中 ρ 表示旋转 $\dfrac{2\pi}{3}$，μ 是关于过顶点的轴的镜像。这些置换形如 $\rho^p \mu^q$，其中

$0 \leqslant p \leqslant 2$, $0 \leqslant q \leqslant 1$ 。

同理，其他的几何图形也有对称群。例如，正方形有八种对称：四种旋转（其中之一是恒等对称）和四种反射。正 n 边形有 $2n$ 种对称，圆有无限多种对称。

群论可以用来形式化对称的性质，特别是在几何中。然而在历史上，群论最早的发展源自 19 世纪早期的代数。我们将在 13.12 节从整体审视数学概念的发展，暂时先不考虑其中的细节。这是为了让读者宏观了解群论在后续学习过程中的应用。

13.12　群论在数学中的主要贡献

群的抽象概念源自于置换群，埃瓦里斯特·伽罗瓦在研究多项式方程的代数求根公式时率先提出了群的概念。这里的求根公式指的是对方程的系数做加减乘除还有开整数次方运算的公式。（我们可以假设这里的整数是质数，因为 $\sqrt[15]{a} = \sqrt[3]{\sqrt[5]{a}}$ 。）

阿贝尔证明了五次方程不存在求根公式，但伽罗瓦的结果解决了更一般的情形：多项式方程何时有求根公式，何时没有？他的答案是，每个这样的方程都对应一个置换群 G。这个群包含了方程根的一些置换，保留了根之间所有的代数关系。方程存在求根公式，当且仅当这个群具有一种特殊结构，即 G 应当具有一个子群序列

$$G = G_0 \supseteq G_1 \supseteq G_2 \supseteq G_3 \supseteq \cdots \supseteq G_k = \{1\},$$

其中每个 G_{j+1} 都是 G_j 的正规子群，且商群 G_j / G_{j+1} 的阶是质数。粗略地说，每个子群对应求根公式中的开 p 次方根的部分，其中 p 就是刚才提到的质数。

伽罗瓦还发现，如果方程是一个一般的五次方程，那么群 G 包含了其五个根的所有置换，因此 G 就是 $\mathbb{S}_5$。它的阶是 120，而且只有三个正规子群：$\mathbb{S}_5$ 本身，平凡子群 $\{1\}$，以及一个 60 阶的子群 $\mathbb{A}_5$。因为 120 不是质数，所以我们必须从 $G_1 = \mathbb{A}_5$ 开始。但伽罗瓦还发现 $\mathbb{A}_5$ 只有两个正规子群：$\mathbb{A}_5$ 和 $\{1\}$。（ G 的正规子群的正规子群不一定是 G 的正规子群，这个事实也需要证明。）因为 1 和 60 都不是质数，所以这个序列停在了 $\mathbb{A}_5$，换言之，不存在满足条件的序列。因此五次方程不存在根式解。

类似的代数方法解决了欧氏几何中经典的倍立方和三等分角的问题。答案同样是响亮的"不能"。用代数来求直线和圆的交点，本质上就是求一系列二次方程的解，这些方程每个都有两个解，而它们的置换群的阶分别是 $2, 2^2, \cdots$ 但是加倍边长为 1 的立方体体积本质上是作一个边长 x 满足 $x^3 = 2$ 的立方体。这个方程有 3 个复数根，其对应的置换群的阶为 3，不是 2 的幂。因此不可能在欧氏几何中倍立方。

如果存在三等分角的方法，那么我们就可以用它来三等分 30° 的角，从而得到一个 $\theta = 10°$ 的角，和 $x = \sin 10°$ 的值。但使用 $\sin 3\theta$ 的公式，可以证明 $x = \sin \theta$ 需要满足一个三次方程。这个方程的解有一个 3 阶的置换群，而 3 不是 2 的幂。因此这个困扰数学家 2000 多年的几何问题，也是由使用置换的代数证明解决的。

伽罗瓦死于一场决斗，他的理论在他逝世 40 年之后才得到认可。例如，克莱因就意识到它们在几何中的影响。1872 年，他提出了一个统一框架（被称作埃尔朗根纲领），用来分类不同形式的几何。两千年来，几何都使用全等三角形或是平行性质这样的概念，聚焦于二维平面和三维空间中的欧氏几何。但是随着时间的推移，新的几何也不断涌现。

文艺复兴时期，画家们发明了一种在画布上展现场景的新方法。他们想象自己在固定位置透过玻璃观察，然后把所见画在画布上。这种方法把三维空间投影到二维平面上，被称为**射影几何**。要对画面进行变换，我们可以移动观察的位置，从不同角度观察场景。在这样的变换下，点仍然是点，直线也依然笔直，但是角度可能发生变化，圆也会变形成椭圆。在克莱因看来，点和直线是射影几何中的不变概念，而角和圆不是。

克莱因意识到，不同形式的几何可以通过推广伽罗瓦发明的置换代数语言来描述。每种几何形式都研究一个集合，并且关注在其理论允许的变换下保持不变的性质。

那么对称的概念就可以被广义地解读为集合上保留某种特定结构的双射。这个结构可以是一个形状（刚体运动），可以是一个代数公式（伽罗瓦群），也可以是像"是特定的微分方程的解"这样的性质。因此，群的"本质"就是对称，并且提供了强有力的新数学原理 [33]。

例如，我们已经看到置换群 $\mathbb{S}_3$ 可以表示为等边三角形的对称群。它包含一个旋转三分之一圈的旋转 ρ，关于过顶点的对称轴的翻转 μ，以及这些置换的组合。其中 $\rho^3 = \mu^2$ 是这个群的单位元，且 $\mu\rho = \rho^2\mu$。

我们还学习过，如果把等边三角形换成平面的其他子集，那么也能得到类似的结果：正方形有八种对称变换（包括恒等变换在内的四种旋转，以及四种反射），正 n 边形有 $2n$ 种对称变换，而圆的对称变换有无限多种。

这些概念还可以进一步推广到整个平面。例如，由全等正方形铺成的平面（就像一张无穷大的棋盘）有无限多种平移、旋转和反射变换。

这为我们提供了一个看待欧氏几何的新视角，我们可以把它看作对保持点间距离的平面刚体运动的研究。刚体运动一共有三种：把所有点朝固定方向**平移**；绕着固定点**旋转**一定角度；关于固定直线翻转平面产生**反射**。可以证明，平面的所有刚体运动都是平移、旋转和反射的组合。

我们可以把平面刚体运动形式化地表述为映射 $f : \mathbb{R}^2 \to \mathbb{R}^2$，其中 x 和 y 两点之间的距离等于 $f(x)$ 和 $f(y)$ 之间的距离。这意味着，如果我们选择三个不共线的点 A, B, C 构成一个三角形，那么变换后的三角形 $A'B'C'$ 的边长保持不变：$AB = A'B', BC = B'C', CA = C'A'$。我们可以像下面这样证明任意刚体运动都可以通过一次平移、一次旋转和一次反射来完成。

首先平移平面，把 A 移动到 A'；然后因为 AB 和 $A'B'$ 的长度相同，所以我们绕 A' 旋转平面，使 AB 和 $A'B'$ 重合；旋转后的三角形可能和 $A'B'C'$ 重合，也可能是关于 $A'B'$ 的镜像；如图 13-7 所示。这样，平面的刚体运动就可以看作一次平移加上一次旋转，以及一次可能的反射。

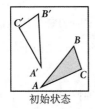
初始状态

平移 ABC
（把 A 移动到 A'）

绕 A 旋转 ABC
（使 AB 和 A'B' 重合）

沿 AB 反射 ABC
（如果需要）

图 13-7 通过一次平移、一次旋转以及可能的一次反射完成刚体变换

这一连串的变换可以如下形式化表述。第一个平移把任意点 (x, y) 移动到 $(x+a, y+b)$，可以写作

$$T_{(a,b)}(x, y) = (x+a, y+b),$$

或者更简单的

$$T_u(z) = z + u,\tag{13.4}$$

其中 $z = (x, y)$ 是平面上的任意点，而 $u = (a, b)$ 表示平移的具体向量。

同样的表达式也可以理解为复数 $z = x + iy$ 和 $u = a + ib$ 的加法。

绕固定点 $v = (c, d)$ 旋转角 α 的旋转 $R_{v, \alpha}$ 可以用笛卡儿坐标表示。但是用复数更加简单——乘 $e^{i\alpha}$ 就表示把一个复数旋转了 α，可以写作

$$R_{v, \alpha}(z) = v + (z - v)e^{i\alpha}。\tag{13.5}$$

最后，平面关于水平轴的反射可以简单地用共轭复数表示：把 $z = x + iy$ 变换成 $\bar{z} = x - iy$。而要把点 z 关于一根经过 $v = (c, id)$、和水平轴成 β 角的直线反射就更加复杂。但是这个过程可以用一系列变换完成。首先我们把 z 移动到 $z - v$（把点 v 移动到原点），然后把平面旋转 $-\beta$，把经过 $z - v$ 的水平线旋转到 $(z - v)e^{-i\beta}$。接下来我们把平面关于水平轴翻转到 $\overline{(z-v)e^{-i\beta}} = \overline{(z-v)}\,\overline{e^{-i\beta}} = \overline{(z-v)}e^{i\beta}$。最后把平面旋转 $+\beta$，让直线回到原来的位置。这样，点 z 的镜像就位于

$$M_{v, \beta}(z) = v + \overline{(z-v)}\,e^{i\beta}e^{i\beta} = v + \overline{(z-v)}\,e^{2i\beta}。\tag{13.6}$$

那么把三角形 ABC 变换到位置 $A'B'C'$ 的完整过程可以表述为一次平移 T_v 加上一次旋转 $R_{v, \alpha}$，再加上一次可能的反射 $M_{v, \beta}$。平面的任意刚体运动都可以表述为关于 z 的复合函数

$$\left(M_{v, \beta}\right)^k \circ R_{v, \alpha} \circ T_v(z)，\text{其中 } v \in \mathbb{R}^2,\ 0 \leqslant \alpha < 2\pi,\ 0 \leqslant \beta < 2\pi,\ k = 0 \text{ 或 } 1。$$

这证明平移、旋转和镜像生成了刚体运动的整个群。为使其定义完整，我们还需要给出这些刚体运动之间的关系。这些关系包括：

$$T_0 = i,$$
$$T_u \circ T_v = T_{u+v},$$
$$R_{v,0} = i,$$
$$R_{v,\theta} \circ R_{v,\phi} = R_{v,\theta+\phi},$$
$$\left(M_v\right)^2 = i,$$

以及不同的 $u, v, w \in \mathbb{R}^2$, $\alpha, \beta \in \mathbb{R}$ 的值下 T_u, $R_{v,\alpha}$, $M_{w,\beta}$ 的所有两两组合。具体来说，它们包括不同方向的平移、绕不同点的旋转或者关于不同轴的反射。我们还可以把它们推广到 $\mathbb{R}^3$ 或者更高维的 $\mathbb{R}^n$ 中的刚体运动。这种推广不属于数学基础关注的内容，读者可以在后续课程中学习它们。

13.13　后续发展

通过把对称变换看作集合间保留特定结构的双射，本章学习的群论可以扩展应用到许多数学领域。对称变换可以保留形状（刚体运动），可以保留代数公式（伽罗瓦群），也可以保留"是特定的微分方程的解"这样的性质。

在很多数学应用中，一个系统的对称变换描述了这个系统的很多信息。例如，鼓的对称变换限制了它的振动频率，生物的对称变换影响它能长成的形状。物理中许多高深的领域都由相对论和量子力学的基本方程的对称变换描述。现代的粒子物理（包括最近[1]发现的希格斯玻色子）就构建在对这种对称变换的研究之上。

把本章的概念推广到更一般的代数结构也有益于纯数学研究。代数结构可以有多种运算，其中一些具有群结构，满足本章介绍的定理。例如，环、域还有向量空间都具有满足交换律的加法，它们的加法还可以配合其他运算（例如环或域的乘法，向量空间中的标量乘法）构成新的结构。

上述所有例子中的加法群都满足交换律，所以子加法群都是正规的，而且存在商加法群，例如 $\mathbb{Z}/n\mathbb{Z} \cong \mathbb{Z}_n$。在这个例子中，$\mathbb{Z}_n$ 在乘法下构成一个环（如果 n 是质数，那么还能构成一个域）。$n\mathbb{Z}$ 不仅在乘法下闭合，我们还可以把任意的 $nk \in n\mathbb{Z}$ 乘以任意 $m \in \mathbb{Z}$ 得到积 mnk，而这个积也属于 $n\mathbb{Z}$。也正是这一性质把商结构引入了环论。

定义 13.38：如果 R 是一个环，I 在加法下构成一个子群，那么如果 $x \in R, y \in I$ 能推出 $xy \in I$，就称 I 为一个**理想**。[2]

理想不仅在其元素间的乘法下闭合，还在和整个环的元素相乘时闭合。

---

① 希格斯玻色子于 2012 年被发现。——编者注
② 在本书中，若不特别说明，环的乘法都满足交换律。在非交换环中，我们就会要求 xy 和 yx 都属于 I。

结合加法和乘法的性质，我们有

等价定义 13.39：如果 R 是一个环，I 是 R 的一个非空子集，那么如果 I 满足以下条件，它就是一个**理想**：

(i) 如果 $x, y \in I$，那么 $x - y \in I$；

(ii) 如果 $x \in R$，$y \in I$，那么 $xy \in I$。

例 13.40：$n\mathbb{Z}$ 是 $\mathbb{Z}$ 的理想。

在环论中，如果 R 是一个环，I 是 R 的理想，那么可以像群和正规子群那样定义商结构 R / I。例如，如果 I 是环 R 的理想，那么因为加法满足交换律，所以其加法陪集 $x + I$ 或者 $I + x$ 相等。根据群的结构定理，可以定义 R / I 的加法如下

$$(x + I) + (y + I) = (x + y) + I。 \tag{13.7}$$

因此 R / I 是一个加法群。

我们还可以如下定义乘法

$$(x + I)(y + I) = xy + I。 \tag{13.8}$$

定理 13.41：如果 R 是一个环，I 是 R 的理想，那么 R / I 是一个环，其加法和乘法由式 (13.7) 和式 (13.8) 定义。

证明：因为 R 在加法下构成交换群，所以 R / I 在加法下也是一个交换群。我们需要检查乘法是否定义良好且满足结合律、交换律和分配律，验证过程都非常简单。

如果 $x + I = x' + I$ 且 $y + I = y' + I$，那么

$$xy - x'y' = xy - x'y + x'y - x'y' = (x - x')y + x'(y - y')。$$

根据理想的定义

$$x - x' \in I, y \in R \Rightarrow (x - x')y \in I, \quad x' \in R, (y - y') \in I \Rightarrow x'(y - y') \in I。$$

因此 $xy - x'y' \in I$，所以 $xy + I = x'y' + I$。

因此乘法定义良好，乘法单位元是 $1 + I$，而结合律、交换律和分配律可由 R 的对应性质推出。　　　　　　　　　　　　　　　　　　　　　　　　□

例 13.42：$\mathbb{Z}_n = \mathbb{Z} / n\mathbb{Z}$ 是一个环，且如果 n 是质数，那么它是一个域。请读

者自行验证这个性质。

13.14 习题

1. 把下面的置换表示为不相交的循环。

(a) $\begin{pmatrix} 1 & 2 & 3 & 4 & 5 \\ 3 & 2 & 5 & 1 & 4 \end{pmatrix}$。

(b) $\begin{pmatrix} 1 & 2 & 3 & 4 & 5 & 6 \\ 6 & 5 & 4 & 3 & 2 & 1 \end{pmatrix}$。

(c) $\begin{pmatrix} 1 & 2 & 3 & 4 & 5 & 6 & 7 & 8 & 9 \\ 5 & 9 & 7 & 4 & 1 & 3 & 6 & 2 & 8 \end{pmatrix}$。

(d) $\begin{pmatrix} 1 & 2 & 3 & 4 & 5 \\ 4 & 3 & 1 & 5 & 2 \end{pmatrix}$。

2. 把下面的置换表示为标准形式。

(a) $(1234)(23)(12)$。

(b) $(1235)(43)$。

(c) $(43)(34)(123)$。

(d) $(12)(13)(12)(143)(2)$。

3. 当 σ 为以下置换时，求 σ^{-1}。请写出标准形式和循环形式。

(a) $\begin{pmatrix} 1 & 2 & 3 & 4 \\ 2 & 4 & 3 & 1 \end{pmatrix}$。

(b) $(1234)(56)$。

(c) $(12)(12)(12)(13)(14)$。

4. 计算 $\sigma\tau$ 和 $\tau\sigma$。按照惯例新的置换会写在左边（换言之，$\sigma\tau$ 表示先 τ 再 σ）。

(a) $\sigma = \begin{pmatrix} 1 & 2 & 3 & 4 & 5 \\ 4 & 2 & 3 & 1 & 5 \end{pmatrix}$, $\tau = \begin{pmatrix} 1 & 2 & 3 & 4 & 5 \\ 3 & 4 & 1 & 5 & 2 \end{pmatrix}$。

(b) $\sigma = (123)$, $\tau = (23)$。

(c) $\sigma = (1234)$, $\tau = \begin{pmatrix} 1 & 2 & 3 & 4 \\ 1 & 4 & 3 & 2 \end{pmatrix}$。

5. 证明如果 X 是一个有 n 个元素的有限集，那么从 X 到它自身的双射的数量是 $n! = n(n-1)(n-2)\cdots 3\cdot 2\cdot 1$。

提示：用归纳法证明一个更一般的定理——如果 X, Y 都是有 n 个元素的有限集，那么从 X 到 Y 的双射数量是 $n!$ 。

6. 写出群的公理。以下哪些集合在给定的运算下构成群？如果构成群，请给出其单位元和逆元；如果不构成群，请给出理由。

(a) 加法下的 $\mathbb{Z}$ 。

(b) 乘法下的 $\mathbb{Z}$ 。

(c) 加法下的 $\mathbb{R}$ 。

(d) 乘法下的 $\mathbb{R}$ 。

(e) 乘法下的正实数 $\mathbb{R}^+$ 。

(f) 加法下的整数模 5 ， $\mathbb{Z}_5$ 。

(g) 乘法下的整数模 5 ， $\mathbb{Z}_5$ 。

7. 证明集合 $\{1_5, 2_5, 3_5, 4_5\}$ 在模 5 乘法下构成群。证明 $\{1_8, 3_8, 5_8, 7_8\}$ 在模 8 乘法下构成群。求整数模 12 在模 12 乘法下构成群的最大子集。请写出这三种情况的乘法表。

8. 非零整数模 3 的集合 $\{1_3, 2_3\}$ 在模 3 乘法下构成群，但是非零整数模 4 的集合 $\{1_4, 2_4, 3_4\}$ 在模 4 乘法下不构成群。请解释原因，并考察非零整数模 n 的集合 $\{1_n, 2_n, \cdots, (n-1)_n\}$ 的情形。

9. 证明非零整数模 7 的集合 $\mathbb{Z}_7^*$ 形如 $\{1_7, a, a^2, \cdots, a^5\}$ ，其中 $a = 3_7$ 。证明对于任意整数 n ，要么 $n^6 \equiv 0 \bmod 7$ ，要么 $n^6 \equiv 1 \bmod 7$ 。

10. 证明对于任意 $1 \le k < n$ ，元素 $1_n k_n$ ， $2_n k_n$ ， $\cdots$ ， $(n-1)_n k_n$ 都是不同的。利用（或者不用）这个结果证明 $\mathbb{Z}_n$ 中的非零元素构成群，当且仅当 n 为质数。

11. 求 $\mathbb{S}_4$ 的所有子群。

12. 证明满足 $\omega^n = 1$ 的复 n 次单位根在乘法下构成一个 n 阶循环群。请给出这个结果和正 n 边形旋转对称之间的联系。

13. 令 S 为有限集 X 的满足**闭包性质**的非空置换集合。闭包性质可以表述如下：

如果 $\sigma, \tau \in S$ ，那么 $\sigma \circ \tau \in S$ 。

证明如果 X 是有限集，那么下面的性质也成立：

单位元 $i_X \in S$ ；

如果 $\sigma \in S$，那么 $\sigma^{-1} \in S$。

因此，证明有限集 X 的满足闭包性质的非空置换集合 S 是一个群。

14. 令 A 为一个有限集，P 是 A 的子集的集合。设 P 上的运算 Δ 表示对称差：$X\Delta Y = \{x \in X \bigcup Y \mid x \notin X \bigcap Y\}$。证明 P 在 Δ 下构成群，且单位元是 $\varnothing$。X 的逆元素是什么？如果 $A = \varnothing$ 会怎么样？

15. 如果 a, b 是一个群的两个任意元素，证明 $a^{-1}b^{-1} = (ba)^{-1}$。利用（或者不用）这个结果证明如果 G 是一个群且满足对于每个 $x \in G$，x^2 都是单位元，那么 G 是阿贝尔群（换言之，对于所有 a, $b \in G$ 都有 $ab = ba$）。

16. 证明 H 是 G 的子群，当且仅当 $H \neq \varnothing$ 且 $HH^{-1} = H$。

17. 用一个例子证明如果子群 H 不是正规子群，那么 H 的两个陪集 gH 和 kH 的积未必是 H 的陪集。

18. 假设 M, $N \lhd G$，且 M 是 N 的子群。证明

$$M \lhd N \text{且} (G/M)/(N/M) \cong G/N。$$

提示：证明两个同态的复合还是同态，并考察对应的商群。

19. 使用复数，我们可以把绕原点旋转 α 的旋转 ρ_α 定义为把 $z = x + \mathrm{i}y$ 移动到 $\rho_\alpha(z) = \mathrm{e}^{\mathrm{i}\alpha}z$，把关于过原点且和水平轴成 β 角的直线的镜像 μ_β 定义为 $\mu_\beta(z) = \mathrm{e}^{2\mathrm{i}\beta}\overline{z}$。

证明这些定义和第 11 章的定义一致，并证明下列性质：

$$\rho_0 = i;$$
$$\rho_\theta \circ \rho_\phi = \rho_{\theta+\phi};$$
$$\mu_0(x, y) = (x, -y);$$
$$\rho_\theta \circ \mu_\phi = \rho_{\phi + \frac{\theta}{2}};$$
$$\mu_\phi \circ \rho_\theta = \rho_{\phi - \frac{\theta}{2}}\circ$$

第 14 章
基数

无限是什么？

如果你去问大一新生，他们或许会异口同声地回答"比任何自然数都大的东西"。严格来说，这也没错，集合论的杰出成果之一就在于可以明确地解释无限的概念。不过这里还有一个惊喜：比较集合的大小时，我们能得到不止一个无限——它们构成了一个巨大的系统。这一发现源于上面问题的另一种问法：我们不再让人数出已知集合中元素的"个数"，而是问一个集合和另一个集合是否有一样多的元素。更准确地说，如果存在双射 $f: A \to B$，那么集合 A 和 B 有着"相同数量的元素"。

虽然有那么多的无限，但我们先来看最小的一个。我们用自然数 $\mathbb{N}$ 作为比较的标准。之所以用 $\mathbb{N}$ 而不是 $\mathbb{N}_0 = \mathbb{N} \cup \{0\}$，是因为双射 $f: \mathbb{N} \to B$ 会把 B 的元素排列为一个序列，利用这个双射，我们可以把 $f(1)$ 称作 B 的**第一个**元素，把 $f(2)$ 称作 B 的**第二个**元素，以此类推。这样我们就建立了对 B **计数**的方法。当然，如果我们用这个双射按顺序数出 B 的元素" $f(1), f(2), \cdots$ "，那永远也数不完。但我们知道，如果 $b \in B$，那么**存在** $n \in \mathbb{N}$ 使得 $b = f(n)$，因此我们一定能数到这个元素。

我们在第 8 章中定义了 $\mathbb{N}(0) = \varnothing$，且对于 $n \in \mathbb{N}$，

$$\mathbb{N}(n) = \{m \in \mathbb{N} \mid 1 \leqslant m \leqslant n\}。$$

定义 14.1：已知集合 X，如果存在双射 $f: \mathbb{N}(n) \to X$, $n \in \mathbb{N}_0$，那么 X 是**有限**的。如果 X 是有限的，或者存在双射 $f: \mathbb{N} \to X$，那么 X 是**可数**的。如果存在双射 $f: \mathbb{N}(n) \to X$，那么我们说 X 有 n 个元素。

在有限集中寻找这样的双射只需计数即可。那为什么不推广到无限集呢？我们先看下面的定义。

定义 14.2：如果存在双射 $f: \mathbb{N} \to X$，那么 X 有 $\aleph_0$ 个元素，我们说 X 是**可数**

无限的。

$\aleph$ 是希伯来字母表中的第一个字母，$\aleph_0$ 则是我们第一次见到全新的数的概念，它表示无限集的大小。如果 $\mathbb{N}$ 和 X 之间存在双射，那么就可以说 "X 和 $\mathbb{N}$ 有着相同（基）数量的元素"，而这个数量可以用 $\aleph_0$ 表示。

在讨论广义的基数之前，我们先深入地研究一下可数的概念。

例 14.3：$\mathbb{N}_0$ 是可数的。定义 $f : \mathbb{N} \to \mathbb{N}_0$，$f(n) = n-1$，那么 f 是一个双射。$\mathbb{N}$ 是 $\mathbb{N}_0$ 的**真子集**，那么我们直觉上会认为前者的元素数量更少，但是从集合双射的角度来说，它们的大小是一样的。这也是 "可数无限集" 的第一个神奇性质。

伽利略在 1638 年给出了一个更加生动的例子。

例 14.4（伽利略）：自然数和它们的平方之间存在对应关系：

$$1 \ 2 \ 3 \ 4 \ \dots \ n \ \dots$$
$$\downarrow \downarrow \downarrow \downarrow \qquad \downarrow$$
$$1 \ 4 \ 9 \ 16 \dots n^2 \dots$$

用现代的集合论术语来说，如果 $S = \{n^2 \in \mathbb{N} \mid n \in \mathbb{N}\}$，那么映射 $f : \mathbb{N} \to S, f(n) = n^2$ 是一个双射。

这个结果太奇怪了，因为我们可以删去 $\mathbb{N}$ 中不是平方数的数来得到平方数。不是平方数的数有无限多，并且数越大，相邻两个数的平方之间的间隔也越大。直觉告诉我们，一个 "随机" 的自然数多半不会是完全平方数。

两百多年来，这一矛盾阻碍了我们对无限的严格思考。莱布尼茨甚至建议，我们应该只考虑有限集——毕竟这一明显的矛盾源于无穷无尽的自然数。他的方案是，如果我们只考虑有限自然数集（比如说小于 100 的数），那么**这些**自然数和它们中的平方数就不存在对应关系了。这 100 个数中确实也只有 11 个平方数。

这样就有些作茧自缚了，它把所有合理的 "数" 的概念从无限集中排除掉了。格奥尔格·康托尔发现了更好的方法，他在 19 世纪 70 年代给出了更具戏剧性的方案。他证明如果我们把 "同样多" 解读为集合间的双射，那么任何无限集都有着 "同样多" 元素的真子集！这里的 "无限" 也有严格定义：如果对于任何 $n \in \mathbb{N}_0$ 都不存在双射 $f : \mathbb{N}(n) \to B$，那么 B 是无限的。在康托尔看来，矛盾并不存在，这个定理不过是反直觉而已。我们也说过许多次：数学概念被推广之后，它原有的性质可能不再成立。

命题 14.5（康托尔）：如果集合 B 是无限的，那么存在一个真子集 $A \subsetneq B$ 和双射 $f: B \to A$。

证明：首先选择 B 的一个可数无限的子集 X。因为 $\mathbb{N}(0)$ 和 B 之间不存在双射，所以 B 是非空的，且其中存在一个元素，我们将其记作 x_1。递归定义 $g: \mathbb{N} \to B$，$g(1) = x_1$，如果找到了互不相等的元素 $x_1, x_2, \cdots, x_n$，那么因为 g 不能是 $\mathbb{N}(n)$ 和 B 之间的双射，所以一定存在一个元素 $x_{n+1} \in B$，它和 $x_1, \cdots, x_n$ 都不相同。定义 $g(n+1) = x_{n+1}$，令

$$X = \{x_n \in B \mid n \in \mathbb{N}\}.$$

令 $A = B \setminus \{x_1\}$，定义 $f: B \to A$，对于 $x_n \in X$，

$$f(x_n) = x_{n+1},$$

对于 $b \notin X$，

$$f(b) = b.$$

那么 f 是一个双射。 □

我们还可以更进一步。我们从无限集 B 开始，去掉一个**无限**子集，得到子集 C。B 和 C 之间仍然可以有双射。以自然数 $\mathbb{N}$ 为例，我们可以为偶数集 E 和奇数集 O 定义双射

$$f: \mathbb{N} \to E, f(n) = 2n,$$
$$g: \mathbb{N} \to O, g(n) = 2n - 1.$$

如果我们从无限集 $\mathbb{N}$ 中去掉无限子集 O，就会得到无限子集 E，且它和 $\mathbb{N}$ 之间存在双射 $f: \mathbb{N} \to E$。

更一般地，对于任意无限集 B，我们都可以去掉一个无限子集，得到一个子集 A，且存在双射 $f: B \to A$。要构造这样的子集，我们可以像命题 14.5 的证明中那样选择 B 的一个可数无限子集 X。令 Y 为子集 $\{x_n \mid n$ 是奇数$\}$，令 A 表示 B 去掉 Y 中元素后的子集：

$$A = B \setminus Y.$$

定义 $f: B \to A$，

$$x_n \in Y 时 f(x_n) = x_{2n}, \quad x \notin Y 时 f(x) = x。$$

那么 f 就是 B 和 A 之间的双射，可以把 B 的所有元素都映射到 A 上。

因此我们可以从任意无限集 B 开始，去掉一个（可数）无限子集 Y，得到一个和 B 有"同样多"元素的子集 A！

14.1 康托尔的基数

康托尔对于"无限集有多少元素？"这一问题的解答目的在于引入基数的概念。我们暂时假定对于每个集合 X，都有一个被称为**基数**的概念。如果存在双射 $f:X \to Y$，那么 X 和 Y 有着相同的基数；如果不存在这样的双射，那么它们的基数就不同。我们把 X 的基数记作 $|X|$。

我们只描述了基数，还没有定义基数。为了严格定义基数，我们需要用集合论来构造它。康托尔没有给出这一构造，我们也不会，但是这个构造是可能的。

对于有限集来说，有个非常方便的基数选择，如果存在双射 $f:\mathbb{N}(n) \to X$，那么 X 的基数就是 n。同理，如果存在双射 $f:\mathbb{N} \to X$，那么 X 的基数就是 $\aleph_0$。对于其他无限集来说，我们可能需要用新符号来表示它们的基数。一般来说，我们把 X 的基数记作 $|X|$。如果存在双射 $f:X \to Y$，那么 $|X| = |Y|$；如果存在**单射** $f:X \to Y$，那么 $|X| \leq |Y|$。我们一如既往地把 $|X| < |Y|$ 定义为 $|X| \leq |Y|$ 且 $|X| \neq |Y|$。

一般来说，如果 X 是 Y 的子集，那么包含 $i:X \to Y$, $i(x) = x$ 是一个单射，因此我们有

$$X \subseteq Y \Rightarrow |X| \leq |Y|。$$

命题 14.5 表明，对于任意无限集 B，都存在一个真子集 A 满足 $|A| = |B|$。因此对于无限集来说，

$$X \subsetneq Y \nRightarrow |X| < |Y|。$$

伽利略的例子带来的困境更多是心理学层面的，而非数学层面的。我们扩张自然数系和计数方法来接纳无限基数的时候，更大的系统未必具有小系统的全部性质。但是对小系统的了解会让我们对部分性质的成立有所期待，那么当这些性质不成立时我们就会陷入困惑。复数的平方不符合实数中平方都是正数的规则，

因此我们心中产生了不安。这种不安在我们了解了复数不能像它的实数子集那样排序之后才得以缓解。同理，我们在把"相同的基数"理解为集合间的双射，从而意识到真子集能和全集有相同的**无限**基数之后，也就解决了伽利略例子中的矛盾。

我们回到可数的概念。对于任意无限集 B，我们都可以像命题 14.5 的证明一样，选择一个可数无限子集 $X \subseteq B$。这意味着 $\aleph_0 = |X| \leqslant |B|$，因此 $\aleph_0$ 是最小的无限基数。我们会惊讶地发现，我们熟知的许多看似比 $\mathbb{N}$ 更大的集合的基数也是 $\aleph_0$。

例 14.6：整数是可数的。对于 $n \in \mathbb{N}$，定义 $f : \mathbb{N} \to \mathbb{Z}$，

$$f(2n) = n, f(2n-1) = 1-n。$$

那么我们就得到了双射

$$
\begin{array}{ccccccc}
1 & 2 & 3 & 4 & 5 & 6 & 7 & \dots \\
\downarrow & \downarrow & \downarrow & \downarrow & \downarrow & \downarrow & \downarrow \\
0 & 1 & -1 & 2 & -2 & 3 & -3 & \dots
\end{array}
$$

尽管 f 是双射，但它并不保留顺序（这里的意思是 $m < n$ 不能推出 $f(m) < f(n)$，比如说 $f(2) > f(3)$）。如果要构造一个保留顺序的双射，那么结果可能毫无规律，就像下面的例子一样。

例 14.7：有理数是可数的。

我们将分阶段证明这一命题。首先我们计数正有理数，正有理数可以表示为 $\dfrac{p}{q}$，其中 p 和 q 都是自然数。一种计数有理数的方法是把它们写成阵列：

$$
\begin{array}{ccccc}
\dfrac{1}{1} & \dfrac{1}{2} & \dfrac{1}{3} & \dfrac{1}{4} & \cdots \\[2mm]
\dfrac{2}{1} & \dfrac{2}{2} & \dfrac{2}{3} & \dfrac{2}{4} & \cdots \\[2mm]
\dfrac{3}{1} & \dfrac{3}{2} & \dfrac{3}{3} & \dfrac{3}{4} & \cdots \\[2mm]
\dfrac{4}{1} & \dfrac{4}{2} & \dfrac{4}{3} & \dfrac{4}{4} & \cdots \\[2mm]
\vdots & \vdots & \vdots & \vdots & \cdots
\end{array}
$$

我们沿着"对角线"来读这个阵列。先是 $\dfrac{1}{1}$，然后是 $\dfrac{1}{2}$，$\dfrac{2}{1}$，接着是 $\dfrac{1}{3}$，$\dfrac{2}{2}$，$\dfrac{3}{1}$，

以此类推（见图 14-1）。

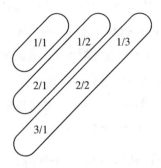

图 14-1 正有理数的计数

这个过程把正有理数串成了一个列表 $\dfrac{1}{1}$, $\dfrac{1}{2}$, $\dfrac{2}{1}$, $\dfrac{1}{3}$, $\dfrac{2}{2}$, $\dfrac{3}{1}$, ⋯。但是因为 $\dfrac{1}{1} = \dfrac{2}{2}$，后面还有 $\dfrac{3}{3}$, $\dfrac{4}{4}$, ⋯，所以这个列表中有重复的数。同理 $\dfrac{1}{2} = \dfrac{2}{4} = \dfrac{3}{6} = \cdots$。那么这个构造就不可能是双射。因此我们来逐个检查列表中的数，每当遇到先前出现过的数就把它删掉，这样就剩下了 $\dfrac{1}{1}$, $\dfrac{1}{2}$, $\dfrac{2}{1}$, $\dfrac{1}{3}$, $\dfrac{3}{1}$, ⋯。假设剩下的序列中第 n 个有理数是 a_n，那么从自然数到正有理数的函数 $f(n) = a_n$ 就是一个双射。接下来我们把负有理数也包括进来：$0, a_1, -a_1, a_2, -a_2, \cdots, a_n, -a_n, \cdots$ 这恰好包含了所有有理数，且没有重复。因此对于 $n \in \mathbb{N}$，映射 $g : \mathbb{N} \to \mathbb{Q}$，

$$g(1) = 0, \ \cdots, \ g(2n) = a_n, \ \cdots, \ g(2n+1) = -a_n$$

就是所要构造的双射。

尽管还没给出 $g(n)$ 的具体公式，但我们**已经**给出了它的构造方法。前几项分别是

$$
\begin{array}{ccccccccccc}
1 & 2 & 3 & 4 & 5 & 6 & 7 & 8 & 9 & 10 & 11 & \cdots \\
\downarrow & \downarrow & \downarrow & \downarrow & \downarrow & \downarrow & \downarrow & \downarrow & \downarrow & \downarrow & \downarrow & \\
0 & 1 & -1 & \tfrac{1}{2} & -\tfrac{1}{2} & 2 & -2 & \tfrac{1}{3} & -\tfrac{1}{3} & 3 & -3 & \cdots
\end{array}
$$

你可以像这样继续写下去。我们之后会得到一个更强的结果——施罗德－伯恩斯坦定理。借助这个定理，我们无须构造双射就能证明两个集合的基数相同，也就能更巧妙地处理有理数的情况。

我们让"可数"包括"有限"和"可数无限"的原因就在于下面这个结果。

命题 14.8：可数集的子集也是可数的。

证明：已知双射 $f:\mathbb{N}\to A$ 和 $B\subseteq A$，要么 B 是有限的，要么可以定义 $g:\mathbb{N}\to B$，

$$g(1)\text{ 是满足 } f(m)\in B \text{ 的最小的 } m，$$

在找到 $g(1)$，$\cdots$，$g(n)$ 之后，

$$g(n+1)\text{ 是满足 } f(m)\in B\backslash\{g(1),\ \cdots,\ g(n)\} \text{ 的最小的 } m。$$

非正式地来说，这等同于把 A 的元素写成

$$f(1), f(2), f(3),\ \cdots, f(n),\ \cdots,$$

也就是删掉那些不在 B 中的元素，并且把 B 中的元素按照相同顺序列出。   □

可数集有一个特点值得注意：我们可以像下面这样从可数集构造貌似更大但是依然可数的集合。

命题 14.9：可数集的可数并集还是可数的。

证明：已知一组集合，且集合的数量是可数的。我们可以用 $\mathbb{N}$ 作为其指标集，把这些集合写作 $\{A_n\}_{n\in\mathbb{N}}$。（如果只有有限多个集合 A_1，$\cdots$，A_k，就令 $n>k$ 时 $A_n=\varnothing$。）因为每个 A_n 都是可数的，所以我们可以把 A_n 的元素写成列表 a_{n_1}，a_{n_2}，$\cdots$，a_{n_m}，$\cdots$。如果 A_n 是有限的，那么这个列表也是有限的；如果 A_n 是可数无限的，那么这个列表也是个无限序列。我们现在把 $\bigcup\limits_{n\in\mathbb{N}}A_n$ 的元素排列成长方形阵列，并且像前面的例子一样沿着对角线读出它们（见图 14-2）。

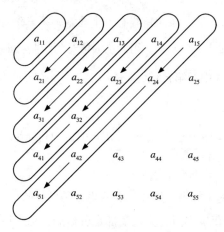

图 14-2 沿着对角线计数

阵列中可能会有空缺，因为有些集合是有限的（比如上图的第 3 行），或者是只有有限多个集合。如果两个集合 A_n，A_m 有相同元素，那么阵列中可能会有重复，第 n 行的元素还会出现在第 m 行。我们只需跳过空缺，删掉出现过的元素即可。最后这个列表要么是有限的，要么是一个没有重复的无限序列。这就证明了 $\bigcup\limits_{n\in\mathbb{N}} A_n$ 是可数的。 □

命题 14.10：两个可数集的笛卡儿积也是可数的。

证明：如果 A 和 B 是可数的，把 A 的元素写成序列 a_1，a_2，$\cdots$，a_n，$\cdots$（如果 A 是有限的，则这个序列有尽头）。同理，把 B 的元素写成 b_1，b_2，$\cdots$，b_m，$\cdots$。我们把 $A\times B$ 写成长方形阵列，沿对角线读出其元素，如图 14-3 所示。

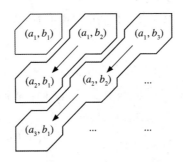

图 14-3 有序数对

如果 A、B 中的一个是有限的，那么就会有空缺，我们只需跳过即可；如果两个集合都是有限的，那么 $A\times B$ 也是有限的。如果两个都是无限的，那么很容易写出一个双射 $f:\mathbb{N}\to A\times B$。第一条对角线有一个元素，第二条对角线有两个元素，一般来说，第 n 条对角线有 n 个元素。因此前 n 条对角线共有 $1+2+\cdots+n=\dfrac{1}{2}n(n+1)$ 个元素。下一条对角线中的第 r 个元素是 $(a_r,\ b_{n+2-r})$，因此双射 $f:\mathbb{N}\to A\times B$ 的公式可以表示为：

$$f(m)=(a_r,\ b_{n+2-r}),\ m=\frac{1}{2}n(n+1)+r(1\leqslant r\leqslant n+1).$$ □

我们来看命题 14.10 的一个例子：

例 14.11：平面内坐标为有理数的点的集合是可数的。

要是读者读到这里觉得所有无限集都是可数的，那也情有可原。但是事实并非如此，因为我们马上就要考察实数了。

例 14.12：实数是不可数的。我们将用反证法来证明不存在满射 $f:\mathbb{N}\to\mathbb{R}$，因此不存在双射 $f:\mathbb{N}\to\mathbb{R}$。已知映射 $f:\mathbb{N}\to\mathbb{R}$，把每个 $f(m)\in\mathbb{R}$ 都表示为小数，

$$f(m)=a_m.a_{m,1}a_{m,2}\cdots a_{m,n}\cdots\left(a_m\in\mathbb{Z},a_{m,r}\in\mathbb{N}_0,0\leqslant a_{m,r}\leqslant 9\right)$$

为了不引起歧义，如果这个小数是有限的，我们将在它后面加上一串 0，而不是以一串 9 的形式结尾。接下来我们来看一个不同于所有 $f(m)$ 的实数。令

$$\beta=0.b_1b_2\cdots b_n\cdots,$$

其中

$$b_n=\begin{cases}1, & a_{n,n}=0;\\0, & a_{n,n}\neq 0。\end{cases}$$

因为第 n 位不同，所以 β 和 $f(m)$ 不同。因为 β 的小数展开没有 9，所以我们也避开了无限多个 9 可能带来的问题。

令 $\aleph$ 表示 $\mathbb{R}$ 的基数。因为 $\mathbb{N}\subseteq\mathbb{R}$，所以 $\aleph_0\leqslant\aleph$，且上面的例子说明了 $\aleph_0\neq\aleph$，因此我们找到了一个严格大于 $\aleph_0$ 的基数。

其实对于任何基数，我们都能找到一个严格大于它的基数。基数必须和某个集合 A 相关联才有意义。我们将证明，集合 A 的幂集的基数**永远**严格大于它自己的基数。

命题 14.13：如果 A 是一个集合，那么 $\left|\mathbb{P}(A)\right|>\left|A\right|$。

证明：显然映射 $f:A\to\mathbb{P}(A)$，$f(a)=\{a\}$ 是一个单射，因此 $\left|A\right|\leqslant\left|\mathbb{P}(A)\right|$。我们只要再证明 $\left|A\right|\neq\left|\mathbb{P}(A)\right|$ 即可。为此，我们将证明不存在满射 $f:A\to\mathbb{P}(A)$。如果存在这样的满射，那么对于每个 $a\in A$ 都有 $f(a)\in\mathbb{P}(A)$，因此 $f(a)$ 是 A 的子集。我们要问一个问题："a 属于子集 $f(a)$ 吗？"答案永远是"是"或"否"。我们选择那些答案是"否"的元素来构造子集

$$B=\{a\in A\mid a\notin f(a)\}。$$

我们断言 A 中没有任何元素能在 f 下映射到 B。如果存在 $a\in A$ 使得 $B=f(a)$，那么问题"a 属于 B 吗"就会带来矛盾：

$$a\in B\Rightarrow a\notin f(a)=B,$$

$$a\notin B\Rightarrow a\in f(a)=B。$$

因此 f 映射不到 B ，所以 f 不是满射，也就更不可能是双射。 □

命题 14.13 带来了一系列"无限"。我们从 $\aleph_0=|\mathbb{N}|$ 开始，$\left|\mathbb{P}(\mathbb{N})\right|$ 严格大于 $\aleph_0$ ，$\left|\mathbb{P}\bigl(\mathbb{P}(\mathbb{N})\bigr)\right|$ 更大，以此类推。

14.2 施罗德－伯恩斯坦定理

关于基数之间的关系 $\leqslant$ ，有一个显而易见的问题：

如果 $|A|\leqslant|B|$ 且 $|B|\leqslant|A|$ ，那么能否断言 $|A|=|B|$ ？

这个问题的答案是肯定的，而这句陈述就是施罗德－伯恩斯坦定理。虽然它看起来很简单，但是证明非常麻烦。主要问题在于，$|A|\leqslant|B|$ 告诉我们**存在**单射 $f:A\to B$ ，而 $|B|\leqslant|A|$ 告诉我们**存在**单射 $g:B\to A$ ，但这两个单射可能没什么关系。不过我们还是必须用它们来构造一个 A 和 B 之间的双射。这个构造需要一点巧思，并且证明的过程也不太容易。

定理 14.14（施罗德－伯恩斯坦）：已知集合 A,B ，如果 $|A|\leqslant|B|$ 且 $|B|\leqslant|A|$ ，那么 $|A|=|B|$ 。

证明：我们有单射 $f:A\to B,\ g:B\to A$ 。我们可以用 f 从 A 映射到 B ，用 g 从 B 映射到 A ，重复这个过程，就可以得到 $f(a),\ g\bigl(f(a)\bigr),\ f\bigl(g(f(a))\bigr),\ \cdots$（见图 14-4）。

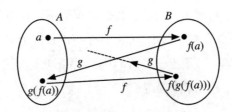

图 14-4 一个正向的映射链

证明的关键在于找到一个**反向**的映射链。从 $b\in B$ 开始，看看是否存在 $a\in A$ 使得 $f(a)=b$ ，**如果**存在这样的 a ，那么它是否是唯一的。然后我们再看是否存在 $b_1\in B$ 使得 $g(b_1)=a$ ，以及是否存在 $a_1\in A$ 使得 $f(a_1)=b_1$ ，最终构造一个映射链 $b,\ a,\ b_1,\ a_1,\ \cdots,\ b_n,\ a_n$ ，其中 $f(a_r)=b_r$ ，$g(b_r)=a_{r-1}$ 。像这样反向追溯映射链，

可能会有三种结果（见图 14-5）：

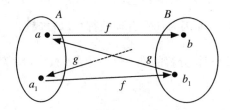

图 14-5　一个反向的映射链

(i) 我们得到 $a_N \in A$ 并停止，因为不存在 $b^* \in B$ 使得 $g\left(b^*\right) = a_N$；

(ii) 我们得到 $b_N \in B$ 并停止，因为不存在 $a^* \in A$ 使得 $f\left(a^*\right) = b_N$；

(iii) 这个过程永远持续下去。

这把 B 划分为三个集合：

(1) B 中像 (i) 那样回溯的终点来自于 A 的元素的子集 B_A；

(2) B 中像 (ii) 那样回溯的终点来自于 B 的元素的子集 B_B；

(3) B 中像 (iii) 那样可以无限回溯下去的元素的子集 B_∞。

注意，B_A, B_B, B_∞ 互不相交且并集为 B，因此构成了 B 的一个划分。同理，我们也可以根据终点是 A 还是 B，无限回溯把 A 划分成 A_A, A_B, A_∞。

很容易看出把 f 限制到 A_A 上就得到了双射 $f : A_A \to B_A$，而把 g 限制到 B_B 上就得到了双射 $g : B_B \to A_B$，而对 f, g 做限制可以得到双射 $f : A_\infty \to B_\infty$，$g : B_\infty \to A_\infty$（见图 14-6）。使用前两个双射和第三组中的一个，我们可以构造一个双射 $F : A \to B$，

$$F\left(a\right) = \begin{cases} f(a), & a \in A_A； \\ g^{-1}(a), & a \in A_B； \\ f(a), & a \in A_\infty。 \end{cases}$$

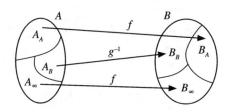

图 14-6　回溯的终点在哪里？

这样就完成了证明。 □

作为该定理的一个例子，我们给出了有理数可数的另一种证明。包含 $i:\mathbb{N}\to\mathbb{Q}$ 表明 $|\mathbb{N}|\leqslant|\mathbb{Q}|$，而因为任意有理数都可以写成唯一的最简形式 $(-1)^n\dfrac{p}{q}$，其中 $n,p,q\in\mathbb{N}$，所以根据分解的唯一性，函数 $f:\mathbb{Q}\to\mathbb{N},\ f\left((-1)^n\dfrac{p}{q}\right)=2^n3^p5^q$ 是一个单射，因此 $|\mathbb{Q}|\leqslant|\mathbb{N}|$。

一个更有趣的例子表明 $\left|\mathbb{P}(\mathbb{N})\right|=\aleph$。我们可以定义 $f:\mathbb{P}(\mathbb{N})\to\mathbb{R}$，

$$f(A)=0.a_1a_2\cdots a_n\cdots,$$

其中

$$a_n=\begin{cases}0,& n\notin A;\\ 1,& n\in A。\end{cases}$$

对于每个子集 $A\subseteq\mathbb{N}$，这个函数都会给出一个唯一的小数展开，因此 f 是一个单射。

构造单射 $g:\mathbb{R}\to\mathbb{P}(\mathbb{N})$ 就没那么简单了。我们不再把实数表示为小数，而是表示为一个**二进制小数**[①]，也就是把它写作具有以下形式的分数的极限

$$a_0+\frac{a_1}{2}+\frac{a_2}{4}+\cdots+\frac{a_n}{2^n},$$

其中 a_0 是整数，而对于 $n\geqslant1$，a_n 是 0 或 1。如果我们排除末尾是无限多个 1 的数（等价于末尾是无限多个 9 的小数），那么这样的二进制小数是唯一的。现在我们把整数 a_0 也表示成二进制

$$a_0=(-1)^m b_k\cdots b_2b_1,$$

其中 m 和数位 $b_1,b_2,\cdots,b_k$ 都是 0 或 1。那么每个实数 x 都有了唯一的二进制小数表示

$$x=(-1)^m b_k\cdots b_2b_1.a_1a_2\cdots a_n\cdots,$$

其中 m 和每个数位 $b_1,\cdots,b_k,a_1,\cdots,a_n,\cdots$ 都是 0 或 1。为了方便起见，我们令

---

① 传统学者可能会被这个词吓到，但是因为它具有"二进制"和"小数"的特性，所以这个造词不可避免。

$n > k$ 时 $b_n = 0$。现在我们把它的各位按照 $m, a_1, b_2, a_2, b_2, \cdots, a_n, b_n, \cdots$ 的顺序写成一个序列，这是一个只有 0 和 1 的序列，其根据下面的规则定义了 N 的一个唯一子集 A：

$$r \in A \text{ 当且仅当序列的第 } r \text{ 项是 } 1。$$

把 $g(x)$ 定义为这样的子集 A，我们就可以得到函数 $g : \mathbb{R} \to \mathbb{P}(\mathrm{N})$。这是一个单射，因此根据施罗德 – 伯恩斯坦定理，$|\mathbb{R}| = |\mathbb{P}(\mathrm{N})|$。

14.3 基数的算术

我们可以对有限的基数做加法、乘法和幂运算，也可以模仿着它们涉及的集合论过程，为无限基数定义对应的运算。因为只有部分常规算术的性质得到了保留，所以我们应该看看究竟保留了哪些。首先来看定义：

定义 14.15：基数的运算定义如下：

加法：已知两个基数 α, β（有限或无限均可），选择两个互不相交的集合 A, B，满足 $|A| = \alpha$，$|B| = \beta$。（这样的集合永远存在。如果 A 和 B 的交集不为空，就把它们替换为 $A' = A \times \{0\}$ 和 $B' = B \times \{1\}$。根据双射，$|A'| = |A|$，$|B'| = |B|$，且 A' 和 B' 显然不相交。）定义 $A \cup B$ 的基数为 $\alpha + \beta$。

乘法：如果 $\alpha = |A|$，$\beta = |B|$，那么 $\alpha\beta = |A \times B|$。

幂：如果 $\alpha = |A|$，$\beta = |B|$，那么 $\alpha^\beta = |A^B|$，其中 A^B 是所有从 B 到 A 的函数的集合。

读者可以自行检查，当定义中的集合是有限集时，上述定义是否和标准算术一致。特别地，如果 $|A| = m$，$|B| = n$，那么定义函数 $f : B \to A$ 时，每个 $b \in B$ 都有 m 种可能的像，这就给出了 m^n 种函数。加法和乘法在有限的情形中很简单。

注意，加法定义中的集合必须是互不相交的，但其他两种运算没有这个要求。加法这样要求的原因是如果 $|A| = m$，$|B| = n$ 且 $A \cap B \neq \varnothing$，那么 $|A \cup B| < m + n$。对于定义来说，最重要的就是检查它们是否定义良好。已知基数 α, β，我们必须选择集合 A, B 使得 $|A| = \alpha$，$|B| = \beta$，检查如果使用不同的集合 A', B'，那么每次运算得到的结果是否保持一致。以乘法为例：如果 $|A| = |A'|$，$|B| = |B'|$，那么存在双射

$f: A \to A', g: B \to B'$，它们给出了一个新的双射

$$h: A \times B \to A' \times B',$$

其中

$$h(a, b) = (f(a), g(b))。$$

因此 $|A \times B| = |A' \times B'|$，基数的积是定义良好的。加法和幂的定义也能够被验证。

考察这些算术运算的性质，我们会发现许多有限数的性质在基数中依然成立。

命题 14.16：如果 α, β, γ 是基数（有限或无限均可），那么

(i) $\alpha + \beta = \beta + \alpha$；

(ii) $(\alpha + \beta) + \gamma = \alpha + (\beta + \gamma)$；

(iii) $\alpha + 0 = \alpha$；

(iv) $\alpha\beta = \beta\alpha$；

(v) $(\alpha\beta)\gamma = \alpha(\beta\gamma)$；

(vi) $1\alpha = \alpha$；

(vii) $\alpha(\beta + \gamma) = \alpha\beta + \alpha\gamma$；

(viii) $\alpha^{\beta+\gamma} = \alpha^\beta \alpha^\gamma$；

(ix) $\alpha^{\beta\gamma} = (\alpha^\beta)^\gamma$；

(x) $(\alpha\beta)^\gamma = \alpha^\gamma \beta^\gamma$。

证明：令 A, B, C 为（互不相交的）集合，基数分别为 α, β, γ。$\varnothing$ 的基数为 0，而任何只有一个元素的集合（例如 $\{0\}$）的基数都为 1。

(i)~(iii) 很容易证明：$A \cup B = B \cup A$，$(A \cup B) \cup C = A \cup (B \cup C)$，$A \cup \varnothing = A$。

(iv)~(vi) 成立的原因是显然有双射 $f: A \times B \to B \times A, f((a, b)) = (b, a)$，双射 $g: (A \times B) \times C \to A \times (B \times C), g(((a, b), c)) = (a, (b, c))$ 和双射 $h: \{0\} \times A \to A$，$h((0, a)) = a$。

(vii) 成立则是因为 $A \times (B \cup C) = (A \times B) \cup (A \times C)$。

如果觉得最后三条性质不太好证明，那是因为我们还不熟悉从 B 到 A 的函数的集合 A^B。要证明它们，只需要构造合适的双射即可。

(viii) 我们先看映射 $\phi: B \cup C \to A$，把 ϕ 限制到 B 得到 $\phi_1: B \to A$，限制到 C 得到 $\phi_2: C \to A$。定义 $f: A^{B \cup C} \to A^B \times A^C, f(\phi) = (\phi_1, \phi_2)$，那么 f 是一个双射。

(ix) 我们从函数 $\phi:B\times C\to A$ 开始定义 $g:A^{B\times C}\to\left(A^B\right)^C$。定义函数 $g(\phi):C\to A^B$，$\left[g(\phi)\right](c):B\to A$，它把 $b\in B$ 映射为

$$\left(\left[g(\phi)\right](c)\right)(b)=\phi\big((b,c)\big)。$$

因为它看起来不是很熟悉，所以我们来证明 g 确实是一个双射。首先它是单射，这是因为如果 ϕ, ψ 是两个从 $B\times C$ 到 A 的映射且 $g(\phi)=g(\psi)$，那么

$$\left(\left[g(\phi)\right](c)\right)(b)=\left(\left[g(\psi)\right](c)\right)(b)\ \text{对于所有}\ b\in B, c\in C\ \text{均成立。}$$

根据定义，

$$\phi\big((b,\,c)\big)=\psi\big((b,\,c)\big)\ \text{对于所有}\ b\in B, c\in C\ \text{均成立，}$$

这意味着 $\phi=\psi$。

要证明 g 是满射，我们先来看函数 $\theta\in\left(A^B\right)^C$。换言之，$\theta:C\to A^B$。然后对于所有 $b\in B$, $c\in C$ 定义 $\phi:B\times C\to A$，

$$\phi(b,\,c)=\left[\theta(c)\right](b)。$$

因此有 $g(\phi)=\theta$，命题得证。

(x) 最后这个等式成立是因为双射 $h:(A\times B)^C\to A^C\times B^C$。对于 $c\in C$，我们可以把任意 $\phi:C\to A\times B$ 写成

$$\phi(c)=\big(\phi_1(c),\,\phi_2(c)\big),$$

然后令 $h(\phi)=(\phi_1,\,\phi_2)$ 即可。请读者自行验证其余细节。$\qquad\square$

现在我们就能用基数做一些计算了。作为命题 14.9 的推论，我们有

$$\text{对于任意有限基数}\ n，\quad n+\aleph_0=\aleph_0+n=\aleph_0，$$

$$\aleph_0+\aleph_0=\aleph_0。$$

这意味着只要涉及无限基数，就不可能定义基数的减法。不然 $\aleph_0-\aleph_0$ 应该是什么呢？根据上面的结果，这个差可以是任何有限基数或者 $\aleph_0$ 本身。因此减法的定义不能确保

$$\aleph_0-\aleph_0=\alpha\Leftrightarrow\aleph_0=\aleph_0+\alpha。$$

命题 14.10 可以轻松地推出

$$对于 n \in \mathbb{N}，n\aleph_0 = \aleph_0 n = \aleph_0，$$

$$\aleph_0 \aleph_0 = \aleph_0。$$

$0\aleph_0$ 的结果也很有趣——这个积是 0。其实对于每个基数 β，都有

$$0\beta = 0。$$

这是因为对于其他任意集合 B，都有

$$A = \varnothing \Rightarrow A \times B = \varnothing，$$

如果 A 没有元素，那么就不存在有序对 (a, b), $a \in A, b \in B$。这意味着对于基数来说，无论一个无限基数有多大，乘以零之后都会变成零。

同理，我们也要为任意基数 α 计算 α^0 和 α^1。根据定义，如果 $|A| = \alpha$，那么 α^0 是从 $\varnothing$ 到 A 的函数集的基数。要是你认为**不存在**从 $\varnothing$ 到 A 的函数，那也情有可原，但是函数 $f : \varnothing \to A$ 在集合论中的定义是 $\varnothing \times A$ 的子集。它的子集只有一个，那就是空集，因此 $\alpha^0 = 1$。因为 $|\{0\}| = 1$，所以 α^1 是从 $\{0\}$ 到 A 的函数集的基数。因为函数 $f : \{0\} \to A$ 由 $f(0) \in A$ 唯一确定，所以存在双射 $g : A^{\{0\}} \to A, g(f) = f(0)$，因此 $|A^{\{0\}}| = |A|$，或者说 $\alpha^1 = \alpha$。对命题 14.16(viii) 使用归纳法，可以得到对于 $n \in \mathbb{N}$，

$$(\aleph_0)^0 = 1, \quad (\aleph_0)^n = \aleph_0。$$

对于任意基数 α，计算 2^α，我们会得到一个关于幂集的有趣结果。假设 $|A| = \alpha$，那么因为 $|\{0, 1\}| = 2$，所以我们有

$$|\{0, 1\}^A| = 2^\alpha。$$

但是函数 $\phi : A \to \{0, 1\}$ 只对应 A 的一个子集，也就是

$$\{a \in A \mid \phi(a) = 1\}。$$

定义 $f : \{0, 1\}^A \to \mathbb{P}(A), f(\phi) = \{a \in A \mid \phi(a) = 1\}$，那么 f 是一个双射，因此 $|\mathbb{P}(A)| = 2^\alpha$。根据命题 14.13，我们知道对于所有基数 α，都有

$$2^\alpha > \alpha。$$

14.4 基数的顺序关系

我们在本章中已经证明过一些关于基数的顺序的结果。现在是时候把它们整理起来，再补上缺失的部分了：

命题 14.17：如果 α, β, γ, δ 是基数（有限或无限均可），那么

(i) $\alpha \leqslant \beta$, $\beta \leqslant \gamma \Rightarrow \alpha \leqslant \gamma$；

(ii) $\alpha \leqslant \beta$, $\beta \leqslant \alpha \Rightarrow \alpha = \beta$；

(iii) $\alpha \leqslant \beta$, $\gamma \leqslant \delta \Rightarrow \alpha + \gamma \leqslant \beta + \delta$；

(iv) $\alpha \leqslant \beta$, $\gamma \leqslant \delta \Rightarrow \alpha\gamma \leqslant \beta\delta$；

(v) $\alpha \leqslant \beta$, $\gamma \leqslant \delta \Rightarrow \alpha^\gamma \leqslant \beta^\delta$。

证明：设集合 A, B, C, D 的基数分别是 α, β, γ, δ。

(i) 如果 $f: A \to B$, $g: B \to C$ 是单射，那么 $gf: A \to C$ 也是单射。

(ii) 这就是施罗德 - 伯恩斯坦定理。

(iii) 已知单射 $f: A \to B$, $g: C \to D$，其中 $A \cap C = \varnothing$, $B \cap D = \varnothing$，定义 $h: A \cup C \to B \cup D$,

$$h(x) = \begin{cases} f(x), & x \in A; \\ g(x), & x \in C. \end{cases}$$

因为 $A \cap C = \varnothing$，所以 h 定义良好。又因为 $B \cap D = \varnothing$，所以 f, g 是单射可以推出 h 也是单射。

(iv) 已知单射 $f: A \to B$, $g: C \to D$，对所有 $a \in A$, $c \in C$ 定义 $p: A \times C \to B \times D$,

$$p((a, c)) = (f(a), g(c)).$$

显然 p 是一个单射。（因为如果 $p((a_1, c_1)) = p((a_2, c_2))$，那么 $(f(a_1), g(c_1)) = (f(a_2), g(c_2))$，因此 $f(a_1) = f(a_2)$, $g(c_1) = g(c_2)$。又因为 f, g 是单射，所以 $a_1 = a_2$, $c_1 = c_2$。）

(v) 理解这条性质最好的办法是考察 $A \subseteq B$, $C \subseteq D$。（如果我们已知单射 $f: A \to B$, $g: C \to D$，那么把下面论证中的 A 替换为 $f(A) \subseteq B$，C 替换为 $g(C) \subseteq D$。）

对于 $A \subseteq B$, $C \subseteq D$，要定义映射 $\mu: A^C \to B^D$，我们只需要知道如何把函数

$\varnothing:C \to A$ 扩张到函数 $\mu(\phi):D \to B$。（函数 $\mu(\phi):D \to B$ 未必是单射，不要把它和 $\mu:A^C \to B^D$ 混淆。）最简单的办法就是选择一个元素 $b \in B$（任意一个都可以，特例 $B=\varnothing$ 可以通过另一种论证来轻松推出 (v)），然后定义 $\mu(\phi) \in B^D$，

$$\big[\mu(\phi)\big](d) = \begin{cases} \phi(d), & d \in C; \\ b, & d \in D \setminus C。 \end{cases}$$

那么 $\mu:A^C \to B^D$ 就是一个单射。这是因为 $\mu(\phi_1) = \mu(\phi_2)$ 就意味着对于所有 $d \in D$ 都有

$$\big[\mu(\phi_1)\big](d) = \big[\mu(\phi_2)\big](d),$$

它表明对于所有 $d \in C$，都有

$$\phi_1(d) = \phi_2(d),$$

因此 $\phi_1 = \phi_2$。 □

观察这个命题，我们会发现有一条顺序关系的性质不在这个列表中。我们还没有假定任意两个基数都是可以比较的，换言之，已知基数 α, β，要么 $\alpha \leqslant \beta$，要么 $\beta \leqslant \alpha$。这需要我们选择两个基数分别为 α, β 的集合 A, B，然后证明要么存在单射 $f:A \to B$，要么存在单射 $g:B \to A$（或者两者同时存在）。要构造这样的单射，我们要么需要知道集合 A 和 B 的一些信息，要么需要一个构造合适的单射的一般方法。对于已知的集合，我们可以利用自己的智慧构造一个专属于它们的单射。适用于**所有**集合的一般方法则需要我们更加明确集合的含义，而这超越了集合论的边界。在确切地限定"集合"一词的含义之前，我们没法比较它们。集合理论已经长成了参天大树，我们必须夯实它的基础才能让它继续成长。

14.5 习题

1. 令 X 为点 $(x, y, z) \in \mathbb{R}^3$ 的集合，其中 $x, y, z \in \mathbb{Q}$。X 是可数的吗？

2. 令 S 为 $\mathbb{R}^3$ 中球心坐标和半径都是有理数的球的集合。证明 S 是可数的。

3. 令 $[0, 1[$ 表示满足 $0 \leqslant x < 1$ 的实数 x。请把这些数写成小数形式，并证明 $[0, 1[$ 是不可数的。

4. 下面哪些集合是可数的?（请证明或者证否。）

(a) $\{n \in \mathbb{N} \mid n$ 是质数$\}$。

(b) $\{r \in \mathbb{Q} \mid r > 0\}$。

(c) $\{x \in \mathbb{R} \mid 0 < x < 10^{1\,000\,000}\}$。

(d) $\mathbb{C}$。

(e) $\{x \in \mathbb{R} \mid x^2 = 2^a 3^b,\ a,\ b \in \mathbb{N}\}$。

5. 如果 $a,\ b \in \mathbb{R}$ 且 $a < b$，那么

$$[a,\ b] = \{x \in \mathbb{R} \mid a \leqslant x \leqslant b\}$$

被称作**闭区间**，

$$]a,\ b[= \{x \in \mathbb{R} \mid a < x < b\}$$

被称作**开区间**，

$$[a,\ b[= \{x \in \mathbb{R} \mid a \leqslant x < b\}$$
$$]a,\ b] = \{x \in \mathbb{R} \mid a < x \leqslant b\}$$

被称作**半开区间**。

证明对于 $a < b,\ c < d$，$f:[a,\ b] \to [c,\ d]$，

$$f(x) = \frac{(b-x)c}{b-a} + \frac{(x-a)d}{b-a}$$

是一个双射。证明任意两个闭区间都有相同的基数。

证明 $[a,\ b]$，$]a,\ b[$，$[a,\ b[$，$]a,\ b]$ 的基数都相同。（提示：选择 c, d 使得 $a < c < d < b$，然后使用施罗德-伯恩斯坦定理来证明 $[a,\ b]$ 和剩下三个区间中的任意一个基数相同。）

6. 证明闭区间、开区间和半开区间的基数都是 $\aleph$。

7. 证明任意两个不相等的实数之间都有可数个有理数，和不可数个无理数。

8. 构造一个从 $[0,\ 1]$ 到 $[0,\ 1[$ 的双射。（如果你的尝试都失败了，试着对单射 $f:[0,\ 1] \to [0,\ 1[,\ f(x) = \frac{1}{2}x$ 和 $g:[0,\ 1[\to [0,\ 1],\ g(x) = x$ 使用施罗德-伯恩斯坦定理来构造。）

9. 如果 $A_1,\ A_2$ 为任意集合，证明

$$|A_1| + |A_2| = |A_1 \cup A_2| + |A_1 \cap A_2|,$$

并推广到 n 个集合 $A_1, \cdots, A_n$。

10. 请找出反例来证明下面关于基数 α, β, γ 的一般陈述为**假**。

(a) $\alpha < \beta \Rightarrow \alpha + \gamma < \beta + \gamma$。

(b) $\alpha < \beta \Rightarrow \alpha\gamma < \beta\gamma$。

(c) $\alpha < \beta \Rightarrow \alpha^\gamma < \beta^\gamma$。

(d) $\alpha < \beta \Rightarrow \gamma^\alpha < \gamma^\beta$。

11.

(a) 定义 $f : [0, 1[\times [0, 1[\to [0, 1[$，

$$f(0.a_1 a_2 \cdots a_n \cdots, \ 0.b_1 b_2 \cdots b_n \cdots) = 0.a_1 b_1 a_2 b_2 \cdots a_n b_n \cdots$$

证明 $\aleph^2 = \aleph$。

(b) 用 $2^{\aleph_0} = \aleph$ 以及基数的算术性质来更优雅地证明 (a) 的结果。

(c) 使用 $1\aleph \le \aleph_0 \aleph \le \aleph \aleph$（或者其他方法）来求 $\aleph_0 \aleph$。

(d) 对于 $n \in \mathbb{N}$，$n\aleph$ 是什么？

(e) 证明 $\aleph^{\aleph_0} = \aleph$ 和 $\aleph^{\aleph} = 2^{\aleph}$。

(f) 求 $\aleph_0^{\aleph}$。

12. 已知无限基数 α，可以证明存在一个基数 β 使得 $\alpha = \aleph_0 \beta$。用这个结果证明 $\aleph_0 \alpha = \alpha$。

13.（这就是康托尔在不给出任何例子的情况下证明超越数存在的过程！）

如果一个实数是整系数多项式方程

$$a_n x^n + \cdots + a_1 x + a_0 = 0$$

的根，那它就是**代数数**。否则它就是**超越数**。

(a) 证明整系数多项式的集合是可数的。

(b) 证明代数数集是可数的。

(c) 证明一定有些实数是超越数。

(d) 有多少个超越数？

至今为止我们不断地努力，把实数 $\mathbb{R}$ 形式化地构造为了完备有序域。这一构造表明在不考虑同构的情况下，实数是满足特定公理的唯一结构。从图形角度来说，实数填充了实轴，所以看起来不可能在实数之间填入更多的点了。例如，不可能存在任意小的元素 $x \in \mathbb{R}$，使得对于所有正实数 $r \in \mathbb{R}$，都有 $0 < x < r$。如果我们找到了这样一个 $x \in \mathbb{R}$，那么 $r = \frac{1}{2} x$ 总是比它更小，这就得到了矛盾。

但是在微积分的发展历史中，从量 x, y 中衍生出了"任意小"量 $\mathrm{d}x$ 和 $\mathrm{d}y$ 的概念，它们至今仍存在于实际应用中。例如，已知 $y = x^2$，当 x 变成 $x + \mathrm{d}x$ 时，y 就变成了 $y + \mathrm{d}y = (x + \mathrm{d}x)^2$。莱布尼茨做了如下计算：

$$\frac{\mathrm{d}y}{\mathrm{d}x} = \frac{(x + \mathrm{d}x)^2 - x^2}{\mathrm{d}x} = 2x + \mathrm{d}x。$$

他声称如果 $\mathrm{d}x$ 是无穷小的，那么它不会明显地改变 $2x$ 的值，因此可以认为变化率 $\frac{\mathrm{d}y}{\mathrm{d}x}$ **刚好**是 $2x$。牛顿使用了物理学中的"流动"量，用不同的符号完成了类似的计算。

关于这一想法是否合理的争议持续了上百年：如果 $\mathrm{d}x$ 不是 0，那么 $2x + \mathrm{d}x$ 不可能刚好等于 $2x$；但如果 $\mathrm{d}x$ 是 0，那么它就不可能成为 $\frac{\mathrm{d}y}{\mathrm{d}x}$ 的分母。

纯数学家最终通过引入极限的概念和现代的分析定义，把"**有多接近**"这一问题重新表述为一个有限的问题，替换掉"任意接近"的说法，最终解决了这一争端。极限值被明确为一个满足下列条件的实数 L。

你可以指定一个误差值 $\varepsilon > 0$，告诉我你想要结果有多精确。然后我会确定 $\delta > 0$，那么当 $\mathrm{d}x$ 非零且小于 δ 时，$\dfrac{f(x + \mathrm{d}x) - f(x)}{\mathrm{d}x}$ 和 L 的差就会小于你要求的误差值 ε。

这种方法构成了现代的分析体系，但同时也排除了无穷小量。首先，当康托尔引入无限基数的时候，他证明了它们可以相加、相乘，但不能相减、相除，这导致了无穷小量不能作为无限基数的倒数存在。

其次，他也是第一个用有理柯西序列构造实数，并且证明了实数完备性公理的人。引入无理数填补有理数之间的"空缺"之后，数轴上就没有空间容纳更小的无穷小量了。

理查德·戴德金使用"戴德金分割"给出了实数的另一种构造。他把有理数 $\mathbb{Q}$ 分成了左右两个互不相交的子集 L 和 R，左子集中的每个元素都位于右子集中每个元素的左边。戴德金分割存在两种方法。第一种分割是在有理数 a 处把有理数分成了两部分：比 a 小的有理数都在 L 中，比 a 大的都在 R 中，而 a 放在任一边均可。另一种分割是把所有满足 $r^2 > 2$ 的正有理数 r 分在 R 中，把剩下的有理数都分在 L 中，这一"分割"不在有理数处分割，它对应了数轴上的一种新现象——2 的平方根（见图 15-1）。

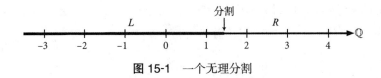

图 15-1 一个无理分割

戴德金分割是另一种构造包含有理数和无理数的实数系统的方法。

康托尔和戴德金的理论都表明实轴是完备的。从公理化数学的角度来说，所有的有理柯西序列都收敛到一个唯一的实数。从直觉角度来说，多余的无理数填补了数轴上的空隙。这两个理论后来被表述为：

康托尔 - 戴德金公理：实数和几何的线性连续是序同构的。

根据这条公理，在不考虑序同构的情况下，几何中的实轴和算术中的小数数轴完全对应：它们就是唯一的完备有序域。实轴的完备性意味着其上没有空间容纳无穷小量。

这一观点在 20 世纪初被广泛接受，而无穷小量也通常被排除在数学分析之外。但是应用数学家依旧把"任意小"量作为一种有意义的方法来研究微积分。无穷小量虽然看起来有实际用途，但是在理论上还不完善。

我们已经看到，在数学系统经历了上百年的推广后，这种现象非常常见。直觉的假设有时候让人深信不疑，即便在新的上下文中也不容置喙。为了避免这种错误，我们要问自己一个问题：如果实数中不存在无穷小量，那么这样的量能否存在于比实数**更大的**系统中？我们知道，可以把实数轴放到复平面上，那实数轴有没有其他的扩张方法可以容纳无穷小量？

例如，我们能否想象一个有序域 K，它包含一个和 $\mathbb{R}$ 同构的子域，但是其中存在元素 $x \in K$，使得对于所有正实数 $r \in \mathbb{R}$ 都有 $0 < x < r$？如果可以，那么前面取 $r = \dfrac{1}{2}x$ 时的矛盾也就不复存在了：$\dfrac{1}{2}x$ 位于 K，而不是 $\mathbb{R}$ 中。因此我们给出以下形式化定义。

定义 15.1：如果 K 是一个域，$\mathbb{R}$ 是它的一个有序子域，$x \in K$，那么如果 $x \neq 0$ 且 $-r < x < r$ 对于所有正实数 $r \in \mathbb{R}$ 均成立，我们称 x 为**无穷小量**。

这样的可能性并不违反康托尔的实数理论和无限基数理论。域中的无穷小量不是无限基数的倒数，也不是实数，它是有序域 K 中的元素。

15.1　比实数更大的有序域

实数是许多域的子域。一个简单的例子就是有理表达式的域 $\mathbb{R}(x)$，它的元素形如

$$\frac{a_n x^n + \cdots + a_0}{b_m x^m + \cdots + b_0}, \quad 其中 a_r,\ b_r \in \mathbb{R},\ b_m \neq 0。$$

这个域中形如 $\dfrac{a_0}{1}$ 的元素对应了实数，这样我们就可以把 $\mathbb{R}$ 看作 $\mathbb{R}(x)$ 的子域。

$\mathbb{R}(x)$ 可以有很多种排序的方法。例如，我们在例 10.3 中给出了 $\mathbb{R}(t)$ 的一种排序方式：如果 f 的图像在实数 t 取值足够**大**的时候高于 g 的图像，那么我们就说 $f(t) > g(t)$。这里 t 比任意实数 k 都大，所以 t 在这个顺序中是无穷量，而 $\dfrac{1}{t}$ 是无穷小量。

为了方便起见，我们用 $x = \dfrac{1}{t}$ 来考察 $\mathbb{R}(x)$ 上的顺序关系，其中 x 是一个无穷小量。这需要我们在正实数 x 取值足够**小**的时候比较 f 和 g 的图像：如果前者在原点右边足够小的区间内位于后者下面，那么我们就说 $f(x) < g(x)$。

例如，下图给出了三个函数 $y = x$，$y = x^2$，$y = 2$ 的图像（见图 15-2）。

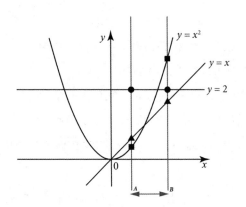

图 15-2　有理函数的图像

在 x 取不同值的时候，有不同的垂线和这些图像相交于不同的点，这些点的顺序也有不同。例如，我们用 ●、▲ 和 ■ 分别表示 $y=2$、$y=x$ 和 $y=x^2$ 与垂线的交点。可以看到，在位置 A，高度的顺序是 ■ < ▲ < ●；而在位置 B，顺序是 ▲ < ● < ■。随着垂线的位置变化，$\mathbb{R}$ 中的常元素（例如 $y=2$）保持不变，而其他的交点会发生变化。

但是如果我们考察 A 越来越接近 y 轴时的情况，就会发现顺序固定为 ■ < ▲ < ●，这就得到了 $x^2 < x < 2$ 这一顺序。如果我们把常数 2 换成任意实数 $r > 0$ 也一样：对于所有满足 $0 < x < r$ 的 x，都有 $0 < x^2 < x < r$。

这给出了一种排序有理函数的方法，即令 x 为正数，且对于所有正实数 r 都有 $x < r$。要让域 $\mathbb{R}(x)$ 成为有序域，我们定义一个子集 $\mathbb{R}(x)^+$，让它满足第 9 章开头的公理 (O1)~(O3)。

定义 15.2：已知有理函数 $f(x)$，如果存在区间 $0 < x < k$，使得它的值为 0 或者严格大于 0，那么它就属于 $\mathbb{R}(x)^+$。

要证明这个顺序关系在 x 是无穷小量时把 $\mathbb{R}(x)$ 变成了有序域，我们首先注意到对于非零有理函数 $a(x) = \dfrac{p(x)}{q(x)}$ 来说，满足多项式 $p(x) = 0$ 的值和满足 $q(x) = 0$ 的值（函数此时没有定义）都只有有限多个。令 k 是其中最小的正值，那么 $a(x)$ 在 $0 < x < k$ 的区间上不等于 0，也不可能有正负变化，否则就会有零点。（这里我们假设已经在数学分析课程中证明了介值定理。）

命题 15.3：域 $\mathbb{R}(x)$ 是一个有序域，其中 $\mathbb{R}(x)^+$ 为 0 和正元素的集合。

证明: (O1) 如果 $a(x)$, $b(x) \in \mathbb{R}(x)^+$，那么它们都在从原点向右的某段区间上为 0 或者严格为正，因此它们的和或者积在更小的那个区间上要么是 0，要么严格为正。

(O2) 如果 $a(x) \in \mathbb{R}(x)$，那么要么 $a(x) = 0$，要么 $a(x)$ 在从原点向右的某段区间上严格为正或者严格为负。因此要么 $a(x) \in \mathbb{R}(x)^+$，要么 $-a(x) \in \mathbb{R}(x)^+$。

(O3) 如果 $a(x) \in \mathbb{R}(x)^+$ 且 $-a(x) \in \mathbb{R}(x)^+$，那么 $a(x)$ 不可能既严格为正又严格为负，因此它一定是 0。　　　　　　　　　　　　□

$\mathbb{R}(x)$ 的顺序定义是纯技术性的，但是它满足有序域所需的全部公理。有几种方法来审视这个域的元素，首先我们可以纯粹符号化地把它理解为由常见代数运算构成的单变量多项式的商的集合，我们还可以把它图形化地理解为有理函数的图像。

第三种方法是考察图像和垂线 $x = v$ 的交点，其中 v 是一个越来越小的可变实数。这种方法把 x 替换成了 v，把 $\mathbb{R}(v)$ 的元素表示为垂线上的点。现在我们终于可以把它们符号化地想象成关于 v 的有理函数，其中 v 是变量（见图 15-3）。

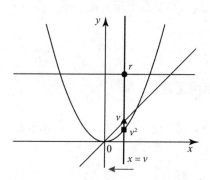

图 15-3　把 $\mathbb{R}(v)$ 中的元素看作变量

上图中的垂线上有三个点，分别对应 v, v^2, r，其中 r 是一个固定实数。在从原点向右的区间 $0 < x < r$ 中，这三个点由低到高依次是 v^2, v, r，这表示它们的顺序为 $v^2 < v < r$。

这种有趣的想法给出了两种量：位于固定位置、对应实数 $\mathbb{R}$ 的**常量**，和对应非常数有理函数、在 v 变得越来越小时表示为动点的**变量**。

特别地，像 v 这样随着直线 $x = v$ 逐渐靠近 y 轴 $x = 0$，变得比任何固定实数都小的变量，在这个有序域中就是一个**无穷小量**。随着 v 变得比 r 还小，v 对应的点也满足 $0 < v < r$。而在 $v < 1$ 时，有 $0 < v^2 < v$，因此 v^2 是一个比 v 更小的无穷小量。

那么我们可以让 v 小到成为无穷小量吗？不行。数学上的完备有序域不可能包含无穷小量。此外，戴德金和康托尔引入无理数补全实轴的方法表明，数轴上**没有**容纳无穷小量的空间。但有没有方法能形象地表示无穷小量呢？答案是肯定的！我们可以做到这一点，只不过不是在实数，而是一个更大的有序域中。

15.2 超有序域

形式数学允许我们定义新概念及其实用性质，再把这些新概念作为未来证明的基础。在寻找无穷小量时，我们要定义一个新概念：

定义 15.4：已知有序域 K，如果实数 $\mathbb{R}$ 是它的真有序子域，那么我们称 K 为一个**超有序域**。

你暂时不会在其他教材中找到这个定义。我们借此机会定义了一个新概念，来展示数学理论如何继续发展。这个定义**刚好**能为有序域中的无穷小量提供一个形式化结构。

15.3 超有序域的结构定理

结构定理 15.5：令 K 为一个超有序域，那么元素 $k \in K, k \notin \mathbb{R}$ 满足且仅满足下面条件中的一个：

(a) 对于所有实数 r，都有 $k > r$；

(b) 对于所有实数 r，都有 $k < r$；

(c) 存在一个唯一的实数 c 使得 $k = c + e$，其中 e 是无穷小量。

证明：要么 k 满足 (a) 或 (b)，要么存在 $a, b \in \mathbb{R}$ 满足 $a < k < b$。考察集合 $S = \{x \in \mathbb{R} | x < k\}$，它是一个非空集合（因为 $a \in S$）且存在上界 b，所以它有一个上确界 c 满足 $a \leqslant c < b$。令 $e = k - c$，那么 $k = c + e$。因为 $k \notin \mathbb{R}$，所以 e 不可能是 0。如果 e 是正数，那么要么 e 是无穷小量，要么存在 $r \in \mathbb{R}$ 使得 $0 < r < e$。不等式两边同时加 c，我们有 $c < c + r < c + e = k$，这样就得到了一个小于 k 的实数 $c + r$，所以它位于 S 中，这和 c 是 S 的上界相矛盾。因此 e 是无穷小量。

另一方面，如果 e 是负数且不是无穷小量，那么存在正数 $r \in \mathbb{R}$ 满足 $c < -r < 0$，

且 $k=c+e<c-r<c$，这样就得到了一个大于 k 的实数 $c-r$。它是一个上界，但又小于**上确界**。因此也能推出 e 是无穷小量。　　　　　　　　　　　□

这个定理给出了**任意**超有序域 K 的结构的信息，这样的域具有的性质和曾经的有穷量还有无穷小量的概念一致。我们把 K 的元素称为**量**，K 的元素要么是：

- **常量**：$\mathbb{R}$ 中的元素；
- **正无穷量**：对于所有 $r\in\mathbb{R}$ 均满足 $k>r$ 的元素 k；
- **负无穷量**：对于所有 $r\in\mathbb{R}$ 均满足 $k<r$ 的元素 k；

要么是：

- **有穷量**：形如 $k=c+e$，其中 $c\in\mathbb{R}$，e 是无穷小量。

这和我们曾经对于常量和变量的观点完全一致。超有序域包含的**量**要么是**常量**，要么是**无穷量**（正或负），要么是一个**常量加上一个无穷小量**。

特别地，有穷量 k 要么是一个常实数，要么形如 $k=c+e$，其中 c 是一个唯一的实数，e 是无穷小量。

定义 15.6：对于超有序域中的任意有穷量 x，满足 $x=c+e$（e 为 0 或者无穷小量）的唯一实数 c 被称为 x 的**标准部分**，记作

$$c=\mathrm{st}(x).$$

这样我们就可以表述和有穷量相差一个无穷小量的唯一实数了。正如康托尔断言的，$\mathbb{R}$ 中不存在无穷小量。但是它们存在于实数推广出的**每个**超有序域中，形式数学**确保**了无穷小量的存在。我们现在就有了选项：要么把微积分研究限制到实数上，从而建立标准的、完全切实可行的、使用 $\varepsilon\text{-}\delta$ 定义的分析学，要么在扩张系统中使用无穷小量。

在数学的各种应用中，无穷小量往往被认为是实轴上的动点。柯西就持有这种看法——他把无穷小量定义为一个任意小的**变量**。用现代观点来看，这个概念可以表示为**零序列**，也就是一个趋近于 0 的序列，柯西认为这样的序列是一个**变量**——一个无穷小量。基于此他发展了连续函数和微积分，例如，他利用了量 $\alpha=(a_n)$，把 $f(x+\alpha)$ 定义为 $f(x+a_n)$ 的值的序列。当 α 为无穷小量时，如果 $f(x+\alpha)-f(x)$ 也是无穷小量，那么他认为 f 在 x 处连续。他就这样用无穷小量发展了微积分理论，甚至假想了一条包含无穷小量的数轴。

但是在柯西的时代，实数完备性的概念还没有形成，也没有在数轴上表示无穷小量的简单方法。超有序域的结构定理提供了一个解决方案。

15.4 在几何数轴上表示无穷小量

为了表示超有序域中的无穷小量，我们使用结构定理来**观察**它们。我们在第1章中尝试画出实轴的时候就发现，在特定的尺度下，两个点间的距离可能小到人眼无法分辨。标有厘米和毫米的尺子可以区分1.4厘米和1.5厘米，但是如果我们想要尽可能精确地标记 $\sqrt{2}$，那么我们只能在1.4和1.5之间，大概标在1.41厘米的位置。但是1.414厘米和1.4142厘米之间的距离在通常情况下根本无法分辨，我们当时的解决方案是**放大**直线，从而在1.414和1.415之间放入1.4142。在放大的时候，我们重新画线，但不改变线的粗细（见图15-4）。

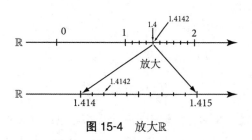

图 15-4　放大 $\mathbb{R}$

如果我们想分辨两个距离非常近的数，例如1和 $1+\dfrac{1}{10^{100}}$，我们可以把这个距离乘以 10^{100}。在映射 $m:\mathbb{R}\to\mathbb{R}$, $m(x)=10^{100}(x-1)$ 下，我们有 $m(1)=0$, $m\left(1+\dfrac{1}{10^{100}}\right)=1$，那么这两个非常接近的数就会被映射到0和1（见图15-5）。

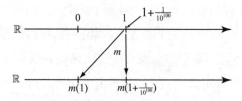

图 15-5　观察 $\mathbb{R}$ 上两个非常接近的点

更一般地，我们可以把实轴上的一部分放大非常高倍数，使得两个接近的实数可以看作两个可以分辨的点。这个方法也可以用在超有序域 K 上。对于任意 $a, e \in K, e \neq 0$，我们引入映射

$$m:K \to K, \; m(x) = \frac{x-a}{e}。$$

那么 $m(a)=0, \; m(a+e)=1$。因此无论 e 取什么非零值（有穷量、无穷量或者无穷小量），我们都能定义映射 m，把 a 映射到 0，把 $a+e$ 映射到 1。

我们通常令 $e>0$，所以 $a+e>a$。因为这样映射可以保留数轴上的方向，当 $a<b$ 时，我们有 $m(a)<m(b)$。

定义 15.7：我们称映射 $m:K \to K$，

$$m(x) = \frac{x-a}{e}$$

为**指向 a 的 e 透镜**。

这个映射对于**任意**非零的 e 均有意义，这也包括无穷小量。如果我们令 e 为一个无穷小量 $\varepsilon > 0$，那么 ε 透镜可以用来在扩张后的数轴上**观察**无穷小量。例如，我们可以把扩张数轴 K 想象为一条几何直线，原点、自然数、有理数和实数都还在原来的位置。无穷量 $\alpha < 0$ 和 $\beta > 0$ 位于左右很远的地方，在通常的尺度下无法看到，而 a 和 $a+\varepsilon$（$a \in \mathbb{R}$，ε 是无穷小量）因为太靠近而无法分辨。我们在图 15-6 中把 a 画在了 1 的右边，但它可以位于扩张数轴 K 上的任意位置（见图 15-6）。

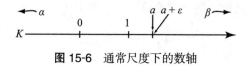

图 15-6　通常尺度下的数轴

现在我们用 $m(x) = \dfrac{x-a}{\varepsilon}$ 来把整条扩张数轴 K 映射到另一条数轴 K 上（见图 15-7）。

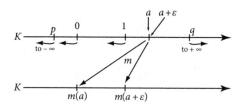

图 15-7　放大整条扩张数轴

这个映射把 a 映射到 $m(a)=0$ ，把 $a+\varepsilon$ 映射到了 $m(a+\varepsilon)=1$ 。与此同时，点 x 的像位于 $\dfrac{x-a}{\varepsilon}$ ，它可能是有穷的，也可能是无穷的。

定义 15.8： 已知映射 $m(x)=\dfrac{x-a}{e}$ ，其中 $a,\,a+e\in K,\,e\neq 0$ ，我们把集合 $\{x\in K\mid \dfrac{x-a}{e}$ 是有穷的$\}$ 称为 m 的**视野**。

m 的视野就是那些映射到 K 的有穷元素的集合。视野外的元素将被映射为 K 的无穷元素，它们位于数轴两端很远的位置，无法在有限的图中表示。

定义 15.9： 已知非零的 $u,v\in K$ ，如果 $\dfrac{u}{v}$ 是无穷小量，我们就说 u 比 v **高阶**。如果 $\dfrac{u}{v}$ 是无穷量，我们就说 u 比 v **低阶**。如果 $\dfrac{u}{v}$ 是有穷量，但又不是无穷小量，我们就说它们**同阶**。

例 15.10： 如果 ε 是无穷小量，那么 ε^2 就比 ε 高阶，而 $\dfrac{1}{\varepsilon}$ 比任何有穷元素都低阶。元素 $17\varepsilon+1066\varepsilon^2$ 和 $5\varepsilon+\pi\varepsilon^2+10^{100}\varepsilon^5$ 同阶。

一般来说，在使用映射 $m(x)=\dfrac{x-a}{e}$ 时，如果一个点和 a 相差一个比 e 更低阶的量，那么它会被映射为无穷量；如果相差一个和 e 同阶的量，那么它会被映射为有穷量；如果相差一个比 e 更高阶的量，那么它会被映射为无穷小量。

因为人眼看不到无穷小量，所以我们可以取映射 m 的像的标准部分，从而消除无穷小量间的差异。

定义 15.11： e 透镜 m 的**光学透镜** $o:K\to\mathbb{R}$ 定义为

$$o(x)=\mathrm{st}\big(m(x)\big)。$$

光学透镜把视野映射到了实轴 $\mathbb{R}$ 上（见图 15-8）。

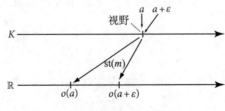

图 15-8 光学透镜

这里我们关注的是指向 $a\in\mathbb{R}$ ，且 e 为无穷小量 ε 的光学透镜。它的视野包含

了和 a 相差 ε 的无穷小量的点，这些无穷小量和 ε 同阶或者比 ε 更低阶。对于任意 $r \in R$，$o(x + r\varepsilon) = r$，因此光学透镜将映射到整个 $\mathbb{R}$ 上。但是更高阶的无穷小量的细节就丢失了。这是因为如果 δ 比 ε 高阶，那么 x 和 $x + \delta$ 将映射到 $\mathbb{R}$ 上的同一个元素。

还有一种技术习惯让这种图像表示更加容易理解。绘制地理地图时，我们在地图 M 上绘制一个特定的地理区域 R，我们可以将其视为从原区域 R 到地图 M 的函数 $s : R \to M$。但是当我们标出特定地点（比如说英国伦敦）的位置时，我们不会在地图上写 $s(伦敦)$，而是写原名 "伦敦"。

根据这种习惯，在理解了 R 中的点不过是原始点的像的标准部分之后，我们可以把图片中 $\mathbb{R}$ 上的像命名为它在 K 中的原名。这样我们就能用光学透镜把 K 中无限接近的点区分开来，从而 "看清" 它们（见图 15-9）。

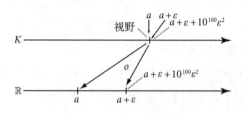

图 15-9　看清无穷小量的细节

这个视野被放大到了整条实轴。a 的像和 $a + \varepsilon$ 的像并不相同，但是即便 10^{100} 在我们看来巨大无比，$a + \varepsilon$ 却和 $a + \varepsilon + 10^{100}\varepsilon^2$ 有着相同的像。尽管 10^{100} 很大，但它仍然是一个有穷的数，并且 $10^{100}\varepsilon^2$ 仍然比 ε 高阶。

我们这里把视野中元素 x 的像也记作 x，这是一种 "符号滥用"。但是在完全意识到这张图不仅仅是纸上的实际图像，还表示了形式化理论的完整含义之后，使用同一名称其实为形式化的概念提供了更加自然的视角。

我们还可以更进一步。在试图把超有序域 K 在合适的尺度下表示成一条直线，从而区分实数时，我们只能画出包含有穷元素的直线 L（的一部分）。令 L 为 K 的有穷元素的子集，I 为无穷小量的子集。

定理 15.12：标准部分映射 $\mathrm{st} : L \to \mathbb{R}$ 把 L 映射到整个 $\mathbb{R}$ 上，并且是一个满足下面条件的环同态：

$$\mathrm{st}(x \pm y) = \mathrm{st}(x) \pm \mathrm{st}(y), \ \mathrm{st}(xy) = \mathrm{st}(x)\mathrm{st}(y),$$

$$\mathrm{st}\left(\frac{x}{y}\right) = \frac{\mathrm{st}(x)}{\mathrm{st}(y)}, \ \ 其中\ \mathrm{st}(y) \neq 0。$$

证明：我们将证明留给读者作为练习。 □

作为加法群的同态，$\mathrm{st}: L \to \mathbb{R}$ 是核为 I 的群同态，并且映射到整个 $\mathbb{R}$。根据群同态的结构定理（定理 13.36），L/I 和加法群 $\mathbb{R}$ 同构，其元素都是形如 $x + I, x \in L$ 的陪集。

我们定义关系 $x \sim y$ 当且仅当 $x - y \in I$，这样等价类 $x + I$ 就只包含一个实数 $\mathrm{st}(x)$。包含实数 a 的等价类被称为 a 周围的**单子**① 或者"光环"，记作 M_a。它包含了在 a 周围，和 a 相差无穷小量的点以及 a 本身。

L 上的顺序关系满足 $x < y, \ x = a + \varepsilon, \ y = b + \delta$ 当且仅当 $a < b$ 或者 $a = b$ 且 $\varepsilon < \delta$，这样我们就能明白超有序域为什么不完备。反过来说，我们早就知道了完备有序域不能包含无穷小量，但是单子的概念给出了不完备性的正面证明。

定理 15.13：超有序域 K 是不完备的。

证明：每个单子 $M_a, \ a \in \mathbb{R}$ 都是非空的（因为 $a \in M_a$），而且任意 $b > a, \ b \in \mathbb{R}$ 都是它的上界。但是它不可能有上确界 $c \in \mathbb{R}$，因为如果 c 是 M_a 的上确界，那么要么 $c \in M_a$，要么 $c \in M_b, \ b > a$。c 不能位于 M_a 中，不然 M_a 中就会有比 c 大的元素，c 就不是上界。c 也不能位于 $M_b, \ b > a$ 中，不然 M_b 中就会有元素是 M_a 的上界，且比 c 小。因此超有序域 K 包含了有上界但是在 K 中没有上界的子集。 □

我们可以在脑海中把超有序域想象成一根数轴，它的标准部分是实数域，并且每个数周围都有一个包含了和它相差无穷小量的元素的光环。标准部分映射让我们可以把单子坍缩为一个实数，从而用通常的数学方法表示实轴。光学透镜则把无穷小量放大到了合适的大小，让我们得以观察它们。

这样我们就能理解如何用超有序域来重新表示发展了几百年的无穷小量的概念了。莱布尼茨在发展微积分的时候设想了一个任意小的无穷小量。之后欧拉将无穷小量视为一个可以用代数规则运算的符号，从而取得了卓越的成果。本章的

---

① 莱布尼茨在他的哲学理论中用"单子"来指代构成整个思维宇宙的不可分实体。虽然这些等价类包含了很多人眼无法分辨的微小元素，但它们和莱布尼茨的"单子"不同，因为每个等价类都包含了一个有无限多元素的集合。

第一个例子用到了域 $\mathbb{R}(x)$，x 是一个无穷小量，而我们用纯粹符号化的方法来操作 $\mathbb{R}(x)$ 中的元素，如图 15-10(1) 所示。

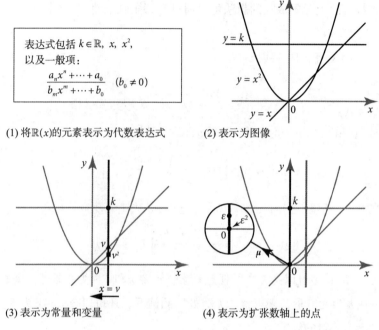

(1) 将 $\mathbb{R}(x)$ 的元素表示为代数表达式　(2) 表示为图像

(3) 表示为常量和变量　　(4) 表示为扩张数轴上的点

图 15-10　四种同构的表示方法

如图 15-10(2)，我们从 $\mathbb{R}(x)$ 中符号的代数运算，过渡到了对应有理函数的图像表示。现在无穷小量就成了一整张图，我们通过观察图像在原点右侧的顺序来比较无穷小量的大小。

接下来我们考察有理函数和垂线 $x=v$ 的交点。随着 v 变得越来越小，常函数和垂线的交点保持不变，而可变函数和垂线的交点是一个动点。如图 15-10(3)，无穷小量的大小取决于 v 越来越小时交点的顺序。这个例子和包含常量（实数）还有变量（可以包含无穷小量）的数轴的概念相一致。

更一般地，超有序域的结构定理让我们可以把无穷小量想象成数轴上的一个点，这个点又可以表示为一根水平或者垂直的数轴。图 15-10(4) 就是超有序域 $\mathbb{R}(\varepsilon)$（其中 ε 是无穷小量）的最终形态的一个垂直表示。

这种表示无穷小量的方法不仅适用于 $\mathbb{R}(\varepsilon)$，还适用于**任意**超有序域 K。

15.5　放大到更高维度

扩张数轴 K 上无限放大的想法可以通过在每条轴上使用 e 透镜来推广到二维或者更高维度。

定义 15.14：我们把映射 $m: K^2 \to K^2$，

$$m(x, y) = \left(\frac{x-a}{\varepsilon}, \frac{y-b}{\delta} \right)$$

称为指向 $(a, b) \in K^2$ 的 **ε-δ 透镜**。映射 $o: K^2 \to \mathbb{R}^2$，

$$o(x, y) = \left(\text{st}\left(\frac{x-a}{\varepsilon} \right), \text{st}\left(\frac{y-b}{\delta} \right) \right)$$

被称为**光学 ε-δ 透镜**。指向 $(a, b) \in K^2$ 的光学 ε-δ 透镜的**视野**是集合

$$\{(x, y) \in K^2 \mid \frac{x-a}{\varepsilon}, \frac{y-b}{\delta} \text{ 都是有穷的}\}.$$

元素 $a, b, \varepsilon, \delta$ 可以是 K 中的任意元素，只要 ε 和 δ 不为 0 即可。例如，我们可以令 a 或 b 为无穷量，来观察"无穷处"的情况，还可以令 ε 和 δ 为无穷小量，来观察"无穷小量的细节"。

例 15.15：令 $f(x) = x^2$，假设 $x \in \mathbb{R}$，且 ε 是无穷小量，那么指向 (x, x^2) 且 $\varepsilon = \delta$ 的光学 ε-δ 透镜就能观察到附近的点 $\left(x+h, (x+h)^2 \right)$。

$$o\left(x+h, (x+h)^2 \right) = \left(\text{st}\left(\frac{x+h-x}{\varepsilon} \right), \text{st}\left(\frac{(x+h)^2 - x^2}{\varepsilon} \right) \right)$$

$$= \left(\text{st}\left(\frac{h}{\varepsilon} \right), \text{st}\left(\frac{2xh + h^2}{\varepsilon} \right) \right)$$

$$= \left(\text{st}\left(\frac{h}{\varepsilon} \right), \text{st}(2x + h)\text{st}\left(\frac{h}{\varepsilon} \right) \right).$$

如果它位于视野中，那么 $\text{st}\left(\dfrac{h}{\varepsilon} \right)$ 一定是有穷的，因此 h 和 ε 同阶或者更高阶。所以 h 是无穷小量，且 $\text{st}(2x + h) = 2x$。令 $\lambda = \text{st}\left(\dfrac{h}{\varepsilon} \right)$，就有

$$o\left(x+h, (x+h)^2 \right) = (\lambda, 2x\lambda).$$

因此在光学透镜下，视野正好被映射到了整条实轴上，可以参数化地表示为 $\lambda(1,\,2x)$，λ 为任意实数。映射 o 把 K^2 子集的视野映射到实平面 $\mathbb{R}^2$，在表示它的图像时（见图 15-11），我们依然按照惯例把像 $o\big(x+h, f(x+h)\big)$ 记作 $\big(x+h, f(x+h)\big)$。光学透镜把图像中 $\big(x, f(x)\big)$ 周围无穷小量范围内的部分放大为 $\mathbb{R}^2$ 中一条通过 $\big(x, f(x)\big)$ 的直线。

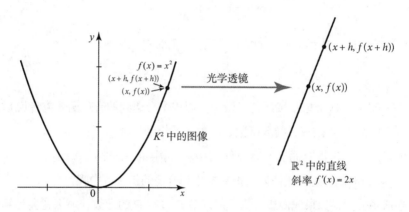

图 15-11　把局部的直线图像放大为一整条直线

15.6　无穷小量的微积分

这个过程表明，我们可以用无穷小量符合逻辑地研究微积分，但是要让它完全合理还需要一个步骤。计算函数 $f(x)$ 的导数时，我们取一个无穷小量 h，计算

$$\frac{f(x+h)-f(x)}{h}$$

并取标准部分。为此，我们不仅要能为 $\mathbb{R}$ 中的元素计算 f，还要考虑扩张域 K。

例如，如果 $f(x)=x^3$，那么对于无穷小量 h，

$$\frac{f(x+h)-f(x)}{h}=\frac{(x+h)^3-x^3}{h}=3x^2+3xh+h^2,$$

其标准部分是 $3x^2$。

因为 $\dfrac{f(x+\varepsilon)-f(x)}{\varepsilon}$ 是一个关于 ε 的有理函数，所以上述运算可以用无穷小

量 $h = \varepsilon$ 在扩张域 $\mathbb{R}(\varepsilon)$ 来完成。但是，如果我们要考虑有理函数以外的函数，那么就需要更强大的理论。

像 $\sin x$ 和 $\cos x$ 这种微积分中的标准函数可以表示为幂级数：

$$\sin x = x - \frac{x^3}{3!} + \frac{x^5}{5!} - \cdots,$$

$$\cos x = 1 - \frac{x^2}{2!} + \frac{x^4}{4!} - \cdots。$$

它们可以被包括在具有有限多个负指数幂的 ε 的幂级数域 $\mathbb{R}(\varepsilon)$ 中：

$$a_k \varepsilon^{-k} + \cdots + a_1 \varepsilon^{-1} + b_0 + b_1 \varepsilon + \cdots + b_n \varepsilon^n + \cdots,$$

其中整数 $k \geqslant 0$。这个扩张域涵盖了微积分课程中会遇到的有理函数或者说幂级数（作为多项式、三角函数、指数函数、对数函数等的组合）。

但是这样还是没有涵盖所有可能的函数。例如，序列 $a_1, a_2, \cdots, a_n, \cdots$ 是函数 $a : \mathbb{N} \to \mathbb{R}, a(n) = a_n$。我们如何把它扩张到合适的扩张域中呢？

在微积分中，如果我们想计算一般函数 $f : D \to \mathbb{R}$ 的导数，那么就会计算商

$$\frac{f(x+h) - f(x)}{h},$$

其中 $x \in D$，h 是无穷小量。

这对于莱布尼茨来说不成问题，因为他的函数都有公式，并且他假定相同的公式也适用于无穷小量。但是现代数学分析研究的是集合论定义下的一般函数，它们未必有简单的公式。

那么我们需要把集合论函数 $f : D \to \mathbb{R}$ 扩张到一个更大的定义域 $*D$，得到函数 $f : *D \to K$。这个扩张定义域不仅包含实数，还包含形如 $x + h$（h 为无穷小量）的元素。然而这还不够，例如，序列 (s_n) 是函数 $s : \mathbb{N} \to \mathbb{R}, s_n = s(n)$，我们还需要考察如何用合适的方法来扩张这种函数。

15.7 非标准分析

亚伯拉罕·鲁宾逊在 1966 年 [29] 开创了名为**非标准分析**的理论。标准数学分析只使用实数，而非标准分析使用一个被称为超实数的超有序域，记作 $*\mathbb{R}$。

从 $\mathbb{R}$ 构造 *$\mathbb{R}$ 的方法和第 9 章从 $\mathbb{Q}$ 构造 $\mathbb{R}$ 差不多。当时我们从 $\mathbb{Q}$ 中的柯西序列开始，赋予它们等价关系，使得等价类成为了 $\mathbb{R}$ 的元素。要从 $\mathbb{R}$ 构造 *$\mathbb{R}$，我们从所有序列 (a_n)，$a_n \in \mathbb{R}$ 的集合 S 开始，这样的序列可以用函数 $s : \mathbb{N} \to \mathbb{R}$，$a_n = s(n)$ 表示，因此所有这样的序列构成的集合就是 $S = \mathbb{R}^{\mathbb{N}}$。

我们为 S 引入等价关系，让等价类成为 *$\mathbb{R}$ 的元素。包含 (a_n) 的等价类写作 $[a_n]$ 或者 $[a_1, a_2, \cdots, a_n, \cdots]$，我们通过把 $a \in \mathbb{R}$ 表示为 $[a, a, \cdots, a, \cdots]$，把 $\mathbb{R}$ 放到 *$\mathbb{R}$ 中。

这个构造要求我们定义 S 上的关系 $(a_n) \sim (b_n)$，它满足等价关系的性质：

(E1) $(a_n) \sim (a_n)$ 对于所有 $(a_n) \in S$ 成立；

(E2) 如果 $(a_n) \sim (b_n)$，那么 $(b_n) \sim (a_n)$；

(E3) 如果 $(a_n) \sim (b_n)$，$(b_n) \sim (c_n)$，那么 $(a_n) \sim (c_n)$。

之后，我们还需要为这些等价类定义加法、乘法和顺序，使其作为 *$\mathbb{R}$ 的元素能构成 $\mathbb{R}$ 的有序扩张域。

我们先从等价关系本身的定义开始：如果 (a_n) 和 (b_n) 只在有限多个地方不相同，那么我们说 $(a_n) \sim (b_n)$。

定义 15.16：已知子集 $T \subseteq \mathbb{N}$，如果它的补集 $T^c = \mathbb{N} \setminus T$ 是有限的，我们就说它是**上有限的**。

首先，如果 $a_n = b_n$ 对于上有限集中的 n 成立，那么 $(a_n) \sim (b_n)$。例如，如果我们取一个序列 (a_n)，修改其中的有限多个项得到序列 (b_n)，那么 $[a_n] = [b_n]$。特别地，如果 N 是 $\mathbb{N}$ 中满足 $(a_n) \neq (b_n)$ 的最大的元素，那么 $(a_n) = (b_n)$ 对于所有 $n > N$ 均成立。换言之，在某一项之后，这两个序列完全相同。

然而，我们需要决定如何处理这样的序列：

$$(a_n) = (1, 0, 1, 0, \cdots) \text{ 和 } (b_n) = (1, 1, 1, 1, \cdots)。$$

我们可否断言 $(a_n) \sim (b_n)$？在这种情况下，对于 $n \in O$（奇数集），a_n 和 b_n 是相同的；对于 $n \in E$（偶数集），a_n 和 b_n 是不同的。为了做决定，我们需要做出选择。如果我们选择只关注 O，那么它们是相同的；如果我们选择只关注 E，那么它们是不同的。

鲁宾逊的巧妙想法可以简单地表述为：对于每个子集 $T \subseteq \mathbb{N}$，他都在 T 和

$T^c = \mathbb{N} \setminus T$ 之间做出选择。他的方法可以总结为：假设可以选择出一个 $\mathbb{N}$ 的幂集的子集 U，使得 T 和 T^c 恰好有一个在 U 中。那么如果 $T \in U$，$[a_n] = [b_n]$ 就为真；如果 $T^c \in U$，$[a_n] = [b_n]$ 就为假。这就引出了如下定义：

定义 15.17：$(a_n) \sim (b_n)$ 当且仅当 $\{n \in \mathbb{N} | a_n = b_n\} \in U$。

U 的选择并不唯一。比如说我们可以让奇数 $O \in U$，那么

$$[1,\ 0,\ 1,\ 0,\ \cdots] = [1,\ 1,\ 1,\ 1,\ \cdots],$$

或者让偶数 $E \in U$，那么

$$[1,\ 0,\ 1,\ 0,\ \cdots] \neq [1,\ 1,\ 1,\ 1,\ \cdots].$$

这意味着存在多种构造扩张域的方法，选择并不唯一，重点在于这个选择要能达到目的。我们继续探索 U 需要满足的性质。

首先，U 是 $\mathbb{N}$ 的子集的集合，所以 $U \subseteq \mathbb{P}(\mathbb{N})$，且对于每个 $T \subseteq \mathbb{N}$，我们要求：

(U1) 如果 $T \subseteq \mathbb{N}$，那么要么 $T \in U$，要么 $\mathbb{N} \setminus T \in U$，两者不能同时成立。

我们还要求：

(U2) 如果 T 是上有限的，那么 $T \in U$。

显然如果一个陈述在集合 $T \subseteq \mathbb{N}$ 上成立，那么它在 T 的子集上也成立，这就要求：

(U3) 如果 $T \in U$ 且 $S \subseteq T$，那么 $S \in U$。

然后我们还要检查这个等价关系是否满足 (E1)~(E3)。后面将会证明，我们还需要一个额外的条件：

(U4) $T_1, T_2 \in U \Rightarrow T_1 \cap T_2 \in U$。

我们很快就会发现，这些就是 U 需要满足的所有条件。接下来我们定义：

定义 15.18：如果 $\mathbb{N}$ 的子集的集合 U 满足如下条件，那么它就是 $\mathbb{N}$ 的一个**超滤子**：

(U1) 如果 $T \subseteq \mathbb{N}$，那么要么 $T \in U$，要么 $\mathbb{N} \setminus T \in U$，两者不能同时成立；

(U2) 如果 T 是上有限的，那么 $T \in U$；

(U3) 如果 $T \in U$ 且 $S \subseteq T$，那么 $S \in U$；

(U4) $T_1, T_2 \in U \Rightarrow T_1 \cap T_2 \in U$。

我们把超滤子的构造留到下一章，届时我们将会讨论一些更加复杂的方法。本章的剩余篇幅将假设已经有了一个满足 (U1)~(U4) 的超滤子，来考察其相关的理论。我们先从一个引理开始：

引理 15.19：如果 U 是 $\mathbb{N}$ 的超滤子，那么定义 15.17 给出的等价关系

$$(a_n) \sim (b_n) \text{ 当且仅当 } \{n \in \mathbb{N} | a_n = b_n\} \in U$$

是所有实序列的集合 S 上的一个等价关系。

证明：要证明 (E1)，令 $(a_n) \in S$，那么

$$T = \{n \in \mathbb{N} | a_n = a_n\} = \mathbb{N},$$

因此 T 是上有限的。根据 (U3)，$T \in U$ 且 $(a_n) \sim (a_n)$ 对于所有 $(a_n) \in S$ 均成立。

(E2) 如果 $(a_n) \sim (b_n)$，那么 $a_n = b_n$ 对于某个 $T \in U$ 中的所有 n 均成立，所以 $b_n = a_n$ 对于所有 $n \in T$ 均成立，$(b_n) \sim (a_n)$。

(E3) 如果 $(a_n) \sim (b_n)$，$(b_n) \sim (c_n)$，那么存在 $T_1 \in U$ 使得对于所有 $n \in T_1$ 都有 $a_n = b_n$，且存在 $T_2 \in U$ 使得对于所有 $n \in T_2$ 都有 $b_n = c_n$。因此 $a_n = c_n$ 对于所有 $n \in T_1 \cap T_2$ 均成立，根据 (U4)，$T_1 \cap T_2 \in U$。　　□

在证明了定义 15.17 中的关系是等价关系之后，我们把 *$\mathbb{R}$ 定义为等价类的集合。特别地，如果将包含 (a_n) 的等价类记作 $[a_n]$，那么我们有

$$[a_n] = [b_n] \text{ 当且仅当 } \{n \in \mathbb{N} | a_n = b_n\} \in U。$$

接下来我们要定义 *$\mathbb{R}$ 上的域运算，检查它们是否定义良好，并证明它们满足域的公理。

命题 15.20：带有如下运算的等价类集合 *$\mathbb{R}$ 构成一个包含子域 $\mathbb{R}$ 的域：

$$[a_n] + [b_n] = [a_n + b_n], \ [a_n][b_n] = [a_n b_n]。$$

证明：首先，这两个运算都是定义良好的。因为如果 $[a_n] = [a'_n]$，$[b_n] = [b'_n]$，那么集合 $T_1 = \{n \in \mathbb{N} | a_n = a'_n\}$ 和 $T_2 = \{n \in \mathbb{N} | b_n = b'_n\}$ 满足 $T_1, T_2 \in U$，使得 $a_n + b_n = a'_n + b'_n$ 对于 $n \in T_1 \cap T_2$ 成立。根据 (U4)，$T_1 \cap T_2 \in U$，因此 $[a_n + b_n] = [a'_n + b'_n]$。

乘法的验证过程同理。

加法和乘法满足交换律、结合律和分配律的证明比较简单。（读者应当自行

解释。）*$\mathbb{R}$ 的加法单位元是 $[0, 0, \cdots, 0, \cdots]$，乘法单位元是 $[1, 1, \cdots, 1, \cdots]$。$a \in \mathbb{R}$ 可以表示为 $[a, a, \cdots, a, \cdots]$，因此 $\mathbb{R}$ 也包含在了 *$\mathbb{R}$ 中。$[a_n]$ 的加法逆元素是 $[-a_n]$。

而定义 $[a_n]$ 的乘法逆元素 $\dfrac{1}{[a_n]}$ 则稍显困难，因为 a_n 的有些项可能是 0，所以不能把 $\dfrac{1}{[a_n]}$ 简单地定义为 $\left[\dfrac{1}{a_n}\right]$。为此，我们注意到 $[a_n] = [0]$ 当且仅当集合

$$T = \{n \in \mathbb{N} \,|\, a_n = 0\} \in U。$$

如果 $[a_n] \neq [0]$，那么 $T \notin U$，根据 (U1)，集合 $T^c = \{n \in \mathbb{N} \,|\, a_n \neq 0\} \in U$。令

$$b_n = \begin{cases} a_n, & a_n \neq 0; \\ 1, & a_n = 0。 \end{cases}$$

那么 $b_n \neq 0$ 对于所有 n 成立。因为 $\{n \in \mathbb{N} \,|\, a_n \neq 0\} \in U$，所以根据定义就有 $[a_n] = [b_n]$。

定义

$$\frac{1}{[a_n]} = \left[\frac{1}{b_n}\right]$$

这样就证明了 *$\mathbb{R}$ 是一个域，并且只要把 $a \in \mathbb{R}$ 表示成 $[a, a, \cdots, a, \cdots] \in $ *$\mathbb{R}$，就可以让 $\mathbb{R}$ 成为其子域。 $\square$

现在只需要推广 $\mathbb{R}$ 中的顺序关系，使 *$\mathbb{R}$ 成为一个有序域。

定义 15.21：*$\mathbb{R}^+ = \{[a_n] \in $ *$\mathbb{R} \,|\, [a_n] \geq [0]\}$，其中，

$$[a_n] \geq [b_n] \text{ 当且仅当 } \{n \in \mathbb{N} \,|\, a_n \geq b_n\} \in U。$$

定理 15.22：*$\mathbb{R}$ 是一个超有序域。

证明：我们首先要检查这个顺序关系是否定义良好，然后再证明它满足顺序的标准性质。

要证明它定义良好，我们必须证明如果 $[a_n] = [a_n']$ 且 $[b_n] = [b_n']$，那么 $[a_n] \geq [b_n]$ 等价于 $[a_n'] \geq [b_n']$。

如果 $[a_n] = [a_n']$ 且 $[b_n] = [b_n']$，那么 $T_1 = \{n \in \mathbb{N} \,|\, a_n = a_n'\}$，$T_2 = \{n \in \mathbb{N} \,|\, b_n = b_n'\}$ 满足 $T_1, T_2 \in U$。因此对于 $n \in T_1 \cap T_2$，有

$$a_n = a_n' \text{ 且 } b_n = b_n'。$$

根据 (U4)，$T_1 \cap T_2 = U$。

如果 $[a_n] \geq [b_n]$ 且 $T_3 = \{n \in \mathbb{N} \mid a_n \geq b_n\}$，那么 $T_3 \in U$，且根据 (U4)，

$$T = (T_1 \cap T_2) \cap T_3 \in U。$$

对于 $n \in T$，我们有 $a_n = a'_n$，$b_n = b'_n$ 且 $a_n \geq b_n$，因此 $n \in T$ 时 $a'_n \geq b'_n$，且 $T \in U$。

接下来考察顺序关系的标准性质：

(O1) $[a_n]$，$[b_n] \in {}^*\mathbb{R}^+ \Rightarrow [a_n] + [b_n]$，$[a_n][b_n] \in {}^*\mathbb{R}^+$；

(O2) $[a_n] \in {}^*\mathbb{R} \Rightarrow [a_n] \in {}^*\mathbb{R}^+$ 或 $-[a_n] \in {}^*\mathbb{R}^+$；

(O3) 如果 $[a_n] \in {}^*\mathbb{R}^+$ 且 $-[a_n] \in {}^*\mathbb{R}^+$，那么 $[a_n] = [0]$。

要证明 (O1)，假设 $[a_n]$，$[b_n] \in {}^*\mathbb{R}^+$，那么根据定义 15.21，

$$T_1 = \{n \in \mathbb{N} \mid a_n \geq 0\} \in U，\ T_2 = \{n \in \mathbb{N} \mid b_n \geq 0\} \in U，$$

且根据 (U4)，

$$T = T_1 \cap T_2 \in U。$$

因此对于 $n \in T$，我们有

$$a_n + b_n \geq 0，\ a_n b_n \geq 0。$$

再使用一次定义 15.21 可以得到

$$[a_n] + [b_n] = [a_n + b_n] \in {}^*\mathbb{R}^+，\ [a_n][b_n] = [a_n b_n] \in {}^*\mathbb{R}^+。$$

要证明 (O2)，假设 $[a_n] \in \mathbb{R}$，并令

$$T = \{n \in \mathbb{N} \mid a_n \geq 0\}。$$

根据 (U1)，有两种情况。第一种情况是 $T \in U$，那么根据定义 15.21，$[a_n] \in {}^*\mathbb{R}^+$。第二种情况是

$$T^c = \{n \in \mathbb{N} \mid a_n < 0\} \in U，$$

那么

$$\{n \in \mathbb{N} \mid -a_n \geq 0\} \in U，$$

因此

$$-[a_n] = [-a_n] \in {}^*\mathbb{R}^+\text{。}$$

要证明 (O3)，假设 $[a_n] \in {}^*\mathbb{R}^+$ 且 $-[a_n] \in {}^*\mathbb{R}^+$，那么根据定义 15.21，

$$T_1 = \{n \in \mathbb{N} \mid a_n \geq 0\} \in U, \ T_2 = \{n \in \mathbb{N} \mid -a_n \geq 0\} \in U\text{。}$$

根据 (U4)，我们有

$$T = T_1 \cap T_2 = U,$$

所以对于 $n \in T$，我们有

$$a_n \geq 0 \text{ 和 } -a_n \geq 0,$$

也就得到了

$$\text{当 } n \in T \text{ 且 } T \in U \text{ 时，} \ a_n = 0\text{。}$$

这样就完成了证明。 □

证明了 ${}^*\mathbb{R}$ 是超有序域之后，涌现了无数可能性。例如，我们可以定义 $\omega = [\omega_n] = [1, 2, 3, \cdots, n, \cdots]$，因为对于任意实数 k，$\omega_n \geq k$ 对于所有 $n \geq k$ 均成立，所以 ω 显然是无穷的。此外，$\dfrac{1}{\omega} = \left[1, \dfrac{1}{2}, \cdots, \dfrac{1}{n}, \cdots\right]$ 是无穷小量；而 $\omega + 1 = [2, 3, \cdots, n+1, \cdots]$ 满足 $\omega + 1 > \omega$，因为 $\omega + 1$ 和 ω 的第 n 项分别是 $n+1$ 和 n，所以 $\omega + 1 \neq \omega$。现在我们就可以对这些元素进行算术运算了。读者可以自行验证

$$\omega - 2 < \omega - 1 < \omega < \omega + 1 < \cdots < 2\omega - 1 < 2\omega < \cdots < \omega^2 < \cdots\text{。}$$

我们还可以证明存在不同阶的元素，例如 $\omega^2 = [1, 4, 9, \cdots, n^2, \cdots]$ 是比 ω 更低阶的无穷元素，而如果 $\varepsilon = \dfrac{1}{\omega}$，那么 $\varepsilon^2 = \left[1, \dfrac{1}{2^2}, \cdots, \dfrac{1}{n^2}, \cdots\right]$ 就比 ε 高阶。

莱布尼茨最初构想了一阶、二阶以及更高阶的无穷小量元素，而超实数 ${}^*\mathbb{R}$ 比他的构想更加强大。有理函数域 $\mathbb{R}(\varepsilon)$（其中 ε 是无穷小量）确实是这样的。如果我们令 ε 的阶是 1，那么 ε^n 的阶就是 n，但是 $\mathbb{R}(\varepsilon)$ 不存在平方为 ε 的元素。然而在 ${}^*\mathbb{R}$ 中，元素 $\varepsilon = \left[1, \dfrac{1}{2}, \cdots, \dfrac{1}{n}, \cdots\right]$ 就有平方根

$$\sqrt{\varepsilon} = \left[1, \ \frac{1}{\sqrt{2}}, \ \ldots, \ \frac{1}{\sqrt{n}}, \ \ldots\right],$$

且 *ℝ 中的每个非负元素都有一个平方根。

此外，任意实函数 $f: D \to \mathbb{R}$ 都可以很自然地扩张为 *ℝ 上的函数，这个过程非常简单。首先，令 *D 表示形如 $[x_n]$（所有 x_n 都位于 D 中）的元素，这样就有

$$*D = \{[x_n] \in {}^*\mathbb{R} \mid x_n \in D\}。$$

然后定义

$$f([x_n]) = [f(x_n)],$$

就可以把 f 扩张到 *D 上了。这是多么巧妙啊！D 的扩张 *D 由 D 中序列的等价类构成，而扩张函数 $f: {}^*D \to {}^*\mathbb{R}$ 则是由这些 ℝ 中元素构成的序列来自然地定义的，所以这个定义简单到不可思议！

15.8 非标准分析的奇妙可能性

在建立了超实数的概念之后，可以得到很多不可思议的结果。我们考察自然数 ℕ 的扩张 *ℕ。根据定义，*ℕ 包含了所有自然数序列的等价类，所以 $\omega = [1, 2, 3, \cdots, n, \cdots] \in {}^*\mathbb{N}$，这表明 *ℕ 包含了无穷元素。为了计算序列 (x_n) 的极限，我们考察函数 $f: \mathbb{N} \to \mathbb{R}, f(n) = x_n$，把它扩张到 $f: {}^*\mathbb{N} \to \mathbb{R}$，并考察 $N \in {}^*\mathbb{N}$ 为无穷元素时的 $f(N) = x_N$。如果 x_N 是有穷的，那么我们计算 $\mathrm{st}(x_N)$。如果我们对于所有无穷的 N 都得到了相同的值，那么这个值就是序列的极限。例如，如果

$$x_n = \frac{6n^2 + n}{2n^2 - 1},$$

那么

$$x_N = \frac{6N^2 + N}{2N^2 - 1} = \frac{6 + \dfrac{1}{N}}{2 - \dfrac{1}{N^2}},$$

又因为 $\dfrac{1}{N}$ 是无穷小量，所以

$$\text{st}\left(x_N\right) = \frac{6+0}{2-0} = 3。$$

而连续性或者一致连续性这种定义也可以用无穷小量的概念轻松完成。

定义 15.23：已知 $f : D \to \mathbb{R}, x \in D$，如果

$$\forall y \in {}^*D : x - y \text{ 是无穷小量都能推出 } f\left(x\right) - f\left(y\right) \text{ 是无穷小量,}$$

那么 f 在 x 处连续。

定义 15.24：已知 $f : D \to \mathbb{R}$，如果

$$\forall x \in {}^*D, \forall y \in {}^*D : x - y \text{ 是无穷小量都能推出 } f\left(x\right) - f\left(y\right) \text{ 是无穷小量,}$$

那么 f 在 D 中一致连续。

本质上，两者的区别在于连续性要求 $x \in D, y \in {}^*D$，而一致连续要求 $x, y \in {}^*D$。

这些概念还可以推广到更一般的函数 $f : D \to \mathbb{R}^n, D \subseteq \mathbb{R}^m$，所有关于这些函数的关系在扩张后仍然成立。例如，如果 D 表示 $\mathbb{R}^3$ 中单位球的内部 $x^2 + y^2 + z^2 < 1$，那么 D 可以推广到 ${}^*\mathbb{R}^3$ 中具有相同公式的单位球 ${}^*D^3$。

像是 $\mathbb{R}$ 中的交换律或分配律

$$x + y = y + x, \ x\left(y + z\right) = xy + xz,$$

这种 n 元谓词 $P\left(x_1, x_2, \cdots, x_n\right)$ 也可以扩张到 ${}^*\mathbb{R}$ 中的相同关系。

如果我们量化关系，例如

$$\forall x \in \mathbb{R} \, \forall y \in \mathbb{R} : x + y = y + x,$$
$$\exists 0 \in \mathbb{R} \, \forall x \in \mathbb{R} : x + 0 = x,$$
$$\forall x \in \mathbb{R} \, \exists y \in \mathbb{R} : x + y = 0,$$

那么这些关系可以推广到

$$\forall x \in {}^*\mathbb{R} \, \forall y \in {}^*\mathbb{R} : x + y = y + x,$$
$$\exists 0 \in {}^*\mathbb{R} \, \forall x \in {}^*\mathbb{R} : x + 0 = x,$$
$$\forall x \in {}^*\mathbb{R} \, \exists y \in {}^*\mathbb{R} : x + y = 0。$$

但是也有不能推广的性质，完备性公理就是其中之一。完备性公理的表述如下：

$$\forall S \subseteq \mathbb{R} : \text{如果 } S \text{ 非空且有上界, 那么 } S \text{ 就有一个上确界。}$$

这个公理量化的是一个**集合** S。完备有序域的其他公理都只量化了集合中的**元素**，

正是这一点让非标准分析得以成立。

定义 15.25：如果一个量化谓词只量化了集合的**元素**，那么我们称它为一个**一阶逻辑陈述**。

除了完备性公理之外的完备有序域的公理都是一阶陈述。所有一阶公理都可以从 $\mathbb{R}$ 扩张到 $*\mathbb{R}$，而完备性公理不行。

自然数的公理也是一样。(N1) 和 (N2) 是一阶陈述。而归纳公理 (N3)，也就是

$$\forall S \subseteq \mathbb{N}：如果 1 \in S 且 n \in S \Rightarrow n+1 \in S，那么 S = \mathbb{N}，$$

不是一阶陈述。扩张 $*\mathbb{N}$ 满足 (N1) 和 (N2)，但不满足 (N3)。例如，集合 $S = \mathbb{N}$ 是 $*\mathbb{N}$ 的子集，并且满足 $1 \in S$ 且 $n \in S \Rightarrow n+1 \in S$，但是因为 $\omega \in *\mathbb{N}$ 且 $\omega \notin \mathbb{N}$，所以 S 不等于 $*\mathbb{N}$。

我们可以证明非标准分析满足如下原理：

转移原理：$\mathbb{R}$ 中任意真一阶逻辑陈述在扩张到 $*\mathbb{R}$ 后仍为真。

如果我们把这个原理当作公理，那么就可以把它作为发展非标准分析理论的基础。但是我们不会继续深入讨论：本书讨论数学基础，而非非标准分析。我们之所以纳入无穷小量的内容，是为了证明随着数学的发展，新的理论会改变我们思考数学的方式。

过去的分析使用标准的 ε-δ 技巧，这背后有着充分的理由。要用无穷小量建立微积分理论，我们可以使用超有序域来更自然地理解前人建立的不同形式的概念。

要想正确地进行非标准分析，我们需要构造自然数的超滤子 U。这需要我们根据超滤子的定义，为每个子集 $T \subseteq \mathbb{N}$ 决定究竟是 T 还是它的补集位于 U 中。我们可能需要无限次，甚至不可数次这样的选择。如果没有外力帮助，人在有限的生命里不可能做到这一点。

自然数 $\mathbb{N}$ 的定义可能需要无限多个元素，但不难想象，我们理论上可以数到序列中的任意已知元素，即便这在它非常大的时候不太实际。但通过做出不可数次的选择来定义一个超滤子，这看起来超出人脑的能力范围了。

回顾 20 世纪初期涌现的不同数学分支（直觉主义、逻辑主义、形式主义），

可以看出几个不同的选项。因为超滤子的构造不能用有限步完成，超出了人类能力范围，所以直觉主义者拒绝接受非标准分析。埃弗里特·毕晓普在他关于构造性分析的著作[14]中就持此观点。而逻辑主义者能够接受用一阶逻辑来形式化这个理论，亚伯拉罕·鲁宾逊就是这样发展了非标准分析的概念[29]。而形式主义数学家从自然概念中汲取灵感，然后通过集合论定义和数学证明来形式化理论。

如今，纯数学大致采用形式主义者的方法，这是因为非标准分析所需的逻辑基础的初始成本太高。我们在本章中展示了如何用基于代数运算的"放大"来把无穷小量自然地表示在数轴上，并且基于此用超滤子来形式化地定义这一数学系统。这一过程需要更丰富的想象力——有些人可以把它当作更复杂的数学形式的一部分接受，有些人则认为这是无法实现的。

在本书的最后一章中，我们将会更进一步，通过把集合论公理化来巩固数学基础。我们将会见到一个新的公理——选择公理，如果把选择公理纳入集合论，就能证明更强的结果，例如微积分的构造。

15.9 习题

1. 在域 $\mathbb{R}(x)$ 中，根据定义 15.2 给出的顺序关系，下面哪些元素是正的？

   (a) $x^3 - 2x$。

   (b) $\dfrac{1}{x^3 - 2x}$。

   (c) $x - 1000x^2$。

   (d) $1000x^2 - x$。

   (e) $a + bx + cx^2$，其中 a, b, c 为实数，并且考虑所有可能情形。

   (f) $\dfrac{1}{a + bx + cx^2}$，其中 a, b, c 为实数，并且考虑所有可能情形。

2. 把下列 $\mathbb{R}(x)$ 的元素排序：

$$x,\ 0,\ 2x^2,\ -x^3,\ \frac{1}{1-x},\ 25,\ -x,\ -\frac{x^3}{1-3x}。$$

3. 你会如何检验一般的有理函数

$$\frac{a_n x^n + \cdots + a_0}{b_m x^m + \cdots + b_0}\quad（其中\ a_r,\ b_r \in \mathbb{R},\ b_m \neq 0）$$

是

(a) 无穷量，

(b) 无穷小量，

(c) 有穷量。

请写出一个你自己能理解，并且可以解释给别人的完整过程。注意考虑所有可能的情况。

4. 令 F 为任意有序域，它一定包含有理数。已知元素 $k \in F$，如果 $k > x$ 对于所有 $x \in \mathbb{Q}$ 均成立，那么我们说它是正无穷量。请为下列概念给出类似的定义：

(a) 负无穷量；

(b) 无穷量；

(c) 正无穷小量；

(d) 负无穷小量。

证明下列结果：

(e) k 是正无穷量，当且仅当 $\dfrac{1}{k}$ 是正无穷小量；

(f) 如果 k 是无穷小量，那么 k^2 也是无穷小量；

(g) 如果 k 是无穷量，h 是有穷量，那么 $k - h$ 是无穷量；

(h) 如果 $k \in \mathbb{Q}$ 为正且 $h > k$，那么 h 不可能是无穷小量。

5. 在命题 15.20 中，请给出 *$\mathbb{R}$ 的加法和乘法的交换律、结合律和分配律成立的完整证明。

6. 令 K 为超有序域。证明无穷小量的集合 I 有上界，但是没有上确界。

7. 令 K 为超有序域 $\mathbb{R}(\varepsilon)$，其中 $\varepsilon > 0$ 是无穷小量。证明对于任意无穷小量 $\delta \in \mathbb{R}(\varepsilon)$，$\dfrac{\delta}{\varepsilon}$ 都是有穷的。令 F 为 $\mathbb{R}(\varepsilon)$ 中有穷元素的集合，证明函数 $\tau : F \to \mathbb{R} \times F$，

$$\tau(a + \delta) = \left(a, \; \frac{\delta}{\varepsilon}\right)$$

是一个保留顺序的双射，其中

$$a + \delta < b + \gamma \Leftrightarrow a < b \text{ 或} (a = b \text{ 且 } \delta < \gamma) \text{。}$$

在这个双射中，证明 F 中的单子

$$M_a = \{a + \delta \in K \,|\, \delta\text{是无穷小量}\}$$

对应了经过 $a \in \mathbb{R}$ 的垂线。这种表示方法可以让你更好地理解单子有上界但没有上确界的原因。请读者用自己的话解释这个原因。

8. 已知陈述

$$\forall x \in \mathbb{R}, x > 0 \,\exists y > 0 : y^2 = x。$$

使用转移原理证明每个正的 $x \in {}^*\mathbb{R}$ 在 ${}^*\mathbb{R}$ 中都有一个平方根，并且如果 $\varepsilon > 0$ 是无穷小量，那么它的平方根 $\delta = \sqrt{\varepsilon}$ 是更低阶的无穷小量。

证明函数 $\tau(a + \delta) = \left(a, \dfrac{\delta}{\varepsilon} \right)$ 把有穷元素 $a + \delta$ 映射到 $\mathbb{R} \times {}^*\mathbb{R}$，其中单子 M_a 的像位于 ${}^*\mathbb{R}$ 中经过水平实轴上点 a 的垂线，并且 $a + \delta < b + \gamma$（$a, b \in \mathbb{R}$，δ, γ 为无穷小量）当且仅当 $a < b$ 或者 $a = b$ 位于同一单子中且 $\delta < \gamma$。

9. 使用符号 $[a_n]$ 表示实序列 (a_n) 的等价类。写出符合下列条件的元素 $[a_n]$：

(a) 是一个无穷量和一个无穷小量的和；

(b) 是 $[a_n]$ 的立方根；

(c) 是一个等于 $\omega = [1, 2, \cdots, n, \cdots]$ 的数，其中 $(a_n) \neq (1, 2, \cdots, n, \cdots)$；

(d) 是一个比 ω 更低阶的数。

10. 重新思考本章内容：阅读本章，向自己解释其中的概念，并和他人讨论。你可能还没法熟练使用它们，但你需要了解如何形象地理解无穷小量和无穷量，以及如何对它们做代数运算，从而为后续更加复杂的可能性做准备。

第五部分
强化基础

第四部分展示了至今为止发展的理论如何进化到数学的主体，如何进入更深奥的领域。但是这最后一部分将走向截然相反的方向：深入基础。

这样做是有原因的。

在建起了高楼之后，需要谨慎地重新审视它的地基。我们把关于数的直觉知识替换为了非常简单的**集合**的直觉知识，但是集合论本身仍然基于直觉，没有得到形式化。如果我们盖的是平房，那可能还无所谓，但是我们建起了一座摩天大厦——一座仍在不断加高的大厦。那么现在是时候深入地基，看看它们是否足以支撑这份重压了。或者从园艺的角度来说，我们必须确保根系能支撑整棵植物，这需要我们改善土壤质量，用更好的肥料，播种更好的种子。

从数学角度来说，正如第 1 章结尾克莱因所说的那样，数学的力量不仅依靠在这一参天大树上分出越来越复杂的枝丫，还要靠更加深入地下的根系来支撑不断生长的树冠。

我们这里的目标是展示**可以**做什么，而不是如何去做。我们将用非形式化的方法探讨集合论的形式化公理系统的可能性。看起来我们在原地打转：我们又回到了起点，担忧着一模一样的事情。但其实我们是在**螺旋**上升——回到了同一地方，但是位于更高的层面上。我们现在对于所讨论的问题及其解法的理解比以前更加深刻。我们讨论过的内容已经足够成为一门大学数学课程，我们不能误认为已经得到了完整的最终答案，或者说达到了完美。

第 16 章
集合论公理

到目前为止，我们都是基于集合论推导算术的形式化结构。这种分析让我们更深刻地理解不同数系的性质以及它们在整个体系中的位置。这个过程也提高了读者的判断力，加强了读者对严密逻辑的重视，让读者足以意识到仍有一件事亟待解决。我们公理化了所有能想象到的东西，但还漏掉了一个：集合论本身。

我们花了那么多时间打磨数系的结构细节，要是它们的基础反而存在纰漏，不能支撑上方的结构，那就太可惜了。在最终的分析中，很难说基于非形式化的、直觉的、朴素的集合论建立的形式化的理论比非形式化的、直觉的、朴素的理论本身更令人满意。

但是我们还可以回过头来把集合论公理化，从而避开这种困境。（当然，要是一开始就能从集合论的公理化基础开始会更好。不过这样需要跨越巨大的心理障碍，做一些不明所以、脱离现实的事情。）我们不会太过深入细节（如果你想的话请阅读孟德尔森[27]），也不会用过于形式化的方式来讨论。我们的目标只是明确之前无意中做的关于集合的假设，抛弃掉那些可能导致悖论的过于天真的假设，总结出为形式数学理论提供更牢固基础的公理系统。

历史上的一些数学家更加贪心。20 世纪初，以希尔伯特为首的一些数学家就像亚瑟王一样，发起了对真理的探寻：他们想要寻找一个坚如磐石的数学基础，确保数学真理的绝对性。而世间充满了转瞬即逝的不确定性，他们追寻的"圣杯"也毫不意外地化作了海市蜃楼。

16.1 一些困境

朴素的集合论面临的问题有两种。首先是存在**悖论**：在无可挑剔的逻辑下推导出明显矛盾的结果。然后就是纯粹的技术问题：无限基数是否总是可以比较的？是否存在 $\aleph_0$ 和 $2^{\aleph_0}$ 之间的基数？

我们先来看两个悖论作为开胃小菜。第一个是我们在第 3 章提到过的罗素悖论。如果

$$S = \{x \mid x \notin x\},$$

那么 $S \in S$ 还是 $S \notin S$？不论是哪个结果，都能推出另一个！

第二个悖论需要我们定义一个包含**所有**对象的集合 U，比如

$$U = \{x \mid x = x\},$$

那么每个集合 X 都满足 $X \subseteq U$，特别是幂集 $\mathbb{P}(U) \subseteq U$。所以它们的基数满足

$$|U| \geq |\mathbb{P}(U)|,$$

但是根据命题 12.5，我们有

$$|U| < |\mathbb{P}(U)|.$$

这就产生了矛盾，为什么呢？

人们对这些悖论有很多不同的态度，举例如下。

- **装鸵鸟**。装作看不到这些问题，它们就不存在了。
- **逃避**。悖论说明数学中存在不可避免的缺陷。放弃吧，做点更有用的事，比如说织毛衣或者学习社会学。
- **乐观**。重新考察推导过程，找出问题的来源，留下有用的东西，抛弃掉悖论。

如果你想装鸵鸟，那就可以停止阅读了。如果你想逃避，那就把这本书烧掉。如果你也是乐观主义者，那就继续读下去……

16.2 集合和类

我们将在下面几节中讨论这些问题的一种解决方案——**冯·诺伊曼－博内斯－哥德尔集合论**。他们发现问题的可能源头在于那些奇怪的、巨大的集合（比如说上面定义的集合 S 和 U），所有已知的悖论似乎都是这样“成立”的。

因此我们要区分两种东西：**类**和**集合**。前者指的是任意一组事物（类就是我们曾经天真地称为“集合”的东西）。后者指的是我们可以接受的类。这样我们

就把那些奇怪的或者巨大的对象限定为类。下面我们大致看看理论的细节。

类是一种原始的、未定义的术语。它具有关系 $\in$（对应"成员"这一直觉概念）和它的否定 $\notin$。如果 X 和 Y 都是类，那么

$$X \in Y, \ X \notin Y$$

中有且仅有一个成立。我们定义类的相等 $X = Y$ 为

$$(\forall Z)(Z \in X \Leftrightarrow Z \in Y)。$$

如果存在类 Y 满足 $X \in Y$，我们就说类 X 是一个**集合**。这个定义很重要：集合指的是那些可以成为其他类的**成员**的类。

我们直觉上认为集合才是包含**成员**的一种概念，和上面的定义正好相反。而这种不同让我们很难定义奇怪的、巨大的集合。在这一理论中，我们同意

$$\{x \mid P(x)\}$$

这样的表达式表示的是"使 $P(x)$ 为真的所有**集合** x 的**类**"。这一限制是因为只有集合才能是类的成员，而这样做的好处在于可以避免悖论。例如，考察罗素类

$$S = \{X \mid X \notin X\}。$$

在新的理论中，它表示所有满足 $X \notin X$ 的**集合** X 的类。我们回看导出悖论的过程，看看这次有什么不同。假设 $S \in S$，那么 S 是一个成员，所以它是一个集合，因此 $S \notin S$，得到了矛盾。那么假设 $S \notin S$。如果 S 是一个集合，那么它就满足定义中的 $X \notin X$，因此 $S \in S$，这样也得到了矛盾。不过还有一种可能：S **不是**集合。这时我们就**不能**推导出 $S \in S$，因为 S 的元素必须是集合，并且不能是自身的成员。

结果我们没有得到悖论。我们只是证明了 S 不是集合。不是集合的类被称为**真类**，我们刚刚就证明了真类的存在。同理，我们也可以证明 U 是真类，同样不存在悖论。

16.3 集合论公理概述

因为大部分的集合论公理都只是在陈述"我们希望是集合的对象**确实**是集合"，所以把它们放在这里显得有些平平无奇。方便起见，我们假设集合论的符号也适用于类。例如，我们可以定义

$$\varnothing = \{x | x \neq x\},$$
$$\{x, y\} = \{x | x = u \text{或} x = y\},$$

等等。

从现在开始，我们将用小写字母 $x, y, z, \cdots$ 表示集合，用大写字母 $X, Y, Z, \cdots$ 表示类。类可能是集合，也可能不是。

(S1) 外延性。 $X = Y \Leftrightarrow (\forall Z)(X \in Z \Leftrightarrow Y \in Z)$。

我们已经把类的相等定义为"有相同的成员"。这个纯粹技术性的公理的意思是相等的类属于同样的对象。

(S2) 空集。 $\varnothing$ 是一个集合。

(S3) 配对。 对于所有集合 x, y，$\{x, y\}$ 都是一个集合。

我们把**单子**定义为 $\{x\} = \{x, x\}$，使用库拉托夫斯基的有序对定义 $(x, y) = \{\{x\}, \{x, y\}\}$，函数和关系的定义和以前相同。

(S4) 成员。 $\in$ 是一个关系，换言之，存在有序对类 M 使得 $(x, y) \in M \Leftrightarrow x \in y$。

(S5) 交类。 如果 X, Y 是类，那么存在类 $X \cap Y$。

(S6) 补类。 如果 X 是类，那么它的补 X^c 存在，且也是一个类。

(S7) 定义域。 如果 X 是一个有序对类，那么存在类 Z 使得 $u \in Z \Leftrightarrow$ 存在 v 使得 $(u, v) \in X$。

更有趣的是一个像 $\{x | P(x)\}$ 一样通过元素性质来定义类的公理。我们这里给出一个一般公理：它可以由少数几个更特殊的同类型公理推导出来。

(S8) 类的存在。 令 $\phi(X_1, \cdots, X_n, Y_1, \cdots, Y_m)$ 为一个复合谓词陈述，其中只有集合变量被量化。那么存在类 Z 使得

$$(x_1, \cdots, x_n) \in Z \Leftrightarrow \phi(x_1, \cdots, x_n, Y_1, \cdots, Y_m)。$$

我们把 Z 写作

$$Z = \{(x_1, \cdots, x_n) | \phi(x_1, \cdots, x_n), (Y_1, \cdots, Y_m)\}。$$

注意，上式中的 x 都是**集合**。特别地，类

$$Z = \{x | P(x)\}$$

的成员只有那些 $P(x)$ 为真的**集合** x。正如上面所见，它可以帮助我们避免悖论。

(S9) **并集**。集合的集合的并还是集合。

(S10) **幂集**。如果 x 是一个集合，那么 $\mathbb{P}(x)$ 也是集合。

(S11) **子集**。如果 x 是一个集合而 X 是一个类，那么 $x \cap X$ 是一个集合。

还有一条公理是下面这条公理的一个简单推广。

(S12) **替换**。如果 f 是一个函数，且它的定义域是一个集合，那么其像也是集合。

这些公理足够推导我们之前用集合论构造的几乎所有理论。但是，只有当我们使用**有限集**时，它们才成立。为此，我们还需要一条表明无限集存在的公理，不然就没法构造任何我们喜爱的数系了。因此，我们要加上一条第 8 章中（冯·诺伊曼的灵感）引入的公理：

(S13) **无限公理**。存在集合 x 使得 $\varnothing \in x$，并且只要 $y \in x$，就有 $y \cup \{y\} \in x$。

根据冯·诺伊曼的自然数定义，这条公理本质上是说自然数构成了一个**集合**。显然要是没有这条公理，集合论就没多大用处了。

这十三条公理足够推导我们先前所做的大部分工作，但详细的证明（一如既往地）复杂烦琐。不过，第 14 章和第 15 章中的一些问题还需要更精密的公理。

16.4 选择公理

命题 12.5 中的论证需要从集合 B 中选择元素 x_1，再从 $B \setminus \{x_1\}$ 中选择 x_2，以此类推。一般地，我们要从 $B \setminus \{x_1, \cdots, x_n\}$ 中选择元素 x_{n+1}。尽管这看起来像是递归，但是递归定理（定理 8.3）并不适用，这是因为 x_{n+1} 的选择是任意的，并不是由一个预先明确的函数表述的。粗略地说，这个过程要求我们做出"无限多次任意选择"。（虽然过程很艰难，但是）人们发现上面的公理不足以支持这一做法，因此我们还需要一条公理：

(S14) **选择公理**。如果 $\{x_\alpha\}_{\alpha \in a}$ 是一个集合的索引族（索引集为 a），那么存在函数 f 使得

$$f : a \to \bigcup_{\alpha \in a} x_\alpha,$$

且对于每个 $\alpha \in a$ 都有

$$f(\alpha) \in x_\alpha。$$

换言之，f 为每个 $\alpha \in a$ 都"选择"了一个 x_α 的元素。这看起来很合理，毕竟它本质上是在说，如果我们有一族集合，可以同时从每一个集合中选择一个元素。虽然现在的数理逻辑学家们已经理解得很透彻，但是这一公理的逻辑状态其实很难把握。

用公理 (S1)~(S13) 既无法证明它，也无法证伪它（正如群公理无法证明也无法证伪交换律一样：交换群和非交换群都是存在的）。库尔特·哥德尔于 1940 年证明了前者，而后者（作为一个悬而未决已久的问题）由保罗·柯恩在 1963 年证明。因此在数学研究中，习惯上要指出是否使用了选择公理，而通常无须提及 (S1)~(S13) 这些常规公理。

使用选择公理可以解决第 14 章和第 15 章中的两个问题。根据选择公理，对于任意集合 x, y，要么 $|x| \geq |y|$，要么 $|y| \geq |x|$，因此任意两个无限基数都是可以比较的。（证明参见孟德尔森的著作 [27] 的 198 页）它也证明了自然数上可以定义超滤子，从而证明了超实数的存在。这一过程需要我们考察每个 $T \subseteq \mathbb{N}$，并把它放到子集的集合 U 中，以满足条件 (U1)~(U4)。我们可以把每个上有限集放入 U，把每个有限集放入 U^c。然后我们考察其他还未被分配的集合，在满足条件 (U1)~(U4) 的前提下决定它们的归属。因为涉及的集合都在幂集 $\mathbb{P}(\mathbb{N})$ 中，且幂集的基数大于 $\mathbb{N}$ 的基数，所以我们没法用常规的归纳法证明这一过程，而只能借助选择公理（参见网络资源 [9]）。

随着数学愈发复杂，又出现了需要新公理的结果。例如，康托尔提出了**连续统假设**：

$$\aleph_0 \text{ 和 } 2^{\aleph_0} \text{ 间不存在无限基数。}$$

即便加上了选择公理，也无法证明或证伪连续统假设。这个结果的证明同样归功于哥德尔和柯恩。我们或许会惊讶于这样一个明确的问题只有一个模糊的答案，但是这些问题正是如此尖锐。

历史上还有过其他不同的集合论公理，它们之间的关系如今已经得到了很好的解释。读者可以自行阅读相关教材。

16.5　一致性

不过还有一个问题。在建立了公理之后，我们怎么**知道**它们不会导出悖论呢？我们看起来已经避免了这一点（例如，还没有人发现任何悖论），但是我们怎么才能**确定**不会有隐藏的矛盾呢？对于这一问题，我们有一个明确的答案，只不过这个答案是"我们**永远无法**确定"。

要解释这个答案，我们要先回到希尔伯特的时代。如果一个公理系统不会导出逻辑矛盾，我们就称其为**一致的**。希尔伯特希望证明集合论公理是一致的。

对于某些公理系统来说，这个证明很简单。如果我们能为公理找到一个**模型**，也就是一个满足它们的结构，那么这些公理一定是一致的，否则这个模型就不会存在。问题是，模型的构造可以使用什么工具呢？因为理论上有关它的任何断言都可以在有限时间内验证，所以**有限模型**一般被认为是没问题的。但是无限公理表明我们无法为集合论找到有限模型。

希尔伯特的想法是可以用一个被他称为**决策程序**的限制更小的方法。它是一个包含了有限多个决策的程序，我们可以输入一条集合论公式，让它判断该公式是否为真（就像命题的真值表一样）。如果我们能找到这样一个程序，并且**证明**它总能正常工作，那么我们就可以输入等式

$$0 \neq 0$$

并检查程序的输出。如果它的输出为"真"，那么我们的公理一定不一致。这是因为任何矛盾都能推出上述的命题。（使用基于矛盾的虚真论证：在不一致的系统中，**任何论断都是真的！**）

当时，大家都认为希尔伯特的想法似乎可行。

但是哥德尔证明了两条定理，摧毁了一切希望。第一条定理表明集合论中存在为真但是无法证明也无法证伪的定理。[①] 第二条定理表明如果集合论是一致的，那么不存在任何决策程序可以证明它的一致性。

哥德尔定理的证明需要复杂的技术 [32]，但是它们让希尔伯特寻找完全一致的证明的希望破灭了。

但这是否意味着寻求数学的逻辑严密性毫无意义？毕竟如果整个数学体系都摇摇欲坠，这样做就没有任何价值。这显然是**不对**的。如果没有对严密性的追求，我们也就永远无法得到哥德尔定理。这两条定理的意义在于证明了公理化方

---

① 人们一般这样阐述，但是有趣的是，这样一个陈述的**否定**也"为真"。这条陈述和它的否定都和其他公理一致。

法固有的问题。

哥德尔定理并没有证明公理化方法是徒劳的，相反，公理化方法为整个现代数学建立了恰当的框架，为新概念的发展提供灵感。但是哥德尔定理让我们不至于幻想完美事物的存在，并且意识到，公理化方法既有优势，也有不足。

16.6　习题

1. 证明选择公理可以推出如果 $f: A \to B$ 是一个满射，那么 $|A| \geq |B|$。反过来，使用集合论的其他公理，证明后者可以推出选择公理。

2. 已知一组集合 $\{X_\alpha\}_{\alpha \in A}$，其索引集为 A。我们定义**笛卡儿积**为所有满足 $f(\alpha) \in X_\alpha$ 的函数 $f: A \to \bigcup_{\alpha \in A} X_\alpha$ 的集合。证明对于 $A = \{1, 2, \cdots, n\}$，它就对应通常的 $X_1 \times X_2 \times \cdots \times X_n$ 的定义。

   证明选择公理等价于论断"非空集合的所有笛卡儿积都是非空的"。

3. 证明命题 12.1 的证明中用到了一个选择。把这个选择表示为从 B 的子集的集合到 B 的函数。这里有必要在选择中包括 B 的所有子集吗？

4. 回顾哥德巴赫猜想（第 8 章的习题 13）：每个正偶数都可表示为两质数之和。请读者通过例子（不限数量）观察涉及的质数是否存在规律。读者可以试着说服自己哥德巴赫猜想成立，只不过没有证明能够覆盖每种情况。当然，这个猜想完全有可能对于一个尚未发现的大偶数不成立。

5. 已知一个对于所有 $n \in \mathbb{N}$ 均成立的谓词 $P(n)$，如第 6 章中解释的那样，每个 $P(n)$ 都能用有限行证明，那么是否可以合理地认为

$$\forall n \in \mathbb{N} : P(n)$$

也存在这样的证明呢？

6. 重读第 1 章和本书五个部分的引言。回顾第 1 章末尾的习题，如果你还保留着当时写下的答案就更好了。如果本书达成了教学目的，那么你对于大部分问题的看法应该已经更加成熟了。你现在应该已经领悟到了更高等的数学中所需的思维方式，并理解了数学基础中会遇到的问题，这为未来的学习打下了坚实的基础。

附录
如何阅读证明："自我解释"方法

本部分作者为拉夫伯勒大学数学教育中心的拉腊·阿尔科克、
马克·霍兹和马修·英格利斯

这种"自我解释"的方法可以帮助很多学科的学习者提高解题技巧和理解水平。它可以帮助你更好地理解数学证明，最近的一项研究表明，在阅读证明前先学习这个方法的学生在后续的证明理解测试中的得分比对照组高 30%[3]。

如何自我解释

下面的方法可以让你更好地理解证明。读完证明的每一行之后，你应该做到下面的事。

- 理清并解释证明的主要思路。
- 试着用前面的思路来解释每一行。这些思路可能来自证明的信息，可能来自学习过的定理/证明，或者来自你在这个领域先前学习过的知识。
- 考虑那些因为出现和你当前理解相悖的新信息而产生的问题。

在继续阅读下一行证明之前，你应该问自己下面的问题。

- 我理解上一行的思路吗？
- 我理解使用这种思路的原因吗？
- 这种思路和证明、其他定理或先前的知识中所用到的其他思路有什么联系？
- 我的自我解释回答了我问的问题吗？

下一页给出了学生们在试图理解证明（证明中的"L1"等表示行数）时做出

的一些解释。请仔细阅读，以便在自己的学习过程中使用这一方法。

自我解释的例子

定理：不存在可以表示为三个偶数之和的奇数。

证明：

(L1) 假设存在一个奇数 x 可以表示为 $x = a + b + c$，a, b, c 为偶数。

(L2) 那么 $a = 2k$, $b = 2l$, $c = 2p$，k, l, p 为整数。

(L3) 因此 $x = a + b + c = 2k + 2l + 2p = 2(k + l + p)$。

(L4) 因此 x 是偶数，与假设矛盾。

(L5) 因此不存在可以表示为三个偶数之和的奇数。　　　□

读完这个证明之后，一位读者给出了如下自我解释：

- "这个证明使用了反证法。"
- "因为 a, b, c 是偶数，我们必须使用偶数的定义，就像 L2 一样。"
- "然后把 x 的公式中的 a, b, c 替换成了各自的定义。"
- "简化 x 的公式后发现它满足偶数的定义，与假设矛盾。"
- "因此不存在可以表示为三个偶数之和的奇数。"

自我解释和其他方法的对比

你一定已经发现了自我解释的方法和"检查"或"转述"不同，后两者对于学习的帮助并不如前者大。

转述

"a, b, c 必须是正的或者负的偶数。"

这句话里没有自我解释的成分。它没有添加或者联系任何额外信息，读者只不过换了种方式阐述证明中的"偶数"一词。你应该在自己的理解过程中避免转述，转述没法像自我解释那样帮助你理解文本。

检查

"好吧，我明白 $2(k+l+p)$ 是一个偶数。"

这句话只不过是读者的思维过程。因为学生没有把这句话和文本中或已有知识中的额外信息联系起来，所以它也不算自我解释。请尽可能地自我解释，而不只是检查证明。

这句话的一种可能的自我解释是：

"好的，因为三个整数的和是整数，并且任何整数乘以 2 都是偶数，所以 $2(k+l+p)$ 是偶数。"

这里读者看出并解释了证明的主要思路，用到了已知的信息来理解证明的逻辑。

读者应该在阅读证明的每一行之后采用这种方法来加深对于证明的理解。

练习证明 1

接下来阅读这个简短的定理及其证明，并根据前几页给出的建议为自己解释每一行。你可以在心中解释，也可以把过程写在纸上。

定理：不存在最小的正实数。

证明：假设存在一个最小正实数。

因此，存在一个实数 r 使得 $0 < r < s$ 对于所有正数 s 成立。

考察 $m = \dfrac{r}{2}$。

显然 $0 < m < r$。

因为 m 是一个比 r 小的正实数，所以得到了矛盾。

因此不存在最小的正实数。 $\square$

练习证明 2

下面是一个更复杂的证明。这次我们还给出了一个定义。请读者牢记：阅读**每一行**之后，都要在心中或者之上自我解释。

定义：如果 n 是一个正整数，且它的因数的和大于 $2n$，那么我们称其为一个

丰数。例如，因为 $1+2+3+4+6+12>24$ ，所以 12 是丰数。

定理：两个不同的质数的积不是丰数。

证明：令 $n=p_1p_2$ ，其中 p_1 和 p_2 是不同的质数。假设 $2\leqslant p_1$ ，$3\leqslant p_2$ 。

n 的因数是 1, p_1, p_2, p_1p_2 。

注意到 $\dfrac{p_1+1}{p_1-1}$ 是一个关于 p_1 的递减函数。

所以 $\max\left(\dfrac{p_1+1}{p_1-1}\right)=\dfrac{2+1}{2-1}=3$ 。

所以 $\dfrac{p_1+1}{p_1-1}\leqslant p_2$ 。

所以 $p_1+1\leqslant p_1p_2-p_2$ 。

所以 $p_1+1+p_2\leqslant p_1p_2$ 。

所以 $1+p_1+p_2+p_1p_2\leqslant 2p_1p_2$ 。 □

记住……

研究证明，自我解释的方法可以显著加深学生对数学证明的理解。请尝试在阅读课堂上、笔记中或教材中遇到的每一个证明时，都使用这个方法。

参考文献

[1]   E. Bills and D.O. Tall. Operable definitions in advanced mathematics: the case of the least upper bound, *Proceedings of PME 22*, Stellenbosch, South Africa 2 (1998) 104–111.

[2]   A. W. F. Edwards. *Cogwheels of the Mind*, Johns Hopkins University Press, Baltimore 2004.

[3]   M. Hodds, L. Alcock, and M. Inglis. Self-explanation training improves proof comprehension, *Journal for Research in Mathematics Education* 45 (2014) 98–137.

[4]   F. Klein. *Vorträge uber den Mathematischen Unterricht an Höheren Schulen* (ed. R. Schimmack) 1907. The quote here comes from the English translation *Elementary Mathematics from an Advanced Standpoint*, Dover, New York 2004 p.15.

[5]   L. Li and D. O. Tall. Constructing different concept images of sequences and limits by programming, *Proceedings of the 17th Conference of the International Group for the Psychology of Mathematics Education, Japan* 2 (1993) 41–48.

[6]   M. M. F. Pinto. *Students' Understanding of Real Analysis*, PhD Thesis, University of Warwick 1998. See [36] chapter 10 for a fuller discussion including the work of other researchers.

[7]   C. Reid. *Hilbert*. Springer, New York 1996 p.57.

[8]   I. N. Stewart. Secret narratives of mathematics, in *Mission to Abisko* (eds J. Casti and A. Karlqvist), Perseus, Reading 1999, 157–185.

[9]   Ask Dr. Math.

[10] L. Alcock. *How to Study for a Mathematics Degree*, Oxford University Press, Oxford 2012.

[11] M. Anthony and M. Harvey. *Linear Algebra: Concepts and Methods*, Cambridge University Press, Cambridge 2012.

[12] A. H. Basson and D. J. O'Connor. *Introduction to Symbolic Logic*, University Tutorial Press, London 1953.

[13] D. W. Barnes and J. M. Mack. *An Algebraic Introduction to Mathematical Logic*, Springer, New York 1975.

[14] E. Bishop. *Foundations of Constructive Analysis*, Academic Press, New York 1967.

[15] R. P. Burn. *Groups: A Path to Geometry*, Cambridge University Press, Cambridge 1985.

[16] K. Ciesielski. *Set Theory for the Working Mathematician*, London Mathematical Society Student Texts 39, Cambridge University Press, Cambridge 1997.

[17] K. Gödel. *On Formally Undecidable Propositions of Principia Mathematica and Related Systems* (translated by B. Meltzer), Oliver and Boyd, Edinburgh 1962.

[18] P. R. Halmos. *Naive Set Theory*, Van Nostrand, New York 1960; reprinted by Martino Fine Books, Eastford 2011.

[19] N. T. Hamilton and J. Landin. *Set Theory*, Prentice-Hall, London 1961.

[20] S. Hedman. *A First Course in Logic*, Oxford University Press, Oxford 2008.

[21] J. F. Humphreys. *A Course in Group Theory*, Oxford University Press, Oxford 1996.

[22] J. Keisler. *Foundations of Infinitesimal Calculus*.

[23] F. Klein. *Elementary Mathematics from an Advanced Standpoint*, Dover, New York 2004.

[24] M. Kline. *Mathematics in the Modern World: Readings from Scientific American*, Freeman, San Francisco 1969.

[25] K. Kunen. *Set Theory*, College Publications, London 2011.

[26] S. K. Langer. *An Introduction to Symbolic Logic*, Dover, Mineola 2003.

[27] E. Mendelson. *Introduction to Mathematical Logic*, Van Nostrand, Princeton 1964.

[28] P. M. Neumann, G. A. Stoy, and E. C. Thompson. *Groups and Geometry*, Oxford University Press, Oxford 1994.

[29] A. Robinson. *Non-standard Analysis,* Princeton University Press, Princeton 1966 (2nd ed. 1996).

[30] R. R. Skemp. *The Psychology of Learning Mathematics*, Penguin, Harmondsworth 1971.

[31] M. Spivak. *Calculus*, Benjamin, Reading 1967.

[32] I. N. Stewart. *Concepts of Modern Mathematics*, Penguin, Harmondsworth 1975.

[33] I. N. Stewart. *Galois Theory* (3rd edition), CRC Press, Boca Raton 2003.

[34] I. N. Stewart. *Symmetry: A Very Short Introduction*, Oxford University Press, Oxford 2013.

[35] I. N. Stewart and D. O. Tall. *Complex Analysis*, Cambridge University Press, Cambridge 1983.

[36] D. O. Tall. *How Humans Learn to Think Mathematically*, Cambridge University Press, New York 2013.